国防科技图书出版基金

微波铁氧体新技术与应用

New Technique of Microwave Ferrite and Application

魏克珠　蒋仁培　李士根　编著

国防工业出版社

·北京·

图书在版编目（CIP）数据

微波铁氧体新技术与应用 / 魏克珠，蒋仁培，李士根
编著. —北京：国防工业出版社，2013.1
ISBN 978 – 7 – 118 – 08146 – 6

Ⅰ.①微... Ⅱ.①魏...②蒋...③李... Ⅲ.①微
波铁氧体器件 Ⅳ.①TN61

中国版本图书馆 CIP 数据核字（2012）第 299067 号

※

*国防工业出版社*出版发行

（北京市海淀区紫竹院南路 23 号　邮政编码 100048）
北京嘉恒彩色印刷有限责任公司
新华书店经售

*

开本 710×960　1/16　插页 1　印张 22¼　字数 405 千字
2013 年 1 月第 1 版第 1 次印刷　印数 1—3000 册　定价 126.00 元

（本书如有印装错误，我社负责调换）

国防书店：(010)88540777　　　发行邮购：(010)88540776
发行传真：(010)88540755　　　发行业务：(010)88540717

致 读 者

本书由国防科技图书出版基金资助出版。

国防科技图书出版工作是国防科技事业的一个重要方面。优秀的国防科技图书既是国防科技成果的一部分，又是国防科技水平的重要标志。为了促进国防科技和武器装备建设事业的发展，加强社会主义物质文明和精神文明建设，培养优秀科技人才，确保国防科技优秀图书的出版，原国防科工委于1988年初决定每年拨出专款，设立国防科技图书出版基金，成立评审委员会，扶持、审定出版国防科技优秀图书。

国防科技图书出版基金资助的对象是：

1. 在国防科学技术领域中，学术水平高，内容有创见，在学科上居领先地位的基础科学理论图书；在工程技术理论方面有突破的应用科学专著。

2. 学术思想新颖，内容具体、实用，对国防科技和武器装备发展具有较大推动作用的专著；密切结合国防现代化和武器装备现代化需要的高新技术内容的专著。

3. 有重要发展前景和有重大开拓使用价值，密切结合国防现代化和武器装备现代化需要的新工艺、新材料内容的专著。

4. 填补目前我国科技领域空白并具有军事应用前景的薄弱学科和边缘学科的科技图书。

国防科技图书出版基金评审委员会在总装备部的领导下开展工作，负责掌握出版基金的使用方向，评审受理的图书选题，决定资助的图书选题和资助金额，以及决定中断或取消资助等。经评审给予资助的图书，由总装备部国防工业出版社列选出版。

国防科技事业已经取得了举世瞩目的成就。国防科技图书承担着记载和弘扬这些成就,积累和传播科技知识的使命。在改革开放的新形势下,原国防科工委率先设立出版基金,扶持出版科技图书,这是一项具有深远意义的创举。此举势必促使国防科技图书的出版随着国防科技事业的发展更加兴旺。

设立出版基金是一件新生事物,是对出版工作的一项改革。因而,评审工作需要不断地摸索、认真地总结和及时地改进,这样,才能使有限的基金发挥出巨大的效能。评审工作更需要国防科技和武器装备建设战线广大科技工作者、专家、教授,以及社会各界朋友的热情支持。

让我们携起手来,为祖国昌盛、科技腾飞、出版繁荣而共同奋斗!

国防科技图书出版基金
评审委员会

前　言

微波铁氧体技术及其应用,从 20 世纪 60 年代初起步至今已有半个世纪历程,经历了初级阶段—发展阶段—成熟阶段,是新的理论、新的方法、新器件不断发展和创新的过程。本书用新的理念——微波铁氧体的张量磁导率及其可控特性,推出非互易方程。藉此作为基本理论和观点,对各种微波铁氧体器件的基本特性作了深入研究,以高频电磁场结构仿真软件(HFSS)为设计平台,设计并推动了多种铁氧体器件的发展,如各种 Y 型结环行器、变场调控器件和双模铁氧体器件,其非互易性理论和调控器件的设计和计算方法,给力器件的深化研究。

现代雷达、通信和电子对抗技术的发展,促进了铁氧体恒场器件(环行器、隔离器)和变场器件(开关、移相器和变极化器)应用和发展,提高了铁氧体器件的高功率、小型化、小损耗、低互调、宽频带、温度稳定性、超(高/低)频和快速调控等优异性能。

本书是根据上述新的设计原理和理论、新的设计手段和方法写成的。全书共 5 编 19 章:第 1 章至第 6 章由蒋仁培编写,论述了微波铁氧体材料的旋磁性——张量磁导率的基本原理,推出了与其相关的非互易性方程,推广其应用于开关和移相类变场器件的积分方程及计算方法,仿真设计方法定量地描述了器件的性能,其结果和理论相辅相成;第 7 章至第 19 章内容由魏克珠、李士根编写,重点描述了变极化器、移相器和双模器件的设计和应用。本书对从事微波铁氧体器件的设计者,促进器件的深入研究和推广应用颇有参考价值。

本书初稿经由总装备部国防科技图书出版基金评审委员会及国防工业出版社王华编审等审阅,提出了许多修改意见。中国电子学会应用磁学分会副主任委员王会宗研究员、中国科学院物理所国家磁学重点实验室赵见高研究员、南京金宁无线电器材厂(898 厂)顾瑞家高工、《现代雷达》编辑部杨慰民主任对初稿评审给予热情鼓励和支持。在定稿过程中,又得到了电子集团公司南京电子技术研究所研究员宋淑平、徐茂忠的大力支持;潘健副总工程师、刘博高工、邢进高工、冯祖伟高工、刘传武博士、游培寒博士、王广顺所长、葛亦工总经理、刘洋、魏海涛、梁可可、魏劲松、郑建春等工程师参与书中"铁氧体电控全极化技术"专题研究设计与应用,提供了 L、S 波段等极化雷达抗干扰以及卫星通信自适应极化新应用。唐倩、钱莉娜、魏红春、刘玉杰、李子琦、李叶莉、胡岚、范兵、杨秋莉等对本书打印与绘图等做了大量工作。在此一并表示衷心感谢。

限于作者知识水平,书中难免有错误或不妥之处,敬请读者批评指正。

作 者

2011 年 8 月 20 日

目　录

第1编 基本理论

第1章 旋磁性

1.1 磁矩进动方程

在高频磁场 h 的作用下,饱和磁化铁氧体中磁化矩 M 围绕磁化场 H_0(平行 z 轴)作进动。铁氧体的磁矩主要来源于电子自旋磁矩,所以用单电子进动模型(图 1.1 - 1)来描述铁氧体磁矩进动是比较恰当的,只要铁氧体中自旋电子群保持了一致进动状态,就可以把它看作单个磁矩的进动,其进动方程为

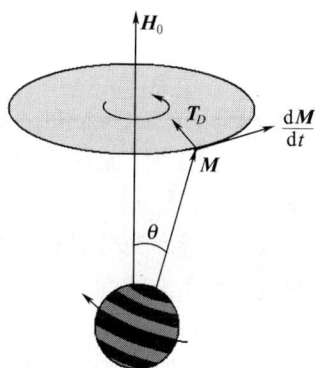

图 1.1 - 1　磁矩进动模型

$$\frac{\mathrm{d}M}{\mathrm{d}t} = -\gamma(M \times H_0) + T_D \quad (1.1-1)$$

式中:磁化强度 M、磁场强度 H 包含了直流成分 M_0、H_0 和高频成分 m 及 h,即 $M = M_0 i_z + m_{xy} \mathrm{e}^{\mathrm{j}\omega t}$; $H = H_0 i_z + h_{xy} \mathrm{e}^{\mathrm{j}\omega t}$,其中 ω 为激励磁场(角)频率; γ 为旋磁比,$\gamma = ge/2mc$,($\gamma = 2.21 \times 10^5 \mathrm{rad/s \cdot A/m}$),其中 e/m 为电子电荷与电子净质量比值,c 为光速 $3 \times 10^8 \mathrm{m/s}$,$g$ 为 Landé 因子,对单个电子自旋,$g = 2$,对轨道磁矩 $g = 1$,在铁氧体材料中,测出 $g \approx 2$,故铁氧体材料的磁性基本上来源于电子自旋磁矩。进动方程(1.1 - 1)的左端视为磁矩随时间变化,右端 $(M \times H_0)$ 视为力矩作用,它的方向正是进动轨迹的切向。如果没有阻尼项 $(T_D = 0)$,把 M, H 量代入进动方程(1.1 - 1)后,求得

$$m_x = \chi h_x - \mathrm{j}\kappa h_y, \quad m_y = \mathrm{j}\kappa h_x + \chi h_y, \quad m_z = 0 \quad (1.1-2)$$

式中:χ 和 $\mathrm{j}\kappa$ 分别看做磁化率和耦合磁化率,式(1.1 - 2)可简化成

$$m = \chi h \quad (1.1-3\mathrm{a})$$

式中:χ 为张量磁化率,可以写成矩阵形式:

$$\chi = \begin{bmatrix} \chi & -j\kappa & 0 \\ j\kappa & \chi & 0 \\ 0 & 0 & 0 \end{bmatrix} \qquad (1.1-3b)$$

1.1 -1 张量磁导率

在电动力学问题中,b 和 h 是两个磁学物理量,其相互关系在 SI 单位制中表示成:$b = \mu_0 \mu h$,$\mu = I + \chi$,其中 μ 称为张量磁导率:

$$\mu = \begin{bmatrix} \mu & -j\kappa & 0 \\ j\kappa & \mu & 0 \\ 0 & 0 & 1 \end{bmatrix} \qquad (1.1-4a)$$

μ 的对角分量 μ 和非对角分量 κ 分别为

$$\mu = 1 + \frac{\omega_0 \omega}{\omega_0^2 - \omega^2} \qquad \kappa = \frac{\omega_m \omega}{\omega_0^2 - \omega^2} \qquad (1.1-4b)$$

式中:$\omega_0 = \gamma H_0$;$\omega_m = \gamma M_0$;ω 为工作频率。

当 $\omega_0 \to \omega$ 时,无耗条件下 μ,κ 无限,表示发生铁磁共振,铁磁共振频率 $\omega_0 = \omega$。

张量磁导率充分展示了磁化铁氧体在高频场作用下呈现旋磁性,这是旋磁材料基本的微波特性,它有四个方面引人注意:第一,x 方向的磁场 h_x,感应出 y 方向的 $b_y = j\kappa$;同样 y 方向的磁场 h_y,感应出 x 方向的 $b_x = -j\kappa$;$\pm j$ 表示相位之间有 $\pm 90°$ 的差异,所以 b 为椭圆极化矢,这是磁矩进动现象导致的。第二,张量磁导率是反对称张量 $\mu_{xy} = -\mu_{yz}$,这导致微波在铁氧体介质中传播具有非互易性和各向异性。第三,分量 μ,κ 具有磁控可调性,这是磁控微波铁氧体器件的重要特性。第四,微波铁氧体的铁磁共振性质。当 $\omega_0 = \omega$ 时,即进动频率和电场频率 ω 相等时,产生铁磁共振,μ 和 κ 的虚部出现峰值,象征有耗材料出现铁磁共振损耗(图 1.1 -2、图 1.1 -3)。

从 μ,κ 及磁化场 ω_0/ω 曲线,可以见到三个工作区:低场区,当 $\omega_0 \ll \omega$ 时,即磁化场远离共振场($\omega_0/\omega = 1$),这时 μ' 和 κ' 随磁化变化平坦,μ'' 和 κ'' 不大,表示材料损耗小。共振区,当 $\omega_0/\omega \approx 1.0$ 时,μ'',κ'',可现峰值。α 为阻尼系数,在 1.2 节中将有描述,这里设置 $\alpha = 0.05$ 偏大,目的是把铁磁共振曲线宽度拉宽。高场区:当 $\omega_0/\omega > 1.2$ 时,σ 越大,材料损耗越小,可以认为 $\sigma > 1.5$ 时,材料足够地饱和磁化,进入低损耗,器件的损耗与低场工作区损耗可以相比拟,甚至还小。

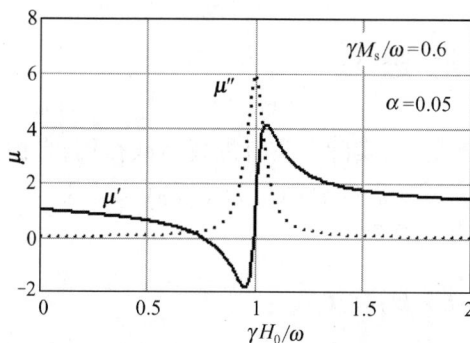

图 1.1-2 $\mu',\mu''-\gamma H_0/\omega$

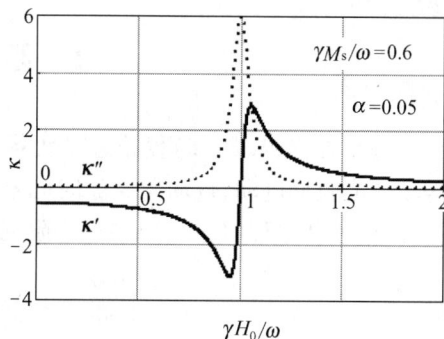

图 1.1-3 $\kappa',\kappa''-\gamma H_0/\omega$

1.1-2 任意磁化方向的张量磁导率

上述讨论的张量磁导率的基本形式是外加磁化场 H_0 平行 z 方向的形式 (1.1-4),在任意方向磁化也是微波铁氧体器件中常有的问题。设 H_0 对坐标轴 x,y,z 的夹角分别是 α,β,γ,其张量形式简化为

$$\boldsymbol{\mu} = \begin{bmatrix} \mu & -j\kappa\cos\gamma & -j\kappa\cos\beta \\ j\kappa\cos\gamma & \mu & -j\kappa\cos\alpha \\ j\kappa\cos\beta & j\kappa\cos\alpha & 1 \end{bmatrix} \qquad (1.1-5)$$

当 H_0 平行 z 轴时,$\cos\gamma=1$,$\cos\beta=\cos\alpha=0$,$\boldsymbol{\mu}$ 取式(1.1-4)的均匀磁化情况。当 H_0 平行 x 轴时,$\cos\alpha=1$,$\cos\beta=\cos\gamma=0$,张量磁导率 $\boldsymbol{\mu}$ 为

$$\boldsymbol{\mu} = \begin{bmatrix} 1 & 0 & 0 \\ 0 & \mu & -j\kappa \\ 0 & j\kappa & \mu \end{bmatrix} \qquad (1.1-6a)$$

当 H_0 平行 y 轴时,$\cos\beta=1$,$\cos\alpha=\cos\gamma=0$,张量磁导率 $\boldsymbol{\mu}$ 为

$$\boldsymbol{\mu} = \begin{bmatrix} \mu & 0 & -j\kappa \\ 0 & 1 & 0 \\ j\kappa & 0 & \mu \end{bmatrix} \qquad (1.1-6b)$$

对任意方向磁化,且是不均匀磁化,其中 $\alpha=\alpha(x,y,z)$,$\beta=\beta(x,y,z)$,$\gamma=\gamma(x,y,z)$,即磁化方向随坐标而变,在低场饱和态情况,即 $\mu\approx1$,这时张量磁导率 $\boldsymbol{\mu}$ 写成坐标分布形式:

$$\boldsymbol{\mu}(x,y,z) = \begin{bmatrix} 1 & -j\kappa\cos\gamma & -j\kappa\cos\beta \\ j\kappa\cos\gamma & 1 & -j\kappa\cos\alpha \\ j\kappa\cos\beta & j\kappa\cos\alpha & 1 \end{bmatrix} \qquad (1.1-6c)$$

第 1 章 旋磁性

3

1.2 阻 尼 进 动

进动方程(1.1-1)仅描述了无损耗情况,实际上没有外场持续作用,自由进动变成阻尼进动,进动角 θ 随时间不断减少。在有阻尼力矩 $\boldsymbol{T}_D$ (图 1.1-1)情况下,进动方程(1.1-1)中加进阻尼力矩项 $\boldsymbol{T}_D$:

$$\begin{cases} \dfrac{\mathrm{d}\boldsymbol{M}}{\mathrm{d}t} = -\gamma(\boldsymbol{M} \times \boldsymbol{H}) + \boldsymbol{T}_D \\ \\ \boldsymbol{T}_D = \dfrac{\alpha}{M_0}\boldsymbol{M} \times \dfrac{\mathrm{d}\boldsymbol{M}}{\mathrm{d}t} \end{cases} \qquad (1.2-1)$$

如果没有 $\boldsymbol{T}_D$ 项,磁矩进动即使没有外力矩作用仍将延续下去,但有了 $\boldsymbol{T}_D$ 项,进动受阻,$\boldsymbol{T}_D$ 方向应倾向于 $\boldsymbol{H}_0$,在阻尼进动时 $\boldsymbol{m} = \boldsymbol{m}_0 e^{-\omega_\alpha t} e^{j\omega t}$,$\alpha$ 为阻尼系数,ω_α 为阻尼频率。有损耗情况下张量磁导率分量为

$$\begin{cases} \mu = 1 + \dfrac{\omega_m(\omega_0 + j\omega_\alpha)}{(\omega_0 + j\omega_\alpha)^2 - \omega^2} \\ \\ \kappa = -\dfrac{\omega_m\omega}{(\omega_0 + j\omega_\alpha)^2 - \omega^2} \end{cases} \qquad (1.2-2)$$

对比式(1.1-4b),只是把 ω_0 换成了 $\omega_0 + j\omega_\alpha$,$\omega_\alpha = \alpha\omega$。$\alpha$,$\omega_\alpha$ 是决定阻尼进动大小的参量,也可用阻尼时间 T_α 来描述,$T_\alpha = 2\pi/\omega_\alpha$ 表示进动角由初始态的 θ_0 变成 $\theta = \theta_0/e$ 所花的时间。从物理机制看,T_α 越长,表示阻尼小、损耗小;反之越大。但从工程技术上,采用铁磁共振线宽 ΔH 描述磁损耗大小更为恰当,$\Delta H = 2\omega_\alpha/\gamma$,所以 ΔH 越大,磁损耗越大,它成为铁氧体材料损耗的标志,其典型值 $\Delta H = 10 \times 10^3/4\pi(\mathrm{A/m})$,即 $\Delta H = 10\mathrm{Oe}$,所以弛豫频率 $\omega_\alpha = 14 \times 2\pi \times 10^6 \mathrm{rad/s}$,弛豫频率 $f_\alpha = 14\mathrm{MHz}$,弛豫响应 $T_\alpha = 710\mathrm{ns}$,阻尼频率 f_α 值预示了微波铁氧体工作频率的下限值 $f_{\min} = 14\mathrm{MHz}$,除非 ΔH 更小,否则 $f_{\min}$ 按比例下降。

1.2-1 铁磁共振线宽 ΔH 的机制

无耗旋磁材料被看作为连续的均匀介质,磁矩的一致进动仅受到外场 $\boldsymbol{H}_0$ 和微波场的作用。铁氧体介质中有许多不均匀的因素,例如晶粒大小不一,晶格趋向各异,各向异性场 H_a 随晶轴方向不同而变;空泡体积和铁氧体体积之比,及一致进动和非一致进动相互作用等。影响多晶铁氧体材料的线宽 ΔH,综合起来有三项贡献:

$$\Delta H = \Delta H_s + \Delta H_p + \Delta H_a \qquad (1.2-3a)$$

式中：ΔH_s 为材料的单晶线宽，即使材料无其他不均匀、不连续等因素，这部分对线宽的贡献是存在的，其数值较小，一般 $\Delta H_s \approx 1/4\pi(kA/m) = 1Oe$ 量级。

ΔH_p 为多晶铁氧体材料中的气孔和非磁性杂质表面的磁荷引起的杂散磁场使线宽增宽，它与体积比 ν/V 成比例。例如，当磁矩 $M_s = 1000 \times 10^3/4\pi(A/m)$，$\nu/V = 0.5\%$。由

$$\Delta H_p = 1.5 \frac{\nu}{V} M_s \qquad (1.2-3b)$$

得 $\Delta H_p = 7.5 \times 10^3/4\pi(A/m)$，这是影响线宽的主要因素。

ΔH_a 为材料中各晶粒趋向不一致导致微结构中磁化场的不均匀增宽：

$$\Delta H_a = 0.9 \frac{2K_1}{M_s} \qquad (1.2-3c)$$

式中：K_1 为各向异性常数，对微波铁氧体材料 $\Delta H_a \approx 10/4\pi(kA/m)$ 量级。

晶粒间的晶界导致表面磁荷产生的不均匀磁场而引起退磁场不同，各晶粒铁磁共振频率也不同，导致多晶线宽增宽。

上述诸因素增宽 ΔH 值，即使如此，现代 YIG 窄线宽材料的 ΔH 值可小于 $10/4\pi(kA/m)(1OOe)$。为制成窄线宽铁氧体材料用于低损耗微波铁氧体器件，必须在工艺上下功夫，增加烧结材料的致密度，减少气孔率；降低材料磁晶各向异性场 ΔH_a，在 YIG 材料中，用 In、Zr 等离子代换可降低各向异性场 $H_a = 2K_1/M_s$。配方上保持正分设计，以防止晶格空位的不均匀性；工艺上控制烧结温度、烧结时间、均匀降温，以达到晶粒增大减少晶界的不均匀。退磁场和磁偶极相互作用，目的为减少多晶线宽 ΔH_p。应采用高纯度原材料，特别对 Ho、Tb、Co 等弛豫离子的掺入应严格控制，这些弛豫离子都是一致进动的散射中心，是线宽增加的源泉。当然这是对小损耗、低损耗而言的。与此相反，为了满足铁氧体材料在大功率器件中的应用，往往采用相反的方法，如细晶粒、加少量的弛豫离子 Ho、Tb，为改进材料的温度稳定性，在 YIG 材料中掺入适量的 Gd，但这些措施会导致 ΔH 的增宽。

虽然铁磁共振线宽是衡量材料磁损耗的标志，严格来说，在共振区附近是正确的，当远离共振区时，往往用有效线宽来衡量磁损耗，它不是通过铁磁共振曲线带宽来确定，而是直接测量 μ''，推理而得。

1.3 铁磁共振频率

当工作频率 $\omega \approx \omega_0$ 时，μ、κ 曲线出现峰值和突变，这就是铁磁共振曲线的象

征(图 1.1 - 2)。$\omega_0 = \gamma H_0$，ω_0 为铁磁共振(角)频率，H_0 为铁磁共振磁场，两者相应存在，这是对无限铁氧体介质而言的。对有限铁氧体介质，由于不连续界面存在着静磁退磁场和交变退磁场，这两种退磁因素使铁磁共振频率发生变化，根据 Kittle 公式，有限介质的铁磁共振频率为

$$\omega_r = \gamma \sqrt{\left[H_0 + (N_x - N_y)M\right] \cdot \left[H_0 + (N_y - N_z)M\right]} \quad (1.3-1)$$

式中：N_x，N_y，N_z 为 x，y，z 三坐标轴方向的形状退磁因子，$N_x + N_y + N_z = 1$。一般来说，形状退磁因子计算非常复杂，只有坐标轴和旋转椭球体主轴一致时才有明确的解。在工程设计中，对圆球、圆盘、圆柱和方块状样品，可用一个简单公式来表示：

$$N_x = \frac{A_x}{A_x + A_y + A_z}, \quad N_y = \frac{A_y}{A_x + A_y + A_z}, \quad N_z = \frac{A_z}{A_x + A_y + A_z}$$

$$(1.3-2)$$

式中：A_x，A_y，A_z 分别为铁氧体样品在 x，y，z 方向面上的投影。

图 1.3 - 1 中球、圆盘、圆柱与旋转椭球体的形状相类似，可用式(1.3 - 2)来估计形状退磁因子值：

对球形样品：　　　$N_z = 1/3, N_x = N_y = 1/3,$　　　$\omega_r = \omega_0 = \gamma H_0$

对薄圆盘样品：　　$N_z \approx 1, N_x = N_y \approx 0,$　　　$\omega_r = \gamma(H_0 - N_z M) = \gamma H_i$

对细长圆柱样品：　$N_z = 0, N_x = N_y = 1/2,$　　　$\omega_r = \gamma(H_0 + M/2)$

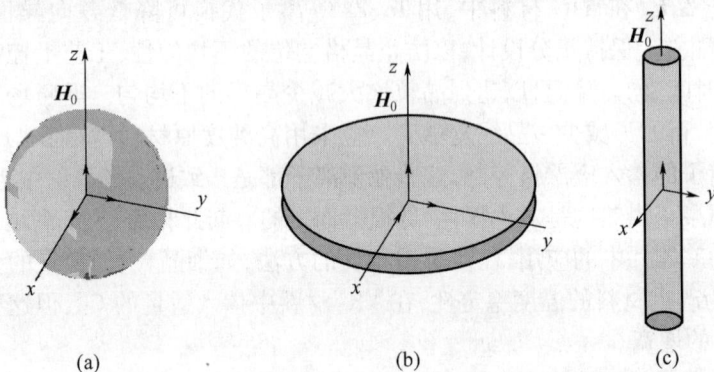

图 1.3 - 1　三种典型样品形状(对 z 轴旋转对称)

外磁场 H_0 磁化状态下，圆柱样品的 ω_r 最大，圆球样品次之，圆盘样品最低。这说明铁磁共振频率 ω_r 与无限介质情况不同，它不仅与 H_0 大小有关，还和材料的磁化矩有关，当然也与样品形状有关。对球形样品，ω_r 由外场 H_0 决定(与无界铁氧体情况的铁磁共振频率 ω_0 相同)；对圆盘样品，ω_r 决定于内场 H_i 大小；对圆柱样品 ω_r 决定于有效场 $H_e = (H_0 + M/2)$，其它的内磁场仍为 $H_i = H_0$。

1.4   形状各向异性对张量磁导率的影响

图 1.4 - 1 为 z 向磁化方形薄片,对 x,y 方向不对称。由于微波场 h_x,h_y 受边界面的退磁场不一样,所以对磁导率形成明显的形状各向异性,其张量磁导率可为

$$\boldsymbol{\mu} = \begin{bmatrix} \mu_x & -j\kappa & 0 \\ j\kappa & \mu_y & 0 \\ 0 & 0 & \mu_z \end{bmatrix} \qquad (1.4-1)$$

其中,$\mu_x \neq \mu_y \neq \mu$,$\kappa = \dfrac{\omega_r \omega_m}{\omega_r^2 - \omega^2}$, $\mu_z = 1$。与式(1.1-4)有所不同:

$$\mu_x = 1 + \frac{\omega_r \omega}{\omega_r^2 - \omega^2} e = 1 + \chi_x \quad (1.4-2a)$$

$$\mu_y = 1 + \frac{\omega_r \omega}{\omega_r^2 - \omega^2} \frac{1}{e} = 1 - \chi_y \quad (1.4-2b)$$

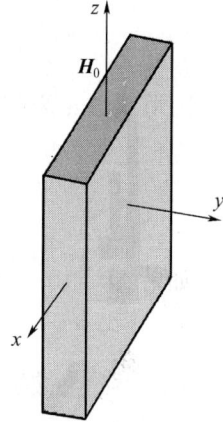

图 1.4 - 1   方形薄片(对 z 轴非旋转对称)

式中:$\sqrt{\chi_x \chi_y} = \dfrac{\omega_r \omega}{\omega_r^2 - \omega^2} = \chi$,$e = \sqrt{\omega_y / \omega_x}$,$\omega_r = \sqrt{\omega_x \omega_y}$,$\omega_x = \gamma H_0$,$\omega_y = \gamma(H_0 + M)$。

当 $H_0 \ll M$ 时,如 $M/H_0 = 10$,$e = \sqrt{11} = 3.16$ μ_x 比 μ_y 可能大一个量级。如果微波结构中,电磁沿 z 轴传播,高频磁场 h_x 沿 x 方向,由于 μ_x 值大和变化大,而且 μ_x 可被磁场 H_0 调控,特别在低频、高场工作条件下或者薄膜在平行膜面磁化下,调控 ω_r 可获得很大的相移变化,这在甚低频微波铁氧体应用是十分可佳的。

1.5   张量磁导率的归一化表示式

微波铁氧体的张量磁导率特性是微波铁氧体技术的理论基础,也是微波在旋磁性介质中传播时呈现出各种特殊的传播效应的根本所在。旋磁介质的性质不仅表现在磁导率张量形式上,而且其分量可以磁化控制,它随 H_0、工作频率 ω、磁化强度 M 大小而变。为了掌控 μ,κ 的变化规律,采用规范化表示方法非常重要。其归一化磁矩用 p 表示,$p = \omega_m / \omega$;归一化磁场 $\sigma = \omega_0 / \omega$,弛豫频率 ω_α 的

归一化用 α 表示，$\alpha = \omega_\alpha / \omega$，通过对频率 ω 归一化后，μ, κ 随磁化场曲线具有通用性，不受工作频率高低的制约，这时张量分量 μ, κ 可写成下列形式：

$$\begin{cases} \mu = 1 + \dfrac{p(\sigma + \mathrm{j}\alpha)}{(\sigma + \mathrm{j}\alpha)^2 - 1} \\[3mm] \kappa = \dfrac{p}{(\sigma + \mathrm{j}\alpha)^2 - 1} \end{cases} \qquad (1.5-1)$$

阻尼系数 α 为归一化弛豫频率，它和磁共振线宽关系为

$$\Delta H = \frac{2\omega_\alpha}{\gamma} = \frac{2\alpha\omega}{\gamma} \qquad (1.5-2)$$

如果 $\Delta H = 10 \times 10^3 / 4\pi (\mathrm{A/m})$，$\omega = 3000 \times 2\pi \times 10^6 \, \mathrm{rad/s}$，$\gamma = 2.21 \times 10^5 \, \mathrm{rad/s}$（A/m），算出 $\alpha = 0.0046$。它在 $\mu'' - \sigma$ 铁磁共振曲线上表现为归一化线宽 2α。

1.5-1 张量磁导率 μ, κ 的磁谱曲线

铁氧体材料的张量磁导率与归一化磁矩 p、归一化磁化场 σ 和材料阻尼系数 α（归一化弛豫频率）密切相关，在器件设计时必须重视工作点的磁导率。以下从五方面分析这些磁谱曲线的特征。

μ, κ 是张量磁导率的基本量。μ, κ 的磁谱曲线可以指导设计，在高场时 $\sigma > 1$；低场时 $\sigma < 1$，共振区 $\sigma \approx 1$，工作区的划分直接估计器件的性质。

图 1.5-1a 和图 1.5-1b，分别为低场 $\sigma = 0 \to 0.2$（当 $p = 0.6, \alpha = 0.02$ 时）μ 和 κ 的实部和虚部磁谱曲线。图 1.5-2a 和图 1.5-2b 分别为高场 $\sigma = 1.2 \to 2$（当 $p = 3, \alpha = 0.02$ 时）μ 和 κ 的实部和虚部磁谱曲线。

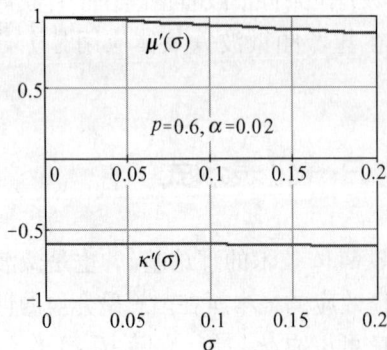

图 1.5-1a　$\mu' \propto \sigma, \kappa' \propto \sigma$ 磁谱曲线

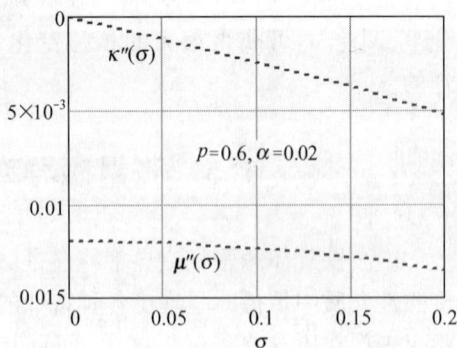

图 1.5-1b　$\mu'' \propto \sigma, \kappa'' \propto \sigma$ 磁谱曲线

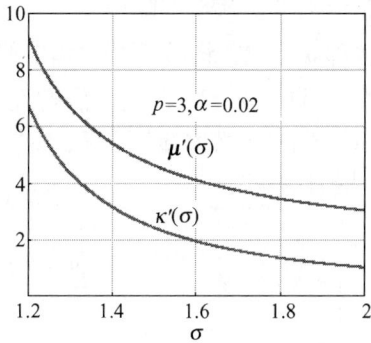

图 1.5 - 2a　$\mu' \propto \sigma, \kappa' \propto \sigma$ 磁谱曲线

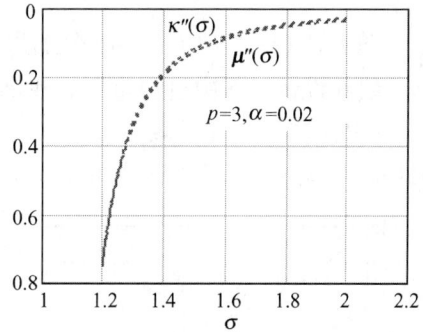

图 1.5 - 2b　$\mu'' \propto \sigma, \kappa'' \propto \sigma$ 磁谱曲线

1.5 - 2　有效磁导率 μ_e，比磁导率 κ/μ 的磁谱曲线

μ_e 和 κ/μ 是一对导出量，以后将见到其在微波传播过程中起重要作用，有效磁导率 μ_e 影响了器件尺寸大小和工作频率高低；而 κ/μ 可称为张量元 κ 与 μ 的比值。它和器件工作带宽相移大小和非互易性有关。图 1.5 - 3a 和图 1.5 - 3b 分别为 μ_e、κ/μ 磁谱曲线，实线和虚线分别为实部和虚部，曲线仅表示 $p = 0.6, \alpha = 0.05$ 时磁谱曲线。可以见到谱线的共振峰向左移动，共振处 $\sigma \approx 0.75$，其原因是这两个参数是 μ_+ 及 μ_- 组合而成，两个不同旋向圆极化场在旋转过程中产生的偶极场导致了共振场下降。共振点的左移意味着高场区空间扩大，低场区空间压缩。

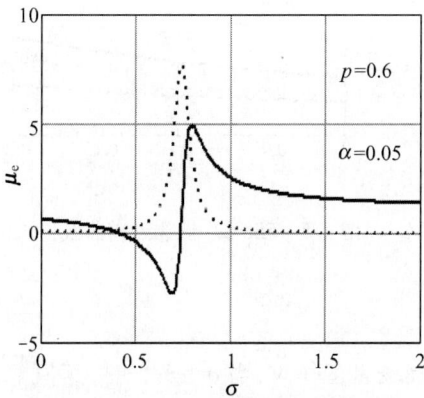

图 1.5 - 3a　μ_e 磁谱曲线

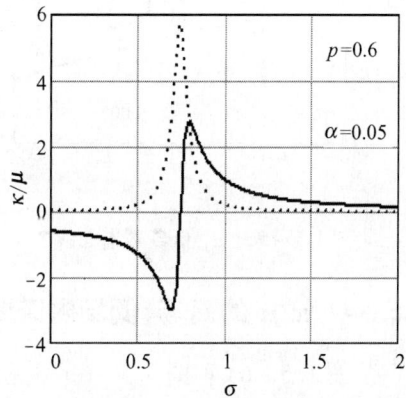

图 1.5 - 3b　κ/μ 磁谱曲线

1.5−3 有效磁导率 μ_e 高场磁谱曲线和低场磁谱曲线

图 1.5−4a 和图 1.5−4b 分别为 μ_e 的实部 μ_e' 和虚部 μ_e'' 高场磁谱曲线,这组谱线在设计工作中更加重要。在高场作用下,同一 σ 值 μ_e' 随 p 值增大而增大,铁氧体样品尺寸可减少;反之,同一 p 值情况下,σ 增大,μ_e' 下降,工作频率上移。对 μ_e'' 曲线,随着 σ 增加,μ_e'' 下降,器件损耗减小。

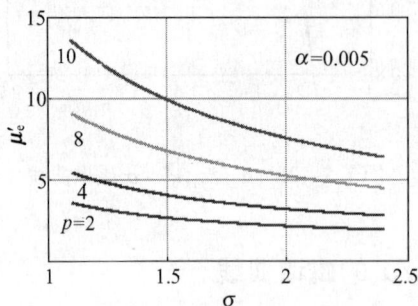

图 1.5−4a μ_e' 高场磁谱曲线　　　　图 1.5−4b μ_e'' 高场磁谱曲线

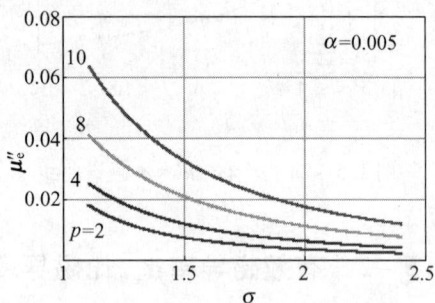

图 1.5−5a 和图 1.5−5b 分别为 μ_e' 和 μ_e'' 低场磁谱曲线。在低场情况下,$p=1$ 时,将出现 $\mu_e'<0$,这意味着传播过程中可能出现异常模。从 μ_e'' 低场磁谱曲线可见,当 $p<0.7$ 时,其值为 10^{-3} 量级,这时低插入损耗器件非常实际。

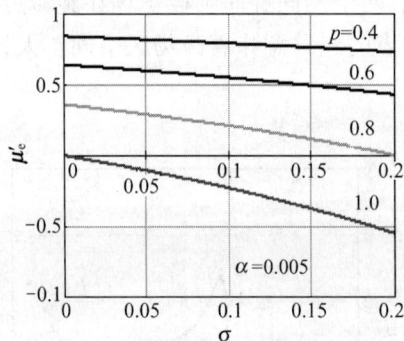

图 1.5−5a μ_e' 低场磁谱曲线　　　　图 1.5−5b μ_e'' 低场磁谱曲线

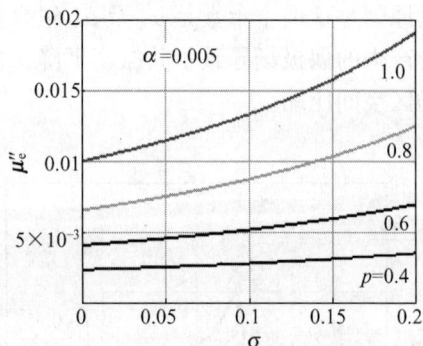

1.5−4 κ/μ 的高场、低场磁谱曲线

从图 1.5−6a 和图 1.5−6b 可见,在高场区工作时,当 $\sigma>1.5$ 时,其值 $|\kappa/\mu|<0.4$,说明高场工作的器件带宽受限;而低场工作的器件,当 $\sigma>0.6$ 时,$|\kappa/\mu|>0.6$,说明低场工作时易得到宽带设计。

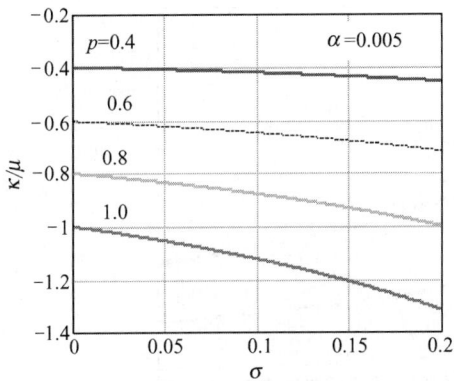

图 1.5 - 6a κ/μ 低场磁谱曲线

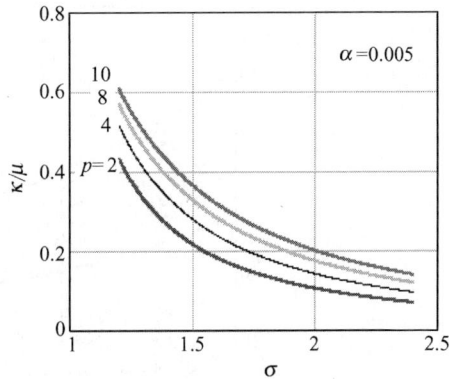

图 1.5 - 6b κ/μ 高场磁谱曲线

1.5 - 5 正负圆极化磁导率 $\mu_\pm$ 磁谱曲线

正负圆极化磁导率 $\mu_\pm$ 的实部 $\mu'_\pm$，虚部 $\mu''_\pm$ 磁谱曲线见图 1.5 - 7a 和图 15 - 7b。

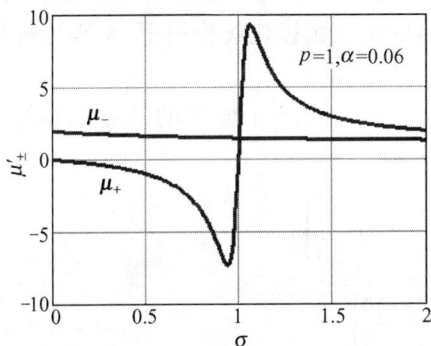

图 1.5 - 7a $\mu'_+, \mu'_- - \sigma$ 磁谱曲线

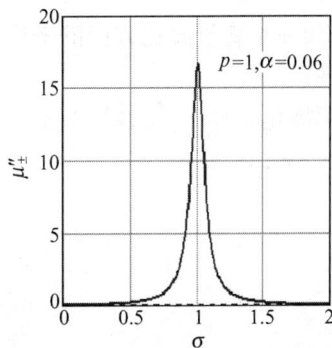

图 1.5 - 7b $\mu''_+, \mu''_- - \sigma$ 磁谱曲线

1.5 - 6 薄片 μ_x, μ_y 磁谱曲线

薄片磁化方向在平面上(图 1.4 - 1 中 z 方向)，在平面方向 x 磁化，其磁导率 μ_x 增大，而垂直平面方向磁化(y 方向)μ_y 压缩，故利用平面各向异性这一特点，可使 h_x 场的激发波获得较大相移。如图 1.5 - 8 所示，其中 μ_x 比 μ_y 大 3 倍~5 倍，而且 μ_x 随 σ 变化而调控量较大。

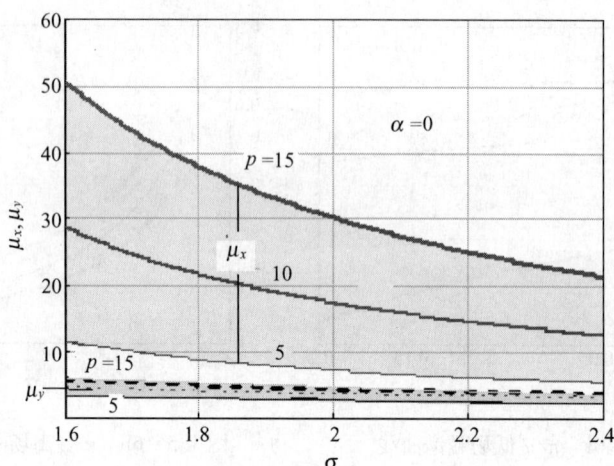

图 1.5 – 8　薄片 μ_x, μ_y 磁谱曲线

1.6　本征态磁导率

在一般情况下,材料旋磁性表现为张量磁导率特性。但在特殊的极化场作用下,如在垂直于磁化方向的平面内 (x,y) 的正负圆极化场作用下,呈现为标量磁导率。

圆极化磁导率 $\mu_\pm$,磁化场 H_0 仍在 z 方向,在 x,y 平面内的圆极化场作用 $(1,\pm j)$ 下,有

$$\mu_p \begin{bmatrix} 1 \\ \pm j \end{bmatrix} = (\mu \pm \kappa) \begin{bmatrix} 1 \\ \pm j \end{bmatrix}$$

$$\mu_p = \begin{bmatrix} \mu & -jk \\ jk & \mu \end{bmatrix} \tag{1.6-1}$$

式中: μ_p 为张量磁导率的二维形式。

定义 $\mu_\pm = \mu \pm \kappa$ 为正负圆极化磁导率,它为标量形式;类似的,当 $h_z /\!/ H_0$ 的场作用下 z 方向的高频磁感应密度 $b_z = \mu_z h_z$。

本征态的情况下,张量磁导率为

$$\mu = \begin{bmatrix} \mu_+ & 0 & 0 \\ 0 & \mu_- & 0 \\ 0 & 0 & \mu_z \end{bmatrix} \tag{1.6-2}$$

其标量磁导率 $\mu_{/\!/}=\mu_z=1$。当垂直于 H_0 方向线极化高频磁场作用下,它分解为一对正负圆极化场,相当于 μ_+ 和 μ_- 两种材料性质复合在一起,这时有效磁导率(复合磁导率)μ_e 满足:

$$\begin{cases} \dfrac{2}{\mu_e} = \dfrac{1}{\mu_+} + \dfrac{1}{\mu_-} \\[3mm] \mu_e = \dfrac{\mu^2 - k^2}{\mu} \end{cases} \qquad (1.6-3)$$

研究电磁波在铁氧体中传播时,经常出现 μ_e 这个量,它是 μ,κ 的复合量。此外还出现比磁导率 κ/μ 的复合形式,这个量决定了传播的非互易性。

4 种物理模型如图 1.6-1 所示。

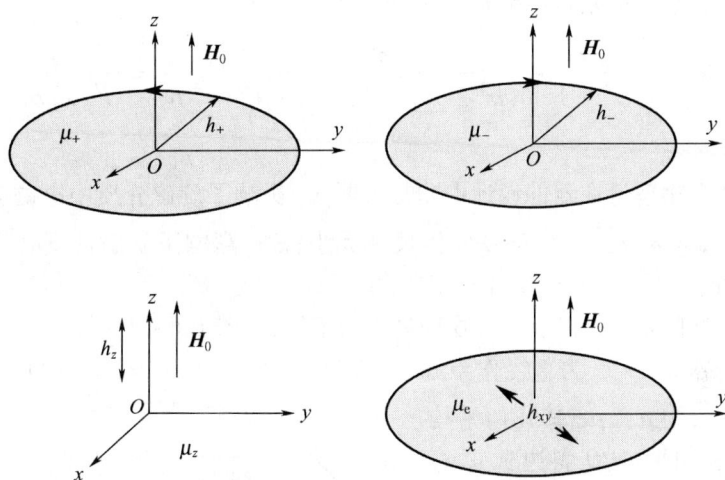

图 1.6-1　本征态磁导率:μ_+,μ_-,μ_z,μ_e 4 种物理模型

1.6-1　张量磁导率的相关磁导率

张量磁导率分量 μ,κ 以及相关的一些物理量,有其深刻的内涵,同时也有有趣的几何关系,在结束本章节之前,总结一下其几何关系,在无损耗条件下,有

$$\kappa = \frac{p}{\sigma^2 - 1} \qquad (1.6-4a)$$

$$\mu = 1 + \frac{p\sigma}{\sigma^2 - 1} \qquad (1.6-4b)$$

μ, κ 由归一化磁矩 $p = \gamma M_s / \omega$ 和归一化内磁场 $\sigma = \gamma H_i / \omega$ 所决定,即材料的磁矩和磁化场决定了张量的基本量 μ, κ。所以张量磁导率 μ, κ 及其相关磁导率 $\mu_+, \mu_-, \mu_e, k/\mu$ 虽是材料的微波参数,但不是材料的内禀或本征参数,而是通过 $p、\sigma$ 计算出来的确定性参数,它与材料 M 有关,还与工作磁场 H_0 和工作频率 ω 有关,所以不需通过测量来解决,而材料的损耗参数,本征线宽 ΔH_0、有效线宽 ΔH_e 和铁磁共振线宽 ΔH 才是材料的微波参数,它可以通过测量来解决。

正负圆极化磁导率 $\mu_+ = \mu + \kappa, \mu_- = \mu - \kappa$,且

$$\mu_+ = 1 + \frac{p}{\sigma - 1}, \quad \mu_- = 1 + \frac{p}{\sigma + 1} \tag{1.6-5}$$

在高场区 μ_+, μ_- 均为正,它决定了正负圆极化波速度、法拉弟旋转角和非互易相移大小。有效磁导率 μ_e 和比磁导率 κ/μ 为

$$\mu_e = 1 + \frac{p\sigma}{\sigma^2 - 1} - \frac{p^2}{(\sigma^2 + P\sigma - 1)(\sigma^2 - 1)}, \quad \frac{\kappa}{\mu} = \frac{p}{\sigma^2 + p\sigma - 1} \tag{1.6-6}$$

这两个物理量在器件设计中非常重要,μ_e 影响了旋磁介质中电磁波传播的传播常数 $k = \omega \sqrt{\varepsilon_f \mu_e} / c$ 和铁氧体尺寸大小;κ/μ 影响了旋磁性耦合大小及器件带宽 2δ。

在高场区 $\sigma > 1$,以上 6 个物理量均为正值,用图 1.6-2 表示其相关几何关系。以 $2\mu = \mu_+ + \mu_-$ 为直径作半圆,圆心为 O,半径为 $AO = \mu$。三角形垂线 AP 长 $\sqrt{\mu_+ \mu_-}$,为 μ_+, μ_- 其几何平均值,直角三角形 APO 斜边长 μ,直角边长为 κ;垂足 P 到斜边的垂足 M 划分线段 $\mu_e (<\mu)$;三角形圆周角 α,$\sin\alpha = \kappa/\mu$;κ 为距圆心 O 的偏移量,若 $\kappa = 0$,$\mu_+ = \mu_- = \mu = \mu_e$,$\alpha = 0$,就不是旋磁介质了,所有的非互易性也就不存在了。

直角三角形 $APO \cong$ 直角三角形 AMP,所以有

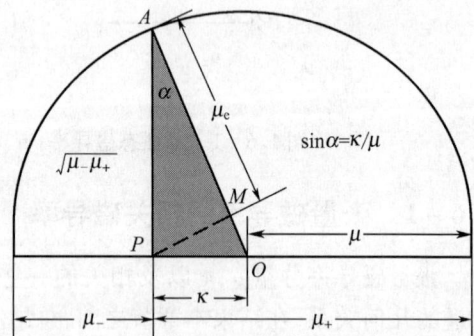

图 1.6-2　6 个相关磁导率的几何关系

$$\frac{\mu_e}{\sqrt{\mu_- \mu_+}} = \frac{\sqrt{\mu_- \mu_+}}{\mu}, \quad \mu_e = \frac{\mu_+ \mu_-}{\mu} = \frac{\mu^2 - \kappa^2}{\mu} \tag{1.6-7}$$

1.7　去磁态磁导率

1.7-1　唯象理论

所谓去磁态就是铁氧体内磁畴方向杂乱分布,整体上磁矩 $|M|=0$,但每个畴内 $|M|=|M_s|$。一对 z 方向反平行畴,其张量磁导率为

$$\boldsymbol{\mu}(z) = \begin{bmatrix} \sqrt{\mu_p} & 0 & 0 \\ 0 & \sqrt{\mu_p} & 0 \\ 0 & 0 & 1 \end{bmatrix}$$

其中,非对角分量由于反平行畴而变成零;对垂直于自发磁化平面内正负圆极化磁导率的几何平均值 $\mu_p = \sqrt{\mu_+ \mu_-} = \sqrt{\mu^2 - \kappa^2}$。

同样对 $\pm y$ 和 $\pm x$ 向的反平行畴,其张量磁导率分别为

$$\boldsymbol{\mu}(y) = \begin{bmatrix} \sqrt{\mu_p} & 0 & 0 \\ 0 & 1 & 0 \\ 0 & 0 & \sqrt{\mu_p} \end{bmatrix}, \quad \boldsymbol{\mu}(x) = \begin{bmatrix} 1 & 0 & 0 \\ 0 & \sqrt{\mu_p} & 0 \\ 0 & 0 & \sqrt{\mu_p} \end{bmatrix}$$

去磁态磁导率被认为是三坐标轴方向反平行畴对磁导率贡献的统计平均,在忽略磁畴内的各向异性场和畴壁退磁场的情况下,把张量分量在各方向求平均,则得去磁态的磁导率(图 1.7-1):

$$\boldsymbol{\mu}_d = \begin{bmatrix} \mu_d & 0 & 0 \\ 0 & \mu_d & 0 \\ 0 & 0 & \mu_d \end{bmatrix} \tag{1.7-1a}$$

而对 z 方向的反平行畴,其磁导率为 1,分布概率为 1/3;对平行方向磁导率 μ_p 而言,其分布概率为 2/3,其磁导率 $\mu_p = \sqrt{1-p^2}$,每个磁畴的外场趋于 0,故 $\mu = 1$,$\kappa = \omega_m/\omega = p$。所以去磁态的磁导率 μ_d 由三种方向的反平行畴的统计平均值求得:

$$\mu_d = \frac{1}{3} + \frac{2}{3} \sqrt{1-p^2} \tag{1.7-1b}$$

对部分磁化态铁氧体中,保留一部分反平行畴,局部磁化区沿磁化场 H_0 从优趋向,使整体部分磁化,所以其对角分量:

$$\kappa = p \frac{M}{M_s} \qquad\qquad (1.7-2a)$$

而对角分量的经验公式:

$$\mu(M) = \mu_d + (1 - \mu_d)\left(\frac{M}{M_s}\right)^q \qquad\qquad (1.7-2b)$$

式中: q 为拟合因子; M/M_s 为饱和度; $M/M_s = 0$, 非磁化态(退磁态), $\mu(M) = \mu_d$, $M/M_s = 1$, 饱和态时, $q = 3/2$, $\mu(M) = 1$(图 1.7-2)。

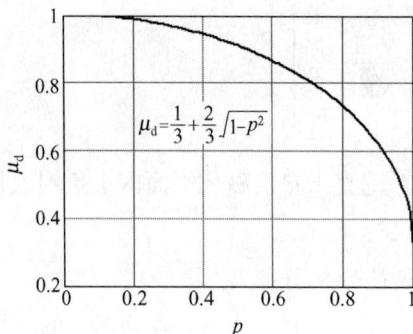

图 1.7-1　去磁态磁导率 $\mu_d - p$ 　　　图 1.7-2　部分磁化态 $\mu(M) - M/M_s$

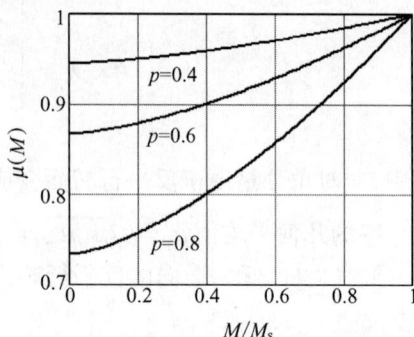

不管怎样,根据式(1.7-1b)和磁化饱和度(M/M_s),可算出部分磁化态张量磁导率 μ, κ 值(实部)。

对 μ 的虚部 μ'' 问题,计算比较复杂,其与退磁态 μ_d 的虚部 μ''_d 相当,对于退磁态,由于各磁畴的铁磁共振频率 ω_r 不同,磁畴趋向不同,通过两次平均求出:

$$\mu''_d = \frac{2}{3}\langle \chi''(\omega_r)\rangle = \frac{2\alpha}{3p}\ln\frac{1}{(1-p^2)} \qquad\qquad (1.7-2c)$$

1.7-2　去磁态磁导率的统计理论

多晶材料内部由大小不同、趋向不同的晶粒组成,由于晶界、气孔边界和畴壁的磁荷对进动的影响,使张量磁导率发生变化,由于它是杂乱无章的无序不规则系统,只能用统计理论来探讨这个问题(图 1.7-3)。

去磁状态下,样品内存在着各种方向的反平行畴,今观察 $\pm z$ 方向的反平行畴,如图 1.7-3 所示,虽然无外磁场 H_0 作用,但由于晶体各向异性场 H_A 存在,在畴内磁化矢进动过程中受到 x 方向畴壁退磁场影响,这些场的存在,参考图 1.4-1 的方形薄片形状对铁磁共振的影响,畴的磁化率为

$$\chi_{xd} = e_0\frac{\omega_m\omega_r}{\omega_r^2 - \omega^2}, \quad \chi_{yd} = \frac{1}{e_0}\left(\frac{\omega_m\omega_r}{\omega_r^2 - \omega^2}\right) \qquad\qquad (1.7-3)$$

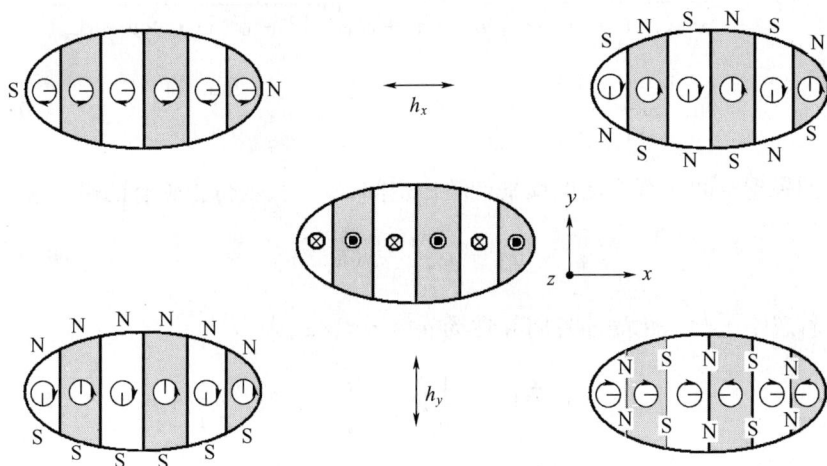

图 1.7 - 3　旋转椭球体样品内的反平行畴进动受到畴壁和样品退磁场影响

其均值：$\langle \chi_{\mathrm{d}} \rangle = \sqrt{\chi_{x\mathrm{d}}\chi_{y\mathrm{d}}} = \dfrac{\omega_{\mathrm{m}}\omega_{\mathrm{r}}}{\omega_{\mathrm{r}}^2 - \omega^2} = \chi(\omega_{\mathrm{r}})$

ω_{r} 为片状畴的铁磁共振频率，对孤立的 z 向畴为

$$\omega_{\mathrm{r}} = \gamma \sqrt{H_{\mathrm{A}}(H_{\mathrm{A}} + M)}$$

进动到 y 方向还受到颗粒的形状退磁场的影响，因而 ω_{r} 有一分布范围，它在 $0 \sim \Omega = \omega_{\mathrm{A}} + \omega_{\mathrm{m}}$ 之间，可以求其均值：

$$\overline{\chi(\omega_{\mathrm{r}})} = \int_0^1 \chi(\overline{\omega}_{\mathrm{r}})D(\overline{\omega}_{\mathrm{r}})\mathrm{d}\overline{\omega}_{\mathrm{r}} \qquad (1.7 - 4)$$

归一化值为 $\overline{\omega}_{\mathrm{r}} = \omega_{\mathrm{r}}/\Omega, D(\overline{\omega}_{\mathrm{r}})$ 为分布函数：

$$D(\overline{\omega}_{\mathrm{i}}) = \begin{cases} \dfrac{2\overline{\omega}_{\mathrm{r}}}{\overline{\omega}_{\mathrm{A}}} & (0 \leqslant \overline{\omega}_{\mathrm{r}} \leqslant \overline{\omega}_{\mathrm{A}}) \\[3mm] \dfrac{2(\overline{\omega}_{\mathrm{r}} - 1)}{\overline{\omega}_{\mathrm{A}} - 1} & (\overline{\omega}_{\mathrm{A}} \leqslant \overline{\omega}_{\mathrm{r}} \leqslant 1) \end{cases}$$

$$\chi(\overline{\omega}_{\mathrm{r}}) = \dfrac{\overline{\omega}_{\mathrm{m}}\overline{\omega}_{\mathrm{r}}}{\overline{\omega}_{\mathrm{r}}^2 - \overline{\omega}^2} \qquad \overline{\omega}_{\mathrm{m}} = \omega_{\mathrm{m}}/\Omega \qquad \overline{\omega} = \omega/\Omega$$

对 Ω 进行归一化处理，Ω 称为最大自然共振频率。最后求出由于磁畴的自然共振频率不同，z 方向磁畴的平均磁化率为

$$\overline{\chi(\omega_r)} = \frac{p}{\sigma_A(p+\sigma_A)}\ln\frac{1-\sigma_A}{1+\sigma_A} - \frac{1}{p+\sigma_A}\ln\frac{(1+\sigma_A)(1-p-\sigma_A)}{(1-\sigma_A)(1+p+\sigma_A)} +$$

$$\ln\frac{1-(p+\sigma_A)^2}{1-\sigma_A^2} \qquad (1.7-5)$$

如果把空间所有方向的反平行畴作空间平均,就获得去磁态的磁导率:

$$\mu_d = 1 + \frac{2}{3}\overline{\chi(\omega_r)} \qquad (1.7-6)$$

若忽略了归一化晶体各向异性场 $\sigma_A = \gamma H_A/\omega$,则

$$\mu_d = 1 - \frac{2}{3}\Big[2 + \frac{1}{p}\ln\frac{1-p}{1+p} - \ln(1-p^2)\Big] \qquad (1.7-7)$$

以上是考虑了晶体的各向异性场和畴壁退磁场的影响,得到去磁态磁导率 μ_d 的实部 μ',对不同 σ_A 值做出 $\mu_d - p$ 曲线,如图 1.7-4 和图 1.7-5 所示。当 $\sigma_A = 0, 0.1, 0.2, 0.3$ 时,由图 1.7-5 可见,随着 σ_A 的增大,曲线偏离 $\mu_d = 1$ 下移。

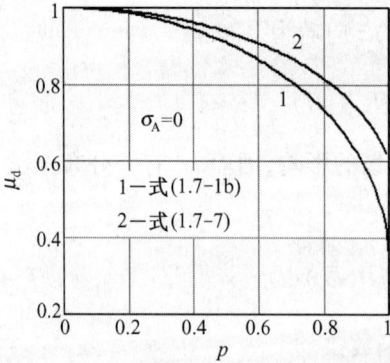

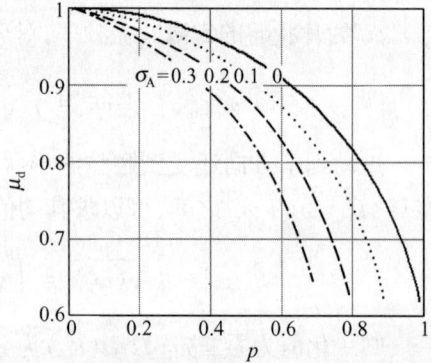

图 1.7-4　去磁态磁导率 $\mu_d - p$ 曲线　　图 1.7-5　去磁态磁导率 $\mu_d - p$ 受 σ_A 的影响

1—简单统计模型;2—统计模型结果。

1.7-3　自然共振损耗

更重要的是求去磁态磁导率的虚部 μ''_d,因为它决定了移相器的零场损耗大小。和求实部情况相类似,先求不同自然共振频率 $\overline{\omega}_r$ 下, $\chi''(\overline{\omega}_r)$ 的统计平均:

$$\langle\chi''_d\rangle = \frac{\omega_m\omega_\alpha(\omega_r^2+\omega^2)}{(\omega_r^2-\omega^2)^2} = \chi''(\overline{\omega}_r)$$

$$\overline{\chi''(\omega_r)} = \int_0^1 \chi''(\overline{\omega}_r) D(\overline{\omega}_r) \mathrm{d}\overline{\omega}_r = \frac{p}{p + \sigma_A}\left[\frac{1}{\sigma_A}\ln(1 - \sigma_A^2) - \right.$$

$$\left. \frac{1}{p}\ln\frac{1 - (p + \sigma_A)^2}{1 - \sigma_A}\right] \tag{1.7-8}$$

去磁态磁导率的虚部:

$$\mu''_d = \frac{2}{3}\overline{\chi''(\omega_r)} = \frac{2\alpha p}{3(p + \sigma_A)}\left[\frac{1}{\sigma_A}\ln(1 - \sigma_A^2) - \right.$$

$$\left. \frac{1}{p}\ln\frac{1 - (p + \sigma_A)^2}{1 - \sigma_A^2}\right] \tag{1.7-9}$$

忽略了各向异性场 $\sigma_A \to 0$,则

$$\mu''_d = \frac{2\alpha}{3p}\left|\ln\frac{1}{1 - p^2}\right| \tag{1.7-10}$$

式中: α 为进动方程中的阻尼系数。

对比零场饱和磁化率公式:

$$\chi''_0 = \frac{\omega_m \omega_r}{\omega^2} = \alpha p, \quad \mu''_0 = \chi''_0 \tag{1.7-11}$$

χ''_0 与 p 是线性关系,而 χ''_d 与 p 是非线性关系,如图 1.7-6 所示。$\chi''_0/\alpha - p$ 是线性关系,而 $\chi''_d/\alpha - p$ 是非线性关系。当 $\sigma_A = 0$ 时,曲线 μ''_d/α 与直线 μ''_s/α 交于 $p = 0.76$ 处,其零场损耗相同,$p > 0.76$ 处,去磁态的零场损耗大于饱和态的零场损耗,说明零场工作器件的归一化磁矩取值 $p \leq 0.76$,可以避免零场损耗。

随着 σ_A 的增加,$\sigma_A = 0.1, 0.2, 0.3$,其交点的 p 值下移,$\sigma_A = 0.1, p = 0.6$; $\sigma_A = 0.2, p = 0.45$;$\sigma_A = 0.3, p = 0.3$。如果测出了去磁态的 μ''_d,可根据材料对应的 p 值($p = \gamma M/\omega$)及 σ_A 值,求出阻尼系数 α 值。由此推论材料的本征线宽 ΔH_0 或内禀线宽 ΔH_i。

$$\Delta H_0 = \frac{2\alpha\omega}{\gamma} \tag{1.7-12}$$

在共振区,ΔH 值是直接测得的,它仅能反映共振区损耗大小;而在零场情况下,直接测出的是 μ''_d 和 α,而倒推 ΔH_0 值。内禀线宽更能反映材料零场损耗的大小或低场器件损耗大小,有时用有效线宽 ΔH_e 来表示,ΔH 和 ΔH_0(或 ΔH_i)相差可达 5 倍之多,如 $\Delta H = 10 \times 1/4 \pi (\mathrm{kA/m})$,而 $\Delta H_0 = 2 \times 1/4 \pi (\mathrm{kA/m})$。去磁态磁导率 μ''_d 如图 1.7-7 所示。

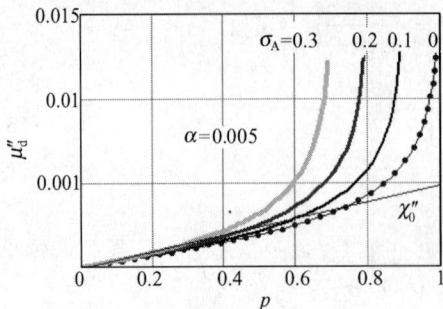

图 1.7-6　去磁态磁导率 μ''_d；
零场饱和磁化率 χ''_0

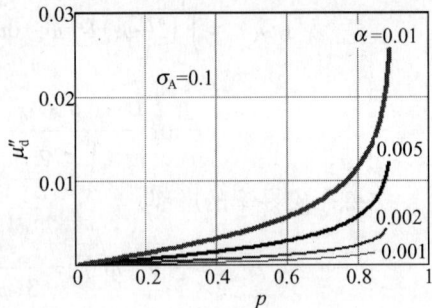

图 1.7-7　去磁态磁导率 μ''_d

1.8　部分磁化状态与零场损耗

去磁态属于磁无序态,而磁化饱和态属于磁有序态,部分磁化态则属于有序/无序混合态。由去磁态到饱和态范围内,内场为零的情况下,随着磁化饱和度不同,其损耗也不同。

$$\mu''(M) = \mu''_\mathrm{d} + (\mu''_\mathrm{s} - \mu''_\mathrm{d})\left(\frac{M}{M_\mathrm{s}}\right)^q \qquad (1.8-1)$$

当 $\sigma_\mathrm{A} = 0$，q 为零场损耗拟合因子，$q = 0.9$，忽略晶体各向异性场 H_A ($\sigma_\mathrm{A} \to 0$)时:

$$\mu''(M) = \frac{2\alpha}{3p}\ln\frac{1}{1-p^2}\left(1 - \frac{M}{M_\mathrm{s}}\right)^q + \alpha p\left(\frac{M}{M_\mathrm{s}}\right)^q \qquad (1.8-2)$$

M 表示磁化饱和状态，$M = 0 \to M_\mathrm{s}$ 之间，令 $m = M/M_\mathrm{s}$，如果无外磁场 $M = M_\mathrm{r}$ 的剩磁情况，当 $\sigma_\mathrm{A} \neq 0$ 时:

$$\mu''(M) = \frac{2\alpha p}{3(p + \sigma_\mathrm{A})}\left[\frac{1}{\sigma_\mathrm{A}}\ln(1 - \sigma_\mathrm{A}^2) - \frac{1}{p}\ln\frac{1 - (p + \sigma_\mathrm{A})^2}{1 - \sigma^2}\right](1 - m)^q + \alpha p m^q$$

$$(1.8-3)$$

$\mu''(M)$ 随 α，p 的变化曲线见图 1.8-1 和图 1.8-2。图 1.8-1 反映了零场损耗随磁化变化规律,当 $p = 0.8$ 时,零场损耗 $\mu''(M)$ 大,随磁化值 m 增大而下降,而 $p = 0.5$ 时,零场损耗小,$\mu''(M)$ 随磁化 m 增大而稍有增加;图 1.8-2 为不同 α 值 $\mu'' - m$ 曲线,当 $p = 0.6$，$\delta_\mathrm{A} = 0.1$ 时,μ'' 值比较平直。

图 1.8-3 为当 $\alpha = 0.005$，$\sigma_\mathrm{A} = 0.02$ 时,计算 $\mu'' - m$ 在不同 p 值下的变化。当 $p \to 0.9$ 时,与 $p = 0.4$，0.5，0.8 比较,损耗 μ'' 大增,这和图 1.7-6 是一致的。

20

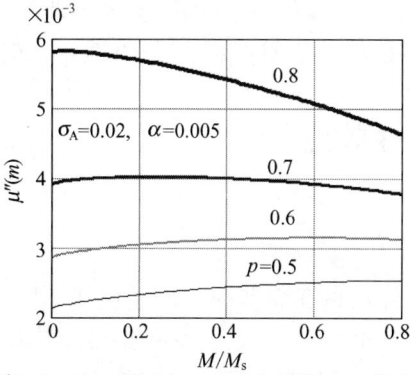

图 1.8 - 1 $\mu''(p) - m, \alpha = 0.005, \sigma_A = 0.02$

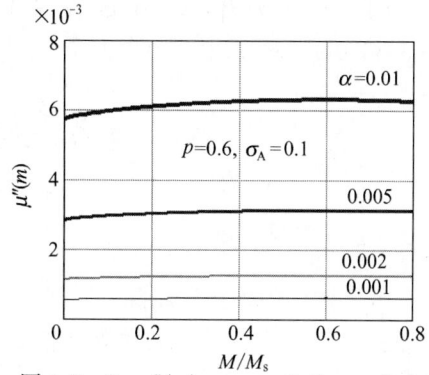

图 1.8 - 2 $\mu''(\alpha) - m, p = 0.6, \sigma_A = 0.1$

（其中 $m = M/M_s$）

图 1.8 - 4 为零场损耗在不同 p 值下的实验结果,当 $p = 0.89$ 时,$\mu''(M)$ 值偏高,实验的结果可同图 1.8 - 3 结果类比。

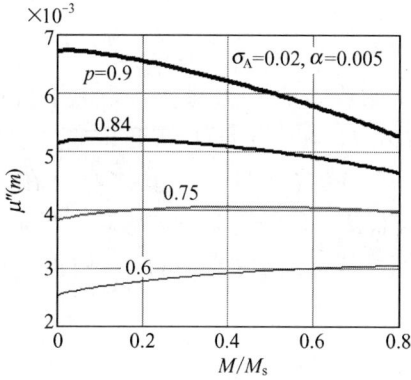

图 1.8 - 3　$p = 0.6, 0.75, 0.84, 0.9$ 的零场损耗

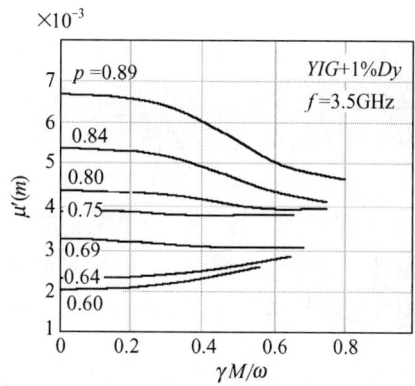

图 1.8 - 4　零场损耗实验结果

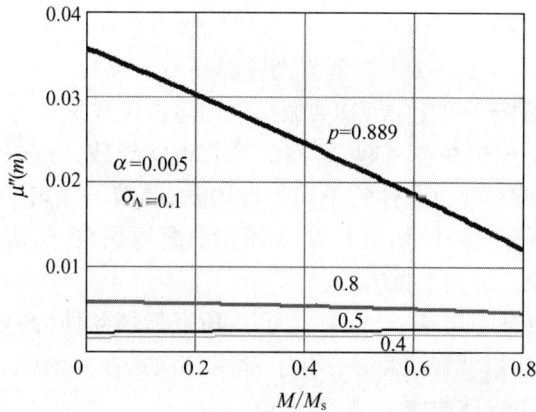

图 1.8 - 5　$\sigma_A = 0.1$ 零场损耗,$p \rightarrow 0.9$ 损耗大增

图 1.8 – 5 为当 $\alpha = 0.005, \sigma_A = 0.1$ 时,计算 $\mu'' - m$ 在不同 p 值下的变化。当 $p \rightarrow 0.9$ 时,与 $p = 0.4, 0.5, 0.8$ 比较,损耗 μ'' 大增,这和图 1.7 – 6 是一致的。

1.9　非线性效应

1.9 – 1　自旋波

铁氧体中的磁矩进动除一致进动模式外还存在着非一致进动模式,其中自旋波就是其中的一种非一致进动模式。由于电子无磁矩束缚在晶格点阵位置上,点阵常数 $a \approx 10^{-7}\text{cm}$,元磁矩之间存在着近程相互作用——交换作用。所以铁氧体中元磁矩受到外加磁场、退磁场和交换作用场的作用,自旋波频谱为

$$\omega_k = \left[(\omega_0 - N_z\omega_m + \omega_{ex})(\omega_0 - N_z\omega_m + \omega_{ex} + \omega_m\sin^2\theta_k) \right]^{1/2}$$

$$(1.9 – 1)$$

式中:$\omega_0 = \gamma H_0, \omega_{ex} = \gamma H_{ex}a^2k^2$,其中 $H_{ex} = 4AS^2/Ma^2, k$ 为自旋波波数 $(1/\lambda_s)$(单位长度波长数),k 为 $10^3/\text{cm} \sim 10^6/\text{cm}, S$ 为自旋磁量子数,A 为邻近电子间的交换积分常数;θ_k 为自旋波传播方向和外磁场 H_0(在 z 方向)的夹角;

图 1.9 – 1 为自旋波的波谱曲线,整个自旋波频率 $\omega_k \sim$ 波数 k,落在上支($\theta_k = 90°$)和下支($\theta_k = 0°$)抛物线中间,波长 $\lambda_k(1/k)$ 越短,ω_k 越高。当 $k \rightarrow 0$,相当一致进动情况 $\omega_k = \omega_0 - N_zM = \omega_r$(圆柱样品的共振频率);$k \rightarrow 0, 0 < \theta_k < 90°$,当球状样品中自旋波频率分布于:

$$(\omega_0 - \omega_m/3) \leqslant \omega_k \leqslant \sqrt{(\omega_0 - \omega_m/3)(\omega_0 + 2\omega/3)}$$

小球共振频率 ω_0 处于 ω_k 的上下限之间;当 $k \rightarrow 0, \theta_k = 90°$,细圆棒样品:

$$\omega_k = \sqrt{\omega_0(\omega_0 + \omega_m)} = \omega_0 + \omega_m/2 + \delta \qquad (1.9 – 2)$$

而一致进动频率 $\omega_r = \omega_0 + \omega_m/2$,所以圆柱样品 $\omega_r < \omega_k$。

上述几种典型样品的情况,其共振频率均落在长波长(k 小)自旋波波谱内,它和静磁波 SMW 谱简并在一起,频谱的简并现象导致一致进动能量消耗传递给自旋波。自旋波再通过晶体的不均匀性因素,晶粒不均匀,气孔等散射中心,把能量传递给晶格热振动,如图 1.9 – 1 所示。所以晶粒、气孔、杂质等成为低 k 自旋波的散射中心,加大了 ΔH。

高频区,一致进动与高 ω_k 自旋波简并,所以低场器件(高频工作)的损耗是高 k 自旋波或短波长自旋波简并作用。晶格弛豫是损耗的主要原因,快弛豫离子在晶格中成为主要散射源。

在低频区(高场工作情况),工作频率(一致进动频率)落在 $\omega_k(\theta_k = 0)$ 频谱

第
1
编

基
本
理
论

线下方,不存在自旋波简并,可以获得低损耗。

自旋波传播很复杂,有驻波形式存在(图 1.9－2);有 θ_k 方向的自旋波(图 1.9－3);有磁化方向传播的自旋波(图 1.9－4)等。

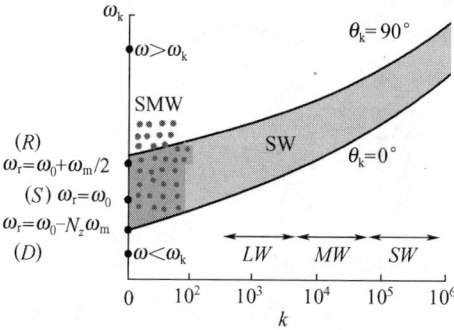

图 1.9－1　自旋波的波谱曲线
SMW 为静磁波区;SW 为自旋波区。

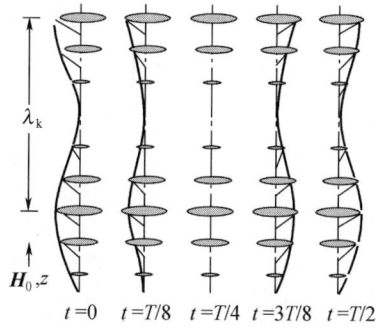

图 1.9－2　磁化方向传播的自旋波驻波

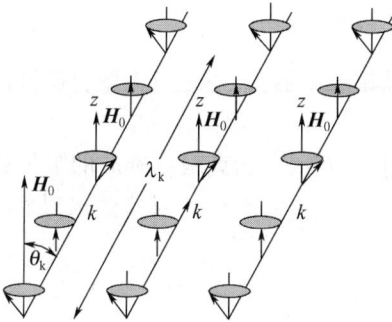

图 1.9－3　θ_k 方向传播的自旋波

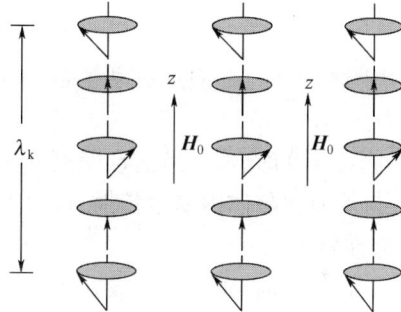

图 1.9－4　磁化方向传播的自旋波

1.9－2　一致进动的散射机制

如图 1.9－5 所示,电磁场 h 激发出一致进动 m_0,其能量直接耦合到晶格点阵,或经过二次耦合渠道 $T_{01} \to T_{1L}$,$T_{02} \to T_{2L}$,$T_{0k} \to T_{kL}$。

1.9－3　第一类非线性效应

从图 1.9－5 所示,一致进动把能量传递给晶格振动的途径有两种:一是直接传递,一致进动把能量传给晶格;二是间接传递,经过与各种可能的自旋波 ω_k 的耦合,再通过二次散射,自旋波与晶格的弛豫过程变成晶格热振动而消耗一致进动能量。这种过程在常态时就存在,只不过自旋波在现行状态下,即低功率激发状态下,自旋波振幅不大,不至于造成损耗的非线性增长。若高

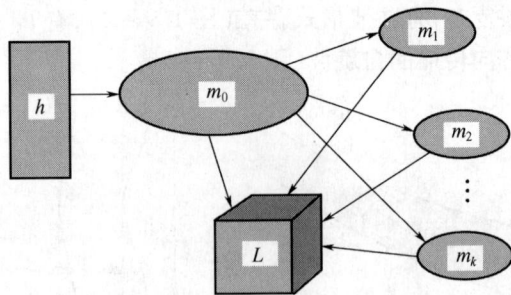

图 1.9 - 5 一致进动的散射机制

频场 h 足够大，超过某一临界场 h_c（即 $h > h_c$），则一致进动能量传递给自旋波能量呈非线性增长态势。当高频场 $h < h_c$ 情况，一致进动角幅度 θ_0 不大，自旋波进动幅度 θ_k 也不大，即在常态情况下，自旋波处于阻尼进动状态，即自旋波传递形态为

$$m_k = m_k(r) e^{j\omega_k t + At} \qquad (1.9-3)$$

当 $A < 0$ 时，为阻尼进动状态，一致进动幅度不够大，不足以克服自旋波的阻尼力。

当 $A = 0$ 时，即一致进动幅度 θ_0 已达到 $0 - k$ 耦合能克服自旋波的阻尼运动时，自旋波在晶体内稳定传播，这时的 $\theta_0 = \theta_c$（θ_c 为临界角），对应的激励场 $h = h_c$ 为临界场。

当 $A > 0$ 时，即 $h > h_c$ 或 $\theta_0 > \theta_c$ 时，自旋波运动呈指数增长，随 h 增大，A 值越大，由于自旋波幅度呈非线性增长，$0 - k$ 耦合也随之增大，这就是高功率非线性损耗的机理所在。

临界场 h_c 的大小与磁化场 H_0 大小、高频场激励方式、自旋波传播方向 θ_k 等有关。从根本上说，要研究自旋波运动方程解来解决。为简单起见，可引入自旋波弛豫和相关的自旋波线宽 ΔH_k，因为它与临界场 h_c 相关：

$$\Delta H_k = \frac{2\alpha_k \omega_k}{\gamma} \qquad (1.9-4)$$

式中：α_k 和 ω_k 分别为波数为 k 的自旋波的阻尼系数和自旋波频率。自旋波线宽反映了铁氧体材料的高功率性质，因为它与临界场 h_c 呈比例关系，ΔH_k 大，临界场 h_c 也大；反之则小。

当出现高功率非线性损耗时（$h > h_c$），器件的插损比低功率状态的插损高很多，例如某器件在低功率状态的插损为 0.4dB，当 $h \gg h_c$ 时，可能出现 1dB ~ 3dB，甚至更大。临界场的计算非常复杂，与激励场方式 $h /\!/ H_0$ 或 $h \perp H_0$，自旋波

频率 ω_k 和传播方向 θ_k，磁化场 H_0 大小及磁化矩 p 大小，磁化态等因素有关。

1. 平行场激发 $h /\!/ H_0$

在研究 $\omega_k = \omega/2$，$\theta_k = 90°$ 的情况，即垂直于 H_0 方向传播的自旋波，可获得最低的临界场：

$$h_{c\,\min} = \frac{\omega}{\omega_M}\Delta H_k = \frac{\Delta H_k}{p} \qquad (1.9-5)$$

此时临界场 $h_c/\Delta H_k$ 和归一化内磁场 σ 的关系曲线如图 1.9-6 所示。当 H_0 由 $0-H_e$ 时，h_c 随 H_0 增大而下降，到 H_e 处达最小值 $h_{c\,\min}$。当 $H_0 > H_e$ 时，h_c 快速上升。H_e 处标志副峰出现的磁化场，它随 p 值大小而变，p 值大，$\sigma \to 1$ 向共振处靠近，而 h_c 越低。图 1.9-6 中，$\sigma = \gamma H_0/\omega$ 为 $0.7 \sim 1.0$。

平行场激发在器件中往往存在，如带线环行器中，内导体边缘会出现 $h_{/\!/}$ 的场结构；双模器件中或剩磁开关器件中或多或少均有 $h_{/\!/}$ 场出现。

2. 垂直场激发 $h \perp H_0$

（1）副峰共振，当 $\omega_k = \omega/2$，$\omega_r \neq \omega$ 时，出现一次非线性效应，出现在外磁场低于铁磁共振场，这时有较低的临界场：

$$h_c = \frac{\Delta H_k}{\omega_m}[(\omega_r - \omega)^2 + (\alpha\omega)^2]^{1/2} g(\theta_k) \qquad (1.9-6)$$

式中

$$g(\theta_k) = \{\sin\theta_k\cos\theta_k[\omega + (\omega_m^2\sin^4\theta_k + \omega^2)^{1/2} - \omega_m\sin^2\theta_k]\}^{-1}$$

$$= [\sin\theta_k\cos\theta_k(1 + e_k)]^{-1} \qquad (1.9-7)$$

其中

$$e_k = \left[\frac{\omega_m^2}{\omega^2}\sin^4\theta_k + 1\right]^{1/2} - \frac{\omega_m}{\omega}\sin^2\theta_k$$

式中：e_k 为自旋波的椭圆率，它与传播方向 θ_k 有关。所以计算最小临界场 $h_{c\,\min}$ 是很复杂的，因为它与 θ_k 有关，必须找到 $g(\theta_k)$ 的最小值。当 $\theta_k = 0$ 或 $\theta_k = 90°$ 时，恰巧是 $g(\theta_k)$ 的最大值，最小值只能在 $\theta_k = 45°$ 附近寻找。与此同时，假定 $\alpha = 1$，$\omega_r = 0.7\omega$，$\omega_m/\omega = 1$ 时，$e_k = 0.618$，$g(45°) = 1.236$，由式（1.9-6），求出 $h_c/\Delta H_k = 0.39$。为全面考虑，可求出 $h_c/\Delta H_k - \gamma H_0/\omega$ 曲线，如图 1.9-6 所示。

根据一次非线性效应条件 $\omega_k = \omega/2$，代入自旋波频谱公式，得出交换频率 ω_{ex} 项：

$$\omega_{ex} = \frac{1}{2}[\omega_m^2\sin^4\theta_k + \omega^2]^{1/2} - \frac{1}{2}\omega_m\sin^2\theta_k - \omega_0 + N_z\omega_m \qquad (1.9-8)$$

图 1.9-7 表示正常的铁氧共振曲线，和出现非线性效应的铁磁共振曲线出现主峰饱和吸收和出现副峰吸收现象。

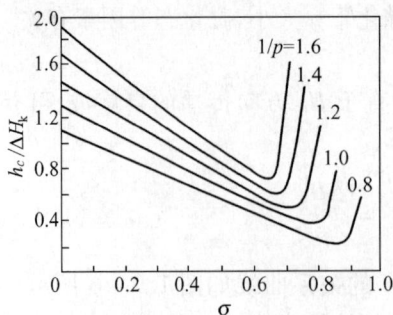

图1.9-6　临界场$h_c/\Delta H_k$和
归一化内磁场σ关系曲线

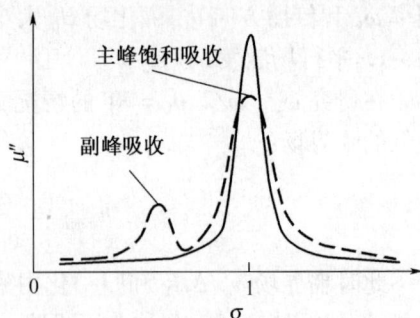

图1.9-7　一次非线性效应(副峰吸收)和
二次非线性效应(主峰饱和吸收)

当ω_0增加时,$\omega_{ex}=0$,可能使波数$k=0$,这提供了副峰共振的门限值。当ω_0继续上升,ω_{ex}变成负值时,则不存在k的实数值和自旋波及其副峰共振条件,这时临界场$h_c/\Delta H_k$曲线斜率上升。

(2) 重合共振情况,$\omega_k=\omega/2$,$\omega_r=\omega$,这时临界场场公式为

$$h_c = \frac{\Delta H \Delta H_k}{M_s(1+e_k)} \qquad (1.9-9)$$

比起单纯的副峰共振具有更低的h_c,因为这时一致进动充分激发,处于共振态。

(3) 主峰饱和吸收——二次非线性过程。这时$\omega_k=\omega=\omega_r$,其临界场强为

$$h_c = \frac{\Delta H}{2}\left(\frac{\Delta H_k}{M_s}\right)^{1/2} \qquad (1.9-10)$$

出现饱和吸收时,铁磁共振吸收峰随$h>h_c$而下降。这时共振隔离器的隔离比变差。

(4) 去磁态的临界场公式。因为去磁态各磁畴方向相对于外加交变场方向都不一致,这时既不是平行场激励,也不是垂直场激励所能解决的问题,这是一个复杂的统计问题。在零场时,$\omega_0/\omega=0$,图1.9-6中,其相对临界场为

$$\frac{h_c}{\Delta H_k} = \left(p - \frac{p^2}{4} + \frac{3p^3}{32} - \frac{13p^4}{512}\right)^{-1} \qquad (1.9-11)$$

综上所述,第一类非线性效应,即高功率非线性效应的出现,给器件损耗带来负面影响,随着峰功率增加,当场强超过临界值$h \geqslant h_c$时,器件插损剧增,虽然不能定量计算出插损值,但可指导器件如何防止或避免这类非线性效应的发生,可以从选材料和改变工作磁场等方面考虑。

① 高场工作器件可以避免高功率非线性,因为工作频率ω与ω_k不存在简并,如图1.9-8(a)所示。

第1编　基本理论

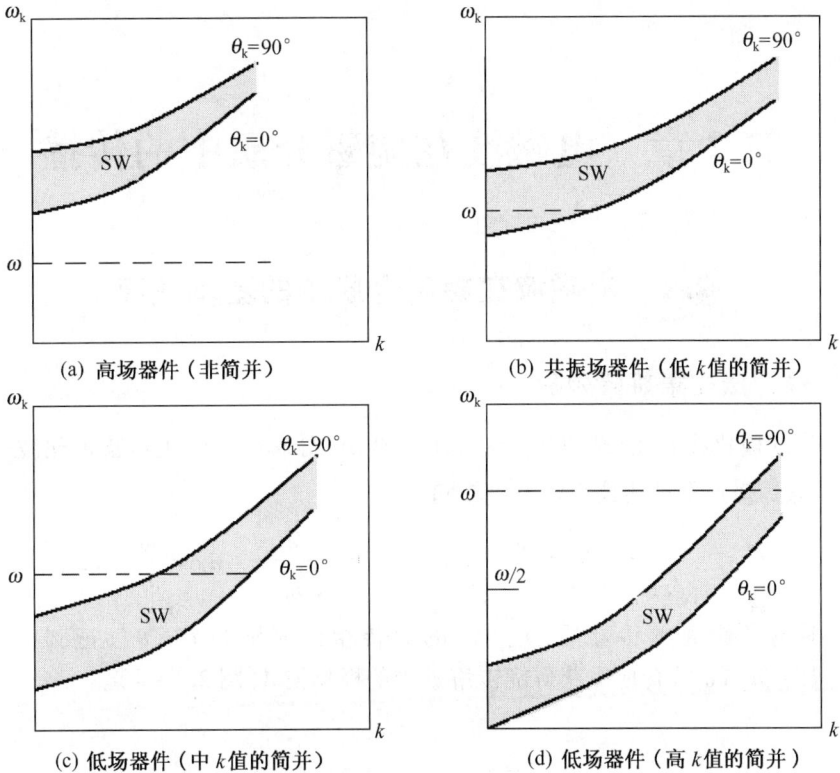

(a) 高场器件（非简并）

(b) 共振场器件（低 k 值的简并）

(c) 低场器件（中 k 值的简并）

(d) 低场器件（高 k 值的简并）

图 1.9 – 8　ω, ω_k 的简并

② 共振场器件，ω 与 ω_k 存在着低 k 值的简并，如图 1.9 – 8(b) 所示，除增加材料的 $\Delta H, \Delta H_k$ 外，采取薄样品 $N_z = 1$，ω 与 ω_k 的简并仅发生在 $\theta_k = 0$ 曲线附近，减少出现非线性效应概率。另外，材料的细晶粒，可以减少低 k 自旋波的散射概率，高功率材料晶粒 $d < 2 \mu m$。

③ 低场器件，如图 1.9 – 8(c) 所示，这时 $\omega_k = \omega / 2$，一次效应和 $\omega_k = \omega$ 二次效应均可发生，$h_{c\,min}$ 值出现在 ω_0 / ω 较大处，低场器件工作磁场应尽量低，ω_0 / ω 尽量小，$\omega_0 / \omega \rightarrow 0$ 时，有较高的 $h_c / \Delta H_k$。如图 1.9 – 8(d) 所示，当 ω_0 / ω 很小时，$\omega_k = \omega / 2$ 和 $\omega_k = \omega$ 的简并概率均小，而且简并频率的 k 值均大，采用掺有快弛豫离子，Gd、Ho、Tb 的 YIG 铁氧体材料，可以大大增加 ΔH_k 值，ΔH_k 值可从 $\Delta H_k = 2 / 4\pi (kA/m)$ 增加到 $\Delta H_k = 30 / 4\pi (kA/m)$，把 h_c 提高 15 倍，意味着功率可以提高 225 倍。

另外一点就是低损耗铁氧体材料的晶粒尺寸较大（如 $d = 30 \mu m$），若简并作用发生在长波长处（k 较小）、低功率状态下，自旋波散射中心减小，保证了低场工作低损耗的特点，但增大了高功率状态下非线性损耗。

第2章 电磁波在旋磁介质中的传播

2.1 电磁波在旋磁介质中的基本效应

2.1-1 法拉第旋转效应

当线极化波 A_y 沿 H_0 方向传播 $(H_0 /\!/ z)$，A_y 分解成一对正负圆极化波 $(A_+,$ $A_-)$，其传播速度和传播常数各不相同。

$$V_+ = \frac{c}{\sqrt{\varepsilon\mu_+}} \quad \beta_+ = \frac{\omega}{c}\sqrt{\varepsilon\mu_+} \quad V_- = \frac{c}{\sqrt{\varepsilon\mu_-}} \quad \beta_- = \frac{\omega}{c}\sqrt{\varepsilon\mu_-}$$

通过 l 距离的传播后，A_+，A_- 的旋转相位分别为 θ_+，θ_-，把圆极化矢 $A_+(\theta_+)$、$A_-(\theta_-)$ 合成后获得旋转角 ϕ 中的极化矢 A（图 2.1-1）。

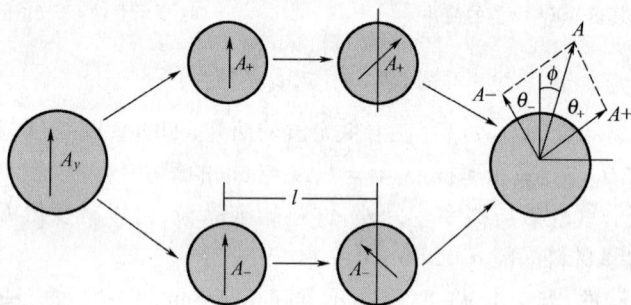

图 2.1-1 法拉第旋转

$$\phi = \frac{1}{2}(\beta_+ - \beta_-)l = \frac{\beta l}{2}\left(\sqrt{1 + \kappa/\mu} - \sqrt{1 - \kappa/\mu}\right) = 0.5\beta L \frac{\kappa}{\mu}$$

$$(2.1-1)$$

式中：ϕ 为法拉第旋转角，其旋向为绕 H_0 左旋（低场工作情况），高场情况旋向相反。

沿 z 轴传播，不同位置极化旋转情况如图 2.1-2 所示。

上述分析把 A_+，A_- 视为简正波，其传播方程为

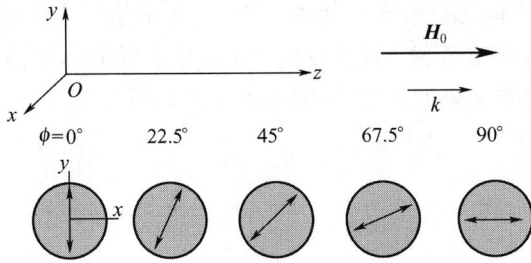

图 2.1-2 法拉第旋转角沿 z 轴传播

$$\frac{\mathrm{d}A_+}{\mathrm{d}z} = -\mathrm{j}\beta_+ A_+, \qquad \frac{\mathrm{d}A_-}{\mathrm{d}z} = -\mathrm{j}\beta_- A_- \qquad (2.1-2)$$

通过变换可转为耦合波方程:

$$\frac{\mathrm{d}A_x}{\mathrm{d}z} = -\mathrm{j}\beta A_x - k_f A_y, \qquad \frac{\mathrm{d}A_y}{\mathrm{d}z} = k_f A_x - \mathrm{j}\beta A_y \qquad (2.1-3)$$

其中,$\beta = \dfrac{\omega}{c}\sqrt{\varepsilon\mu}, k_f = \dfrac{\beta}{2}\dfrac{\kappa}{\mu}$。其解为

$$A_y(z) = \cos(k_f z)\mathrm{e}^{-\mathrm{j}\beta z}, \qquad A_x(z) = -\sin(k_f z)\mathrm{e}^{-\mathrm{j}\beta z}$$

其振幅随 z 可变。传播常数中出现耦合项 k_f 代表 A_x 和 A_y 之间的耦合大小,为传播单位长度的法拉第旋转角 ϕ/l。

2.1-2 双折射效应

若电磁波在 x 方向传播,H_0 // z 轴(图 2.1-3)$A_\perp$ // y 轴,$A_{/\!/}$ // x 轴,这时的传播方程为

$$\frac{\mathrm{d}A_\perp}{\mathrm{d}z} = -\mathrm{j}\beta_\perp A_\perp,$$

$$\frac{\mathrm{d}A_{/\!/}}{\mathrm{d}z} = -\mathrm{j}\beta_{/\!/} A_{/\!/} \qquad (2.1-4)$$

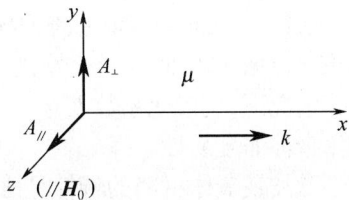

图 2.1-3 简正波传播

式中:$\beta_\perp = \dfrac{\omega}{c}\sqrt{\varepsilon\mu_\perp} = \beta\sqrt{\mu_e}, \beta_{/\!/} = \beta\sqrt{\mu_z},$

$\beta = \dfrac{\omega}{c}\sqrt{\varepsilon}, \mu_e = \dfrac{\mu^2 - \kappa^2}{\mu}$。

这是一对简正波传播,不同传播常数意味有不同的折射系数 $n_\perp$ 及 $n_{/\!/}$,当电磁波以入射角 θ_i 射入磁化铁氧体表面时,就产生不同的折射角 $\theta_\perp$ 和 $\theta_{/\!/}$,如图 2.1-4 所示。双折射效应是光在晶体中传播时,其极化平行晶轴方向和垂直晶

轴方向传播时有不同的折射率引起的。不过,这里是研究电磁波在旋磁介质中传播,沿用了双折射的名字。其实在研究电磁波在铁氧体中传播时,双折射效应并不重要,变极化效应更为重要,它的基本原理如图 2.1-5 所示,H_0 与 y 轴和 z 轴夹角为 45°。

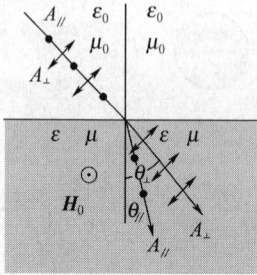

图 2.1-4 双折射效应

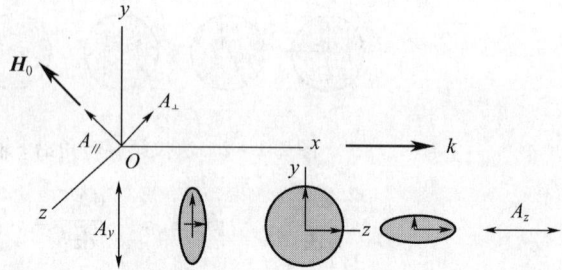

图 2.1-5 变极化效应

其耦合波方程为

$$\begin{cases} \dfrac{\mathrm{d}A_x}{\mathrm{d}z} = -\mathrm{j}\beta A_x + \mathrm{j}k_v A_y \\[3mm] \dfrac{\mathrm{d}A_y}{\mathrm{d}z} = \mathrm{j}k_v A_x - \mathrm{j}\beta A_y \end{cases} \quad (2.1-5\text{a})$$

其解为

$$\begin{cases} A_x(z) = \mathrm{j}\sin(k_v z)\,\mathrm{e}^{\mathrm{j}\beta z} \\[2mm] A_y(z) = \cos(k_v z)\,\mathrm{e}^{\mathrm{j}\beta z} \end{cases} \quad (2.1-5\text{b})$$

其传播过程是一种变极化过程。其中,$\beta = (\beta_\perp + \beta_{//})/2$,$k_v = (\beta_+ - \beta_-)/2$。

所以,电磁波在无限铁氧体介质中传播,当纵向磁化时,法拉第旋转系数 k_f 随磁化方向 $\pm H_0$ 而改变 $\pm$ 号,它与传播方向 $\pm z$ 无关,不牵涉非互易性。在横向磁化情况下,变极化系数 $k_v \propto \kappa^2$,所以它与磁化方向无关,与传播方向也无关,所以不牵涉非互易性。

微波铁氧体材料的特性是磁导率张量特性及其随磁化可变特性以及波的传播特性的非互易性,在无限铁氧体旋磁介质中传播并未体现出来,只有在充有铁氧体波导中传播才能体现出来。

2.2 电磁波在铁氧体波导中的传播

2.2-1 微扰理论

因为波导为规则的均匀波导,所以处理此问题视为二维的微扰问题。主要

第 1 编 基本理论

解决传播常数 Γ 的微扰问题,即两种磁化状态,第一磁化态为基本态,第二磁化态就是微扰态。两种状态传播常数差:

$$\Delta\Gamma = \Gamma_2 - \Gamma_1 = \frac{j\omega \int_s (h_1 \cdot \Delta\mu h_2^*)\,\mathrm{d}s}{\int (e \times h + e \times h) \cdot i_z \mathrm{d}s} \qquad (2.2-1a)$$

其中,$\Delta\mu = \mu_2 - \mu_1$。当取式$(2.2-1a)$归一化方式激励时,$P_1 = P_2 = 0.5\mathrm{W}(P_1,$ P_2 分别为 h_1,h_2 的激励功率),式$(2.2-1a)$简化成相位常数 β 的微扰公式:

$$\Delta\beta = \frac{\omega}{2}\int \mathrm{Re}(h_1 \cdot \mu_2 h_2^* - h_2 \cdot \mu_1 h_1^*)\,\mathrm{d}s \qquad (2.2-1b)$$

式中:s 为任意位置的铁氧体波导横截面;h_1 为第一磁化态(μ_1)的激励场;h_2 为第二磁化态(μ_2)的激励场。处理微扰问题,有两种方法:第一种为传统的非微扰态,放入样品作为微扰态,当样品截面对波导的占空比超过 4% 时用微扰公式计算出的相移差将超过 25%;第二种方法为磁化微扰法,把磁化前作为非微扰态,磁化后作为微扰态来处理,其计算精度较高。传统微扰法要把端口场的分布函数代入微扰公式进行函数积分计算,而磁化微扰法的积分是数值积分被积函数 h_1,是通过 Ansoft、HFSS 软件作为设计平台,求出的激励场 h_1,h_2 的数值分布,对波导及样品截面没有一定的要求。图 2.2-1a 为横磁化铁氧体矩波导,属于非互易移相器,铁氧体处于圆极化磁场位置,$\pm x$ 方向传播时其非互易相移 $\Delta\beta = \beta_x - \beta_{-x}$,其值应等效于同一传播方向(如 x 方向)不同磁化方向 $H_0 /\!/ z$ 及 $H_0 /\!/ -z$ 两种磁化方向的差相移 $\Delta\beta = \beta_1 - \beta_2$,所以差相移和非互易相移是等效的,前者指不同磁化方向的相移差;后者是不同传播方向的相移差。图 2.2-1b 为纵磁化铁氧体矩波导,属于互易移相器,$\pm z$ 传播时没有非互易相移,这种移相器要解决由于 $\mu_1 = \mu_0\mu_d$(退磁态磁导率)和饱和态磁导率 $\mu_2 = \mu_0$ 的不同而产生的微扰相移。

2.2-1-1 非互易移相器计算实例

在矩形波导中放置磁化铁氧体棒,如图 2.2-1a 所示。矩形波导截面尺寸 $a \times b = 22.86\mathrm{mm} \times 10.16\mathrm{mm}$;铁氧体矩形片尺寸 $W \times t \times L = 4\mathrm{mm} \times 1.5\mathrm{mm} \times 58\mathrm{mm}$,样品截面的占空比为 5.25%,上下两片铁氧体离侧壁距离 2.43mm。材料 $M_s = 1000/4\pi(\mathrm{kA/m})$,$\varepsilon = 13$,工作频率 $\omega = f/2\pi = 9000\mathrm{MHz}/2\pi$。仿真测量(图 2.2-1a(A)非互易相移 $\theta_{12} - \theta_{21} = 24°$;图 2.2-1a(B)是利用微扰公式$(2.2-1a)$计算结果:$\Delta\beta = 7.123\mathrm{rad/m} = 0.07123\mathrm{rad/cm} = 4.0815°/\mathrm{cm}$。计算得出差相移 $\Delta\theta = \Delta\beta L = 23.673°$,误差 $\delta\Delta\theta/\Delta\theta = (24° - 23.673°)/24° = 1.36\%$。差相移 $\Delta\theta$ 可看作传播方向相同,不同磁化方向$(H /\!/ \pm z)$之间相移差;而非互易相移 $\mathrm{d}\theta$ 可看作同一磁化方向$(H /\!/ z$ 或者 $H /\!/ -z)$,不同传播方向之间的相移

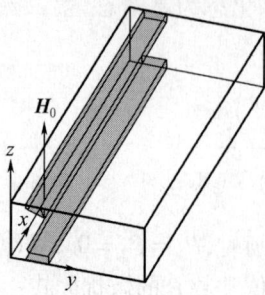

(A)	port1:m1	port2:m1
port1:m1	(0.00089, −68.478)	(0.99254, −140.185)
port2:m1	(0.99224, −116.191)	(0.00107, 5.729)

(B)	
Sc1 :	7.12278254308899
Sc1 :	Integrate(CutPlane(plane2))

图 2.2 − 1a 横磁化铁氧体矩波导

差。在这里两者相等 $|d\theta| = |\Delta\theta|$,其相移来源于 μ_+,μ_- 圆极化磁导率的差。

2.2 − 1 − 2 互易移相器计算实例

计算图 2.2 − 1b 的情况,从图可看出,$\theta_{12} = \theta_{21}$,所以为互易移相器。图中(A)为 $\mu_1 = \mu_0\mu_d$(去磁态)的磁导率;(B)为饱和态磁导率 $\mu_2 = \mu_0$,两者相移差为磁化相移 $\Delta\theta = 118°$;(C)为利用微扰公式算出 $\Delta\theta = 116.5°$,其精度达到 1.3%。关于去磁态的磁导率 μ_d,根据 $M_s = 2200/4\pi(\text{kA/m})$,$f = 9000\text{MHz}$,根据 1.7 − 1,算出 $\mu_d = 0.819$。在仿真中,铁氧体样品尺寸 $W \times H \times L = 3\text{mm} \times 10\text{mm} \times 58\text{mm}$,波导尺寸 22.86mm × 10.16mm。互易移相器其相移主要取决于 μ 的变化,μ 由 $\mu_d \to 1$,与张量非对角分量 κ 无关;而非互易相移与 κ 有关,具体来说,铁氧体处于矩波导的正负圆极化场的部位,所以产生非互易相移。

(A)	port1:m1	port2:m1
port1:m1	(0.01077, −130.816)	(0.99994, 106.005)
port2:m1	(0.99994, 106.005)	(0.01077, 162.825)

(B)	port1:m1	port2:m1
port1:m1	(0.00545, 30.177)	(0.99999, −12.505)
port2:m1	(0.99999, −12.505)	(0.00545, 124.814)

(C)	
Sc1 :	−116.481922465802
Sc1 :	Integrate(CutPlane(plane11),Real)

图 2.2 − 1b 纵磁化铁氧体矩波导

微扰理论是二维场积分理论,适用于含铁氧体介质的均匀波导,对磁化场要求是沿传播方向均匀磁化。这里所谓的微扰是指磁化的扰动,即磁化的改变(方向或大小)对场的影响仅是一种微扰。在处理二维面积分问题上,由于采用了数值积分方法,不是函数积分方法,是以 HFSS 软件作为平台进行的,所以不一定要求规则波导,尽管实例中采用了充填铁氧体的规则波导。

2.2-2 非互易性

微波铁氧体器件的基本传播特征包括相位的非互易性和幅度的非互易性。本理论是场路相统一的处理方法,即场积分为三维积分形式和网络参数之间关系,可处理一切微波铁氧体的非互易性问题。非互易性方程形式为

$$S_{12} - S_{21} = \frac{j\omega}{2} \int_{V_f} (h_1 \cdot \mu h_2 - h_2 \cdot \mu h_1) dV \qquad (2.2-2)$$

式中:μ 为张量磁导率的绝对值(内含 μ_0,下同),它是二端口网络非互易性方程,其证明方法留待讨论多端口的非互易性再给出。式(2.2-2)与式(2.2-1)在形式上也是有差别的,此处的 h_1 和 h_2 分别是端口 1 和端口 2 在归一化激发条件($P_1 = P_2 = 0.5W$)下铁氧体体积 V_f 中的场分布,S_{12} 为端口 2→1 的传播系数(或散射参数);S_{21} 为端口 1→2 的传播系数。被积函数是复量,把实部和虚部分别积分,结果 $dS = S_{12} - S_{21}$ 是复量,其幅度 $|dS|$ 与非互易相移相关。另外,被积函数中的 μ,对固定磁场器件是恒定的。对变动磁场器件,是可以变化的。式(2.2-2)充分体现了传播的非互易性。对常规介质,μ 不是张量。被积函数为零,就不存在非互易性。也就是说由于微波铁氧体的磁导率张量特性是微波铁氧体器件的特有的性质。令 $dS = R + jI$,其中

$$R = \frac{\omega}{2} \int_{V_f} \text{Im}(h_1 \cdot \mu h_2 - h_2 \cdot \mu h_1) dV \qquad (2.2-3a)$$

$$I = \frac{\omega}{2} \int_{V_f} \text{Re}(h_1 \cdot \mu h_2 - h_2 \cdot \mu h_1) dV \qquad (2.2-3b)$$

$$|dS| = \sqrt{R^2 + I^2} \qquad (2.2-3c)$$

对隔离器:$|S_{12}| \ll |S_{21}|$,故 $|dS| \approx |S_{21}|$,例如正向传播系数 $|S_{21}| = 0.96$(对应 0.35dB),反向传播系数 $|S_{12}| = 0.05$,则 $|ds| \in (0.91 \sim 1.01)$。对移相器,$|S_{12}| \approx |S_{21}| \rightarrow 1$,其非互易相移通过 $|dS|$ 值求得

$$d\theta = 2\arcsin\frac{|dS|}{2} \qquad (2.2-3d)$$

非互易性方程(2.2-2)是通过麦克斯韦方程严格推出的,场量是通过端口激励获得的数值解。所运算结果比微扰法精确得多,通过以下实例可以得到证实。

2.2-2-1 波导共振式隔离器

波导共振式隔离器性能如图 2.2-2 所示。波导上下有两片铁氧体,尺寸为 $W \times H \times L = 3mm \times 1mm \times 40mm$。距管壁 4mm。上下两片铁氧体沿长度方向叉

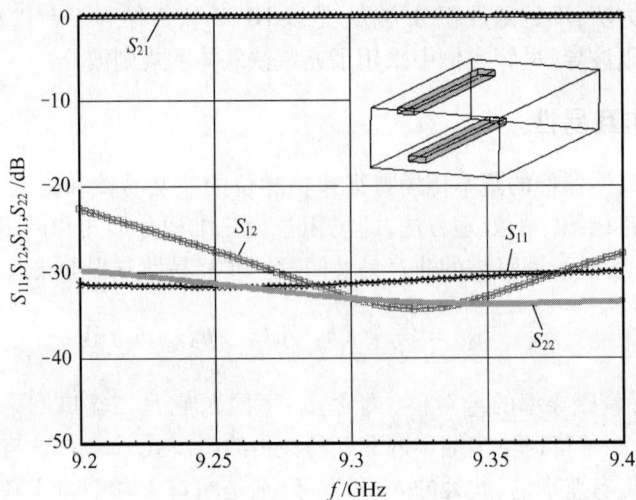

图 2.2 - 2 波导共振式隔离器

开 6mm,以改善匹配性能。铁氧体材料为 NiZn 铁氧体,$\varepsilon = 13$,$M_s = 2800 \times 1/4\pi(\text{kA/m})$ $\Delta H = 100 \times 1/4\pi(\text{kA/m})$ 和磁化场 $240(\text{kA/m})(3000\text{Oe})$,波导长 50mm,口径 $22.86\text{mm} \times 10\text{mm}$,图 2.2 - 3 中表示各 S 参数的性能。在 $f =$

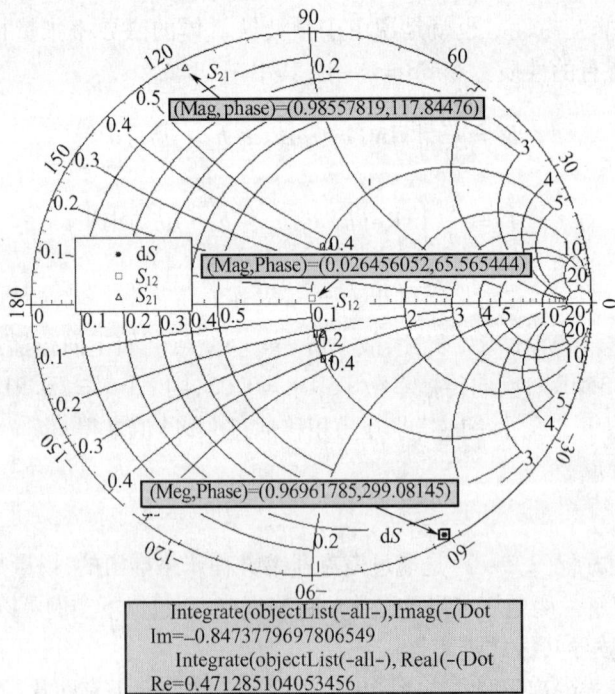

图 2.2 - 3 共振式隔离器 dS 值仿真结果和计算结果

9.3GHz 频率点计算其非互易性。图 2.2 – 3 中的 dS 值是通过仿真获得的,其中 $dS = 0.9696 \angle 299.081°$。根据式(2.2 – 3a) ~ 式(2.2 – 3c)求出 R, I 值(图 2.2 – 3): $I = -0.8474, R = 0.4713$,计算出 $|dS| = 0.9696, \Delta\theta = 270° + \arctan|R/X| = 299.08°$。仿真结果和用式(2.2 – 3)计算结果完全吻合。说明非互易方程对共振区工作的器件的正确性。

2.2 – 2 – 2　Reggia-Spancer 互易移相器

图 2.2 – 4 为纵向磁化场互易移相器。图中两种磁化状态:去磁态 $\mu = \mu_d\mu_0$,其中 $S_{21} = 0.9986 \angle 5.998$,对饱和磁化态,有 $S_{21}(M_s) = 0.9774 \angle 168.761$。测出两种磁化状态的差相移 $\delta\theta = 162.76°$(图 2.2 – 4)。这两种状态的相移均为互易 $|d\theta| = 0$。设计的波导口径 $20mm \times 8mm$,$L = 58mm$。铁氧体截面尺寸 $5mm \times 4mm$,$M_s = 2500/4\pi(kA/m)$,$\varepsilon = 15.5$。因其互易性,对同一磁化态 $S_{12} = S_{21}$,磁化相移通过不同磁化态方式来计 $\delta S = S_{21}(M) - S_{21}(0)$,通过数值积分,计算频率点 9.5GHz。求出 $I = 1.9521, R = 0.08477$,求出 $|\delta S| = 1.9539, |\delta\theta| = 162.86°$,与仿真结果吻合。

从图 2.2 – 4 阻抗圆图中 $(S_{21}; \theta_{21})$ 位置可以看出,参照点相位为去磁态 $S_{21}(\mu_d) = (0.9986 \angle 5.998°)$,顺时针转到 $\mu = 1$ 的状态 $S_{21}(1) = (0.9999 \angle -133.2°)$,然后由 $\mu = 1$ 的状态顺时针转到饱和磁化态 $S_{21}(M_s) = (0.9774 \angle 168.8°)$。第一步的相移 $\delta\theta_1 = \theta_{21}(1) - \theta_{21}(\mu_d) = -139.2°$,这是 μ 变化获得的相移;第二步的相移由 $S_{21}(1)$ 到饱和磁化态 $S_{21}(M_s)$ 的相移,其相移 $\delta\theta_2 = \theta_{21}(M_s) - \theta_{21}(1) = -58°$,总相移 $\delta\theta = -197.2°$。这样结果达不到 360° 相移的要求。在这中间,第一步 $\delta\theta_1$ 是 μ 的变化引起的相移。第二步 $\delta\theta_2$ 是由 μ_e 的变化引起的相移。$\delta\theta_2$ 仅占总相移量的 29%,这里由 κ^2 变化的贡献,以 κ 的平方出现,其相移变化不大。为了解决矩波导纵场磁化移相器的相移量,必须引进圆极化导磁率变化产生相移的控制。为了产生圆极化磁场,采取两项措施:其一在矩形棒两端引入(N,N),(S,S)磁化控制,如图 2.2 – 5 所示。利用磁化回路来实现圆极化场的激发。其二在铁氧体方棒下方各贴附介质载片,其 $\varepsilon = 25$,尺寸 $4mm \times 0.6mm \times 54mm$ 这样有利于圆极化波的传播。圆极化磁场受磁化影响,相移较大。当然这里不会产生理想的圆极化波,一般可能是椭圆极化波,能补偿些相移也就足够了。

把仿真计算结果列于表 2.2 – 1。$f = 9.5GHz$,铁氧体材料及尺寸同前,只是 (N,N)(S,S) 对极磁化长度设为 $2mm$,饱和剩磁态为移相器零态。不同的磁化电流 I 获得不同的剩磁态 $0, 1, 2, \cdots$。可以想象,半个工作区能达到 465° 相移,而且铁氧体长度不超过 $50mm$。在设计上是成功的。

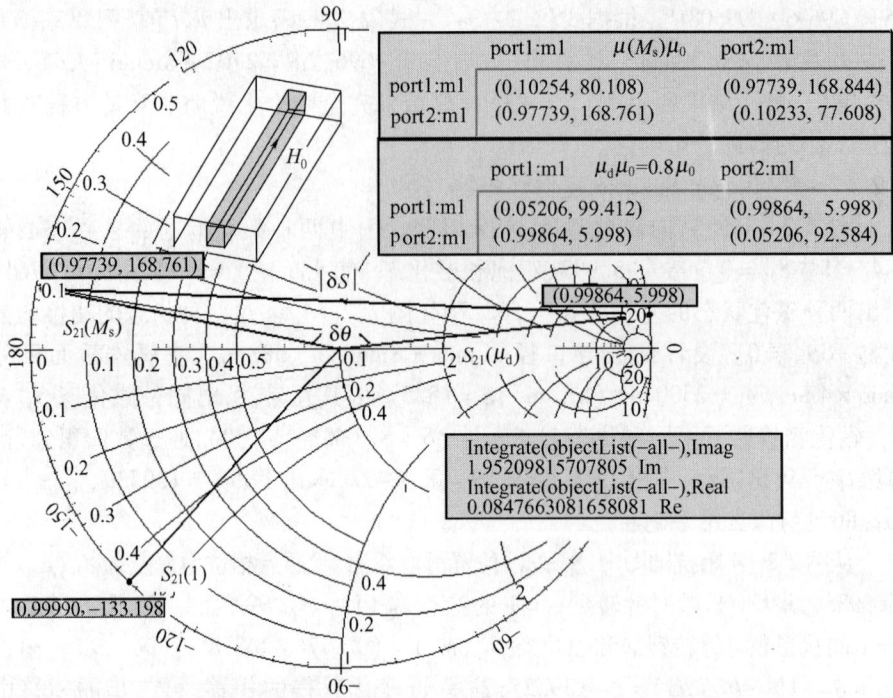

port1:m1	$\mu(M_s)\mu_0$	port2:m1
port1:m1	(0.10254, 80.108)	(0.97739, 168.844)
port2:m1	(0.97739, 168.761)	(0.10233, 77.608)

port1:m1	$\mu_d\mu_0=0.8\mu_0$	port2:m1
port1:m1	(0.05206, 99.412)	(0.99864, 5.998)
port2:m1	(0.99864, 5.998)	(0.05206, 92.584)

(0.97739, 168.761)

(0.99864, 5.998)

(0.99990, -133.198)

Integrate(objectList(-all-),Imag
1.95209815707805 Im
Integrate(objectList(-all-),Real
0.0847663081658081 Re

图 2.2-4 Reggia-Spancer 互易移相器的三种磁化态在阻抗圆图中 $S_{21}(\mu_d)$, $S_{21}(1)$, $S_{21}(M_s)$ 和 δS 变化

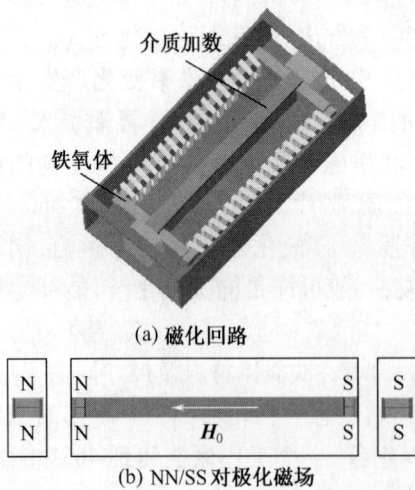

介质加数

铁氧体

(a) 磁化回路

(b) NN/SS 对极化磁场

图 2.2-5 Reggia-Spancer 互易移相器

表 2.2-1 μ, κ 对相移影响

μ 的贡献			κ 的贡献		
μ	$\theta_1/(°)$	$\delta\theta_1/(°)$	$M/4\pi/(kA/m)$	$\theta_2/(°)$	$\delta\theta_2/(°)$
1	27.7*	0	0	27.7*	0
0.95	85.6	57.9	500	14.9	-12.8
0.9	144.3	116.6	1000	-19.4	-47.1
0.85	204	176.3	1500	-70.9	-98.6
0.8	256.2	228.5	2000	-135	-162.7
			2500	-209	-236.7

注: $\Delta\theta = (\delta\theta_2 - \delta\theta_1) = 465.2°$; *为参考相位

$\Delta\theta_1$ 和 $\Delta\theta_2$ 两者相移相当,总相移比原来的高 1 倍还多。不难证明不论哪种磁化矩 M 值均可证明 $dS = S_{12}(M) - S_{21}(M) \to 0$。这是互易相移,但不同磁化态之间它有磁化相移 $\delta S = S_{12}(M_1) - S_{12}(M_2) \neq 0$;但磁化反向也不存在相移,即 $\Delta S = S_{12}(\overrightarrow{M}) - S_{21}(\overleftarrow{M})$。这就是 Reggia-Spancer 移相器的基本特点,根据这个特征,在磁化曲线工作点停留在半个磁滞回曲线上一般采用图 2.2–6 中零态为基态,其余 1,2,…,7 为移相态。

2.2–2–3 同轴高场移相器

大多数移相器都是以波导为导波,用同轴线作移相器例子不多。这里例举的特殊例子工作于高场,适宜微波低频段(米波波段)。图 2.2–7 为同轴低频移相器。移相段是周期结构,由铁氧体圆环($D_0/D_i = 52\text{mm}/16\text{mm}$,厚 20mm)和介质圆环($D_0/D_i$ 尺寸与铁氧体环相同,厚 5mm)。有通过式移相器和反射式移相器两种,铁氧体和介质环总数各 12 个。相间轴向排列呈周期结构,总长300mm。同轴壳体的外径 55mm,同轴内导体直径 16mm。两端各由同轴过渡作输入输出端口,这是纵向磁化形式的互易移相器。

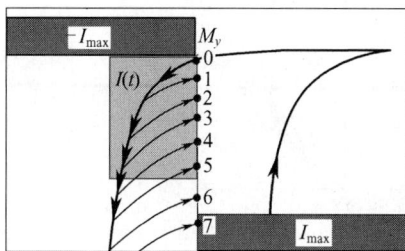

图 2.2–6 各脉冲磁化态的剩磁态

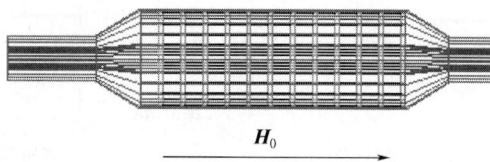

图 2.2–7 同轴低频移相器

1)通过式移相器

通过式移相器由 12 级单元组成,组成介质环 $\varepsilon = 37$;铁氧体 $M_s = 1600/4\pi$(kA/m),$\varepsilon = 14.5$;磁化场为 6kA/m ~ 9kA/m,在 75GHz ~ 85GHz 频率范围的相移变化如图 2.2–8 所示,最大相移变化量为 90°左右。

图 2.2–9 为移相器的插损与反射特征,反射功率的带宽在 20dB 范围内约4.5MHz;插带宽较宽。

2)反射式移相器

反射式移相器移相单元尺寸与通过式移相器相同,共由 24 级组成。铁氧体 $M_s = 800/4\pi(\text{kA/m})$,没有介质环。两种磁化场 $H_1 = 11.5\text{kA/m}$ 和 $H_2 = 15\text{kA/m}$,其相移频率特征如图 2.2–10 所示。在 90MHz 频点,$S_{11}(H_1) = 0.9612\angle 12.795°$,$S_{11}(H_2) = 0.9704\angle 105.8°$,所以 $\Delta\theta_{11} = 90.01°$。

反射式移相器作为单端口器件两种磁化态,应用如下公式:

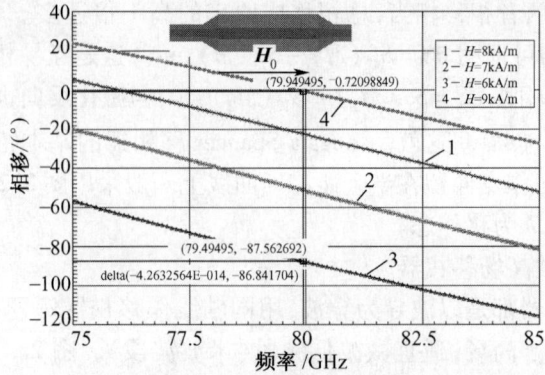

图 2.2－8　通过式同轴线移相器的互易相移

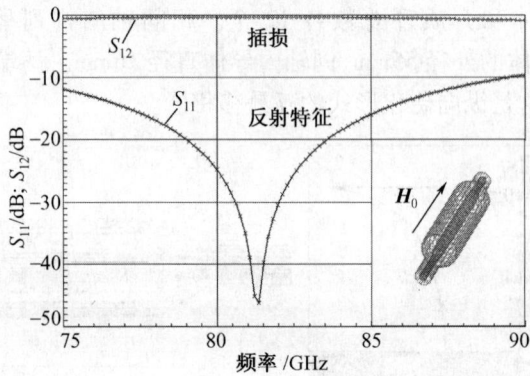

图 2.2－9　移相器的插损与反射特征

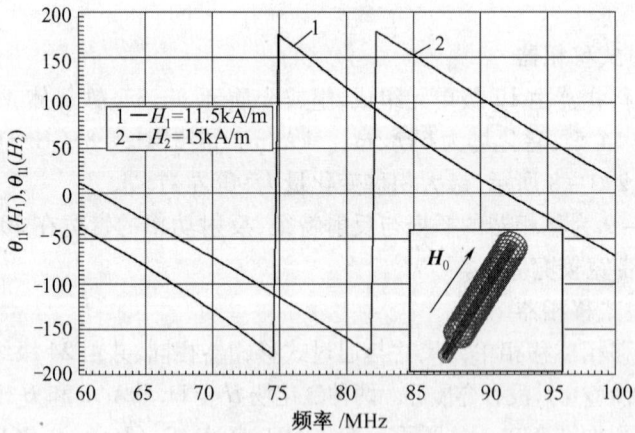

图 2.2－10　反射式移相器相移频率特征

$$\Delta S = S_{11}(H_1) - S_{11}(H_2)$$

$$= \frac{\mathrm{j}\omega}{2} \int_{\mathrm{all}} \left[h_1(H_1) \cdot \mu(H_1) h_1(H_1) - h_1(H_2) \cdot \mu(H_2) h_1(H_2) \right] \mathrm{d}V$$

$$(2.2-4a)$$

这是非互易方程应用的推广形式,式中 $h_1(H_1)$,$h_1(H_2)$ 都是由同一端口不同 H_1、H_2 来激发。分别对实部和虚部积分得出 $\mathrm{Re} = 1.1894$,$\mathrm{Im} = 0.6720$,$|\Delta S_{11}| = 1.3661$,而

$$\Delta\theta_{11} = 2\arcsin\frac{|\Delta S_{11}|}{2|S_{11}|}$$

$$(2.2-4b)$$

算出 $\Delta\theta_{11} = 90.06°$,其 $S_{11}(H_1)$,$S_{11}(H_2)$ 及 δS_{11} 在阻抗圆图上的分布如图 2.2 - 11 所示。

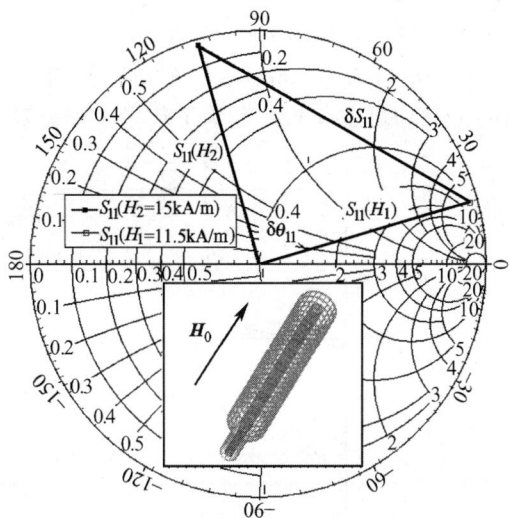

图 2.2 - 11　反射式移相器
相移 $\Delta\theta_{11}$

关于通过式移相器,可以利用非互易方程(2.2 - 2)在恒定磁化场下进行,$S_{12}(H) - S_{21}(H) = 0$,而差相移公式利用其互易性可写成

$$\Delta S = S_{12}(H_1) - S_{12}(H_2)$$

$$= \frac{\mathrm{j}\omega}{2} \int_{\mathrm{all}} \left[h_1(H_1) \mu(H_1) h_2(H_1) - h_1(H_2) \mu(H_2) h_2(H_2) \right] \mathrm{d}V$$

$$(2.2-5)$$

对图2.2 - 8中任何频点,任意两个磁场 H_1,H_2 之间的差相移均可得到验证(这里从略)。特别引起注意的是,一般低场移相器的相移通过磁场矩 M 的变化引起的 $\mu(M)$ 变化,以 M 改变 μ 值;而高场移相器是 $\mu(H)$ 通过磁场变化而变化,所以非互易方程应作相应的变化。

综合同轴高场互易移相器的特点,因其 μ 值高,μ 值随磁场变化范围大,所以单位长度相移量大。这里讨论的相移量并不大,$\Delta\theta = 90°$ 左右。但移相器长度只有30cm,与该频率对应的波长 3m 相比,只有其 1/10。在低频移相器中,360°相移时移相段的长度有 1～2 个波长。高场移相器的相移量随外加场 H 而变,不随 M 的变化而变。移相段若在 6kA/m～9kA/m 范围变化时,μ 从 25.8 降

第 2 章　电磁波在旋磁介质中的传播

到 16.1,变化量为 38%,故相移大,但不宜闭锁式方式工作,驱动电路功耗亦大。

2.2-2-4 闭锁式非互易移相器

图 2.2-12 中,显示了闭锁式非互易移相器是一段长 50mm 的十字形波导,横宽 38mm,纵高 18mm 铁氧体。闭锁式环形样品放置十字波导中央。尺寸为 $W \times H \times L = 9\text{mm} \times 18\text{mm} \times 50\text{mm}$。环缝宽 1mm,缝长 11mm,缝深 50mm。铁氧体材料 $\varepsilon = 15.5$, $M_s > 1000/4\pi(\text{kA/m})$。其非互易相移的仿真结果是,在频点 $f = 3.5\text{GHz}$,当 $M = 500/4\pi(\text{kA/m})$ 时,互非易相移 $\Delta\theta_{11} = 90°$;当 $M = 1000/4\pi(\text{kA/m})$ 时,$\Delta\theta = 174°$。为了获得 360° 相移,其移相段的长度 $L \approx 100\text{mm}$。

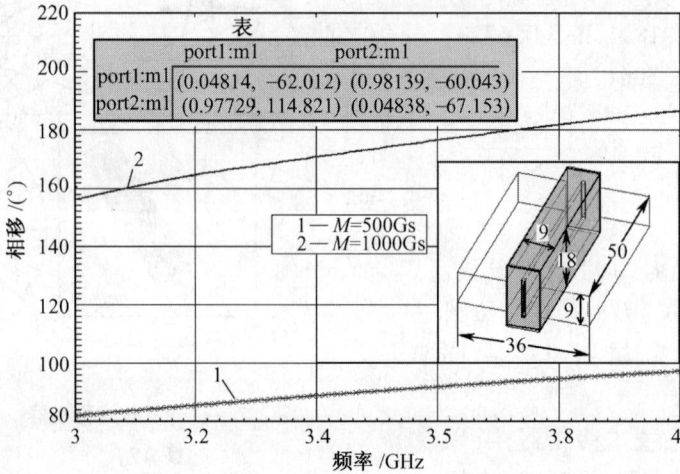

图 2.2-12 闭锁式非互易移相器

1)非互易相移与差相移

这类移相器的特点是其非互易相移等于差相移:

$$\mathrm{d}S(M) = S_{12}(M) - S_{21}(M)$$

$$= \int_{aa} \left[h_1(M) \cdot \mu(M)h_2(M) - h_2(M) \cdot \mu(M)h_1(M) \right] \mathrm{d}V$$

$$(2.2-6)$$

而

$$S_{21}(\overrightarrow{M}) = S_{12}(\overleftarrow{M})$$

所以差相移 $\Delta\theta$ = 非互易相移 $\mathrm{d}\theta$

$$\Delta S = S_{12}(\overrightarrow{M}) - S_{12}(\overleftarrow{M}) = S_{12}(\overrightarrow{M}) - S_{21}(\overrightarrow{M})$$

以 $f = 3.5\text{GHz}$ 频点为例。利用式(2.2-6),当 $M = 1000/4\pi(\text{kA/m})$ 时,求出 $\mathrm{Im} = 1.7373$,$\mathrm{Re} = 0.9003$,故 $|\mathrm{d}S| = 1.9567$,非互易相移:

$$\mathrm{d}\theta = 2\arcsin\frac{1.9567}{2 \times 0.9794} = 174.72°$$

而仿真结果其非互易相移 $\mathrm{d}\theta = 174.86°$。

2) 开关时间与开关能量

闭锁式移相器的开关过程，是一种动态磁化过程，涉及磁化动力学复杂过程，今用简单的方法来处理。只注重结果，对过程只作简单处理。研究对象是矩形铁氧体闭锁环，其外形尺寸为 18mm × 9mm × 96mm，纵缝尺寸为 11mm × 1mm × 96mm，通过两个复位脉冲，即从 $B_r \rightarrow -B_r \rightarrow B_r$ 的磁化过程，完成一周开关过程，求其开关能量：

$$E_s = 4B_r H_c V_f$$

$B_r = M_r = 0.1\mathrm{T}$，$H_c = 1/4\pi(\mathrm{kA/m})$，铁氧体体积 $V_f = 1.45 \times 10^{-5}\mathrm{m}^3$，得：$E_s = 462\mu\mathrm{J}$。假定这是获得最大相移，即最大的开关能量。如果在相控阵天线阵中应用时开关速率 $R = 1000\mathrm{Hz}$，则求出开关功率 $P_s = 0.462\mathrm{W}$。开关时间 t_s 与驱动场 H_m 大小有关，H_m 越大，t_s 越小。开关系数 S_w 对特定材料而言为常量，S_w 的测量如图 2.2 – 13 所示。

$$S_w = t_s(H_m - H_0) \qquad (2.2 - 7)$$

式中：H_m 为驱动磁场大小；H_0 为发动场。只有当 $H_m > H_0$ 时，才能反磁化，H_0 大小略比 H_c 大；不同材料其开关系数也不同，S_w 为 0.1μs·Oe ~ 1.5μs·Oe；而 H_m 取决于激励线电源大小及闭合磁路平均长度 l_m。大多数情况，励磁电源在 5A ~ 15A 之间变动，与样品磁路长度 l_m 有关。本例中，磁化场 $H_m = 4\mathrm{Oe} = 4/4\pi(\mathrm{kA/m})$ 时，$I_m = H_m l_m = 4 \times 79.6 \times 0.04 = 12.7\mathrm{A}$，$S_w = 1\mu\mathrm{s}\cdot\mathrm{Oe}$。从式(2.2 – 7)算出材料的磁化反转时间 $t_s = 0.33\mu\mathrm{s}$，这是完成反磁化过程所需的时间。完成开关时间 $2t_s = 0.66\mu\mathrm{s}$。图 2.2 – 14 为反磁化过程，①—⑤中对应的励磁电流和时间关系曲线。①—②磁通变化缓慢，对应 I—t①—②曲线电流上升较快；②—③磁通变化陡峭，对应 I—t 曲线②—③较平直；③—④磁道上升较慢，对应 I—t 曲线②—③变化较快；④—⑤磁通降落缓慢，对应 I—t 曲线④—⑤电源下降快。图 2.2 – 14(b)中，①—⑤的时间称为磁化反转时间 t_s。

开关线电感计算：

$$L_m = \frac{\Phi}{I} = \frac{2A_m B_r}{I} = \frac{2 \times 0.0004 \times 0.096 \times 0.1}{12.7} = 6\mu\mathrm{H}$$

磁损耗引起的等效电阻为 R_m。

$$I_e^2 R_m = E_s/2t_s = 694\mu\mathrm{W}$$

设有效电流 $I_e = 0.5I$，计算出 $R_m = 17.2\Omega$，磁化线圈的时间常数：

$$\tau = \frac{L_m}{R_m} = 0.35\mu\mathrm{s}$$

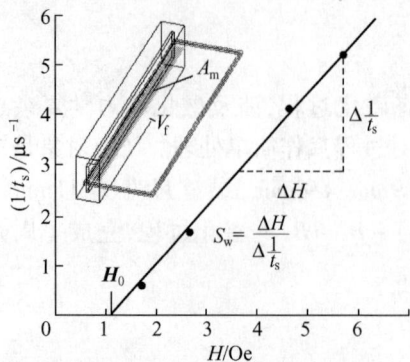

图 2.2 - 13　开关系数 S_w 的测量　　　　　　图 2.2 - 14　反磁化过程

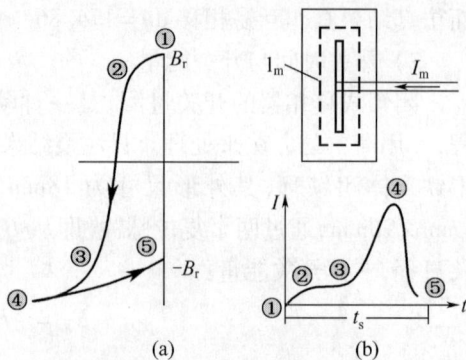

τ 和 t_s 值比较接近。根据磁畴运动计算反磁化时间公式：

$$t_s = \frac{6.4 d\lambda}{\delta g^2 M_s (H_m - H_0)} \qquad (2.2 - 8)$$

因子 $g = 2$，令磁畴厚度 d 与磁畴壁厚度 δ 之比值为 $d/\delta = 1$，$M_s = 0.1T$，$H_m - H_0 = 3/4\pi(kA/m)$；$t_s = 0.33\mu s$。因而有：弛豫时间 $\lambda = t_s/5.33 = 6.2 \times 10^{-8}s$，弛豫频率 $f_r = 1/\lambda = 16MHz$，根据 Snock 方程：$(\mu_i - 1)f_r = 1600MHz$。若 $\mu_i = 100$，求出 $f_r = 16MHz$。这说明，可以从材料初始磁导率—频率测试值，推出 f_r 及 λ 值。

3）闭锁式移相器的耐功率问题

铁氧体内磁场分布如图 2.2 - 15a 所示，输入峰功率 10kW，观察铁氧体内磁场分布最大场强 $|h_{max}| = 2264A/m = 28.4Oe$，材料归一化磁矩 $p = 0.8$，临界强度 $h_c = \Delta H_k/0.8 = 25Oe$ 将出现非线性效应，所以必须选用更高的自旋波线宽材料，如 $\Delta H_k = 30Oe$。波导中的场强 E 如图 2.2 - 15b 所示，$P_P = 10kW$，$|E_{max}| = 3.45 \times 10^5 V/m$，$|E_{max}| < E_b = 3 \times 10^6 V/m$ 不会引起电击穿。

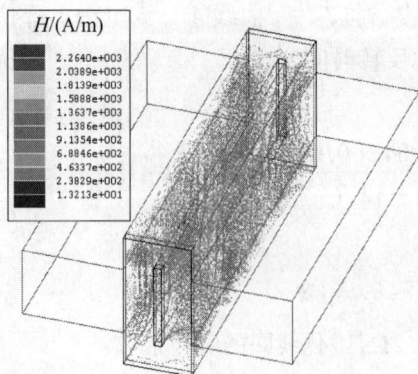

图 2.2 - 15a　铁氧体内磁场分布　　　　　　图 2.2 - 15b　波导中的场强 E

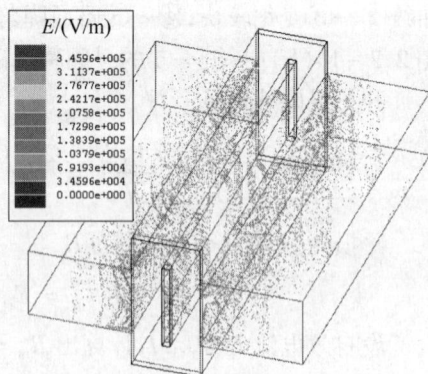

耐平均功率仿真,散热法结构如图2.2-16a所示,铁氧体环热导系数 $C_T = 4\mathrm{W/cm \cdot ℃}$,密度 $D = 4.6\mathrm{g/cm^3}$。强迫风冷,风速1m/s,环境温度30℃。仿真结果如图2.2-16b所示,铁氧体功耗 $R_L = 5\mathrm{W}$,铁氧体体内温度分布均匀67℃。输入平均功率 $P_{in} = 30\mathrm{W}$。

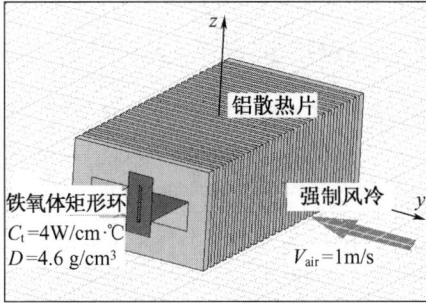

图2.2-16a 散热法结构
图2.2-16b 仿真结果

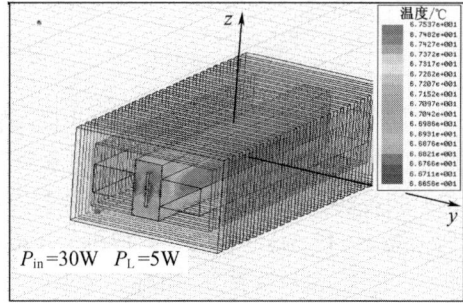

2.2-2-5 高功率差相移器

如图2.2-17为高功率90°差相移器的示意图,波导宽截面上下贴有铁氧体薄片,有利于散热。波导尺寸为 66mm × 34mm × 200mm,铁氧体尺寸为 $L \times W \times H = 18\mathrm{mm} \times 20\mathrm{mm} \times 5\mathrm{mm}$,两头磨劈形长30mm, $M_s = 650/4\pi(\mathrm{kA/m})$, $\varepsilon = 14.5$,工作频率 $f = 2.8\mathrm{GHz} \sim 3.2\mathrm{GHz}$,非互易相移 $\mathrm{d}\theta = 85.94°$。

(1)非互易相移 $\mathrm{d}\theta$ 和差相移 $\Delta\theta$ 的计算公式为

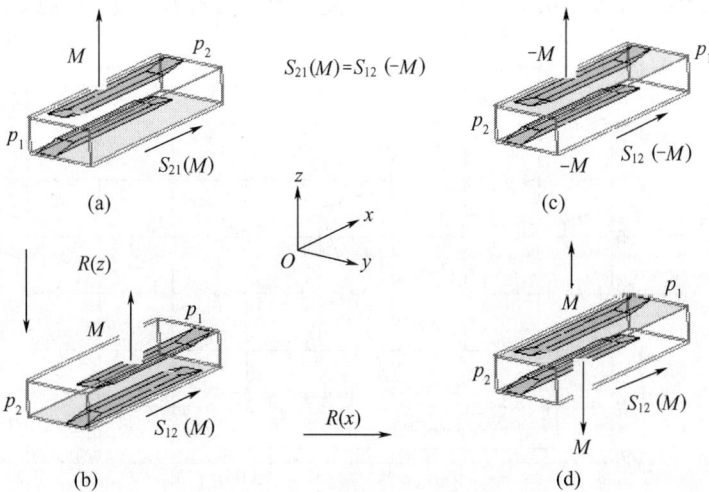

图2.2-17 高功率90°差相移器

$$dS = S_{12}(M) - S_{21}(M)$$

$$= \frac{j\omega}{2} \int_V \left[h_1(M) \cdot \mu(M) h_2(M) - h_2(M) \cdot \mu(M) h_1(M) \right] dV$$

$$\Delta S = S_{12}(\overrightarrow{M}) - S_{12}(\overleftarrow{M})$$

$$= \frac{j\omega}{2} \int_V \left[h_1(\overrightarrow{M}) \cdot \mu(\overrightarrow{M}) h_2(\overrightarrow{M}) - h_1(\overleftarrow{M}) \cdot \mu(\overleftarrow{M}) h_2(\overleftarrow{M}) \right] dV$$

端口间传播与磁化方向之间的旋转转换关系(图 2.2 - 17):由图 2.2 - 17(a)通过绕 z 轴 180°旋转变成图图 2.2 - 17(b);由图 2.2 - 17(b)通过绕 x 轴 180°旋转转换到图 2.2 - 17(c);图 2.2 - 17(c)通过反磁化过程 M→ - M 转换到图 2.2 - 17(d)。图 2.2 - 17(a)中 $S_{21}(M)$ 与图 2.2 - 17(d)中 $S_{12}(-M)$ 是等效的,即 $S_{21}(M) = S_{12}(-M)$。故 $|dS| = |\Delta S|$,$|d\theta| = |\Delta\theta|$,通过 dS 公式获得实部与虚部分别为 $|dS| = 1.3459$(图 2.2 - 18b)$d\theta = 85.9494°$(计算值)和图 2.2 - 18a 中仿真值(在 30GHz 点)$d\theta = 85.94°$非常吻合。

(2) 关于耐峰功率分析。当 $P_p = 5MW$ 从端口 1 输入时,测量波导内的场强分布如图 2.2 - 19,最大场强 $|E_{max}| = 2.902 \times 10^6 V/m$ 略小于空气击穿强度 $E_b = 3 \times 10^6 V/m$,理论上不发生波导高峰值功率击穿(图 2.2 - 20)。同时测量了下层铁氧体片内的磁场分布,最大高频磁场 $h_{max} = 7144A/m$ 而铁氧体内平均场强 $|h| = 4402A/m = 55Oe$,关于材料的非线性临界场 $h_c = \Delta H_k/p = 34Oe/0.6 = 56.7Oe$,故 $|h| < h_c$ 理论上能克服非线性效应。

(3) 关于耐平均功率分析。移相器的输入平均功率 $P_{av} = 5kW$,设铁氧体片的功耗 500W(相当于 0.46dB 的插损),波导上设置冷却管道,水温 20℃。流速

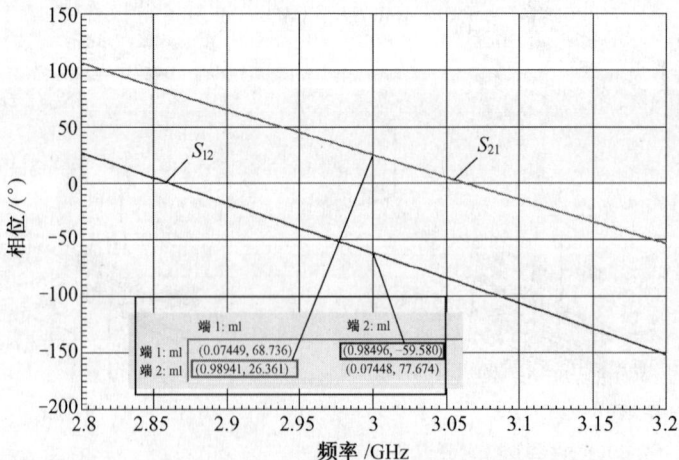

图 2.2 - 18a　dθ 仿真值:dθ = 85.94°(在 3GHz 点)

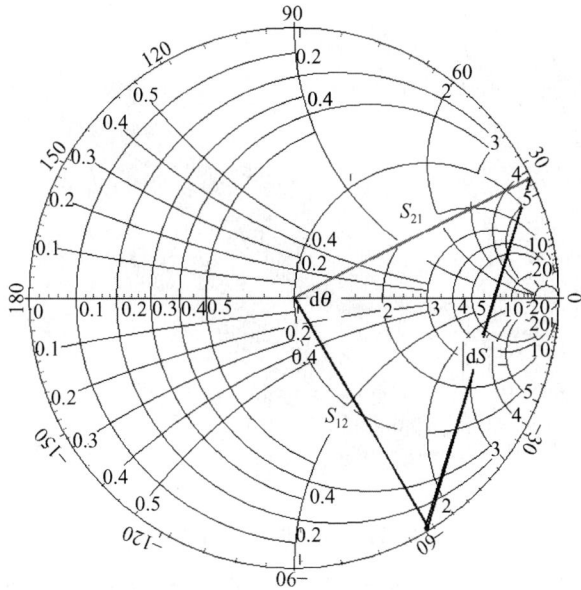

图 2.2 – 18b　dθ 计算值：dθ = 85.9494°（在 3GHz 点）

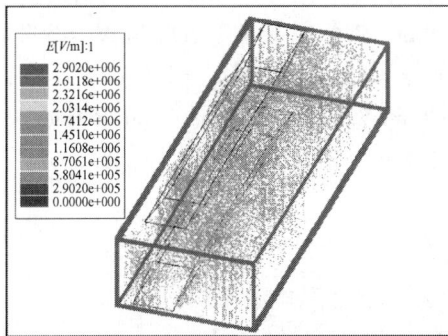

图 2.2 – 19　波导内的电场强 E 分布

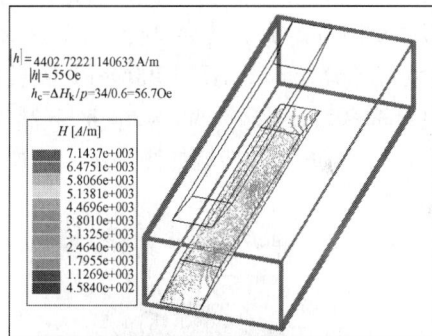

图 2.2 – 20　铁氧体片内的磁场 H 分布

2m/s，铁氧体密度 $5g/mm^3$，热导系数 $6.3W/℃ \cdot cm$，计算出铁氧体片的温度分布场如图 2.2 – 21 所示，铁氧体片最高温度 $T_H = 55℃$，平均温度 $T_{ac} = 47℃$，冷点温度 $T_c = 20℃$，采用加 G_d – YIG 材料，保证良好的温度特性。波导 90°差相移器用于差相移环行器中，特别是高功率波导环行器，根据以上分析，在 S 波段的设计中，能承受峰功率 10MW，平均功率 $P_{av} = 10kW$，上面的分析和讨论基本上能满足这一要求。

2.2 – 2 – 6　法兰型波导隔离器

法兰型波导隔离器是一种小型化的波导隔离器，其长度只有波导波长的

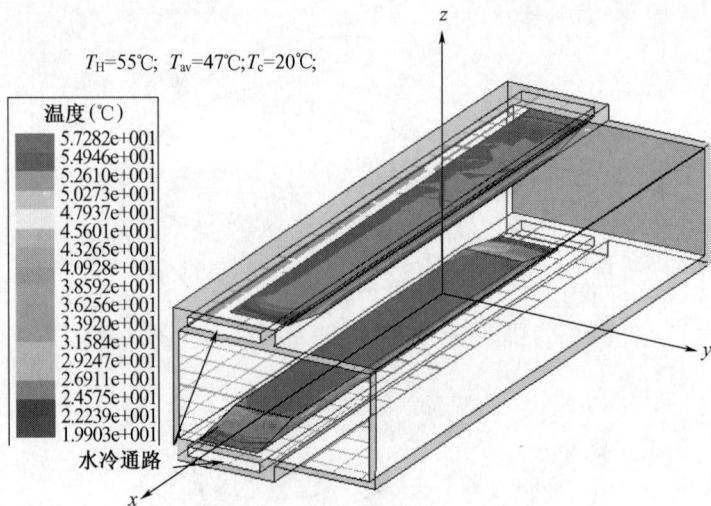

$T_H=55℃; \quad T_{av}=47℃; T_c=20℃;$

图 2.2 – 21　铁氧体片的温度分布场

50%左右,图2.2–22(a)为其外形结构,尺寸 $W \times H \times L = 38.4mm \times 33.3mm \times 12.7mm$;(b)为内腔结构,由两片铁氧体三角块 $A_f \times t = 5.8mm \times 1.5mm$;两块金属三角块的两顶点置于波导口径中心,其尺寸为 $A \times t = 11.4mm \times 2.2mm$;T形吸收材料等组成。波导口径 15.8mm × 7.9mm,铁氧体材料参数取为 $M_s = 3000/4\pi(kA/m)$,$\varepsilon = 13$,$\Delta H = 1000 Oe$;T形吸收块 $\varepsilon = 15$,$\mu = 4$,$\tan\delta_\mu = 0.1$,$\tan\delta_\varepsilon = 0.1$,电导率40S/m,尺寸 $(W_1 \times H_1/W_2 \times H_2) - L = (7.9mm \times 2.7mm/4mm \times 5mm) - 9.4mm$。隔离器的性能如图2.2–23所示,带宽为 1.1GHz。

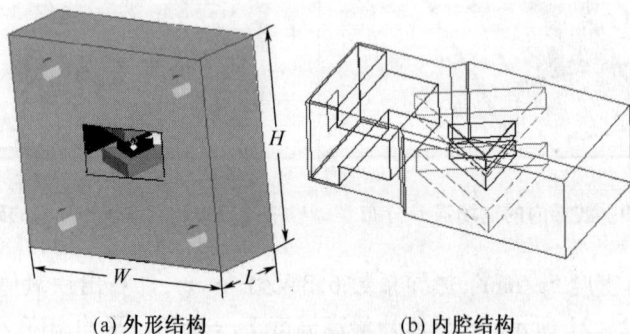

(a) 外形结构　　　　　　　(b) 内腔结构

图 2.2 – 22　法兰型波导隔离器结构

　　对非互易性分析见图2.2–24,反映整个波段(14.3GHz ~ 15.4GHz)内的非互易性,其中 $|ds(f)| \approx 0.946$,符合隔离器的特性。对频点 $f = 14.8GHz$ 作了详细计算:仿真测量结果是 $ds(14.8GHz) = 0.9477 \angle 88.754°$用非互易理论,对整个腔体求数值积分算出:

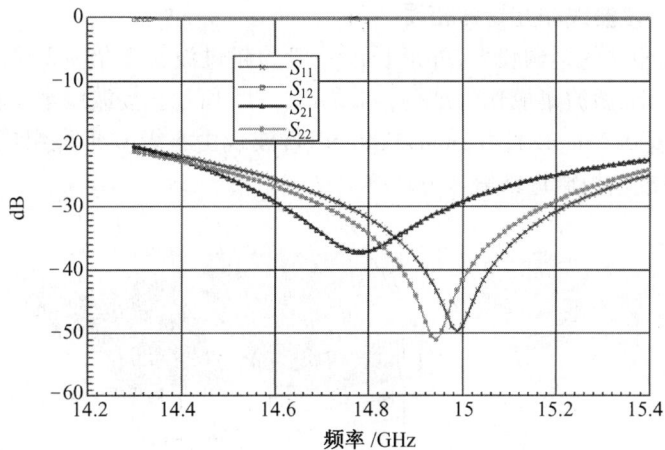

图 2.2 - 23　隔离器的性能

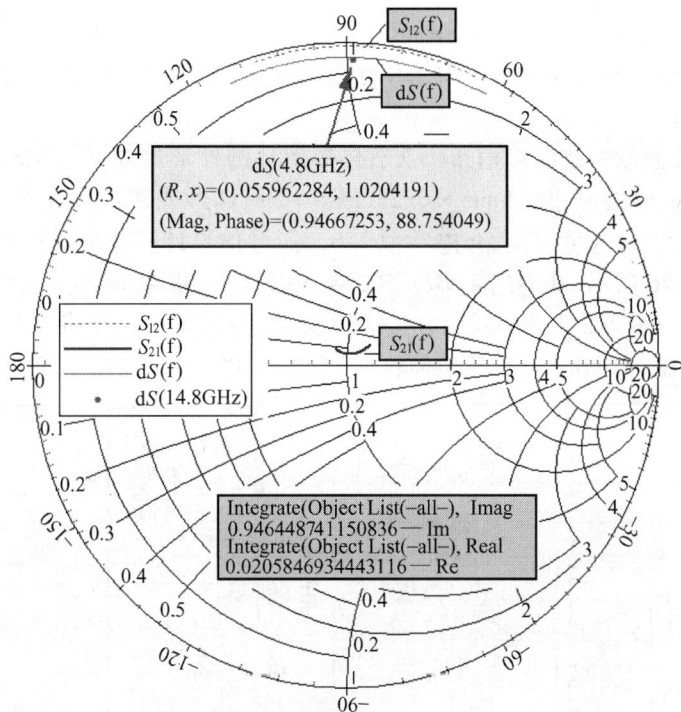

图 2.2 - 24　隔离器的非互易性

$$R = 0.0206, I = 0.9464; \quad |ds| = \sqrt{R^2 + I^2} = 0.9466;$$

$$\theta = \arctan(I/R) = 88.753°$$

　　两者结果非常接近。说明非互易性理论,对法兰型波导隔离器也是适用的,尽管隔离器内部含有磁性吸收材料。

2.2-2-7 慢波线非互易移相器

波导移相器的结构较大,外形长度一般均超过波长 1 倍~2 倍。慢波线移相器是小型化、微波集成化的结构,如图 2.2-25 所示。场波线集成在介质基板上,基板厚度 0.25mm,宽 4.2mm,长 9mm,慢波线由 5 级 U 形段组成,导线宽度 0.25mm;集成基板插进铁氧体方环样品中。

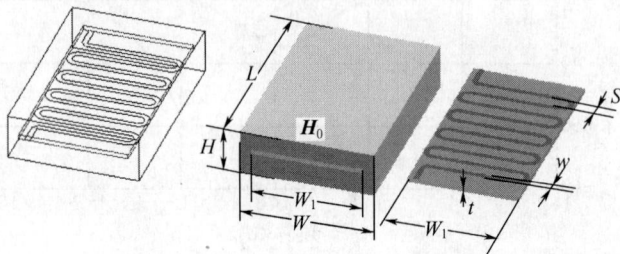

图 2.2-25　C 波段慢波线相移器

慢波线宽 $W = 0.25$mm,线距 $s = 0.5$mm,由于慢波线的长度接近于 1/4 波长,所以慢波线在磁化铁氧体中的高频磁场 h 相对 H_0 是正或负圆极化场,能有效地产生非互易相移。

(1) C 波段慢波线移相器。铁氧体矩形环的外形尺寸 $W \times H \times L = 6$mm $\times$ 2mm $\times 9$mm,缝的尺寸是 5mm $\times$ 0.25mm $\times$ 9mm;U 形线横跨尺寸 $W_1 = 5$mm;介质基板尺寸与缝尺寸相同,介电常数 2.6。通过仿真计算,S_{12} 和 S_{21} 的相位曲线如图 2.2-26 所示,其中当 $4\pi M = 500$Gs,频率 $f = 4.404$GHz 时,非互易相移 $d\theta$ = 142.86°。图 2.2-27 为反射和传播性能,在 45GHz~5GHz 带宽范围内,反射小于 -19dB,插损 0.35dB(铁氧体材料 $4\pi M_s = 1000$Gs,$\varepsilon = 16$,$\Delta H_e = 40$Oe)。

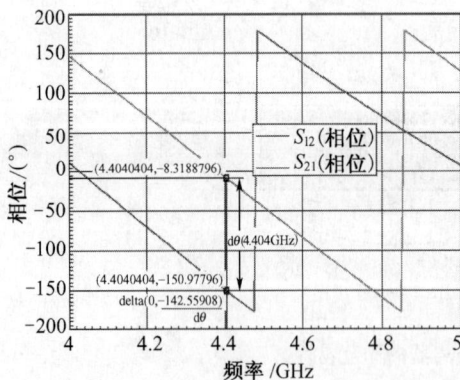

图 2.2-26　S_{12} 和 S_{21} 的相位曲线

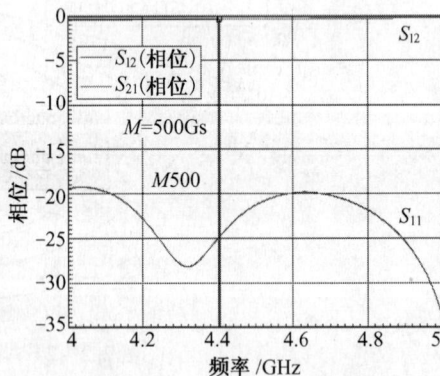

图 2.2-27　反射和传播性能

图 2.2-26 为两种磁化矩 $4\pi M = 500$Gs 和 $4\pi M = 900$Gs 的非互易相移—频率曲线,当 $4\pi M = 900$Gs 时,$d\theta$ 达到 220°,如果移相段长度 18mm,便可产生

360°相移。

表2.2-2表示在频率点4.404GHz时,从仿真测量dθ值为143.97°和用非互易积分方程求出的dθ=143.95°再次用具体实例证明:即使是非均波导系统非互易方程仍然可以使用。

表2.2-2 10万波线移相器的非互易相移的
仿真值和积分计算值比较

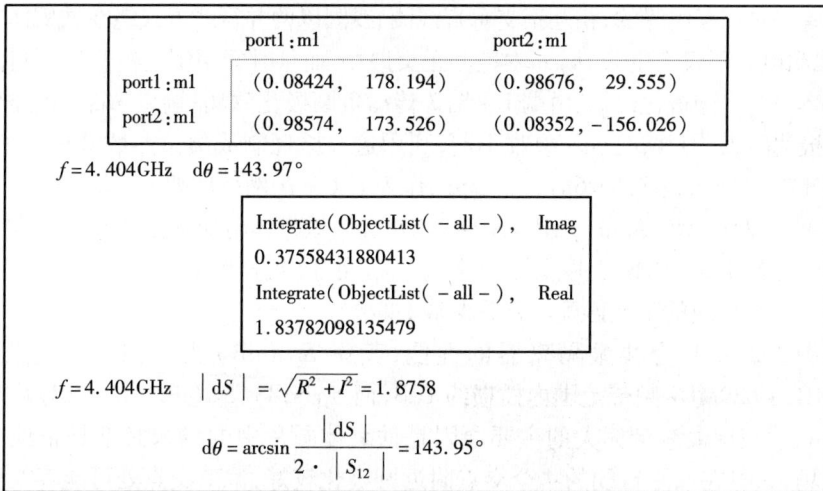

	port1:m1	port2:m1
port1:m1	(0.08424, 178.194)	(0.98676, 29.555)
port2:m1	(0.98574, 173.526)	(0.08352, -156.026)

$f = 4.404\text{GHz} \quad d\theta = 143.97°$

Integrate(ObjectList(-all-), Imag
0.37558431880413
Integrate(ObjectList(-all-), Real
1.83782098135479

$f = 4.404\text{GHz} \quad |\,dS\,| = \sqrt{R^2 + I^2} = 1.8758$

$$d\theta = \arcsin \frac{|\,dS\,|}{2 \cdot |S_{12}|} = 143.95°$$

(2) X波段慢波线移相器。图2.2-28为慢波线的差相移曲线,随 M 的增大,dθ线性增大。铁氧体环尺寸 $W \times H \times L = 5.4\text{mm} \times 1.63\text{mm} \times 9\text{mm}$,而矩形槽尺寸是 $4.2\text{mm} \times 0.25\text{mm} \times 9\text{mm}$,当频率10GHz~11GHz时,$M = 2000\text{Gs}$,非互易相移dθ=175°。所以铁氧体环的长度增加到20mm时,能达到360°相移。

图2.2-29为 X 波段慢波线的传播特性,当 $f > 9.5\text{GHz}$ 时反射优于 -20dB,并出现了3个谷值,说明慢波线 U 形之间有耦合存在,特别当 U 形线间距 s 减小时,互耦影响更大。

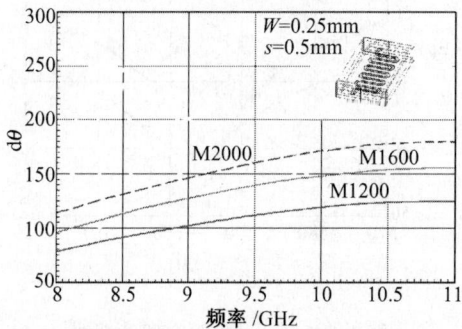

图2.2-28 慢波线差相移曲线

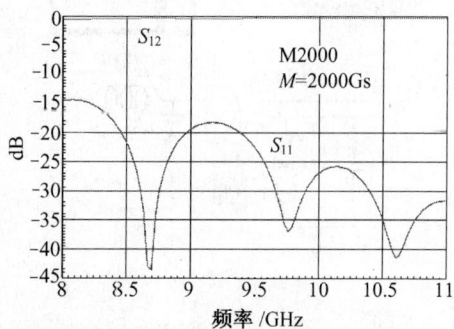

图2.2-29 X波段慢波线的传播特性

2.2-2-8 集总参数共振隔离器

这种器件工作在铁氧体磁共振区,适宜于低频工作,是微波铁氧体器件小型化设计的一种器件。图 2.2-30(a)是它的内外结构示意图。内腔结构尺寸 20mm×20mm×10mm,器件装在 20mm×20mm×1mm 的基板上,基板 $\varepsilon=2.6$,悬置微带线印制在基板上,基板距腔体底距离 3mm。印制电路宽度 1.6mm,铁氧体圆盘尺寸 $D_f \times t = 8\text{mm} \times 1\text{mm}$,输入/输出用同轴电缆接头。如图 2.2-30(b)所示,铁氧体圆片上有一对相互绝缘的、相互正交垂直线圈,线圈以两并行线方式绕在铁氧体上下面,线圈电源不仅产生 h_1,h_2 一对空间正交磁场,而且时间相位上相差90°,目的在铁氧体中产生圆极化磁场,由端1→端2 传播负圆极化磁场;端2→端1 传播变成正圆极化磁场,因其 μ''_+,μ''_- 吸收不同,利用这一原理制成集总参数共振隔离器。在设计中,$C_2=5.2\text{pF}, L=6\mu\text{H}, C=2\text{pF}$,作为 $L/C-\Gamma$ 网络使端1匹配。铁氧体材料取 $M_s = 800/4\pi(\text{kA/m}), \Delta H = 50/4\pi(\text{kA/m})$,铁氧体附加磁化场 $H = 4800\text{A/m}$。设计中心频率600MHz,并联谐振回路 $L_2 /\!/ C_2$ 处于谐振状态,保证了端2的匹配,而 L_1-L/C 构成的 T 形匹配回路确保端1匹配。

图 2.2-31 为共振隔离器的性能,其中 $S_{21}(\text{dB})$ 为正向传播特性,在 570MHz~620MHz 频带范围内插损约1dB,而 $S_{11}(\text{dB}), S_{22}(\text{dB}), S_{12}(\text{dB})$ 均优于 -20dB。正向衰减量偏大的主要原因是铁氧体圆片中的场未必都是正或负圆极化场,只有在双平行线的4个交点附近圆极化较好,偏离交点处可能存在椭圆极化场。从铁磁共振磁场向低偏移也足以说明椭圆极化存在的有力证明:因为 600MHz 的谐振磁场 H_r 应为17kA/m,但目前的工作磁场只有 4.8kA/m。这在第1章中研究椭圆极化铁磁共振曲线 $\mu_e-\sigma$ 已作了说明,特别对 p 值大的情况(这里 $p = \gamma M_s/\omega = 3.7$)。

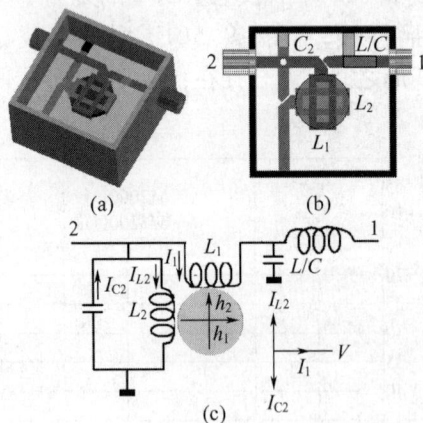

图 2.2-30 集总参数共振隔离器

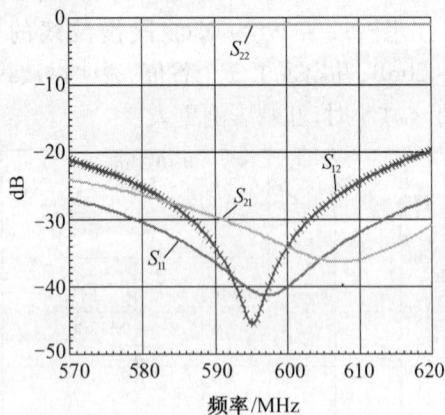

图 2.2-31 共振隔离器的性能

图 2.2 – 32 为隔离器的非互易性，由 S_{12}, S_{21} 值，算出 $dS = S_{12} - S_{21}$ 值，表示在圆图中 $ds = |ds| \angle \theta = 0.8891 \angle 91.5936°$。这是仿真结果。而表 2.2 – 3 是利用非互易公式，求出数值积分值实部（Re）和虚部（Im），然后求得 $|dS|$ 及 θ，与图 2.2 – 32 一致。

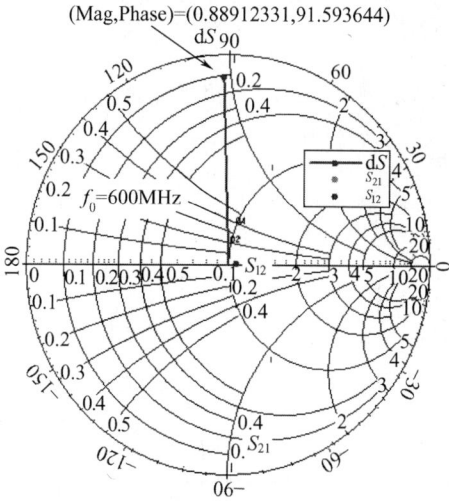

图 2.2 – 32 隔离器的非互易性

表 2.2 – 3 隔离器非互易性 $dS = |dS| \angle \theta$ 计算结果

Integrate（ObjectList（–all –），Imag）

0.888779482540818

Integrate（ObjectList（–all –），Real）

– 0.0247271728361316

$$|dS| = \sqrt{R^2 + I^2}$$
$$= \sqrt{0.8888^2 + 0.0247^2}$$
$$= 0.8891$$
$$\angle \theta = 90° + \arctan(Im/Re)$$
$$= 91.5918°$$

2.3　电磁波在双模铁氧体波导中的传播

2.3 – 1　铁氧体双模波导中的基本效应

这里指的双模波导是指圆波导或方波导中充有旋磁介质波导系统，在铁氧体未磁化状态时，圆波导中的 H_{11} 奇模和偶模是一对简并的正交模，它们的传播常数 β_{11o} 和 β_{11e} 相等，而且存在是独立的。互不耦合的简正波，在方波导中的 H_{10} 和 H_{01} 模，其传播常数 β_{10} 及 β_{01} 也是一对独立的简正波。当这类波导系统以特定方式加上磁化场时，这些磁化铁氧体波导系统一对简并波分裂成一对非简并波，或者非耦合波变成耦合波，它与磁化方式有关。图 2.3 – 1 为充满铁氧体磁化波导的情况。

图 2.3 – 1(a)、(d) 为法拉第旋转，对正负圆极化规则是一对非简并的独立模式（$\beta_+ \neq \beta_-$）；图(b)和(e)为四磁极磁化情况，h_x 和 h_y 为相位差 90° 的耦合模，产生变极化效应，其耦合系数为 k_v；图(c)和(f)为四磁极磁化旋转 45° 的情况，h_x 和 h_y 是一对非简并的独立模式。这几类磁化结构方式是组成双模移相器的基本结构，是重点讨论的目标。

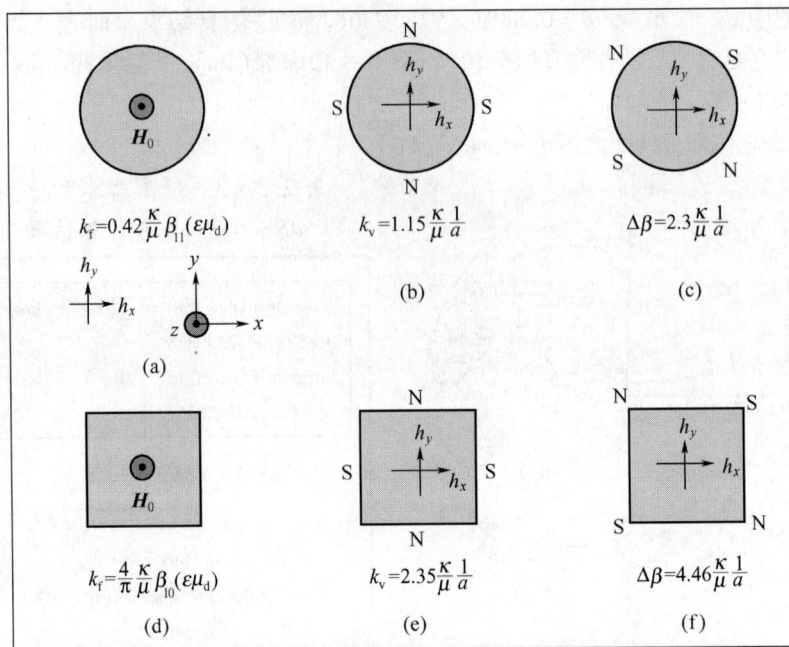

$k_f = 0.42 \dfrac{\kappa}{\mu} \beta_{11}(\varepsilon\mu_d)$

$k_v = 1.15 \dfrac{\kappa}{\mu} \dfrac{1}{a}$

$\Delta\beta = 2.3 \dfrac{\kappa}{\mu} \dfrac{1}{a}$

(a)　　　　　(b)　　　　　(c)

$k_f = \dfrac{4}{\pi} \dfrac{\kappa}{\mu} \beta_{10}(\varepsilon\mu_d)$

$k_v = 2.35 \dfrac{\kappa}{\mu} \dfrac{1}{a}$

$\Delta\beta = 4.46 \dfrac{\kappa}{\mu} \dfrac{1}{a}$

(d)　　　　　(e)　　　　　(f)

图 2.3 - 1　充满铁氧体磁化波导中非简并波和耦合波

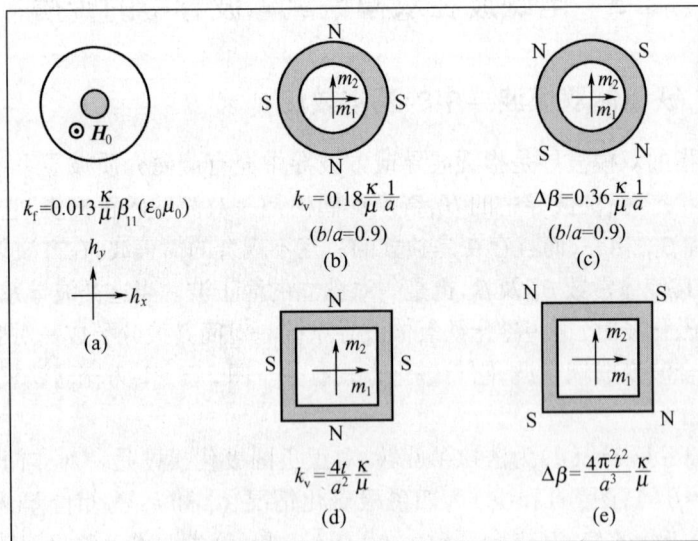

$k_f = 0.013 \dfrac{\kappa}{\mu} \beta_{11}(\varepsilon_0\mu_0)$

$k_v = 0.18 \dfrac{\kappa}{\mu} \dfrac{1}{a}$
$(b/a = 0.9)$

$\Delta\beta = 0.36 \dfrac{\kappa}{\mu} \dfrac{1}{a}$
$(b/a = 0.9)$

(a)　　　　　(b)　　　　　(c)

$k_v = \dfrac{4t}{a^2} \dfrac{\kappa}{\mu}$

$\Delta\beta = \dfrac{4\pi^2 t^2}{a^3} \dfrac{\kappa}{\mu}$

(d)　　　　　(e)

图 2.3 - 2　部分充填铁氧体的情况

对部分充填铁氧体双模波导的情况如图 2.3－2 所示。图(a)为法拉第旋转器,因为圆波导中,在中心处 h_x 和 h_y 场强较集中,它与磁场 H_0 方向正交,h_x 和 h_y 之间通过 H_0 相互耦合,为耦合模,其旋磁效应(即法拉第旋转效应)较大。图(a)和(d)的情况:磁场在 z 方向,对水平模 h_x、h_y 是一对同相耦合模,产生"体效应"耦合,不过难以承受高功率。图(b)和(d)两种情况:铁氧体贴在波导壁上,N－N产生的磁场 H_0 在 y 方向,此处高频场对模式 m_1 的磁场在 x 方向 h_x,模式 m_2 的磁场在 z 方向,H_0 使 h_x 和 h_y 产生耦合,所以 m_1,m_2 为两个耦合模式;同理在 S－S两极点处,H_0 在 x 方向,模式 m_1 的磁场在 z 方向,模式 m_2 的磁场在 y 方向,两者两两垂直。H_0 使 h_y 和 h_z 产生耦合,从整体看,m_1,m_2 两个模式的耦合系数为 jk_v,相位差 $90°$,结果产生变极化效应。变极化效应为波导壁效应。图(c)和(e)两种情况:因为上下处 H_0 在 x 方向,而模 m_1 和模 m_2 的高频场为 h_x 和 h_z,三者不能形成正交关系,所以为非耦合模,但 m_1 和 m_2 的传播常数分别为 β_1 和 β_2。模式间的差相移为 $\beta_1 - \beta_2$。它也是产生在波导壁处的旋磁效应。

2.3－2 双模波导中的耦合模和本征模传播

上述的双模波导中,耦合模方程可写为

$$\begin{cases} \dfrac{\mathrm{d}m_1}{\mathrm{d}z} = \mathrm{j}\beta m_1 + k_{12}m_2 \\[2mm] \dfrac{\mathrm{d}m_2}{\mathrm{d}z} = k_{21}m_1 + \mathrm{j}\beta m_2 \end{cases} \qquad (2.3-1)$$

式中:k_{12} 和 k_{21} 为模 m_1 和模 m_2 之间的耦合系数,纵向磁化情况下,$H_0 /\!/ z$,$k_{21} = -k_{12} = k_{\mathrm{f}}$(法拉第旋转系数),这时传输常数矩阵可写成:

$$\boldsymbol{\Gamma} = \begin{bmatrix} -\mathrm{j}\beta & k_{\mathrm{f}} \\ -k_{\mathrm{f}} & -\mathrm{j}\beta \end{bmatrix}$$

令

$$\boldsymbol{m} = \begin{bmatrix} m_1 \\ m_2 \end{bmatrix}, \quad \frac{\mathrm{d}\boldsymbol{m}}{\mathrm{d}z} = \begin{bmatrix} \mathrm{d}m_1/\mathrm{d}z \\ \mathrm{d}m_2/\mathrm{d}z \end{bmatrix}$$

则

$$\frac{\mathrm{d}\boldsymbol{m}}{\mathrm{d}z} = \boldsymbol{\Gamma m} \qquad (2.3-2)$$

求其本征解问题,$|\boldsymbol{\Gamma} - \lambda \boldsymbol{I}| = 0$,求其两个本征值 λ_+,λ_-。

对应的本征矢

$$\boldsymbol{m}_+ = \frac{1}{\sqrt{2}}\begin{bmatrix} 1 \\ \mathrm{j} \end{bmatrix}, \quad \boldsymbol{m}_- = \frac{1}{\sqrt{2}}\begin{bmatrix} 1 \\ -\mathrm{j} \end{bmatrix} \qquad (2.3-3)$$

即为垂直于 H_0 平面内的圆极化模。其对应的传播常数 $\beta_\pm = \beta \pm k_{\mathrm{f}}$,本征模方程可写成:

$$\mathrm{d}m_+/\mathrm{d}z = -\mathrm{j}\beta_+ m_+$$

$$\mathrm{d}m_- / \mathrm{d}z = -\mathrm{j}\beta_- m_-$$

所以耦合模传输常数矩阵对角化后变成本征模的对角化传播常数：

$$\boldsymbol{\Gamma} = \begin{bmatrix} \mathrm{j}\beta_+ & 0 \\ 0 & \mathrm{j}\beta_- \end{bmatrix}$$

本征模式差相移 $\Delta\beta = 2k_f$，$\Delta\beta$ 表征单位长度模式差相移，为单位长度法拉第旋转角。对横向四磁极磁化，这时 $k_{12} = k_{21} = \mathrm{j}k_v$，这时对耦合模有

$$\boldsymbol{\Gamma} = \begin{bmatrix} \mathrm{j}\beta & \mathrm{j}k_v \\ \mathrm{j}k_v & \mathrm{j}\beta \end{bmatrix}$$

用类似法求出本征值 $\beta_\pm = \beta \pm k_v$，$k_v$ 为变极化系数，而本征矢为

$$\boldsymbol{m}_+ = \frac{1}{\sqrt{2}}\begin{bmatrix} 1 \\ 1 \end{bmatrix}, \quad \boldsymbol{m}_- = \frac{1}{\sqrt{2}}\begin{bmatrix} 1 \\ -1 \end{bmatrix} \qquad (2.3-4)$$

所以本征模为 $\pm 45°$ 方向上一对线极化模，对应本征模的差相移 $\Delta\beta = 2k_v$。

尽管图 2.3-1(c)、(f) 和图 2.3-2(c)、(e)4 种情况没有直接讨论，但实际上从图 2.3-3(c)、(d) 中涉及的本征模 m_1 和 m_2 的问题已涵盖了这些问题。

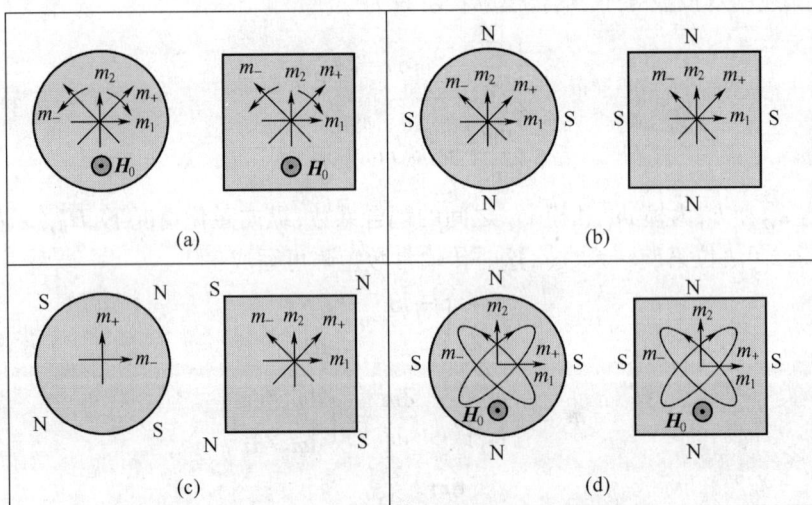

图 2.3-3 双模波导中的耦合模和本征模传播

双模波导中主要涉及问题是模式间差相移、法拉第旋转系数和变极化系数，基本传播常数尽管不那么重要，但也应有所交代。对充满铁氧体的圆波导

$$\beta = \beta_{11} = \sqrt{\left(\frac{\omega}{c}\right)^2 \varepsilon\mu_d - \left(\frac{1.84}{a}\right)^2}$$

对充满铁氧体的方波导

$$\beta = \beta_{10} = \sqrt{\left(\frac{\omega}{c}\right)^2 \varepsilon \mu_d - \left(\frac{\pi}{a}\right)^2}$$

式中：ε 为铁氧体的介电常数；μ_d 为未磁化态铁氧体的磁导率；a 为圆波导直径或方波导口径尺寸。

图 2.3 – 3(a)所讨论的问题，对应图 2.3 – 1 和图 2.3 – 2 的问题；图 2.3 – 3(b)对应图 2.3 – 1(d)的问题；图 2.3 – 3(c)对应图 2.3 – 1(b)和图 2.3 – 2(b)的问题；图 2.3 – 3(d)对应图 2.3 – 1(e)和图 2.3 – 2(d)的问题。

上面讲的在铁氧体未磁化态时，波导中存在两个简并的本征模式，$\beta_1 = \beta_2 = \beta$ 的情况，若对非简并情况，$\beta_1 \neq \beta_2$ 而且 k_v，k_f 均不为零时，则传播常数矩阵变成

$$\boldsymbol{\Gamma} = \begin{bmatrix} -j\beta_1 & k_{12} \\ k_{21} & -j\beta_2 \end{bmatrix} \tag{2.3 – 5}$$

式中：$k_{12} = k_f + jk_v$；$k_{21} = -k_f + jk_v$，相当于纵向磁化场和横向四磁极磁化场并存情况，这是在磁回路情况会发生的情况。本征值方程为 $\lambda \boldsymbol{m} = \boldsymbol{\Gamma} \boldsymbol{m}$。

解出两个本征值：

$$\lambda_{\pm} = \frac{-j}{2}\left\{(\beta_1 + \beta_2) \pm \left[(\beta_1 - \beta_2)^2 + 4k_{12}k_{21}\right]^{1/2}\right\} \tag{2.3 – 6a}$$

令 $\beta_1 = \beta_2$，则

$$\lambda_{\pm} = -j(\beta \pm \sqrt{k_v^2 + k_f^2}) \tag{2.3 – 6b}$$

两个耦合模式 m_1 和 m_2 之间的幅度关系可利用式(2.3 – 6)求出：

$$m_2 = \frac{k_v + jk_f}{\sqrt{k_v^2 + k_f^2}}m_1 = e^{j\theta}m_1, \quad \theta = \arctan(k_f/k_v)$$

故混合磁化时的本征模为

$$\boldsymbol{m}_+ = \frac{1}{\sqrt{2}}\begin{bmatrix} 1 \\ e^{j\theta} \end{bmatrix}, \quad \boldsymbol{m}_- = \frac{1}{\sqrt{2}}\begin{bmatrix} 1 \\ e^{-j\theta} \end{bmatrix} \tag{2.3 – 7}$$

本征模是椭圆极化，也就是说在混合磁化情况下，正负圆极化模和45°线极化模在混合磁化情况下均不是本征模，而是耦合模。特殊情况下：$k_f = 0$，$\theta = 0$，式(2.3 – 7)中的 $\boldsymbol{m}_+$ 和 $\boldsymbol{m}_-$ 变成式(2.3 – 4)，这就是四磁极磁化情况，当 $k_v = 0$，$\theta = 90°$时，$\boldsymbol{m}_+$，$\boldsymbol{m}_-$ 变成式(2.3 – 3)，即纵向磁化情况的本征矢。

2.3 – 3　非简并耦合波方程解及极化传输矩阵

关于非简并的耦合波方程按式(2.3 – 5)的形式可写成

$$\begin{cases} \mathrm{d}m_1/\mathrm{d}z = -\mathrm{j}\beta_1 m_1 - k_{12}m_2 \\ \mathrm{d}m_2/\mathrm{d}z = -k_{21} - \mathrm{j}\beta_2 m_2 \end{cases} \quad (2.3-8)$$

式中: k_{12} 和 k_{21} 为混合磁化情况的耦合系数, $k_{12} = k_f + \mathrm{j}k_v$, $k_{21} = -k_f + \mathrm{j}k_v$。当 z 由 $0 \sim l$ 距离内传播时,极化(模式)传输矩阵:

$$\boldsymbol{T} = \begin{bmatrix} T_{11} & T_{12} \\ T_{21} & T_{22} \end{bmatrix} \quad (2.3-9)$$

式中: T_{11} 为 $m \to m_1$ 的传输系数; T_{12} 为 $m_1 \to m_2$ 的传输系数(耦合); T_{21} 为 $m_2 \to m_1$ 的传输系数(耦合); T_{22} 为 $m_2 \to m_2$ 的传输系数。

传输矩阵可用来研究输入极化和输出极化的关系,其极化传输系数为

$$T_{11} = \cos kl - \mathrm{j}\frac{\sin kl}{\sqrt{1+Q^2}}, \quad T_{12} = \frac{k_{21}}{k}\frac{\sin kl}{\sqrt{1+Q^{-2}}}$$

$$T_{21} = \frac{k_{21}}{k}\frac{\sin kl}{\sqrt{1+Q^{-2}}}, \quad T_{22} = \cos kl + \mathrm{j}\frac{\sin kl}{\sqrt{1+Q^2}}$$

$$k = \sqrt{k_f^2 + k_v^2}, \quad Q = \frac{2k}{|\beta_1 - \beta_2|}$$

式中: l 为双模波导段的长度; Q 为耦合能力,为正值,对耦合模的情况, $k \neq 0$, $\beta_1 = \beta_2$, $Q \to \infty$,属于同步强耦合情况;对本征模而言, $k = 0$, $\beta_1 \neq \beta_2$, $Q = 0$,耦合能力为零,表示非耦合情况。一般来说, Q 为有限的正数。

对纵向磁化而言, $k_v = 0$,在同步强耦合的情况下, $Q \to \infty$ 得到法拉第旋转段的极化传输矩阵:

$$\boldsymbol{T}_F = \begin{bmatrix} \cos k_f l & \sin k_f l \\ -\sin k_f l & \cos k_f l \end{bmatrix} = \begin{bmatrix} \cos\phi & \sin\phi \\ -\sin\phi & \cos\phi \end{bmatrix} \quad (2.3-10)$$

当垂直极化输入时,其输出极化:

$$\boldsymbol{P} = \begin{bmatrix} \cos k_f l & \sin k_f l \\ -\sin k_f l & \cos k_f l \end{bmatrix} \begin{bmatrix} 0 \\ 1 \end{bmatrix} = \begin{bmatrix} \sin k_f l \\ \cos k_f l \end{bmatrix} = \begin{bmatrix} \sin\phi \\ \cos\phi \end{bmatrix}$$

法拉第旋转角 $\phi = k_f l$,耦合系数 $k_f = \phi/l$ 称为单位长度的法拉第旋转角。

对横向 $45°$ 四磁极情况而言, $k_f = 0$, $k_v \neq 0$ 在强耦合的情况下,得到变极化段的极化传输矩阵:

$$\boldsymbol{T}_\alpha = \begin{bmatrix} \cos k_v l & \mathrm{j}\sin k_v l \\ \mathrm{j}\sin k_v l & \cos k_v l \end{bmatrix} = \begin{bmatrix} \cos\alpha & \mathrm{j}\sin\alpha \\ \mathrm{j}\sin\alpha & \cos\alpha \end{bmatrix} \quad (2.3-11)$$

其中, $k_v l = \alpha$, α 为变极化角, 当垂直极化输入, 输出极化为

$$
P = \begin{bmatrix} \text{jsin}\alpha \\ \cos\alpha \end{bmatrix}
$$

当 $\alpha = 45°$, 变成圆极化输出, 所以 k_v 称为变极化系数。

对横向 $45°$ 四磁极磁化情况(图 2.3 -1(c)、(f)和图 2.3 -2(c)、(e), $k_f = 0$, $k_v = 0$, $k = 0$, $Q \to 0$, $T_{12} = T_{21} = 0$。

$$
T = \begin{bmatrix} \text{e}^{\text{j}\frac{\delta\theta}{2}} & 0 \\ 0 & \text{e}^{-\text{j}\frac{\delta\theta}{2}} \end{bmatrix} k_v l = \begin{bmatrix} \text{e}^{\text{j}\frac{\beta_1-\beta_2}{2}l} & 0 \\ 0 & \text{e}^{-\text{j}\frac{\beta_1-\beta_2}{2}l} \end{bmatrix} \tag{2.3 - 12}
$$

对水平极化和垂直极化本征模之间的模式差相移 $\Delta\theta = 2k_v l = (\beta_1 - \beta_2)l$, 得到差相移的极化矩阵:

$$
T_\theta = \begin{bmatrix} \text{e}^{\text{j}\Delta\theta} & 0 \\ 0 & 1 \end{bmatrix} \tag{2.3 - 13}
$$

2.3 -3 -1 旋转四磁极磁化的双模波导中的非简并耦合模

以上讨论的四磁极中的耦合模与本征模只是两种磁化状态, 0/90°放置的(NS)四磁极, 此时垂直模 m_2 和水平模 m_1 为一对强耦合的耦合模, 其耦合能力 $Q \to \infty$; 另外一种是 $\pm 45°$ 放置的(NS)四磁极, m_2 和 m_1 为一对本征模。除此之外, 讨论一下 $0 < \theta_R < 45°$ 放置的四磁极情况, 这时 Q 值就不是两种极端情况, 属于非同步耦合情况。$\Delta\beta \neq 0$, $k_v \neq 0$, 而 $Q = 2k_v/\Delta\beta$ 的一般情况。

如图 2.3 -4 所示, 在复合(NS)(N′S′)两组四磁极场的共同作用下, 由 A 绕组 I_A 电流产生(NS)四磁极场, 由 B 绕组 I_B 通 $I_B = \cos\Omega t$, 两者作用下产生旋转磁化四磁极场。当 $\Omega t = 90°$, I_A 电流使 m_1, m_2 成为耦合模; I_B 电流使 m_1, m_2 成为本征模。一般情况下, 就形成倾斜角度 θ_R 的四磁极, 这是 m_1, m_2 为非简并 $(\beta_1 \neq \beta_2)$ 的耦合模情况。令 $2k_v \propto \sin\Omega t$, $\Delta\beta \propto \cos\Omega t$, 得

$$
Q = \frac{2k_v}{\Delta\beta} \tag{2.3 - 14}
$$

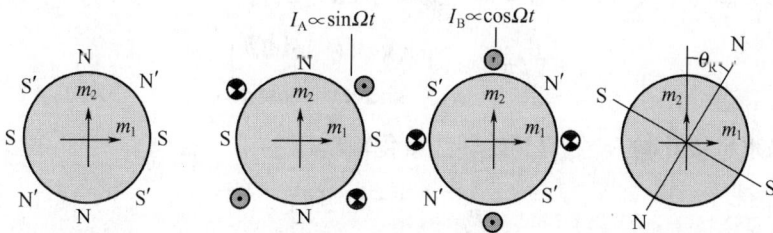

图 2.3 -4 旋转四磁极磁化

当 $\Omega t = 0°$，$\theta_R = 45°$，$k_v = 0$ 模式差相移 $\Delta\theta = \Delta\beta l$，$Q = 0$（无耦合）；

当 $\Omega t = 90°$，$\theta_R = 0°$，$k_v \neq 0$ 变极化器，$k_v l \neq 0$，$\Delta\beta = 0$，$Q \to \infty$（同步强耦合）；

当 $\Omega t = 45°$，$\theta_R = 22.5°$，$k_v \neq 0$，$\Delta\beta \neq 0$，$Q = 2k_v/\Delta\beta = 1$（临界耦合）。

设 $Q < 1$ 为弱耦合；$Q > 1$ 为强耦合。在旋转角任意情况下，双模旋转段的极化传输矩阵为

$$T(R) = \begin{bmatrix} \cos\alpha - j\sin\alpha\cos(\Omega t) & j\sin\alpha\sin(\Omega t) \\ j\sin\alpha\sin(\Omega t) & \cos\alpha + j\sin\alpha\cos(\Omega t) \end{bmatrix} \quad (2.3-15)$$

式中：$\alpha = k_v l$；$\Omega t = 2\theta_R$。

根据式(2.3-15)，可以写出各种四磁极双模段的极化传输矩阵。

(1) 圆极化器。当 $\alpha = \pm 45°$，$\Omega t = 90°$，$\theta_R = 0$，其极化传输矩阵

$$T_{\pm 90°} = \frac{1}{\sqrt{2}}\begin{bmatrix} 1 & \pm j \\ \pm j & 1 \end{bmatrix}$$

当水平极化输入，输出极化为

$$P_+ = \frac{1}{\sqrt{2}}\begin{bmatrix} 1 & j \\ j & 1 \end{bmatrix}\begin{bmatrix} 1 \\ 0 \end{bmatrix} = \frac{1}{\sqrt{2}}\begin{bmatrix} 1 \\ j \end{bmatrix} \quad （正圆极化）$$

或

$$P_- = \frac{1}{\sqrt{2}}\begin{bmatrix} 1 & -j \\ -j & 1 \end{bmatrix}\begin{bmatrix} 1 \\ 0 \end{bmatrix} = \frac{1}{\sqrt{2}}\begin{bmatrix} 1 \\ -j \end{bmatrix} \quad （负圆极化）$$

(2) 半波片。当 $\alpha = 90°$，$\Omega t = 90°$，即 $\theta_R = 0$，得

$$T_\pi = \begin{bmatrix} 0 & j \\ j & 0 \end{bmatrix}$$

当水平极化输入时，得到垂直极化输出

$$P_\perp = j\begin{bmatrix} 0 & 1 \\ 1 & 0 \end{bmatrix}\begin{bmatrix} 1 \\ 0 \end{bmatrix} = e^{j90°}\begin{bmatrix} 0 \\ 1 \end{bmatrix}$$

(3) 旋转半波片。当 $\alpha = 90°$，$\Delta\theta = \Delta(\Omega t)/2$，得

$$T(\pi) = j\begin{bmatrix} -\cos\Omega t & \sin\Omega t \\ \sin\Omega t & \cos\Omega t \end{bmatrix}$$

当水平极化输入时，得到旋转线极化输出

$$P_\Omega = j\begin{bmatrix} -\cos\Omega t \\ \sin\Omega t \end{bmatrix}$$

可利用该原理制作旋转场调制器。当圆极化输入时，得到输出

$$P_0 = j \begin{bmatrix} -\cos\Omega t & \sin\Omega t \\ \sin\Omega t & \cos\Omega t \end{bmatrix} \begin{bmatrix} 1 \\ j \end{bmatrix} = e^{-j(\Omega t + 90°)} \begin{bmatrix} 1 \\ -j \end{bmatrix}$$

输出极化得到可变相移 $\Delta\theta = \Omega T$，附加 90°固定相移及正圆极化输入变为负圆极化输出。这一原理可用来制作旋转场移相器。

（4）水平极化吸收片和垂直极化吸收片的极化矩阵分别为

$$T_H = \begin{bmatrix} 1 & 0 \\ 0 & 0 \end{bmatrix}, \quad T_V = \begin{bmatrix} 0 & 0 \\ 0 & 1 \end{bmatrix}$$

（5）倾斜角 θ_R 四磁极极化矩阵为

$$T_{\theta_R} = \begin{bmatrix} \cos\alpha - j\sin\alpha\sin2\theta_R & j\sin\alpha\cos2\theta_R \\ j\sin\alpha\cos2\theta_R & \cos\alpha + j\sin\alpha\sin2\theta_R \end{bmatrix}$$

2.3 - 3 - 2　双模器件的极化传输矩阵

弄清极化传输矩阵的基本概念，必须对双模器件的网络参数进行归类，因为它涉及两个端口和两个模式的传输问题，所以其 S 参数元素 $S_{ij}(m_i, m_j)$，$i, j = 1, 2$ 共有 16 个，其散射矩阵为

$$S = \begin{bmatrix} R & T \\ T & R \end{bmatrix} \tag{2.3 - 16}$$

式中：矩阵 R 为反射参数矩阵：

$$R = \begin{bmatrix} S_{11}(m_1 m_1) & S_{11}(m_1, m_2) \\ S_{11}(m_2, m_1) & S_{11}(m_2, m_2) \end{bmatrix}$$

矩阵 T 为传输参数矩阵：

$$T = \begin{bmatrix} S_{21}(m_1 m_1) & S_{21}(m_1, m_2) \\ S_{21}(m_2, m_1) & S_{21}(m_2, m_2) \end{bmatrix} = \begin{bmatrix} T_{11} & T_{12} \\ T_{21} & T_{22} \end{bmatrix} \tag{2.3 - 17}$$

式（2.3 - 17）表示端 1、端 2 传输条件下，m_1 和 m_2 的传输情况和耦合传输情况。如 $S_{21}(m_1, m_1)$ 表示 m_1 从端 1 端 2 传输量；而 $S_{21}(m_2, m_1)$ 表示从端 1 端 2 传输过程中 m_1 耦合到 m_2 的耦合量。在匹配良好的情况下，不考虑 R 的影响。极化传输矩阵 T 和微波网络中的传输矩阵有所区别，后者是双向传输，这里 T_{11} 是 $m_1 \rightarrow m_1$ 的传输；T_{12} 是 $m_2 \rightarrow m_1$ 的传输；T_{21} 是 $m_1 \rightarrow m_2$，T_{22} 是 $m_2 \rightarrow m_2$ 的传输。对端口而言均是端 1→端 2 的单向传输。

利用极化传输矩阵对研究双模波导传输非常方便，它满足级联矩阵乘法运算，如图 2.3 - 5 所示。

为方便起见，把各双模段的极化传输矩阵综合于表 2.3 - 1。利用表中基本

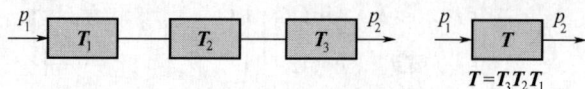

图 2.3 - 5 级联矩阵乘法运算

段的极化传输矩阵,可以组合成各类双模铁氧体器件。

表 2.3 - 1 各双模段的极化传输矩阵

$$T_\alpha = \begin{bmatrix} \cos\alpha & \mathrm{j}\sin\alpha \\ \mathrm{j}\sin\alpha & \cos\alpha \end{bmatrix} \qquad T_\theta = \begin{bmatrix} \mathrm{e}^{\mathrm{j}\Delta\theta} & 0 \\ 0 & 1 \end{bmatrix} \qquad T_F = \begin{bmatrix} \cos\phi & \sin\phi \\ -\sin\phi & \cos\phi \end{bmatrix} \qquad T_{\pm 90°} = \begin{bmatrix} 1 & \pm\mathrm{j} \\ \pm\mathrm{j} & 1 \end{bmatrix}$$

$$T_R = \begin{bmatrix} -1 & 0 \\ 0 & 1 \end{bmatrix} \qquad T(\pi) = \begin{bmatrix} -\cos\Omega t & \sin\Omega t \\ \sin\Omega t & \cos\Omega t \end{bmatrix} \qquad T_H = \begin{bmatrix} 1 & 0 \\ 0 & 0 \end{bmatrix} \qquad T_V = \begin{bmatrix} 0 & 0 \\ 0 & 1 \end{bmatrix}$$

$$T_{\theta_R} = \begin{bmatrix} \cos\alpha - \mathrm{j}\sin\alpha\sin2\theta_R & \mathrm{j}\sin\alpha\cos2\theta_R \\ \mathrm{j}\sin\alpha\cos2\theta_R & \cos\alpha - \mathrm{j}\sin\alpha\sin2\theta_R \end{bmatrix} \qquad T_{(R)} = \begin{bmatrix} \cos\alpha - \mathrm{j}\sin\alpha\sin\Omega t & \mathrm{j}\sin\alpha\sin\Omega t \\ \mathrm{j}\sin\alpha\sin\Omega t & \cos\alpha + \mathrm{j}\sin\alpha\cos\Omega t \end{bmatrix}$$

（1）双模互易移相器极化传输矩阵由两个圆极化器和法拉第旋转器组成：

$$T = T_H \cdot T_{90°} \cdot T_F \cdot T_{90°} \cdot T_H$$

（2）旋转场移相器极化传输矩阵：

$$T = T_H \cdot T_{90°} \cdot T_\pi \cdot T_{-90°} \cdot T_H$$

（3）$\alpha - \theta$ 型变极化器极化传输矩阵：

$$T = T_\theta \cdot T_\alpha = \begin{bmatrix} \cos\alpha \cdot \mathrm{e}^{\mathrm{j}\Delta\theta} & \mathrm{j}\sin\alpha \cdot \mathrm{e}^{\mathrm{j}\Delta\theta} \\ \mathrm{j}\sin\alpha & \cos\alpha \end{bmatrix}$$

对垂直极化输出,输出极化为

$$P_0 = \begin{bmatrix} \mathrm{j}\sin\alpha \cdot \mathrm{e}^{\mathrm{j}\delta} \\ \cos\alpha \end{bmatrix} = \begin{bmatrix} \sin\alpha \cdot \mathrm{e}^{\mathrm{j}\theta} \\ \cos\alpha \end{bmatrix}$$

上式是典型的琼斯极化矢形式。

（4）$\alpha - (\pi)$ 型变极化器的极化传输矩阵：

$$T = T(\pi) \cdot T_\alpha$$

（5）多极化移相器的极化传输矩阵：

$$T = T_\theta T_\alpha T_F T_{90°}$$

2.3-4　广义微扰理论

2.3-4-1　基本理论

本微扰理论是2.2-1节微扰理论的推广形式,解决充有铁氧体的未磁化的波导系统和任意方向磁化铁氧体波导系统的传播常数的差值,两者之间的差异可用微扰理论来解决。它不仅能解决本征模的微扰问题,而且能解决耦合模微扰问题;它不仅能解决单模波导(矩形波导)的微扰问题,而且能解决双模波导的微扰问题。

在微扰前,麦克斯韦方程组形式：

$$\nabla \times h_0^* - \Gamma_0^* (i_z \times h_0^*) = j\omega\varepsilon\varepsilon_0 e_0^*$$

$$\nabla \times e_0^* - \Gamma_0^* (i_z \times e_0^*) = j\omega\mu_0 h^* \qquad (2.3-18)$$

微扰后,磁导率从$\mu_0 \to \mu_0\mu$,其麦克斯韦方程组形式：

$$\nabla \times h - \Gamma(i_z \times h) = j\omega\varepsilon\varepsilon_0 e_0$$

$$\nabla \times e - \Gamma(i_z \times e) = -j\omega\mu\mu_0 h \qquad (2.3-19)$$

其中

$$\mu = \begin{bmatrix} \mu & j\kappa\cos\gamma & j\cos\beta \\ -j\kappa\cos\gamma & \mu & j\kappa\cos\alpha \\ -j\cos\beta & -j\kappa\cos\alpha & \mu \end{bmatrix}$$

式中：$\mu \to 1$, $\kappa = \gamma M/\omega$; α, β, γ 为任意的磁化矢的方向角。

对矢量积分利用格林定理,可以解出

$$\Gamma + \Gamma_0^* = \frac{-j\omega \int_{S_0} h_0^* \cdot \Delta\mu h \, dS}{\int_S [(e_0^* \times h) - (e^* \times h_0)] dS} \qquad (2.3-20)$$

式中：h_0 和 h 为微扰前后的磁场；e_0, e 为微扰前后的电场；S_0 为铁氧体的截面；S 为波导总截面；$\Delta\mu = (\mu - I)\mu_0$；分母为输入功率,可以作归一化处理。

2.3-4-2　本征模的微扰

在双模波导中已知本征模 m_1 的场型 h_1 的情况下,代入式(2.3-20),求出相位常数的微扰公式：

$$\beta_1 - \beta_0 = \frac{\omega}{2} \frac{\int_{S_0} \mathrm{Re}(\boldsymbol{h}_1^* \cdot \Delta\boldsymbol{\mu}\boldsymbol{h}_1)\mathrm{d}S}{\int_S \mathrm{Re}(\boldsymbol{e}_1^* \times \boldsymbol{h}_1) \cdot i_z\mathrm{d}S}$$

同样,对本征模 m_2 的场型 h_2 代入式(2.3-20),求出

$$\beta_2 - \beta_0 = \frac{\omega}{2} \frac{\int_{S_0} \mathrm{Re}(\boldsymbol{h}_2^* \cdot \Delta\boldsymbol{\mu}\boldsymbol{h}_2)\mathrm{d}S}{\int_S \mathrm{Re}(\boldsymbol{e}_2^* \times \boldsymbol{h}_2^*) \cdot i_z\mathrm{d}S}$$

以上两式相减,求出模 m_1, m_2 的差相移:

$$\Delta\beta = \beta_1 - \beta_2 = \frac{\omega \int_S \mathrm{Re}(\boldsymbol{h}_1^* \cdot \Delta\boldsymbol{\mu}\boldsymbol{h}_1 - \boldsymbol{h}_1^* \cdot \Delta\boldsymbol{\mu}\boldsymbol{h}_2^*)\mathrm{d}S}{2 \int \mathrm{Re}(\boldsymbol{e}_1^* \times \boldsymbol{h}_1 + \boldsymbol{e}_2^* \times \boldsymbol{h}_2) \cdot i_z\mathrm{d}S} \qquad (2.3-21\mathrm{a})$$

$\Delta\beta$ 称为模式差相移(rad/cm),当输入功率归一化后(本征模 m_1, m_2 的激励功率均为 0.5W),得

$$\Delta\beta = \frac{\omega}{2} \int_S \mathrm{Re}(\boldsymbol{h}_1^* \cdot \Delta\boldsymbol{\mu}\boldsymbol{h}_1 - \boldsymbol{h}_2^* \cdot \Delta\boldsymbol{\mu}\boldsymbol{h}_2^*)\mathrm{d}S \qquad (2.3-21\mathrm{b})$$

2.3-4-3 耦合模微扰

若 h_1 和 h_2 是一对耦合模,则其耦合系数 k 为

$$\begin{cases} k = \dfrac{\omega}{2} \int_S \boldsymbol{h}_1^* \cdot \Delta\boldsymbol{\mu}\boldsymbol{h}_2\mathrm{d}S = k_\mathrm{f} + jk_\mathrm{v} \\[3mm] k_\mathrm{f} = \dfrac{\omega}{2} \int \mathrm{Im}(\boldsymbol{h}_1^* \cdot \Delta\boldsymbol{\mu}\boldsymbol{h}_2)\mathrm{d}S \\[3mm] k_\mathrm{v} = \dfrac{\omega}{2} \int \mathrm{Re}(\boldsymbol{h}_1^* \cdot \Delta\boldsymbol{\mu}\boldsymbol{h}_2)\mathrm{d}S \end{cases} \qquad (2.3-22)$$

耦合能力 Q 的微扰公式为

$$Q = \frac{2|k|}{|\Delta\beta|} = \left| \frac{2 \int_S \boldsymbol{h}_1^* \cdot \Delta\boldsymbol{\mu}\boldsymbol{h}_2\mathrm{d}S}{\int_S \mathrm{Re}(\boldsymbol{h}_1^* \cdot \Delta\boldsymbol{\mu}\boldsymbol{h}_1 - \boldsymbol{h}_2^* \Delta\boldsymbol{\mu}\boldsymbol{h}_2)\mathrm{d}S} \right| \qquad (2.3-23)$$

在微扰理论中,h_1 和 h_2 代表模 m_1 和模 m_2 的磁场分布函数,经典的方法就是求其分布函数的解析式,前面图 2.3-1 和图 2.3-2 中的 k_f, k_v, $\Delta\beta$ 均是按照微扰公式磁场分布函数积分获得的解析式,使用方便但其精度受到质疑,尤其是部分填充铁氧体的情况。现代的微扰理论计算中,是建立在 HFSS 平台基础上

的,不用数学函数来积分,而是用数值积分来解决,其计算精度相对高些,以下将有实例说明。

2.3-5 数值积分实例

2.3-5-1 法拉第旋转段的仿真与圆极化移相器非互易相移计算

如图 2.3-6 所示,铁氧体圆柱直径为 10mm,长 $l = 20$mm,工作频率 5.5GHz, $M_s = 750/4\pi(\mathrm{kA/m})$, $\varepsilon = 14.5$。仿真结果如图左方,其法拉第旋转角 $\varphi = \arctan(0.6935/0.715) = 44.12°$。

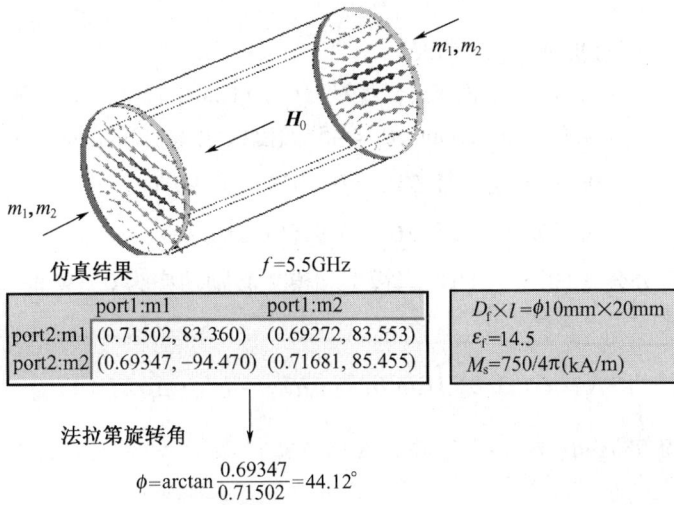

仿真结果 f=5.5GHz

	port1:m1	port1:m2
port2:m1	(0.71502, 83.360)	(0.69272, 83.553)
port2:m2	(0.69347, −94.470)	(0.71681, 85.455)

$D_f \times l = \phi 10\text{mm} \times 20\text{mm}$
$\varepsilon_f = 14.5$
$M_s = 750/4\pi(\text{kA/m})$

法拉第旋转角

$$\phi = \arctan\frac{0.69347}{0.71502} = 44.12°$$

图 2.3-6 法拉第旋转角仿真

根据数值积分公式(2.3-22),因为是均匀波导,若把它直接转到体积分公式:

$$\varphi = (\omega/2)\int_v \mathrm{Im}(\boldsymbol{h}_1^* \cdot \boldsymbol{\mu}\boldsymbol{h}_2 - \boldsymbol{h}_1^* \cdot \mu_0\boldsymbol{h}_2)\mathrm{d}v$$

$$= 1.3427 - 0.5152 = 0.8275(\mathrm{rad}) = 47.4°$$

体积分结果 $\varphi = 47.4°$,但仿真结果 $\varphi = 44.12°$

$\boldsymbol{h}_1$ 为模 1 的激励磁场, $\boldsymbol{h}_2$ 为模 2 的激励磁场,激励功率都是 0.5W。如果利用面积分求 k_f,把积分面取在端口的截面,求面积分:

$$k_f = (\omega/2)\int_S \mathrm{Im}(\boldsymbol{h}_1^* \cdot \boldsymbol{\mu}\boldsymbol{h}_2 - \boldsymbol{h}_1^* \cdot \mu_0\boldsymbol{h}_2)\mathrm{d}S$$

$$= 0.597 - 0.22 = 0.38\mathrm{rad/cm}$$

法拉第旋转角 $\varphi = k_f l = 0.76\mathrm{rad} = 43.5°$。

利用图 2.3 - 1 中的解析公式：$k_f = 0.42\beta_{11}\kappa/\mu = 0.42 \times 0.38 \times 2.66 = 0.424\text{rad/cm}, \varphi = k_f l = 48.6°$

以仿真结果 $\varphi = 44.12°$ 为准，面积分结果 $43.5°$ 最为接近；体积分公式误差较大，为 $47.4°$；解析公式的误差更大，为 $48.6°$。

图 2.3 - 6 的右方，是把法拉第旋转段作为圆极化互易移相器，用非互易方程 dS 来计算互易性：$d\theta = 0.23° \approx 0°$。图 2.3 - 5 的下方，计算差相移 $\Delta\theta = 88.05°$ 大约为法拉第旋转角的一倍($\Delta\theta = 2\varphi$)。互易相移的计算公式是精确的，积分公式中，h_1, h_2 为端口 p_1, p_2 用圆极化场激励，激励功率 $P_1 = P_2 = (0.5, 0.5 \angle 90°)$W。

2.3 - 5 - 2 四磁极 90°差相移段

如图 2.3 - 7 所示，铁氧体直径 $D = 11$mm，长 $l = 20$mm，工作频率 5.8375GHz，$M_s = 400/4\pi(\text{kA/m})$，$\theta_R = 45°$ 四磁极结构仿真结果的 T 矩阵为

$$T = \begin{bmatrix} 0.99662\angle-1.712 & 0.00236\angle0.99 \\ 0.00236\angle158.16 & 0.99661\angle91.09 \end{bmatrix} \quad \Delta\theta = 92.8°$$

利用数值积分公式(2.3 - 21b)，当模 1 和模 2 激励功率为 0.5W 时，其归一化的差相移公式为

$$\Delta\beta = (\omega/2)\int \text{Re}(h_1^* \cdot \Delta\mu h_1 - h_2^* \cdot \Delta\mu h_2^*) dS$$

求出 $\Delta\beta = 0.787\text{rad/cm} = 45.1°/\text{cm}$，$\Delta\theta = \Delta\beta l = 90.2°$，两者误差 2.8%。

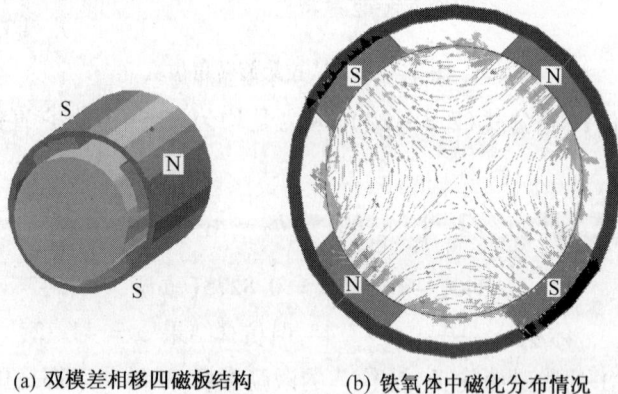

(a) 双模差相移四磁板结构   (b) 铁氧体中磁化分布情况

图 2.3 - 7 双模差相移四磁极结构和磁化场分布

2.3 - 5 - 3 旋转四磁极中的场积分计算

利用上述结构，研究了当 θ_R 从 $0 \to 90°$ 范围内，每步进 $11.25°$，共 8 个 θ_R 值，计算 $\alpha = k_v l$ 值、$\Delta\theta = (\beta_1 - \beta_2)l$ 值和 Q 值($Q = 2\alpha/\Delta\theta$)，如表 2.3 - 2 所列。

表 2.3 - 2 旋转四磁极中 $\alpha, \Delta\theta, Q$ 和 θ_R 关系

$\theta_R/(°)$	$\alpha/(°)$	$\Delta\theta/(°)$	$Q = 2\alpha/\Delta\theta$	$\cot 2\theta_R$
0	45. 12	0. 11	820	
11. 25	44. 51	36. 77	2. 42	2. 41
22. 5	31. 62	63. 8	0. 99	1
33. 75	17. 30	82. 9	0. 42	0. 41
45	0. 008	90. 20	0. 002	0
56. 25	17. 29	82. 6	0. 418	0. 41
67. 5	31. 65	63. 4	0. 998	1
78. 75	40. 86	33. 76	2. 42	2. 41

由表 2.3 - 2 可知,不同旋转角 θ_R 下,计算 Q 值与 $\cot 2\theta_R$ 是融洽的。当 $\theta_R = 0$ 时,为同步强耦状态;$\theta_R = 22.5°$ 时,为临界状态;$\theta_R = 45°$ 时,为非耦合状态。

2.3 - 6 双模铁氧体波导非互易相移

有两个端口,两个模式,不同磁化状态,所以传播问题更是复杂。两个端口之间传播,研究其非互易性。模式 m 的非互易性关系式:

$$dS(m) = S_{12}(m) - S_{21}(m)$$

$$= \frac{j\omega}{2} \int_{all} [\boldsymbol{h}_1(m) \cdot \mu \boldsymbol{h}_2(m) -$$

$$\boldsymbol{h}_2(m) \cdot \mu \boldsymbol{h}_1(m)] dV \qquad (2.3 - 24)$$

式中:μ 为张量磁导率的绝对值(内含 μ_0),其中 m 代表两种可能的模式,若 m_1 和 m_2 为简并的本征模,则有 $dS(m_1) = -dS(m_2)$。

用实例证明公式(2.3 - 23)的正确性。如图 2.3 - 8 所示,正方铁氧体尺寸 $10mm \times 10mm \times 10mm$,四磁极磁化是典型的波型差相移结构,用垂直模 m_1 进行仿真,铁氧体材料 $\varepsilon = 14.5$,$M_s = 770/4\pi(kA/m)$,测出 $\theta_{21} = 123.042°$,$\theta_{12} = 77.152°$,$\Delta\theta = 45.89°$。用式(2.3 - 23)算出 $dS(m_1)$ 的实部 $Re = 0.7676$,虚部 $Im = 0.1367$,$|dS| = 0.7796$;非互易相移 $d\theta = 2\arcsin(|dS(m_1)|/2) = 45.88°$,仿真测量结果和非互易公式计算是一致的。

模式差相移,指同一传播方向,例如 $P_2 \to P_1$,不同模式之间的差相移:

$$\Delta S = S_{12}(m_1) - S_{12}(m_2)$$

$$\Delta\theta = \theta_{12}(m_1) - \theta_{12}(m_2) = \theta_{12}(m_1) - \theta_{21}(m_1) = d\theta$$

模式差相移 $\Delta\theta$ 和非互易相移数值上是相等的,这根据结构对称特点就可

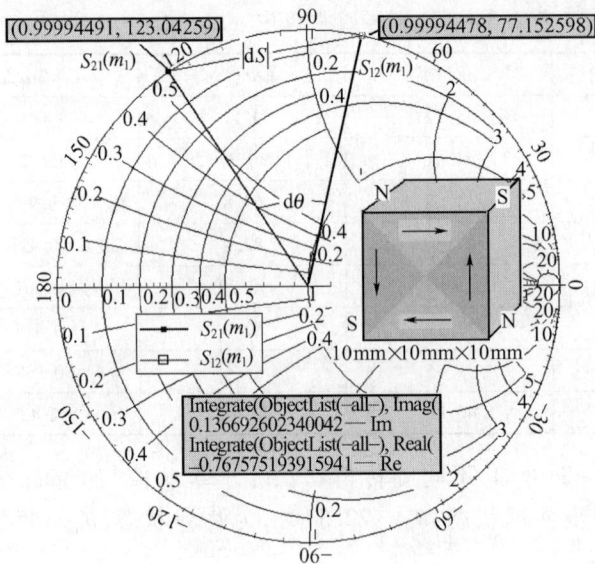

图 2.3-8　四磁极磁化波型差相移结构

知道。

反磁化相移 $\Delta\theta(M)$ 指同一模式同一传输方向传输,磁化倒向的相移差:

$$\Delta S(M) = S_{12}(\overrightarrow{M}) - S_{12}(\overleftarrow{M})$$

$$= \frac{j\omega}{2}\int_{all}\left[\boldsymbol{h}_1(\overrightarrow{M})\cdot\boldsymbol{\mu}(\overrightarrow{M})\boldsymbol{h}_2(\overrightarrow{M}) - \boldsymbol{h}_1(\overleftarrow{M})\cdot\boldsymbol{\mu}(\overleftarrow{M})\boldsymbol{h}_2(\overleftarrow{M})\right]\mathrm{d}V$$

$$(2.3-25)$$

第
1
编

基
本
理
论

用 $|\Delta S(M)|$ 算出 $\Delta\theta(M)$,称为磁化相移。对同样的问题,磁化倒向后,积分得出 Re = 0.7677, Im = 0.1359, $|\delta S| = 0.7796$;反磁化相移 $\Delta\theta(M) =$ 45.88°。这数值和非互易相移是一致的。

总结起来,对双模差相移段非互易相移 $\mathrm{d}\theta$、波型差相移 $\Delta\theta$、磁化相移 $\delta\theta$(由一个磁化态 M_1 变到第二个磁化态 M_2 之间的差相移),三者有共同点,在反磁化状态下比较,它们数值是一致的,但一般来说,$\delta\theta$、$\mathrm{d}\theta$ 和 $\Delta\theta$ 是有区别的。即任意两个磁化态 M_1、M_2 之间,其 $\delta\theta$ 未必与 $\mathrm{d}\theta$ 和相同。

2.3-7　双模互易移相器原理

以上讨论的是双模结构的非互易性,但几种双模结构组合在一起,它有可能成为互易性。双模互易移相器是一种组合结构。图 2.3-9 中的结构,是两个圆极化器和一个法拉第旋转结构的组合,其组合方式为 $\boldsymbol{T} = \boldsymbol{T}_{90°}\boldsymbol{T}_{\mathrm{F}}\boldsymbol{T}_{90°}$。它的相移是磁化相移。移相器主体是由 $a \times a \times L = 10\text{mm} \times 10\text{mm} \times 66\text{mm}$ 方形铁氧体棒

组成，$T_{90°}$ 段的长度为 10mm，移相段长 46mm，铁氧体材料 $\varepsilon = 14.5$，$M_s = 1000/4\pi$(kA/m)，仿真频率 5.5GHz ~ 6GHz。调节其磁化状态由 − 800Gs ~ 800Gs，获得相移频率曲线如图 2.3 − 8 所示，图中只列出 $\theta_{12}(M)$ 的相移，实际上 $\theta_{12}(M)$ 和 $\theta_{21}(M)$ 非常接近，以 5.6GHz 频点为例，从仿真数据获得 $|\mathrm{d}\theta| = |\theta_{12}(M800) - \theta_{21}(M800)| = 141.638° − 141.626° = 0.012°$，其相移的非互易性接近零。

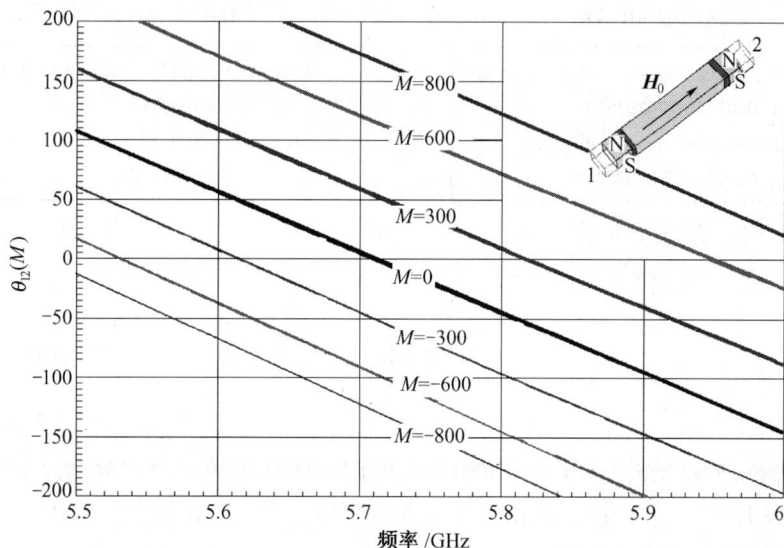

图 2.3 − 9   双模互易移相器的磁化相移

另外，利用非互易性关系式(2.3 − 24)，数值积分结果如表 2.3 − 4，仿真结果和用式(2.3 − 24)计算结果证实：双模移相器虚部 Im = 1.172×10^{-4}，实部 Re = 1.727×10^{-1}，求出 $|\mathrm{d}S| = 1.455 \times 10^{-4}$，算出 $\mathrm{d}\theta = 0.012°$，所以基本上是一种互易器件。互易性相移 $\mathrm{d}\theta = 0$，但 $\delta\theta = \theta_{12}(M) - \theta_{12}(-M) \neq 0$(非倒易性的)。

2.3 − 7 − 1   磁化相移 $\delta\theta$

这对双模移相器非常重要，改变相移靠磁化状态的变化，如 $M = 0 \rightarrow M$；$-M \rightarrow M$ 等，把未磁化态 $M = 0$ 做零态，则 S_{12} 的变化量

$$\delta S = S_{12}(M) - S_{12}(0)$$

$$= \frac{\mathrm{j}\omega}{2} \int_V [\boldsymbol{h}_1(M) \cdot \boldsymbol{\mu}(M)\boldsymbol{h}_2(M) - \boldsymbol{h}_1(0) \cdot \boldsymbol{\mu}(0)\boldsymbol{h}_2(0)]\mathrm{d}V$$

$$(2.3 - 26)$$

(2.3 − 26)沿用了非互易性公式 $\mathrm{d}S$，尚不能严格证明，带有近似性。不仿用实例来考证其正确性。就本节的双模移相器，设 $M = 0\mathrm{Gs}, 600\mathrm{Gs}$ 两个磁化态变化，

$f = 5.6\text{GHz}$。通过数值积分求 δS 的实部 $\text{Re} = 1.5548$，及虚部 $\text{Im} = 0.6676$（表2.3-3），计算出 $\delta S = 1.692$，$\delta\theta = 2\arcsin |\delta S| / 2 = 115.6°$。而仿真结果 $\delta\theta = 115.9°$，两者非常接近。计算出 $\delta S = 1.692$，$\delta\theta = 2\arcsin |\delta S| / 2 = 115.6°$，而仿真结果 $\delta\theta = 115.9°$，两者非常接近。

表 2.3-3　磁化相移 $\delta\theta$ 的积分结果

$M = 0 \to 0\text{Gs}$	$M = 0 \to 600\text{Gs}$
Integrate(ObjectList(-all -),　Imag -0.000117240962975744 Integrate(ObjectList(-all -),　Real -0.000172740923878299	Integrate(ObjectList(-all -),　Imag 0.667572370120854 Integrate(ObjectList(-all -),　Real -1.55482946587208

2.3-7-2　反磁化相移

$$\Delta S = S_{12}(\overrightarrow{M}) - S_{12}(\overleftarrow{M})$$

$$= \frac{\mathrm{j}\omega}{2} \int_V [\boldsymbol{h}_1(\overrightarrow{M}) \cdot \boldsymbol{\mu}(\overrightarrow{M})\boldsymbol{h}_2(\overrightarrow{M}) - \boldsymbol{h}_1(\overleftarrow{M}) \cdot \boldsymbol{\mu}(\overleftarrow{M})\boldsymbol{h}_2(\overleftarrow{M})]\mathrm{d}V$$

(2.3-27)

若 $f = 5.6\text{GHz}$；$4\pi M = -300\text{Gs} \to 300\text{Gs}$，计算出 $\text{Re} = 1.336$，$\text{Im} = 0.847$，$|\delta S| = 1.582$，反磁化相移 $\delta\theta = 104.5°$；而仿真测量 $\delta\theta$（测量）$= 102.3°$（图2.3-9），即非倒易性相移。

2.3-7-3　模式差相移 $\Delta\theta$

当 M_s 取为 $800/4\pi(\text{kA/m})$，在 $5.5\text{GHz} \sim 5.7\text{GHz}$ 范围内，双模的差相移无碍它的应用，模式 m_1，m_2 都有一组磁化相移曲线（图2.3-10）。

如图2.3-11所示，m_1，m_2 是垂直和水平模式，研究其相位 $\theta_{12}(m_1)$ 和 $\theta_{12}(m_2)$ 随磁化状态 M 不同而变化，发现它们的磁化相移 $\delta\theta_{12}(m_1)$ 和 $\delta\theta_{12}(m_2)$ 有所不同。设 $M = 0(M_0)$ 时，$\theta_{12}(m_1)$、$\theta_{12}(m_2)$ 两相位是重合的，随着磁化 M 值不同，产生不同的 $\delta\theta_{12}(m_1)$ 和 $\delta\theta_{12}(m_2)$，前者是超前相位，后者是滞后相位。模式 m_1，m_2 激励场在铁氧体中传播时，形成正负圆极化场（相对于 $\boldsymbol{H}_0$），所以正负圆极化能够获得大的相移。在仿真中，46mm 长的样品，产生 $\Delta\theta(m_1 m_2) = 283.22°$ 的相移量（当 $M = 800/4\pi(\text{kA/m})$ 时）。关于 $\Delta\theta(m_1 m_2)$ 的计算，可用磁化扰动法，分别求出模式 m_1，m_2 的磁化相移 $\delta\theta(\Delta M, m_1)$ 与 $\delta\theta(\Delta M, m_2)$。这里仿真了 $4\pi M = 0$，$4\pi M = 300\text{Gs}$，$4\pi M = 600\text{Gs}$，$4\pi M = 900\text{Gs}$ 四种磁化状态，求出其磁化差相移 $\delta\theta(\Delta M, m)$ 值（$\Delta M = M - M_0$），从而获得模式差相移：$\Delta\theta(m_1, m_2) = |\delta\theta(m_1)| + |\delta\theta(m_2)|$。

关于 $\delta\theta(m_1)$ 和 $\delta\theta(m_2)$ 值，可以从 $\delta S_{12}(M_1)$ 和 $\delta S_{12}(M_2)$ 的计算结果中获得，S_{12} 参数磁化扰动公式：

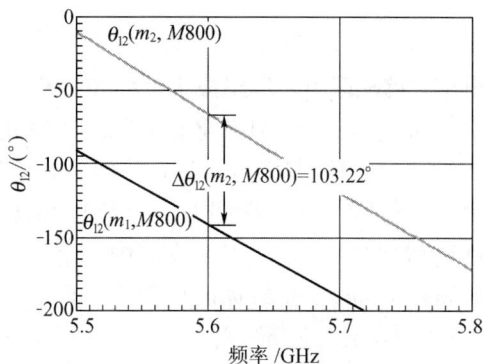

图 2.3-10 双模互易移相器模 m_1, m_2 的差相移

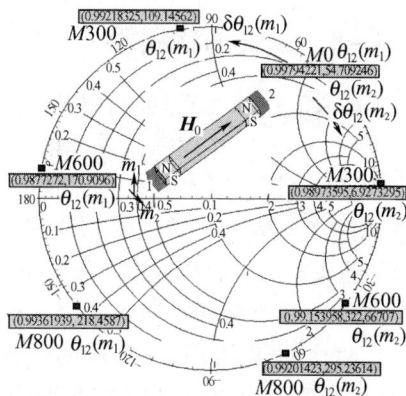

图 2.3-11 双模互易移相器在不同磁化状态 M 的相移

$$\delta S(m) = S_{12}(M,m) - S_{12}(0,m)$$

$$= \frac{j\omega}{2}\int_{\text{all}} \big[\boldsymbol{h}_1(M,m)\cdot \boldsymbol{\mu}(M)\boldsymbol{h}_2(M,m) - \boldsymbol{h}_1(0,m)\cdot$$

$$\boldsymbol{\mu}(0)\boldsymbol{h}_2(0,m)\big]\mathrm{d}V \tag{2.3-28}$$

式中：m 为模式 m_1 或 m_2；$\boldsymbol{\mu}(0)$ 为 $M=0$ 时的磁导率；$\boldsymbol{\mu}(0)\approx\mu_\mathrm{d}$；$\boldsymbol{\mu}(M)$ 为磁化态下的张量磁导率；$\boldsymbol{h}_1(M,m)$ 为磁化态下，模式 m 在端口 1 激励时产生的磁场；$\boldsymbol{h}_1$$(0,m)$ 为退磁态下，模式 m 在端口 2 激励产生的磁场。在激励功率 $P(p_1,m_1)$，$P(p_2,m_2)$，$P(p_1,m_2)$，$P(p_2,m_1)$ 均为 0.5W，这才保证归一化激励方式，确保式（2.3-28）数值积分的可操作性。仅把仿真结果和数值积分结果列于表 2.3-5。两者结果颇为一致，所以双模移相器，它的非互易相移 $\mathrm{d}\theta(m)=0$ 两个模式都没有非互易相移，其模式差相移 $\Delta\theta(m_1,m_2)$ 和磁化反转差相移 $\delta\theta=$ $|\theta_{12}(M)-\theta_{12}(-M)|$，两者是一致的，而图 2.3-8 中，$\Delta\theta_{12}(m_1,m_2)=103.22°$，与表 2.3-4 对比之下，图中有 180° 相位模糊。

表 2.3-4 不同磁化状态 M，不同模式 m 的磁化相移的仿真值和数值积分值结果比较

$M/(4\pi(\mathrm{kA/m}))$	HFSS 仿真结果			数值积分式(2.3-28)		
	$|\delta\theta(m_1)|$	$|\delta\theta(m_2)|$	$\Delta\theta(m_1,m_2)$	$|\delta\theta(m_1)|$	$|\delta\theta(m_2)|$	$\Delta\theta(m_1,m_2)$
300	54.44°	44.78°	99.22°	54.54°	47.7°	102.24°
600	116.2°	92.05°	208.25°	117.2°	91.91°	209.13°
800	163.75°	119.47°	283.22°	170.5°	118.5°	289°

2.3 –8 旋转场移相器

图 2.3 –12a 为旋转场移相器仿真模型。移相段由三段组成 $T = T(90°)T(\pi)$ $T(90°)$，$T(90°)$ 作用是把线极化波变成圆极化波，或由圆极化波复原成线极化波，旋转半波片 $T(\pi)$ 的作用是使圆极化波获得相移，其值与半波片旋转角 θ_R 有关，相移 $\theta = 2\theta_R$。三个基本段由三个独立的磁化线圈组成（图 2.3 –12b）。移相器的两头是由加有吸收电阻片的介质匹配段组成，电阻片能吸收其中一个模式 m_1 或 m_2，整个铁氧体移相段由一根 $\phi10mm \times 60mm$ 铁氧体圆棒组成。两个 $T(90°)$ 为变极化段，其磁化场的结构如图 2.3 –12b 所示，它有一组线圈（V/H型）通过 20A 电流，产生 NSNS 四磁极场，是典型的非互易圆极化器。图 2.3 –12c 为旋转半波片的磁化线圈（±45°型），它由 A、B 两组互成 45°的线圈组成，A 线包通过 I_A 电流，可形成 180°模式差相移；B 线包通以 I_B，形成如图 2.3 –12c

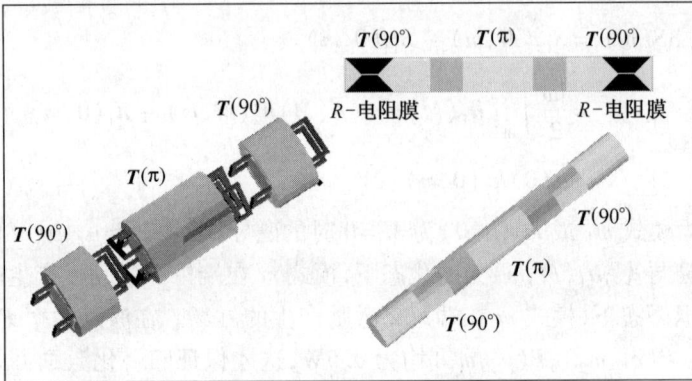

图 2.3 –12a　旋转场移相器仿真模型

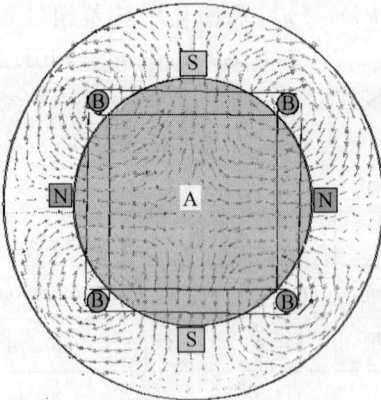

图 2.3 –12b　V/H 型磁化线圈

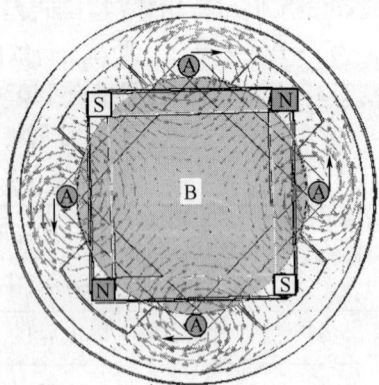

图 2.3 –12c　±45°型磁化线圈

所示的磁化场结构,使 m_1, m_2 产生变极化效应,若 A,B 两组线包通以不同的电流组合 $I_A = I\sin t$, $I_B = I\cos t$ 便可获得不同旋转角 θ_R 的磁化场结构($2\theta_R = \arctan$($\cos t/\sin t$)),$t = 0 \sim 360°$。

表 2.3 - 5a 为圆极化器的性能数据,在其输入端 m_1, m_2 的幅度基本平衡,相位差 87°,基本上是圆极化特性;表 2.3 - 5b 为半波片的特性,当 $\theta_R = 0$ 时,模式差相移 $\Delta\theta = 177.5°$。

表 2.3 - 5a 圆极化器的仿真值

	$f = 5.5\text{GHz}$ $T(90°)$:$\phi10\text{mm} \times 10\text{mm}$ $M_s = 670/4\pi(\text{kA/m})$	
$T(90°)$	port1:m_1	port1:m_2
port2:m_1	(0.70550,109.851)	(0.70759, - 155.867)
port2:m_2	(0.70654, - 163.171)	(0.70410,111.221)

表 2.3 - 5b 半波片的仿真结果

	$f = 5.5\text{GHz}$ $T(\pi)$:$\phi10\text{mm} \times 20\text{mm}$ $M_s = 670/4\pi(\text{kA/m})$	
$T(\pi)$	port1:m_1	port2:m_1
port1:m_1	(0.05464,168.047)	(0.99843, - 17.422)
port1:m_1	(0.99840,160.065)	(0.05467,154.589)

图 2.3 - 13 为旋转场移相器的传输特性,从中可以看出 $|S_{12}| = |S_{21}|$,$|S_{11}| = |S_{22}|$,其幅度是互易的。图 2.3 - 14 为旋转场移相器的旋转相移和旋转角 θ_R 的关系曲线,相移—频率特性保持良好的线性,而且 $\delta\theta = 2\theta_R$,图中仅算出 θ_R 为 5 种特殊角度的旋转相移 $\delta\theta$ 的情况,旋转角是靠磁化电流分配变化来实现的。

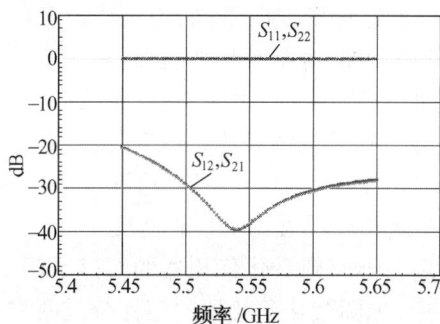

图 2.3 - 13 旋转场移相器的传输特性

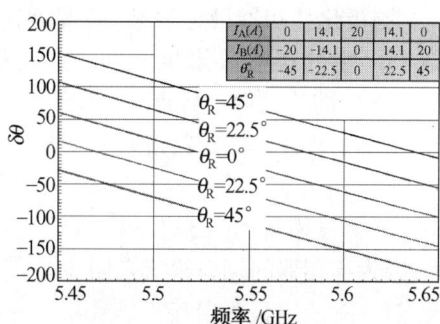

图 2.3 - 14 旋转相移和旋转角 θ_R 的关系曲线

这种移相器是非互易移相器,其非互易性比较复杂,当 $\theta_R = 0$ 时,$d\theta = -178.3°$;当 $\theta_R = 22.5°$ 时,$d\theta = -86.3°$;当 $\theta_R = 45°$ 时,$d\theta = 0.49°$;当 $\theta_R = 67.5°$ 时,$d\theta = 91.06°$;当 $\theta_R = 90°$ 时,$d\theta = 177.5°$。应用非互易性公式,旋转场移相器的非互易性的计算结果见表 2.3 - 6。表中的结果说明了该旋转场移相器具有非互易相移的特性,而且其值随旋转角 θ_R 而变。

表 2.3 - 6　不同四磁极磁化角 θ_R 的非互易相移 $|\mathrm{d}\theta|$ 值积分计算结果

Integrate(ObjectList(- all -),　Real
- 1. 01124398374492
Integrate(ObjectList(- all -),　Imag
0. 908791718935643
$\theta_R = \pm 22.5°$　$\vert\mathrm{d}S\vert = 1.3596$　$\vert\mathrm{d}\theta\vert = 86.2$
Integrate(ObjectList(- all -),　Imag
- 0. 028475059181457
Integrate(ObjectList(- all -),　Real
0. 0121087907781606
$\theta_R = \pm 45°$　$\vert\mathrm{d}S\vert = 0.031$　$\vert\mathrm{d}\theta\vert = 1.77$
Integrate(ObjectList(- all -),　Imag
- 1. 74809746899279
Integrate(ObjectList(- all -),　Real
- 0. 965621575103642
$\theta_R = 0$　$\vert\mathrm{d}S\vert = 1.997$　$\vert\mathrm{d}\theta\vert = 180$

2.3 - 9　圆极化移相器

圆极化移相器最为复杂,传播方向不同,磁化场方向不同,模式(± CP)不同,所产生的相移效果也不同。这类移相器其结构在双模中最简单,就是图2.3 - 6 中的法拉第旋转器件,在该图中是用水平模(m_1)和垂直模(m_2)来讨论的,主要是研究其法拉第旋转角。这里在端口有正负圆极化(± CP)模存在,便产生圆极化相移。在各种双模器件中,旋转场移相器,双模互易移相器和 Reggia - Spance 等移相器,它们的结构虽然比圆极化移相器复杂,理论上反而容易处理,因为移相器的端口模式是限令单模出现。惟有圆极化移相器的端口是两个模式存在,所以最为复杂。在图 2.3 - 15 中,把圆极化移相器的相移分成两类:(a) (± CP)圆极化的非互易相移,其磁化方向 H 不变,其(± CP)模式间的非互易相移。(b) 为磁化方向不变,求同一模式如(+ CP),对两个传播方向间的非互易相移 $\mathrm{d}\theta$,如果值为零,为互易性的。在图 2.3 - 16 中,(a) 模式和传播方向不变(如(+ CP)及 1→2 方向传播),求其反磁化差相移 $\Delta\theta(\pm H)$;(b) 模式差相移是磁化方向不变,传播方向不变,不同模式(± CP)间的差相移 $\Delta\theta(\pm CP)$,其值 $\Delta\theta(\pm CP) \approx \Delta\theta(\pm H)$。反磁化差相移 $\Delta\theta(\pm H)$,模式差相移 $\Delta\theta(\pm CP)$ 和模式非互易相移 $\mathrm{d}\theta(\pm CP)$ 在理论上是相等的,其值为两倍法拉第旋转角 2ϕ(图 2.3 - 5)。图中铁氧体的尺寸和磁化状态的计算实例,与图 2.3 - 6 是一致的。

$$P_1 = (0.5, 0.5\angle 90°)$$

$$P_2 = (0.5, 0.5\angle -90°)$$

$$\boxed{\begin{aligned}\mathrm{d}S(+/-) &= S_{12}(-CP) - S_{21}(CP)\\ &= \frac{\mathrm{j}\omega}{4}\int_{\text{all}}(\boldsymbol{h}_{1+}\cdot\boldsymbol{\mu}\boldsymbol{h}_{2-} - \boldsymbol{h}_2\cdot\boldsymbol{\mu}\boldsymbol{h}_{1+})\mathrm{d}V\end{aligned}}$$

$$\boxed{\begin{aligned}&\text{Integrate}(\text{ObjectList}(-\text{all}-),\text{Imag}\\ &-0.139021698242005\\ &\text{Integrate}(\text{ObjectList}(-\text{all}-),\text{Real}\\ &1.38489992448989\end{aligned}}$$

$$\boxed{|\,\mathrm{d}S\,| = \sqrt{R^2 + I^2} = 1.3919}$$

$$\boxed{\mathrm{d}\theta(\pm CP) = 2\arcsin\frac{|\,\mathrm{d}S\,|}{2} = 88.2°}$$

（a）（±CP）圆极化模式非互易相移

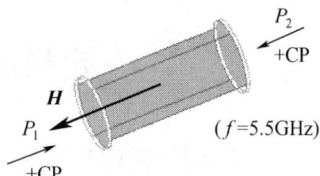

$$P_1 = (0.5, 0.5\angle 90°)$$

$$P_2 = (0.5, 0.5\angle 90°)$$

$$\boxed{\begin{aligned}\mathrm{d}S &= S_{12}(CP) - S_{21}(CP)\\ &= \frac{\mathrm{j}\omega}{4}\int_{\text{all}}(\boldsymbol{h}_{1+}\cdot\boldsymbol{\mu}\boldsymbol{h}_{2+} - \boldsymbol{h}_{2+}\cdot\boldsymbol{\mu}\boldsymbol{h}_{1+})\mathrm{d}V\end{aligned}}$$

$$\boxed{\begin{aligned}&\text{Integrate}(\text{ObjectList}(-\text{all}-),\text{Imagg}\\ &0.0031091918815233\\ &\text{Integrate}(\text{ObjectList}(-\text{all}-),\text{Reall}\\ &0.00249755339820373\end{aligned}}$$

$$\boxed{|\,\mathrm{d}S\,| = \sqrt{R^2 + I^2} = 0.004}$$

$$\boxed{\mathrm{d}\theta = 2\arcsin\frac{|\,\mathrm{d}S\,|}{2} = 0.23°}$$

（b）（+CP）圆极化模式互易相移

图 2.3-15　圆极化移相器的非互易相移 $\mathrm{d}\theta(\pm CP)$ 和互易相移 $\mathrm{d}\theta$

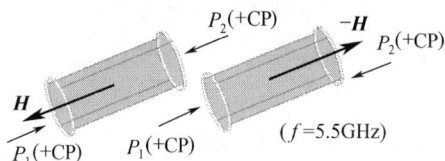

$$P_1(+CP) = (0.5, 0.5\angle 90)$$

$$P_2(CP) = (0.5, 0.5\angle 90)$$

$$\boxed{\begin{aligned}\Delta S(\pm H) &= S_{12}(H) - S_{12}(-H)\\ &= \frac{\mathrm{j}\omega}{4}\int_{\text{all}}\left[\boldsymbol{h}_{1+}\cdot\boldsymbol{\mu}(H)\boldsymbol{h}_{2+} - \boldsymbol{h}_{1+}\cdot\boldsymbol{\mu}(-H)\boldsymbol{h}_{2+}\right]\mathrm{d}V\end{aligned}}$$

$$\boxed{\begin{aligned}&\text{Integrate}(\text{ObjectList}(-\text{all}-),\text{Imag}\\ &0.144913324276577\\ &\text{Integrate}(\text{ObjectList}(-\text{all}-),\text{Real}\\ &1.38204962380509\end{aligned}}$$

$$\boxed{\Delta S(\pm H) = \sqrt{R^2 + I^2} = 1.389}$$

$$\boxed{\Delta\theta(\pm H) = 2\arcsin\frac{\Delta S(\pm H)}{2} = 88.05°}$$

（a）磁场倒向（±H）差相移 $\Delta\theta(\pm H)$

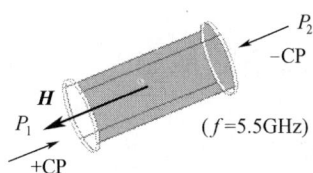

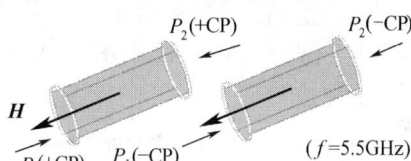

$$P_1(+CP) = (0.5, 0.5\angle 90)\quad P_1(-CP) = (0.5, 0.5\angle -90)$$

$$P_2(+CP) = (0.5, 0.5\angle 90)\quad P_2(-CP) = (0.5, 0.5\angle -90)$$

$$\boxed{\begin{aligned}\Delta S(\pm CP) &= S_{12}(+CP) - S_{12}(-CP)\\ &= \frac{\mathrm{j}\omega}{4}\int_{\text{all}}(\boldsymbol{h}_{1+}\cdot\boldsymbol{\mu}\boldsymbol{h}_{2+} - \boldsymbol{h}_{1-}\cdot\boldsymbol{\mu}\boldsymbol{h}_{2-})\mathrm{d}V\end{aligned}}$$

$$\boxed{\begin{aligned}&\text{Integrate}(\text{ObjectList}(-\text{all}-),\text{Imag}\\ &-0.129967306509261\\ &\text{Integrate}(\text{ObjectList}(-\text{all}-),\text{Real}\\ &-1.38521511708404\end{aligned}}$$

$$\boxed{\Delta S(\pm CP) = \sqrt{R^2 + I^2} = 1.391}$$

$$\boxed{\Delta\theta(\pm CP) = 2\arcsin\frac{\Delta S(\pm CP)}{2} = 88.16°}$$

（b）模式差相移 $\Delta\theta(\pm CP)$

图 2.3-16　圆极化移相器的反磁化差相移 $\Delta\theta(\pm H)$ 和模式差相移 $\Delta\theta(\pm CP)$

2.4 电磁波在非互易结中的散射

2.4－1 非互易结的非对称散射和非互易性

当微波结结构充有磁化铁氧体后,此结就成为非互易结。非互易结有其特有的散射特性,即结的结构在几何上呈对称,而其散射参数呈不对称;当结没有对称性的情况下,无疑它的散射呈非对称性,这点可直接从旋磁麦克斯韦方程导出。

图 2.4－1 为 m 端口的微波非互易结,F 为磁化铁氧体,当第 i 端口用 e_i,h_i 进行场激发,而第 j 端口用 e_j,h_j 进行场激发时。麦克斯韦方程则变成:

$$\nabla \times e_i \cdot h_j = - \mathrm{j}\omega\mu h_i \cdot h_j,$$

$$\nabla \times h_i \cdot e_j = \mathrm{j}\omega\varepsilon e_i \cdot e_j,$$

$$\nabla \times e_j \cdot h_i = - \mathrm{j}\omega\mu h_j \cdot h_i,$$

$$\nabla \times h_j \cdot e_i = \mathrm{j}\omega\varepsilon e_j \cdot e_i$$

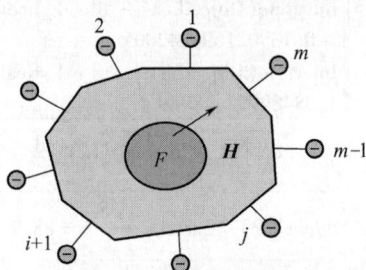

图 2.4－1 m 端口的
微波非互易结

的形式,应用算子和矢量运算关系式 $\nabla \cdot (A \times B) = B \cdot (\nabla \times A) - A \cdot (\nabla \times B)$ 便把上式化成

$$\begin{aligned}
\nabla \cdot (e_i \times h_j) &= h_j \cdot (\nabla \times e_i) - e_i \cdot (\nabla \times h_j) \\
&= - \mathrm{j}\omega h_j \cdot \mu h_i + \mathrm{j}\omega e_j \cdot \varepsilon e_i \\
\nabla \cdot (e_j \times h_i) &= h_i \cdot (\nabla \times e_j) - e_j \cdot (\nabla \times h_i) \\
&= - \mathrm{j}\omega h_i \cdot \mu h_j + \mathrm{j}\omega e_i \cdot \varepsilon e_j
\end{aligned}$$

以上两式相减,得

$$\nabla \cdot (e_i \times e_j - e_j \times h_i) = \mathrm{j}\omega(h_i \cdot \mu h_j - h_j \cdot \mu h_i)$$

上式左边把散度的体积分变成面积后,有

$$\int (e_i \times h_j - e_j \times h_i) \cdot \mathrm{d}S = \mathrm{j}\omega\int (h_i \cdot \mu h_j - h_j \cdot \mu h_i)\mathrm{d}V$$

所以

$$S_{ij} = S_{ji} = \frac{\mathrm{j}\omega}{2}\int (h_i \cdot \mu h_j - h_j \cdot \mu h_i)\mathrm{d}V \tag{2.4-1}$$

式中系数 $1/2$ 是通过归一化以后的结果：激发功率 $P_i + P_j = 1$，而且 $P_i = P_j$ 的条件下可以使用。式$(2.4-1)$就体现了非对称散射，即从 $i \rightarrow j$ 的散射参数 S_{ji} 和由 $j \rightarrow i$ 的散射参数 S_{ij} 不相等。所以端 i、j 之间形成非互易性散射。

若磁化在 z 方向，把张量磁导率 μ 代入，有

$$\boldsymbol{h}_i \cdot \mu \boldsymbol{h}_j = -\mathrm{j}\mu_0 k \boldsymbol{i}_z \cdot (\boldsymbol{h}_i \times \boldsymbol{h}_j) + \mu(\mu-1)\boldsymbol{h}_i \cdot \boldsymbol{h}_j$$

$$\boldsymbol{h}_j \cdot \mu \boldsymbol{h}_i = \mathrm{j}\mu_0 k \boldsymbol{i}_z \cdot (\boldsymbol{h}_i \times \boldsymbol{h}_j) + \mu(\mu-1)\boldsymbol{h}_i \cdot \boldsymbol{h}_j$$

代入式$(2.4-1)$以后，非互易散射公式变为

$$S_{ij} - S_{ji} = \omega\mu_0\kappa \int_V \boldsymbol{i}_z \cdot (\boldsymbol{h}_i \times \boldsymbol{h}_j)\mathrm{d}V \qquad (2.4-2\mathrm{a})$$

若在低场饱和态工作，$\kappa = p = \gamma M_\mathrm{s}/\omega$，则

$$S_{ij} - S_{ji} = \mu_0\gamma M_\mathrm{s} \int_V \boldsymbol{i}_z \cdot (\boldsymbol{h}_i \times \boldsymbol{h}_j)\mathrm{d}V \qquad (2.4-2\mathrm{b})$$

式$(24-2\mathrm{b})$提示我们，若场分布随频率稳定分布，则 δS 值趋于稳定，这是宽带器件所需要的。

对非旋磁介质 $\kappa = 0$，则 $S_{ij} = S_{ji}$ 变成互易性。从式$(2.4-1)$看出，在张量 μ 的作用是使被积函数两项非交换性，一旦 μ 变为标量形式，就变成可交换性。所以张量磁导率的出现，是非互易散射形成的机理。式$(2.4-1)$适合任意复杂的多端口（m 端口）微波结构。i、j 为 m 端口中的任意两个端口，公式具普遍性，其积分体积 V 可以是结的总体积，也可是铁氧体的体积 V_f，因为在铁氧体以外的空间，μ 不是常量，对积分结果没有影响。

式$(2.4-1)$当然也可以应用到两端口结构（在 2.2.2 节中已使用过）。如果磁化或磁场倒向，则式$(2.4-1)$可变成非倒易性方程：

$$\Delta S_{ij} = S_{ij}(\overrightarrow{H}) - S_{ij}(\overleftarrow{H}) = \frac{\mathrm{j}\omega}{2}\int_{\mathrm{all}}[\boldsymbol{h}_i(\overrightarrow{H}) \cdot \mu(\overrightarrow{H})\boldsymbol{h}_j(\overrightarrow{H}) -$$

$$\boldsymbol{h}_i(\overleftarrow{H}) \cdot \mu(\overleftarrow{H})\boldsymbol{h}_j(\overleftarrow{H})]\mathrm{d}V \qquad (2.4-3)$$

这里是同一方向上的传输，由于磁化倒向，导致 $S_{ij}(M) \neq S_{ij}(-M)$，这就是磁控环行器开关器件的基本原理。

2.4-1-1 四端微带环行器

图 $2.4-2$ 微带内导体呈鱼翅状，铁氧体基片尺寸为 $8\mathrm{mm} \times 10.5\mathrm{mm} \times 0.7\mathrm{mm}$，$M_\mathrm{s} = 2700/4\pi(\mathrm{kA/m})$。仿真性能见图 $2.4-3$，其中端 2→端 3，正向传输情况，$f = 10\mathrm{GHz}$ 时，S_{23} 大于 $35\mathrm{dB}$，因为通过两个相反方向的 Y 结是大隔离状态，而端 2、端 3 反射损耗在 $8.4\mathrm{GHz} \sim 12.8\mathrm{GHz}$ 宽带范围内大于 $25\ \mathrm{dB}$。

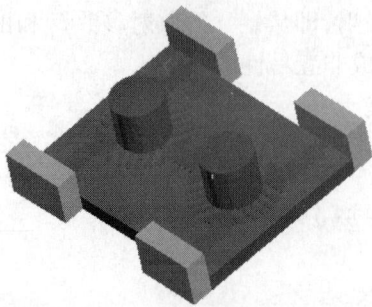

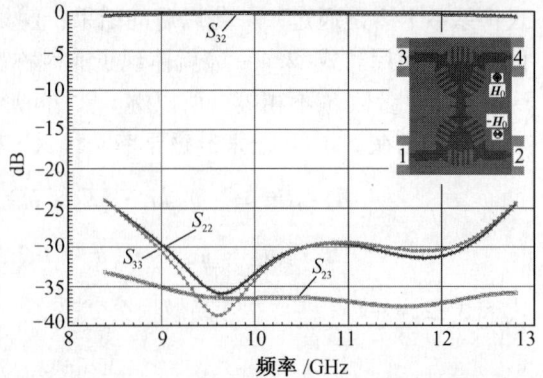

图 2.4 – 2　四端微带环行器结构　　　图 2.4 – 3　四端微带环行器的仿真性能

现在对频率 10GHz 进行分析研究,图 2.4 – 4 从阻抗圆图中列出了 S 参数的仿真结果,$S_{32} = 0.97954\angle-175.603$,算出 $S_{23} = 0.01514\angle-72.507$。$dS(2,3) = 0.9831\angle183.538°$,然后利用非互易公式计算 $dS(2,3)$,从表 2.4 – 1 可见,$|dS(2,3)| = 0.9831$,$\theta_{23} = 183.534°$ 两者非常吻合,检验了式(2.4 – 1)的正确性。

对端 2 和端 4 之间均为隔离端,S_{24} 和 S_{42} 的隔离均大于 30dB 情况,式(2.4 – 2a)仍然可检验小量之间差值 $dS(2,4)$。从图 2.4 – 5 中找到端 2、端 4 之间的 S_{24} 和 S_{42} 参数,仿真结果为 $S_{42} = 0.02314\angle-122.767°$,$S_{24} = 0.02529\angle133.595°$,算出 $dS(2,4) = 0.00614\angle133.595°$。又从式(2.4 – 2)求出其实部 $Re = -0.00423$ 及虚部 $Im = 0.0044$;获得 $|dS(2,4)| = 0.00613$,及 $\theta_{24} = 133.59°$(表 2.4 – 2),所以对 dS 小量的差值仍计算正确。

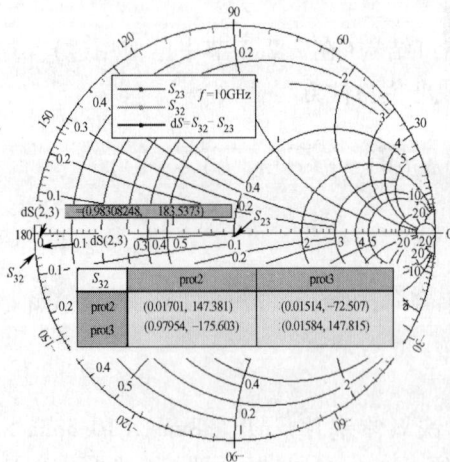

图 2.4 – 4　四端微带环行器非互易性分析
（对端 2 和端 3,$f = 10$GHz）

表 2.4 – 1　四端微带环行器、
端 2 和端 3 之间的非互易性 dS 计算

Integrate(ObjectList(– all –),Imag
– 0.0606619455279223

Integrate(ObjectList(– all –),Real
– 0.981209089394768

$|dS(2,3)| = 0.98307$　$dS_{23} = |dS_{23}| < \theta_{23}$

$\theta_{23} = 180° + \arctan(|Im|/|Re|) = 183.534°$

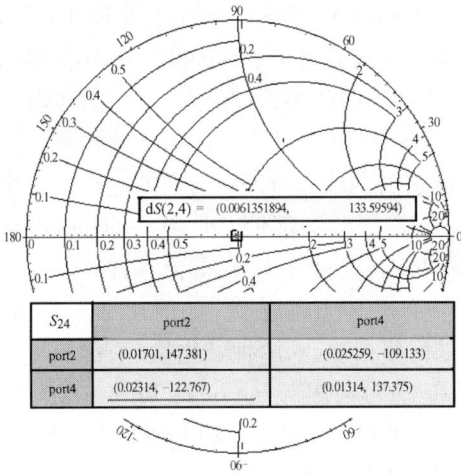

表 2.4 - 2 四端微带环行器端 2、端 4 之间的非互易性计算结果

Integrate(ObjectList(– all –) , Imag
0. 0044432600255299
Integrate(ObjectList(– all –) , Real
– 0. 00423063683831309

$$\mid dS(2,4)\mid = 0.006132$$

$$\theta_{24} = 90° + \arctan(\mid Re\mid / \mid Im\mid) = 133.59°$$

S_{24}	port2	port4
port2	(0.01701, 147.381)	(0.025259, -109.133)
port4	(0.02314, -122.767)	(0.01314, 137.375)

图 2.4 - 5 四端微带环行器非互易
性分析(对端 2 和端 4 , f = 10GHz)

2.4 - 1 - 2 3mm 波导 Y 型环行器

为了证实式(2.4 - 3)的可靠性,今举 3mm 波导环行器作为非互易相移和
开关相移(磁化反转相移)的例子。图 2.4 - 6 为 3mm 波导 Y 型环行器示意图
及环行性能。环行器的结构由两片圆柱状铁氧体 $\phi1.35\text{mm} \times 0.375\text{mm}$ 放置在
三角金属匹配块上,匹配块尺寸 $A \times t = 2.6\text{mm} \times 0.1\text{mm}$,铁氧体磁矩 $M_s = 5000/$

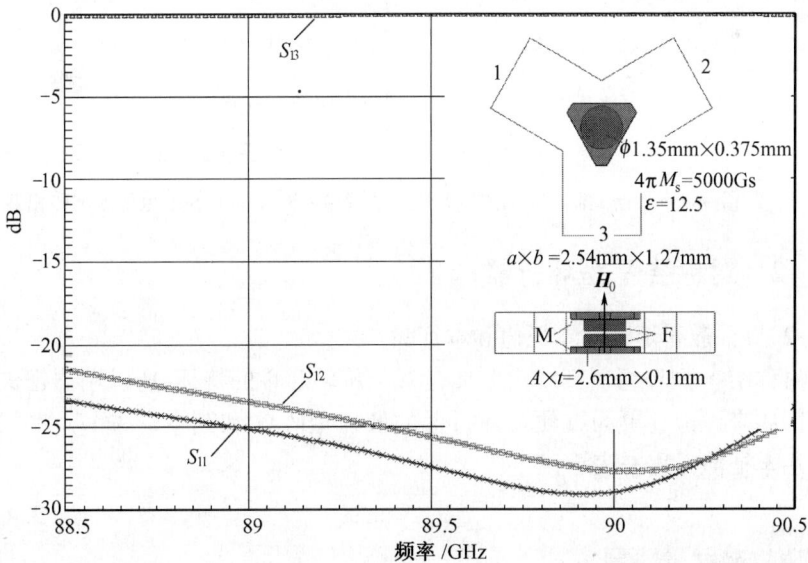

图 2.4 - 6 3mm 波导 Y 型环行器示意图及环行性能

$4\pi(\mathrm{kA/m})$, $\varepsilon=12.5$, 波导尺寸 $a\times b=2.54\mathrm{mm}\times1.25\mathrm{mm}$, 外加磁场 $300\mathrm{kA/m}$。隔离和反射损耗在频率为 $88.5\mathrm{GHz}\sim90.5\mathrm{GHz}$ 范围内小于 $-20\mathrm{dB}$。把环行器的第三端短路, 就成为两端口移相器, 其 $1\rightarrow2$ 为正向传输, 其相位 θ_{21}, 反向传输相位 θ_{12}, 求非互易相移 $\mathrm{d}\theta=103.7°$(仿真)。

图 $2.4-7$ 中 S_{12}、S_{21} 为仿真结果, 由此求出 $|\mathrm{d}\theta|=103.7°$; 图的左端为利用式$(2.4-1)$计算结果, 其积分虚部值 $\mathrm{Im}=1.4668$, 实部值 $\mathrm{Re}=0.5466$, 从而求得 $|\mathrm{d}S|=1.5653$ 及 $|\mathrm{d}\theta|=103.67$(计算)。在此计算中, 仿真值和计算值几乎无差别。

图 $2.4-8$ 为用 $3\mathrm{mm}$ 环行器作为反磁化移相器, 求两种磁化状态 $M/-M$ 的相移差, 利用式$(2.4-3)$求出 δS 的实部 $\mathrm{Re}(\delta S)$ 与虚部 $\mathrm{Im}(\delta S)$: $\mathrm{Re}=-0.5332$ 及 $\mathrm{Im}=1.4479$, 从而求出 $|\delta S|=1.543$ 及 $|\delta\theta|=102°$, 它和 $|\mathrm{d}\theta|$ 略有差别, 其误差 $<1.7\%$。主要原因不是式$(2.4-3)$的近似问题, 而是当 $M\rightarrow-M$ 时, 两种磁化方式的场的计算精度问题。

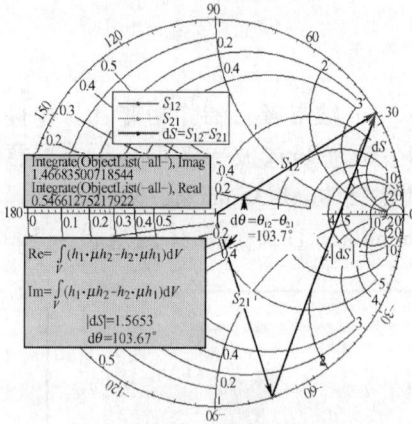

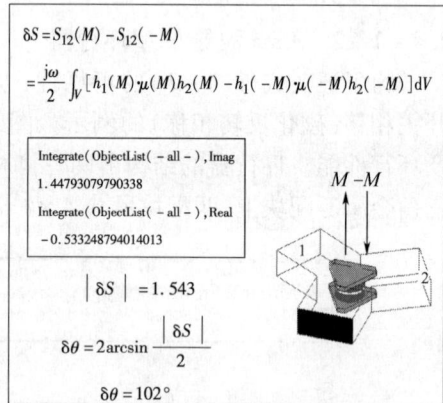

图 $2.4-7$ $3\mathrm{mm}$ 环行器的阻抗圆图中 $\mathrm{d}S$ 值　图 $2.4-8$ $3\mathrm{mm}$ 环行器反磁化移相器计算

2.4-2　对称结 Y 型环行器

2.4-2-1　散射矩阵的本征值和本征矢

对称结 Y 型环行器其结构上具有 $120°$ 旋转对称的特征, 所以用本征矢和本征值问题来讨论它更为方便。环行器的散射矩阵 $\boldsymbol{S}$ 和其本征矢 $\boldsymbol{U}_n$、本征值 s_n 关系用本征值方程来表示:

$$\boldsymbol{S}\boldsymbol{U}_n=s_n\boldsymbol{U}_n \tag{2.4-4}$$

本征值 s_n 的解, 由下式决定:

$$|\boldsymbol{S}-s_n\boldsymbol{I}|=0 \quad n=0,+,-\,。 \tag{2.4-5a}$$

一般情况下,对称结 Y 型环行器的本征值分布在阻抗圆图外圆上,互成 120°角:

$$s_0 = \mathrm{e}^{\mathrm{j}\theta} \qquad s_+ = \mathrm{e}^{\mathrm{j}(\theta+2\pi/3)} \qquad s_- = \mathrm{e}^{\mathrm{j}(\theta-2\pi/3)} \qquad (2.4-5\mathrm{b})$$

对应的本征矢为

$$\boldsymbol{U}_0 = \frac{1}{\sqrt{3}}\begin{bmatrix} 1 \\ 1 \\ 1 \end{bmatrix} \quad \boldsymbol{U}_+ = \frac{1}{\sqrt{3}}\begin{bmatrix} 1 \\ \mathrm{e}^{-\mathrm{j}2\pi/3} \\ \mathrm{e}^{\mathrm{j}2\pi/3} \end{bmatrix} \quad \boldsymbol{U}_- = \frac{1}{\sqrt{3}}\begin{bmatrix} 1 \\ \mathrm{e}^{\mathrm{j}2\pi/3} \\ \mathrm{e}^{-\mathrm{j}2\pi/3} \end{bmatrix} \quad (2.4-5\mathrm{c})$$

它们分别对应于同相激励场 $\boldsymbol{U}_0$ 和正负圆极化激励场 $\boldsymbol{U}_+$, $\boldsymbol{U}_-$ 。

2.4-2-2 由本征矩阵求出散射矩阵

上述过程是已知环行器散射矩阵 S 便可求出本征值和本征矢。相反,若已知本征值和本征矢,也可求出环行器的散射矩阵。用三个本征值组成对角化本征值矩阵的形式:

$$s_n = \begin{bmatrix} s_0 & 0 & 0 \\ 0 & s_+ & 0 \\ 0 & 0 & s_- \end{bmatrix}$$

三个本征矢组成的模矩阵 $\boldsymbol{O}$ 为下列形式:

$$\boldsymbol{O} = \frac{1}{\sqrt{3}}\begin{bmatrix} 1 & 1 & 1 \\ 1 & \mathrm{e}^{-\mathrm{j}2\pi/3} & \mathrm{e}^{\mathrm{j}2\pi/3} \\ 1 & \mathrm{e}^{\mathrm{j}2\pi/3} & \mathrm{e}^{-\mathrm{j}2\pi/3} \end{bmatrix}$$

其逆矩阵:

$$\boldsymbol{O}^{-1} = \frac{1}{\sqrt{3}}\begin{bmatrix} 1 & 1 & 1 \\ 1 & \mathrm{e}^{\mathrm{j}2\pi/3} & \mathrm{e}^{-\mathrm{j}2\pi/3} \\ 1 & \mathrm{e}^{-\mathrm{j}2\pi/3} & \mathrm{e}^{\mathrm{j}2\pi/3} \end{bmatrix}$$

从而求出散射矩阵: $\qquad\qquad \boldsymbol{S} = \boldsymbol{O}s_n\boldsymbol{O}^{-1} \qquad\qquad (2.4-6)$

把 s_n 和 $\boldsymbol{O}$, $\boldsymbol{O}^{-1}$ 代入式(2.4-6),考虑其结构 120°旋转对称求出三个散射矩阵元素:

$$\begin{cases} S_{11} = (s_0 + s_+ + s_-)/3 \\ S_{12} = (s_0 + s_+ \mathrm{e}^{\mathrm{j}2\pi/3} + s_- \mathrm{e}^{-\mathrm{j}2\pi/3})/3 \\ S_{13} = (s_0 + s_+ \mathrm{e}^{-\mathrm{j}2\pi/3} + s_- \mathrm{e}^{\mathrm{j}2\pi/3})/3 \end{cases} \qquad (2.4-7)$$

而 $S_{11} = S_{22} = S_{33}$, $S_{12} = S_{23} = S_{31}$, $S_{13} = S_{21} = S_{32}$,式(2.4-7)其意义囊括 Y 型环行器的基本原理;若环行器三个本征值在复平面上互呈 120°,且其值为 1,则环行器

理想匹配 $|S_{11}|=0$。从 S_{12} 和 S_{13} 表示式: $|S_{12}|$, $|S_{13}|$ 可能两种情况: $|S_{12}|=0$ 和 $|S_{13}|=1$,则环行方向为 $1\to 2\to 3\to 1$,正向环行;或者 $|S_{13}|=0$, $|S_{12}|=1$,则环行方向为 $2\to 1\to 3\to 2$,反向环行。若已知散射矩阵 $\boldsymbol{S}$,利用模矩阵可求出对角化的本征值矩阵 $\boldsymbol{s}_n = \boldsymbol{O}^{-1}\boldsymbol{S}\boldsymbol{O}$,求三个本征值:

$$
\begin{cases}
s_0 = S_{11} + S_{12} + S_{13} \\
s_+ = S_{11} + S_{12}e^{j2\pi/3} + S_{13}e^{-j2\pi/3} \\
s_- = S_{11} + S_{12}e^{-j2\pi/3} + S_{13}e^{j2\pi/3}
\end{cases}
\tag{2.4-8}
$$

由上式可见,对称非互易结,$S_{12}\neq S_{13}$,三个本征值均不等;但对称互易结情况,$S_{12}=S_{13}$,故有 $s_+ = s_-$,即有两个本征值简并。在 $\boldsymbol{U}_+$ 和 $\boldsymbol{U}_-$ 的激发下,铁氧体的 μ_+ 和 μ_- 的差异导致 s_+ 和 s_- 的分裂,这就是旋磁性的作用。

上述的讨论,涉及非互易结(包括环行器)的散射问题和本征模的散射问题相互关系,可用图2.4-9形象地表达,其中 s_0,s_+,s_- 为三个本征激发态下的散射系数。

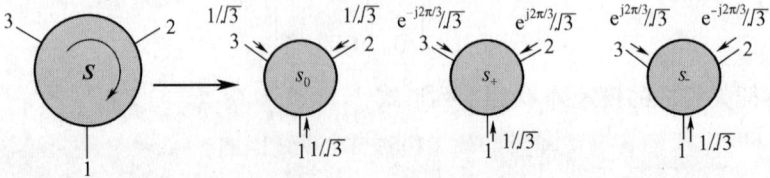

图2.4-9 非互易结散射和本征模的散射相互关系

2.4-2-3 Y型非互易结的非互易散射特性

由于结构的对称性,研究端端1、端2相互关系,也就代表了其他端口之间的关系。当端1、端2的归一化场激发($P_1 = P_2 = 0.5\text{W}$)时,在环行器中形成的微波场分别为 $\boldsymbol{h}_1$ 和 $\boldsymbol{h}_2$,则非互易结的不对称散射(非互易散射)公式,利用式(2.4-1)转化为

$$
S_{12} - S_{21} = \frac{j\omega}{2}\int_V (\boldsymbol{h}_1\mu\boldsymbol{h}_2 - \boldsymbol{h}_2\mu\boldsymbol{h}_1)dV
\tag{2.4-9}
$$

当Y型环行器在 z 轴方向磁化时,根据式(2.4-1a)有

$$
S_{12} - S_{21} = \omega\mu_0\kappa\int_v \boldsymbol{i}_z \cdot (\boldsymbol{h}_1 \times \boldsymbol{h}_2)dV
\tag{2.4-10}
$$

2.4-2-4 本征激发与散射理论

若三端的激发为本征激发态,则本征值与本征激发场之间的关系 $+/-$ 当本征态激发时非互异性方程可以写成另一种形式:

$$
ds_{\pm} = s_+ - s_- = \frac{j\omega}{2}\int (\boldsymbol{h}_+ \cdot \mu\boldsymbol{h}_- - \boldsymbol{h}_- \cdot \mu\boldsymbol{h}_+)dV
\tag{2.4-11}
$$

式(2.4 – 11)物理概念较有意义,在"+"、"–"圆极化模的激发下,本征值分裂成 s_+,s_-,由于矢量场 $\boldsymbol{h}_+,\boldsymbol{h}_-$ 交换后被积函数不为零所致。

非本征态激发产生的非互易性和本征态激发产生的分裂模之间有一定的相关性:

$$\begin{cases} s_+ - s_- = (S_{11} + S_{12}\beta + S_{13}\beta^2) - (S_{11} + S_{12}\beta^2 + S_{13}\beta) \\ \mathrm{d}s_\pm = S_{12}(\beta - \beta^2) + S_{21}(\beta^2 - \beta) = \mathrm{j}\sqrt{3}(S_{12} - S_{21}) \quad (2.4 - 12) \\ |\,\mathrm{d}S\,| = |\,\mathrm{d}s_\pm\,| / \sqrt{3} \end{cases}$$

式中:$\beta = \mathrm{e}^{\mathrm{j}2\pi/3}$;$|\,\mathrm{d}s_\pm\,| = \sqrt{3}\,|\,\mathrm{d}S\,|$,若 $|\,\mathrm{d}S\,| \rightarrow 1$,则 $|\,\mathrm{d}s_\pm\,| \rightarrow \sqrt{3}$。

为了利用式(2.4 – 11)计算 $\mathrm{d}s_\pm$,本征激发场必须进行归一化处理,归一化本征激发功率:

$$P_+ = (1/2, 1/2 \times \mathrm{e}^{\mathrm{j}2\pi/3}, 1/2 \times \mathrm{e}^{-\mathrm{j}2\pi/3}), \quad P_- = (1/2, 1/2 \times \mathrm{e}^{-\mathrm{j}2\pi/3}, 1/2 \times \mathrm{e}^{\mathrm{j}2\pi/3})$$

2.4 – 2 – 5　S 波段带线 Y 型环行器

为了进一步说明本征态激发实际意义,今举例 S 波段带线 Y 型环行器。S 波段带线 Y 型环行器性能如图 2.4 – 10 所示,内导体用双 Y 结,三处连接圆盘结的内导体尺寸为 $w \times t = 3.6\mathrm{mm} \times 0.2\mathrm{mm}$ 的带线段,共放置于两片圆盘铁氧体中。铁氧体尺寸 $D_\mathrm{f} \times t_\mathrm{f} = 8.2\mathrm{mm} \times 1.5\mathrm{mm}$,腔高 3.2mm;$M_\mathrm{s} = 1200/4\pi(\mathrm{kA/m})$,$\varepsilon_\mathrm{f} = 14$,相应的端口阻抗为 50Ω。环行器的 S 参数特性以 $S_{12}、S_{21}$ 为例,表示在图 2.4 – 11 中,以频率 $f = 3.65\mathrm{GHz}$ 为例,进行本征模积分计算,其结果如图 2.4 – 11 中所示。其仿真结果:S_{12} 为正向,$S_{12} = 0.9863 \angle 0.12°$;$S_{21}$ 为反向,$S_{21} = 0.02$

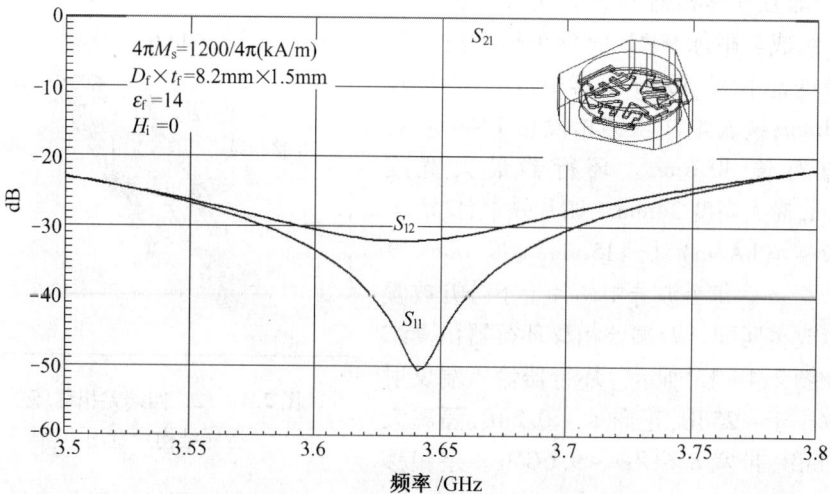

图 2.4 – 10　S 波段带线 Y 型环行器性能

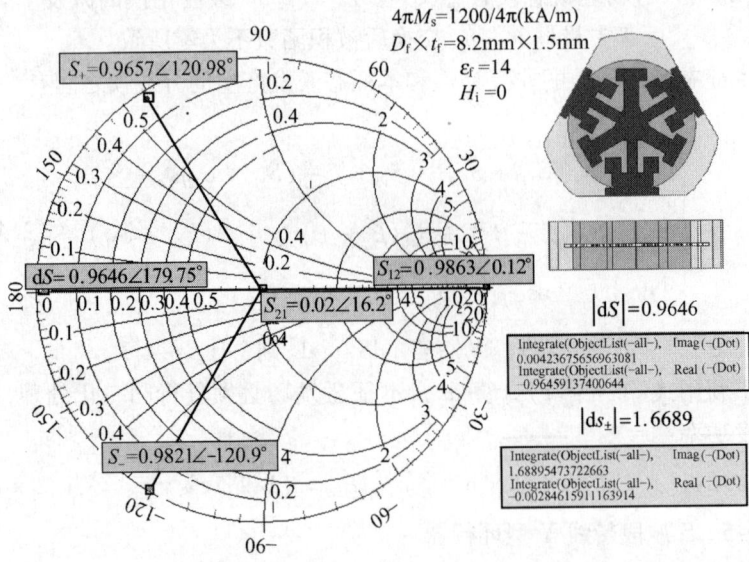

图 2.4 – 11　征态激发公式计算结果 f = 3.65GHz

∠16.2°;算出 dS = 0.9646∠179.75°;图的左下半角为利用本征态激发的公式计算结果,用积分的虚部与实部可求出 $|\mathrm{d}s_\pm| = 1.6689$,从而算出 $|\mathrm{d}S| = 0.9646$ ∠179.8°,dS 幅度误差 $\delta(|\mathrm{d}S|) = 0.11\%$,幅角误差 $\delta(\theta) = 0.02\%$。

2.4 – 2 – 6　X 波段四端波导差相移环行器

图 2.4 – 12 为四端差相移环行器结构示意图,它由折叠波导双 T、铁氧体 ±90°非互易移相器和 3dB 裂缝电桥三个部分组成。附加 90°E 面弯头和直波导等器件的总长度 300mm,其中波导双 T 长 29.3mm;铁氧体并联移相段长 134mm;裂缝电桥长 30.6mm。环行器最大宽度 25mm,最大高度 34mm。四片铁氧体 M_s = 1850/4π(kA/m),长 115mm,宽度 5mm,厚度 1.4mm。每个波导中两片上下分开放置可以改善匹配。四端差相移环行器仿真结果如图 2.4 – 13 所示。环行器输入端反射功率小于 – 25dB,正向 ≤ – 0.2dB,隔离大于 28dB,带宽 8.6GHz ~ 9.6GHz。差相移

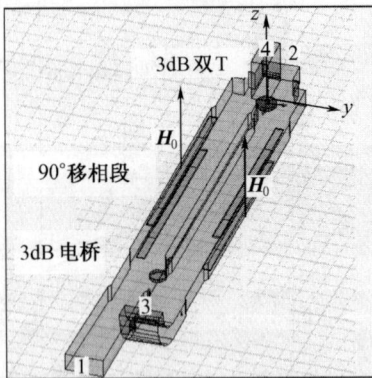

图 2.4 – 12　四端差相移环行器结构示意图

环行器是个四端口器件,在本质上属多端口非互易结器件,不妨应用非互易性理论结合仿真进行设计计算。在图 2.4 – 14 作对比:在 f = 9GHz 作计算,从图中 S

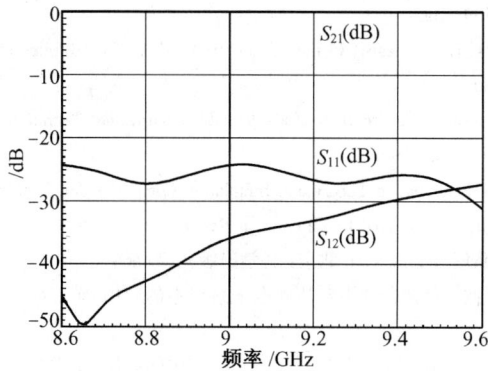

图 2.4 - 13 四端差相移环行器仿真结果

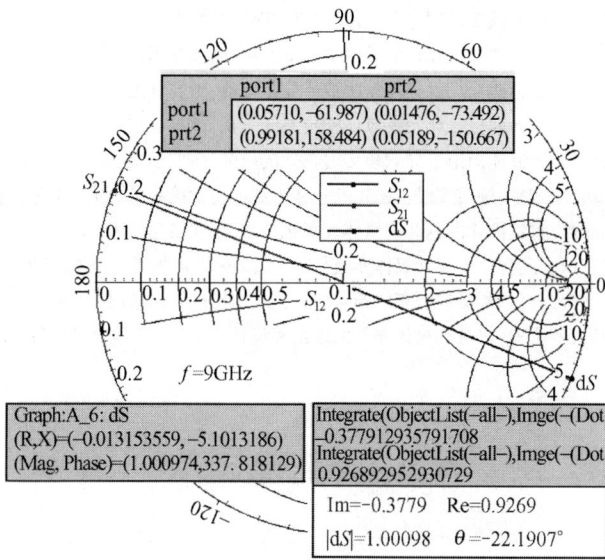

图 2.4 - 14 S 参数仿真结果和非互易性 dS 计算结果

参数提取 $S_{21} = 0.9918\angle 158.484°$ 及 $S_{12} = 0.01476\angle -73.492°$。从仿真结果知，$dS = S_{12} - S_{21} = 1.000974\angle 337.818°$；另外，可以从非互易方程计算出 dS 的虚部 Im = - 0.3779 和实部 Re = 0.9269，得出 $|dS| = 1.00098$ 及 $\theta = -22.1907°$，两者结果完全一致。

第 1 编参考文献

[1] B Lax K, Button J. Microwave Ferrite and Ferromagnetics. Mc Graw-Hill Book Compang Ine 1962, 538.

[2] Jiang R P, Jiang W B. Non-reciprocities on the Microwave Ferrite. The 10. th international conference on

第 2 章 电磁波在旋磁介质中的传播

Ferrite Oct. 2008,339 – 342.

[3] Jiang W B,Jiang R P. Non-Linearity in the Microwave Ferrite. The 10. international conference on Ferrite Oct. 2008,332 – 335.

[4] Cai Qunfeng,Jiang Renpei. Ferrite Dual Mode Variable-Polarization Technique. proceedings of 2006. CIE International Conference on Radar.

[5] Hulan,Jiang Renpei. Perturbation Theory and Simulation Compution for Dual-mode Ferrite Device. proceedings of 2006. CIE International Conference on Radar.

[6] 谢拥军,等. HFSS 原理与工程应用. 北京：科学出版社,2009.

[7] 蒋微波,蒋仁培. 微波铁氧体器件在雷达和电子系统中的应用、研究与发展(上). 现代雷达,2009, 31(9):5 – 13.

[8] 蒋微波,蒋仁培. 微波铁氧体器件在雷达和电子系统中的应用、研究与发展(下). 现代雷达,2009, 31(9):1 – 9.

[9] 蒋仁培,胡岚. 铁氧体双模器件的广义理论. 微波学报,2007,23(8):161 – 167.

[10] 蒋仁培,魏克珠. 微波铁氧体理论和技术. 北京：科学出版社,1984.

[11] 蒋仁培,胡岚. 纵向场铁氧体双模波导的本征值问题. 微波学报,2004,20(9):33 – 38.

[12] 蒋仁培,董胜奎. 复合磁化场双模铁氧体波导变极化器. 微波学报,2003,18(3):34 – 38.

[13] 董胜奎,蒋仁培. 旋转四磁极化及铁氧体波导系统分析. 微波学报,2002,18(1).34 – 38.

[14] 董胜奎,蒋仁培. 铁氧体矩形波导双模传输特性的研究. 微波学报,2003,19(2).36 – 40.

[15] 凌勇,蒋仁培,宋淑平. 旋转四磁极磁化铁氧体中波的传输控制的研究. 微波学报,2007,8,56 – 60.

[16] 蒋仁培,苏丽萍. 雷达极化问题和铁氧体变极化技术. 现代雷达,2001,23(1).

[17] 蒋仁培,魏克珠,苏丽萍. 广义铁氧体变极化理论. 微波学报,2000,16(4):336 – 341.

[18] 魏克珠,李士根,蒋仁培. 微波铁氧体新器件,北京：国防工业出版社,1995.

[19] 蒋仁培,胡岚,罗会安. 双模铁氧体器件的理论和设计(一). 微波学报,2003,19(2):90 – 96.

第 1 编　基本理论

第 2 编　Y 型结环行器

第 3 章　Y 型结环行器的非互易网络理论

在第 2 章已谈及非互易网络的一些特征,主要是从散射参量之间的非互易性或其本征值与微波场之间的关系这个角度来论述的。本章涉及的是散射参量与阻抗参量(或导纳参量)之间关系,从而可进一步深入研究非互易网络的一些特性,这在工程设计中更为实用,物理概念更为明晰。

3.1　散射矩阵与阻抗矩阵

3.1 – 1　阻抗矩阵与导纳矩阵

对一个三端结,结的端电压(v_1, v_2, v_3)与端电流(i_1, i_2, i_3)之间的关系可用阻抗矩阵来描述:

$$v = Zi \tag{3.1 – 1}$$

其中
$$Z = \begin{bmatrix} Z_{11} & Z_{12} & Z_{13} \\ Z_{21} & Z_{22} & Z_{23} \\ Z_{31} & Z_{32} & Z_{33} \end{bmatrix} \quad v = \begin{bmatrix} v_1 \\ v_2 \\ v_3 \end{bmatrix} \quad i = \begin{bmatrix} i_1 \\ i_2 \\ i_3 \end{bmatrix}$$

而散射矩阵是通过输入波振幅 a 和输出波振幅 b 之间关系来定义的。令 a, b 与电压 v 和电流 i 之间用下式相联:

$$a = (v + i)/2 \quad b = (v - i)/2$$

或
$$v = (a + b)/2 \quad i = (a - b)/2$$

因而有
$$v = (I + S)a \quad i = (I - S)a$$

便获得阻抗矩阵 Z 与散射矩阵 S 的关系: $(I + S) = Z(I - S)$

即
$$Z = (I + S)(I - S)^{-1} \tag{3.1 – 2a}$$

或
$$S = (Z - I)(Z + I)^{-1} \tag{3.1 – 2b}$$

式中：I 为单位矩阵。

同样方法可证明散射矩阵 S 与导纳矩阵 Y 关系，有

$$Y = (I - S)(I + S)^{-1} \qquad (3.1-3a)$$

或

$$S = (I - Y)(I + Y)^{-1} \qquad (3.1-3b)$$

在非互易或环行器网络中，其散射矩阵的特征是 $S_{ij} \neq S_{ji}$，而在非互易电路或环行器电路中，其阻抗矩阵或导纳矩阵中，其 $Z_{ii} = -Z_{ii}^*$ 及 $Y_{ii} = -Y_{ii}^*$，这在下面的例子中有所体现。

3.1-2 本征值问题

在求散射矩阵 S 本征值的基础上，不难求出阻抗矩阵和导纳矩阵的本征值。对矩阵 S, Z, Y，它们有共同的本征矢，根据矩阵理论，若已知 $SU_n = s_n U_n$，则矩阵函数 $f(S)$ 的本征值问题为

$$f(S)U_n = f(s_n)U_n \qquad (3.1-4)$$

即矩阵函数 $f(S)$ 与矩阵 S 的本征矢相同，本征值为 $f(s_n)$，应用这些关系，不难求出阻抗矩阵本征值 z_n 和导纳矩阵本征值 y_n，其相互关系为

$$s_n = \frac{z_n - 1}{z_n + 1} \qquad z_n = \frac{1 + s_n}{1 - s_n} \qquad (3.1-5)$$

和

$$s_n = \frac{1 - y_n}{1 + y_n} \qquad y_n = \frac{1 - s_n}{1 + s_n} \qquad (3.1-6)$$

和

$$z_n = \frac{1}{y_n} \qquad y_n = \frac{1}{z_n} \qquad (3.1-7)$$

3.1-3 Y型对称结的矩阵 Z 和 Y 的对角化矩阵 Z_n 和 Y_n

求阻抗矩阵 Z 和导纳矩阵 Y 的对角化矩阵，可以仿效散射矩阵 S 的对角化方法进行。由于它们有共同的本征矢，故有共同的模矩阵 O 和 O^{-1}，不难写出阻抗矩阵和导纳矩阵与它们的对角化矩阵的关系：

$$Z = Oz_n O^{-1} \qquad (3.1-8)$$

式中：

$$z_n = \begin{bmatrix} z_0 & 0 & 0 \\ 0 & z_+ & 0 \\ 0 & 0 & z_- \end{bmatrix} \qquad Z = \begin{bmatrix} Z_{11} & Z_{12} & Z_{13} \\ Z_{13} & Z_{11} & Z_{12} \\ Z_{12} & Z_{13} & Z_{11} \end{bmatrix}$$

$$Z_{11} = (z_0 + z_+ + z_-)/3$$
$$Z_{12} = (z_0 + z_+ e^{j2\pi/3} + z_- e^{-j2\pi/3})/3$$
$$Z_{13} = (z_0 + z_+ e^{-j2\pi/3} + z_- e^{j2\pi/3})/3$$

同理对导纳矩阵有

$$\boldsymbol{Y} = \boldsymbol{O}\boldsymbol{y}_n\boldsymbol{O}^{-1} \tag{3.1-9a}$$

式中：

$$\boldsymbol{Y}_n = \begin{bmatrix} y_0 & 0 & 0 \\ 0 & y_+ & 0 \\ 0 & 0 & y_- \end{bmatrix} \qquad \boldsymbol{y}_n = \begin{bmatrix} y_{11} & y_{12} & y_{13} \\ y_{13} & y_{11} & y_{12} \\ y_{12} & y_{13} & y_{11} \end{bmatrix}$$

$$\begin{cases} y_{11} = (y_0 + y_+ + y_-)/3 \\ y_{12} = (y_0 + y_+ e^{j2\pi/3} + y_- e^{-j2\pi/3})/3 \\ y_{13} = (y_0 + y_+ e^{-j2\pi/3} + y_- e^{j2\pi/3})/3 \end{cases} \tag{3.1-9b}$$

必须注意：这些矩阵元素和本征值对端口的特性阻抗或特性导纳都是归一化值。

3.1-4 对称三端结环行器的本征值

对称三端结环行器的散射矩阵本征值分布在阻抗圆图的圆周上，理想情况下 $|s_n| = 1$，而幅角互成 $120°$，所以阻抗本征值和导纳本征值应有

$$z_0 = \frac{1 + e^{j\theta}}{1 - e^{j\theta}} \qquad z_\pm = \frac{1 + e^{j(\theta\pm2\pi/3)}}{1 - e^{j(\theta\pm2\pi/3)}} \tag{3.1-10a}$$

和

$$y_0 = \frac{1 - e^{j\theta}}{1 + e^{j\theta}} \qquad y_\pm = \frac{1 - e^{j(\theta\pm2\pi/3)}}{1 + e^{j(\theta\pm2\pi/3)}} \tag{3.1-10b}$$

把以上两式化简，得

$$z_0 = j\frac{\sin\theta}{1 - \cos\theta} \quad z_+ = j\frac{\sqrt{3}\cos\theta - \sin\theta}{2 + \cos\theta + \sqrt{3}\sin\theta} \quad z_- = -j\frac{\sqrt{3}\cos\theta + \sin\theta}{2 + \cos\theta - \sqrt{3}\sin\theta}$$

$$\tag{3.1-11a}$$

或令 $\theta = \pi - \phi$，$\sin\theta = \sin\phi$，$\cos\theta = -\cos\phi$，归一化导纳本征值：

$$y_0 = -j\frac{1 + \cos\phi}{\sin\phi} \quad y_+ = j\frac{2 - \cos\phi + \sqrt{3}\sin\phi}{\sqrt{3}\cos\phi + \sin\phi} \quad y_- = -j\frac{2 - \cos\phi - \sqrt{3}\sin\phi}{\sqrt{3}\cos\phi - \sin\phi}$$

$$\tag{3.1-11b}$$

不同 θ 值,可算出一组 s_n,z_n 及 y_n,它们分布在阻抗圆图或导纳圆图的圆周上,互成 $120°$,今把特殊的 θ 角、y_n 及 z_n 列于表 3.1 – 1。

表 3.1 – 1　理想环行状态下阻抗本征值 z_i 和导纳本征值 y_i 的幅相分布

$\theta/(°)$	$\theta_0/(°)$	$\theta_+/(°)$	$\theta_-/(°)$	y_0	y_+	y_-	z_0	z_+	z_-
0	0	120	-120	0	$-j\sqrt{3}$	$j\sqrt{3}$	∞	$j/\sqrt{3}$	$-j/\sqrt{3}$
60	60	-180	-60	$-j/\sqrt{3}$	∞	$j/\sqrt{3}$	$j\sqrt{3}$	0	$-j\sqrt{3}$
120	120	-120	0	$-j\sqrt{3}$	$j\sqrt{3}$	0	$j/\sqrt{3}$	$-j/\sqrt{3}$	∞
180	-180	-60	60	∞	$j/\sqrt{3}$	$-j/\sqrt{3}$	$-j\sqrt{3}$	$j\sqrt{3}$	
-120	-120	0	120	$j\sqrt{3}$	0	$-j\sqrt{3}$	$-j/\sqrt{3}$	∞	$j/\sqrt{3}$
-60	-60	60	-180	$j/\sqrt{3}$	$-j/\sqrt{3}$	∞	$-j\sqrt{3}$	$j\sqrt{3}$	0

把阻抗本征值中的 θ 或导纳本征值中的 ϕ 视为参量,不同 θ 或 ϕ 值反映了不同的环行状态,在无耗情况下,如果 $\theta=\pi$ 的环行状态,阻抗本征值 $z_0=0$,$z_\pm=\mp j\sqrt{3}$;而对导纳本征值而言,则为 $\phi=0$,$y_0=\infty$,$y_\pm=\pm j/\sqrt{3}$,θ 和 ϕ 是互补关系,$\phi=\theta-180°$。在一般情况下,环行状态可以异于 $z_0=0$ 或 $y_0=\infty$。例如:$165°\leqslant\theta<180°$ 或 $-15°\leqslant\phi<0$,只要三个本征值 $z_0,z_\pm$ 对应的散射矩阵 S 的本征值相位角 $\theta_0,\theta_\pm$ 相互差 $120°$($\Delta\theta_{ij}\approx120°$,$i,j=0,+,-$);或 $y_0,y_\pm$ 对应的相位角 $\phi_0,\phi_\pm$ 相互差 $120°$ 就行。

图 3.1 – 1 表示在无耗状态下,$y_0=jb_0$,$y_\pm=jb_\pm$ 参量角在上述分布范围内($-15°\leqslant\phi<0$),在环行状态下电纳本征值的分布曲线。例如:$\phi=-10°$,$b_0=-11.4$,$b_+=0.68$,$b_-=-0.42$,为环行状态。

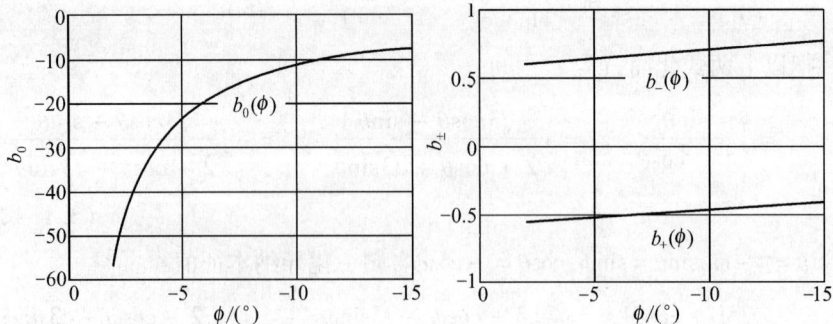

图 3.1 – 1　无耗状态下环行器的导纳(电纳)本征值随 ϕ 值的分布曲线

3.2 非互易结的耦合电路方程

为导出非互易结的阻抗矩阵,用图 3.2－1 非互易结的等效电路模型,端口电压和电流为其基本物理量,两者间相互关系用阻抗矩阵联系起来。设三个电感线圈中分别流过 i_1, i_2, i_3 的电流,电感线圈之间并不直接相连,相互耦合靠铁氧体的旋磁耦合作用,电流线圈产生的射频磁场分别为 h_1, h_2, h_3,这些场贯穿了整个铁氧体圆片,三个电感线圈的平面法向单位矢分别为 s_1, s_2, s_3,它们在 $x-y$ 平面内相互成 $120°$ 交角,因而有

$$s_1 = (-1, 0) \quad s_2 = (1/2, -\sqrt{3}/2)$$

$$s_3 = (1/2, \sqrt{3}/2) \quad (3.2-1)$$

线圈上感应电压:

$$v_1 = \mathrm{j}\omega |S| s_1 \cdot (\mu h_1 + \mu h_2 + \mu h_3)$$

$$v_2 = \mathrm{j}\omega |S| s_2 \cdot (\mu h_1 + \mu h_2 + \mu h_3)$$

$$v_3 = \mathrm{j}\omega |S| s_3 \cdot (\mu h_1 + \mu h_2 + \mu h_3)$$

$$(3.2-2)$$

其中 $|S|$ 为线圈的面积,电感回路的电感 L_0 与电流 i 及磁通关系可写成二维表示式:

$$|S| h_1 = [-L_0 i_1, 0], \quad |S| h_2 = [-L_0 i_2 \cos(\pi/3), -L_0 i_2 \cos(\pi/6)],$$

$$|S| h_3 = [-L_0 i_3 \cos(\pi/3), L_0 i_3 \cos(\pi/6)]$$

令

$$V = ZI$$

其中

$$V = \begin{bmatrix} v_1 \\ v_2 \\ v_3 \end{bmatrix} \quad I = \begin{bmatrix} i_1 \\ i_2 \\ i_3 \end{bmatrix}$$

$$Z = \mathrm{j}\omega L_0 \begin{bmatrix} \mu & -\mu/2 + \mathrm{j}\kappa\sqrt{3}/2 & -\mu/2 - \mathrm{j}\kappa\sqrt{3}/2 \\ -\mu/2 - \mathrm{j}\kappa\sqrt{3}/2 & \mu & -\mu/2 + \mathrm{j}\kappa\sqrt{3}/2 \\ -\mu/2 + \mathrm{j}\kappa\sqrt{3}/2 & -\mu/2 - \mathrm{j}\kappa\sqrt{3}/2 & \mu \end{bmatrix} \quad (3.2-3)$$

式(3.2－3)就是所求的非互易电路的阻抗矩阵,它与互易电路的区别就是

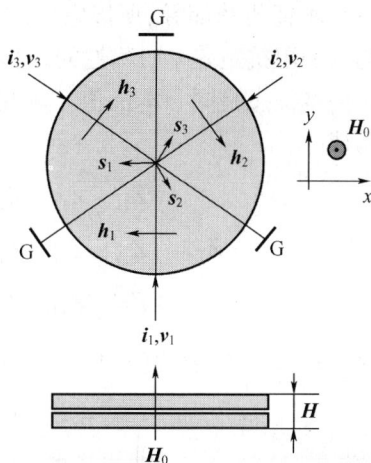

图 3.2－1 非互易结的等效电路模型

矩阵中含有铁氧体张量磁导率非对角分量,阻抗矩阵的非对角分量又互为共轭关系 $Z_{ij} = -Z_{ji}^*$,角分量 Z_{ii} 对无耗网路而言为纯虚数。

3.2 −1   非互易结的本征值

一个完整的集总参数环行器必须由非互易三端结组成,因为非互易三端结的三个本征值非简并,所以它们才有可能构成在阻抗圆图上呈现 $120°$ 分布,而互易结的阻抗矩阵是对称性的,即 $Z_{ij} = Z_{ji}$,其本征值存在两重简并,正负圆极化激励的本征态是同一本征值。非互易三端结的网络阻抗特性根据式(3.2 −3)可写成

$$\mathbf{Z} = \begin{bmatrix} Z_{11} & Z_{12} & Z_{13} \\ Z_{13} & Z_{11} & Z_{12} \\ Z_{12} & Z_{13} & Z_{11} \end{bmatrix} = \begin{bmatrix} Z_{11} & Z_{12} & -Z_{12}^* \\ -Z_{12}^* & Z_{11} & Z_{12} \\ Z_{12} & -Z_{12}^* & Z_{11} \end{bmatrix} \qquad (3.2 - 4)$$

即 $Z_{13} = -Z_{12}^*$,根据式(3.2 −3)关系,可求出非互易结的三个阻抗本征值为

$$\begin{cases} z_0 = Z_{11} + Z_{12} + Z_{13} = 0 \\ z_+ = Z_{11} + Z_{12}\beta + Z_{13}\beta^2 = j\omega\mu_+\xi \\ z_- = Z_{11} + Z_{12}\beta^2 + Z_{13}\beta = j\omega\mu_-\xi \end{cases} \qquad (3.2 - 5)$$

式中: $\beta = e^{j2\pi/3}, \beta^2 = e^{-j2\pi/3}; \mu_+ = \mu + \kappa; \mu_- = \mu - \kappa; \xi = 3L_0/2$。

$z_0 = 0$ 表示三端同相同幅激励时,在理想状态下合成磁场为零所致,而 $z_+ \neq z_-$ 为正负圆极化激励时由于 μ_+,μ_- 的不同而导致本征值分裂成两个值。这是非互易结的基本特征。

至此为止,从非互易结电感的耦合到阻抗本征值的求出,都是在理想情况下获得的。事实上线圈之间的耦合并非都是全耦合状态,线圈各自保留着自感系数。另外,线圈之间的绝缘交叉处或多或少有电容存在;把微波结忽略其分布特性,完全作为集中参数看待也是带有某种近似性。如果这些复杂因素考虑在内,则 $z_0 \neq 0$,这样问题就复杂化了,对弄清集中参数环行器的基本原理带来不便。

3.2 −2   4 种非互易电路的本征值

表 3.2 −1 反映了四种非互易电路的本征值情况,(a)为非互易电感结的情况,用阻抗矩阵本征值 z_0, z_+, z_- 来表示;$L_0 /\!/ C_0$ 为在非互易电感结基础上各端加上并联电容 C_0,在满足一定条件时,成为窄带集总参数环行器,用导纳矩阵本征值 y_0, y_+, y_- 来表示。表中为理想情况下,非互易电感结 $y_0 \to \infty$,$y_\pm = \pm j/\sqrt{3}$ 就满足环行条件;表中 $L_0 /\!/ C_0 - Z_s$ 表示在窄带环行器的基础上各端串联一个串

联谐振电路,其归一化值为z_s,$Z_s = j(\omega L_s - 1/\omega C_s)$,这时其非互易结的阻抗本征值为$z_s$,$z_\pm$的表示式如表中所列;表3.2-1中$L_0 /\!/ C_0 - Z_j$表示在窄带环行器的基础上串联一个结串联谐振电路,用阻抗矩阵本征值z_0,z_+,z_-来表示结的特性。$(X_s - L_0 /\!/ C_0)$和$L_0 /\!/ C_0 - Z_j$两者为宽带集总参数环行器。

表3.2-1 非互易电路的本征值

(a) L_0	(b) $L_0 /\!/ C_0$	(c) $(X_s - L_0 /\!/ C_0)$	(d) $(L_0 /\!/ C_0 - Z_j)$
$z_0 = 0$ $z_+ = j\omega\mu_+\xi$ $z_- = j\omega\mu_-\xi$	$y_0 = \infty$ $y_+ = \dfrac{1}{j\omega\mu_+\xi} + j\omega C_0$ $y_- = \dfrac{1}{j\omega\mu_-\xi} + j\omega C_0$	$z_0 = X_s$ $X_s = j\omega L_s + \dfrac{1}{j\omega C_s}$ $z_+ = \left(\dfrac{1}{j\omega\mu_+\xi} + j\omega C_0\right)^{-1} + Z_s$ $z_- = \left(\dfrac{1}{j\omega\mu_-\xi} + j\omega C_0\right)^{-1} + Z_s$	$z_0 = 3Z_j$ $z_+ = \left(\dfrac{1}{j\omega\mu_+\xi} + j\omega C_0\right)^{-1}$ $z_- = \left(\dfrac{1}{j\omega\mu_-\xi} + j\omega C_0\right)^{-1}$

3.2-3 非互易结的环行条件

对非互易结的环行条件有许多表示方法,以 **S** 矩阵角度,对无耗非互易 Y 形结,必须使$|S_{11}| \to 0$,以本征值方法来描述,三个本征值参数必须在阻抗圆图的圆周上,并互成120°。对集总参数环行器而言,如并联电容式($L_0 /\!/ C_0$)结行器,当环行条件满足时,$y_0 = = \infty$,因而有

$$y_\pm = \pm j/\sqrt{3}$$

$$\frac{1}{j\omega\mu_+\xi} + j\omega c_0 = j/\sqrt{3} \qquad \frac{1}{j\omega\mu_-\xi} + j\omega c_0 = -j/\sqrt{3} \qquad (3.2-6)$$

把$\xi = 3l_0/2$代入,其中l_0为的归一化值,$l_0 = L_0/Z_0$,求出符合设计要求的、理想情况下的环行条件:

$$\omega l_0 = \frac{2\kappa/\mu}{\sqrt{3}\mu_e} \qquad \omega c_0 = \frac{1}{\sqrt{3}\kappa/\mu} \qquad (3.2-7)$$

式中:
$$\mu_e = \frac{\sigma^2 + 2p\sigma - 1}{\sigma^2 + p\sigma - 1} \qquad \frac{\kappa}{\mu} = \frac{p}{\sigma^2 + p\sigma - 1}$$

式(3.2-7)算出的电感和电容值都是归一化值,折算到实际值为 $L_0 = l_0 Z_0$, $C_0 = c_0 / Z_0 (Z_0 = 500\Omega)$。$\mu_e$,$\kappa/\mu$ 的公式是在无损耗条件下($\alpha = 0$)得出的。当 $\sigma \to 1$,$p \to 10$;$\mu_e \to 2$,和 $\kappa/\mu \to 1$,估计出 $\omega c_0 \to 0.577$ 和 $\omega l_0 \to 0.577$,当频率 $f = 500\text{MHz}$,$H_r = 179\text{Oe}$,$M_s = 1790/4\pi(\text{kA/m})$,$p = 10$ 时,算出 $C_0 = 3.67\text{pF}$,$L_0 = 9.18\text{nH}$。

实际情况的环行条件比式(3.2-7)复杂。因为该式是在理想的非互易耦合电感结 $z_0 = 0$,$z_{\pm} = \pm j\sqrt{3}$ 的情况下得出的结果,实际情况 $z_0 \neq 0$,这是由于一般情况下,三个耦合线圈除耦合电感 L_0 外,还存在非耦合电感部分,以下将由实例来说明。

为了求出非互易结阻抗本征值(z_0,z_+,z_-)或电抗本征值(x_0,x_+,x_-),利用电感元件 L 中储能计算方法,即

$$\frac{1}{2}LI^2 = \int_{\text{all}} (\boldsymbol{h} \cdot \mu\boldsymbol{h}^*)\,\mathrm{d}V \tag{3.2-8}$$

电感元件的电抗公式为

$$jX = j\omega L = j\frac{2\omega}{I^2} \int_{\text{all}} \boldsymbol{h} \cdot \mu\boldsymbol{h}^* \,\mathrm{d}V \tag{3.2-9}$$

式中:激磁电流 $I^2 \propto P$。

若三端非互易电感结处在本征激发态(同相激发态"0",圆极化激发态" $\pm$ "),利用上述过程,求出三种本征激发态的归一化阻抗本征值:

$$z_0 = j\frac{2\omega}{P_0 Z_0} \int \boldsymbol{h}_0 \cdot \mu\boldsymbol{h}_0^* \,\mathrm{d}V \qquad z_+ = j\frac{2\omega}{P_+ Z_0} \int \boldsymbol{h}_+ \cdot \mu\boldsymbol{h}_+^* \,\mathrm{d}V$$

$$z_- = j\frac{2\omega}{P_- Z_0} \int \boldsymbol{h}_+ \cdot \mu\boldsymbol{h}_-^* \,\mathrm{d}V \tag{3.2-10}$$

第 2 编 Y 型 结 环 行 器

式中:Z_0 为输入端/输出端的特性阻抗;P_0、P_+、P_- 为三种激发态,$P_0 = (1,1,1)$,$P_+(1,1\angle 120°,1\angle -120°)$,$P_-(1,1\angle -120°,1\angle 120°)$,积分中取值 $P_0 = P_+ = P_- = 1$。在无损耗条件下,z_0,z_+,z_- 均为纯虚数,即 $z_0 = jx_0$,$z_+ = jx_+$,$z_- = jx_-$,这时归一化电抗本征值为

$$x_0 = \frac{2\omega}{Z_0} \int_{\text{all}} \text{Re}(\boldsymbol{h}_0 \cdot \mu\boldsymbol{h}_-)\,\mathrm{d}V \qquad x_+ = \frac{2\omega}{Z_0} \int_{\text{all}} \text{Re}(\boldsymbol{h}_+ \cdot \mu\boldsymbol{h}_+)\,\mathrm{d}V$$

$$x_- = \frac{2\omega}{Z_0} \int_{\text{all}} \text{Re}(\boldsymbol{h}_- \cdot \mu\boldsymbol{h}_-)\,\mathrm{d}V \tag{3.2-11}$$

如图 3.2-2 所示,考虑一个无耗非互易结作为设计实例,中心频率 $f_0 = 347\text{MHz}$,由两片铁氧体圆柱和网状电感组成,铁氧体尺寸 $D_f \times t = 10\text{mm} \times 1.2\text{mm}$,$\varepsilon_f = 14$,磁化场 $H_i = 14\text{kA/m}$;$M_s = 1780/4\pi(\text{kA/m})$,$\Delta H = 0$;网状电感印

制在 $\varepsilon_d = 2.6$ 的介质板上,介质板厚度 $t = 0.2mm$,网状电感间距为 $w/s/w = 1/3/1(mm)$,端口的特性阻抗 $Z_0 = 71\Omega$。通过仿真测试,测出非互易电感结的 S 参数,由此求出其本征值 $s_0 = 1\angle171.4°, s_+ = 1\angle111.8°$ 及 $s_- = 1\angle143.3°$,算出非互易结归一化阻抗矩阵的本征值 $x_0 = 0.075, x_+ = 0.677, x_- = 0.332$,相应地求出归一化导纳的本征值 $b_0 = -13.4, b_+ = -1.48, b_- = -3$,它们在阻抗(导纳)圆图的圆周上,对应的相位角 $\phi_0 = -8.6°, \phi_+ = -68.2°$ 及 $\phi_- = -36.7°$,图 3.2-2 中附表为非互易电感结的电抗本征值 $x_0, x_\pm$ 的仿真结果和利用式(3.2-11)计算结果比较,两者差别不大。

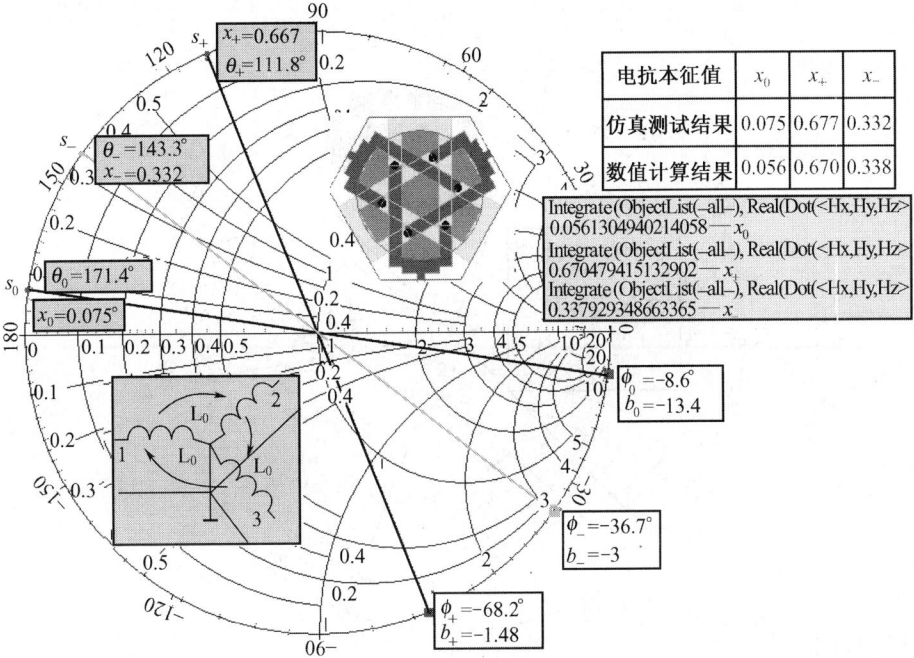

电抗本征值	x_0	x_+	x_-
仿真测试结果	0.075	0.677	0.332
数值计算结果	0.056	0.670	0.338

Integrate(ObjectList(–all–), Real(Dot(<Hx,Hy,Hz> 0.0561304940214058 — x_0
Integrate(ObjectList(–all–), Real(Dot(<Hx,Hy,Hz> 0.670479415132902 — x_+
Integrate(ObjectList(–all–), Real(Dot(<Hx,Hy,Hz> 0.337929348663365 — x

图 3.2-2 非互易电感结的电抗本征值 $x_0, x_\pm$ 和电纳本征值 $b_0, b_\pm$ 实例 $f_0 = 347MHz$

当 $f_0 = 347MHz, M_s = 1780(10^3/4\pi)(A/m), H_i = 14kA/m; p = 14.4, \sigma = 1.41; \mu = 1 + p\sigma/(\sigma^2 - 1), \kappa = p/(\sigma^2 - 1)$ 时,计算结果:$\mu = 21.16, \kappa = 14.22; \kappa/\mu = 0.672, \mu_e = 11.6$;根据式(3.2-7)可估计电感 L_0 和 C_0 数值:$\omega l_0 = 0.067, \omega L_0 = 0.067 \times 50 = 3.34, L_0 = 1.53nH; \omega C_0 = 0.859, \omega C_0 = 0.017(1/\Omega), C_0 = 7.8pF$。必须指出,利用式(3.2-7)估计 L_0、C_0 是粗略估计值。L_0 值可通过输入阻抗 z_{in} 的测量结果来认定:互易结输入电抗 $x_{in}(j) = \omega L_0/Z_0 = 0.11, L_0 = 2.52nH$。

图 3.2-3 为集总参数环行器的情况,在上述非互结的每一端附加并联电容 C_0,它是印制板上的电极 C_0 和接地端间的电容,取合适的电容数值,可获得如图

中的 S 参数本征值 s_0、s_+、s_- 的分布：$s_0 = 0.996 \angle 170°$，$s_+ = 0.981 \angle 292°$ 及 $s_- = 0.962 \angle 45.5°$ 以及相应的电抗本征值 x_0、x_+、x_- 和电纳本征值 b_0、$b_\pm$、b_-。

C_0 的值可通过本征模 b_+，b_- 的测量和变化结果来认定：从表 3.2-3 和表 3.2-2 中的电纳值 $b_+(c)$、$b_-(c)$ 和 $b_+(j)$、$b_-(j)$ 求出其差值 $\Delta b_+ = b_+(c) - b_+(j) = 0.68 + 1.48 = 2.16$ 及 $\Delta b_- = b_-(c) - b_-(j) = -0.42 + 3.04 = 2.62$，取归一化电容值 c_0，使 $\omega c_0 = 2.16$，由此求出并联电容值 $C_0 = 2.16/(\omega Z_0) = 2.16/(2\pi \times 347 \times 10^6 \times 50)$，$C_0 = 19.8\text{pF}$，从公式 $A = C_0 t/\varepsilon_0 \varepsilon_d$，算出电极面积 $A = 0.86\text{cm}^2$，这和实际情况 $A = 0.78\text{cm}^2$ 相近。

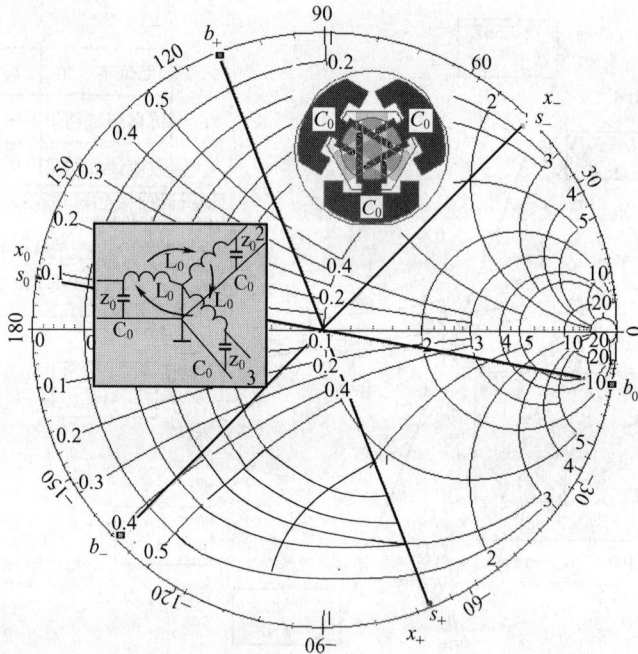

图 3.2-3　集总参数环行器的电抗本征值 x_0，$x_\pm$ 和电纳本征值 b_0，$b_\pm$ 实例

表 3.2-2　非互易结电路的电抗本征值和电纳本征值表（$f_0 = 347\text{MHz}$）

电抗本征值	$\theta/(°)$
$x_0(j) = 0.075$	$\theta_0(j) = 171.4$
$x_+(j) = 0.677$	$\theta_+(j) = 111.8$
$x_-(j) = 0.332$	$\theta_-(j) = 143.3$
$b_0(j) = -13.4$	$\phi_0(j) = -8.6$
$b_+(j) = -1.48$	$\phi_+(j) = -68.2$
$b_-(j) = -3.04$	$\phi_-(j) = -36.7$

表 3.2-3　集总参数环行器的电抗本征值和电纳本征值表（$f_0 = 347\text{MHz}$）

电抗本征值	$\theta/(°)$
$x_0(c) = 0.088$	$\theta_0(c) = 170$
$x_+(c) = -1.48$	$\theta_+(c) = -68$
$x_-(c) = 2.38$	$\theta_-(c) = 45.5$
$b_0(c) = -11.4$	$\phi_0(c) = -10$
$b_+(c) = 0.68$	$\phi_+(c) = 112$
$b_-(c) = -0.42$	$\phi_-(c) = -134.5$

图 3.2 - 4 表示用印制板电极作电容 C_0 获得的环行器性能，在 $f = 335\text{MHz} \sim 360\text{MHz}$，$2\delta = 7.2\%$ 带宽内满足反射损耗及隔离小于 -20dB（中心频率 $f_0 = 247\text{MHz}$）。

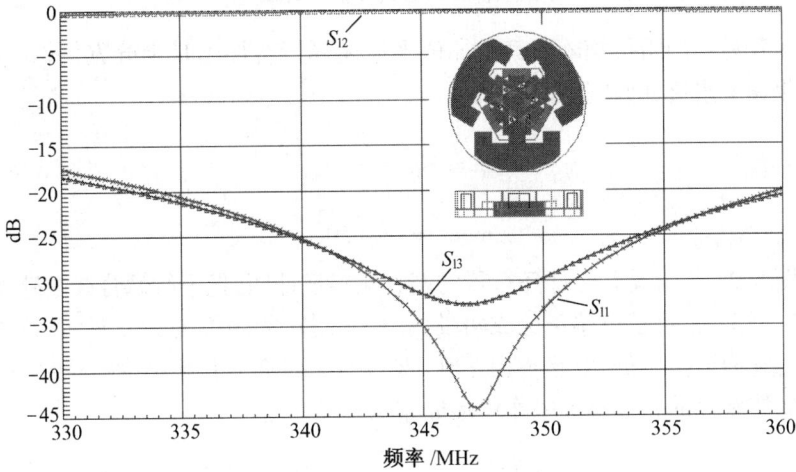

图 3.2 - 4　环行器性能

图 3.2 - 5 为环行器未经归一化处理时，端口特性阻抗为 24.4Ω 时，非环行

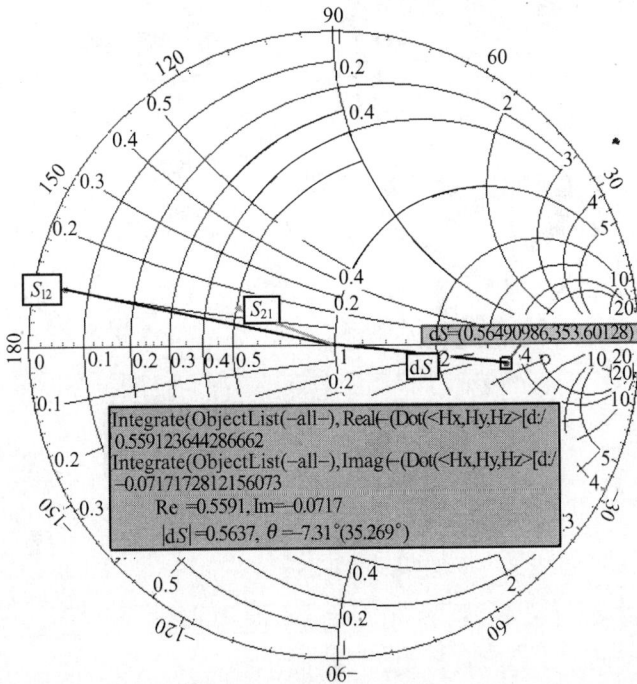

dS=(0.56490986,353.60128)

Integrate(ObjectList(-all-),Real(-(Dot(<Hx,Hy,Hz>[d:/0.559123644286662
Integrate(ObjectList(-all-),Imag(-(Dot(<Hx,Hy,Hz>[d:/-0.0717172812156073
　Re =0.5591,lm=-0.0717
　|dS'|=0.5637, θ =7.31°(35.269°)

图 3.2 - 5　环行器非互易性参数 dS 仿真结果和数值计算结果（$f_0 = 347\text{MHz}$）

状态下的非互性易性参数 dS 仿真结果和数值计算结果。计算结果为 $dS = 0.5637\angle352.69°$,仿真结果为 $dS = 0.5649\angle353.6°$,两者相当吻合。

3.2-4 集总元件环行器的设计及其输入阻抗

非互易结的阻抗矩阵及其本征值来描述环行特性不是十分方便,如能算出归一化输入阻抗,问题就迎刃而解:

$$Z_{in} = Z_{11} - \frac{Z_{12} \cdot Z_{12}}{Z_{13}} \qquad (3.2-12)$$

令

$$z_{in} = Z_{in}/50$$

图 3.2-6 为集总元件环行器的网状电感设计图,把平行耦合线电感条集成在印制板上,把每根电感条分成两段,分别印制在印制板的正反两面,通过金属化孔把它们连接,三组电感条相互成 120°,但交叠部分互相绝缘,三组电感条通过铁氧体圆片的张量磁导率作用形成非互易结。

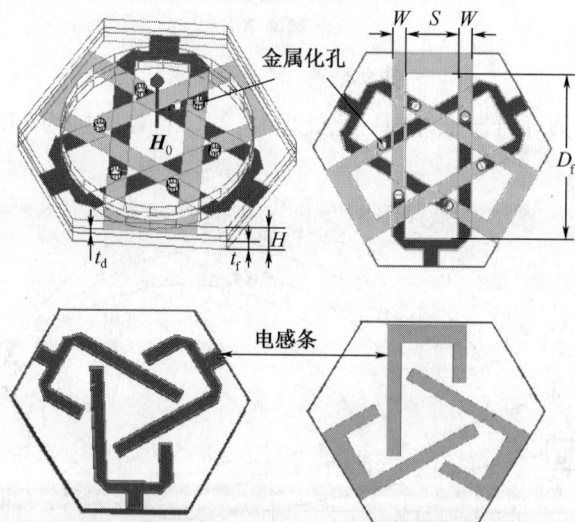

图 3.2-6　集总元件环行器网状电感设计

第4章 波导 Y 型结环行器

波导 Y 型结环行器是发展最早的较经典的微波铁氧体器件,其应用广泛,跨越的频率范围为 900MHz ~ 100GHz,横跨 L,S,C,X,Ku,Ka,W 等波段,广泛应用于各种微波设备中。从设计角度出发,有小型化、小损耗、宽频率、高功率等要求,在不同要求、不同程度上均能够实现。其结构种类繁多,不能一一描述。本章通过一些典型的有代表性的实例,通过电磁场仿真技术,来表达其技术上发展情况,如毫米波、厘米波、分米波的设计,高功率设计,宽频带的设计,闭锁式开关设计等,囊括了 Y 型波导结环行器的设计精华成分。

4.1 3mm 环行器的设计

4.1-1 Y 型结毫米波环行器概要

Y 型结毫米波环行器其研发力度和应用虽然没有 X 波段、Ku 波段波导 Y 型结环行器那么深入和广泛,但其重要性一点都不逊色。随着毫米波技术的不断发展,微波遥感、测距、测速、微波成像技术以及航空、航天电子设备小型化的需求,其重要性凸显出来。毫米波波导结环行器/隔离器的研制,对 8mm 和 6mm 波导已有 30 年历史,但对 3mm 波导结环行器的开发则只有几年的历史。本研究针对 3mm 波导结环行器的设计,在理论上、技术上、工程调试上和承受功率上作了一系列研究,它的特征与 8mm 和 6mm 有类同之处,相关的技术和理论问题都可相互借鉴。这里仅对 3mm 环行器作些研究,毕竟它是接近微波铁氧体器件设计和应用频率的极地。

毫米波段的铁氧体器件基本上属于窄频带器件,因为现有的铁氧体材料,其最大的饱和磁化强度 $4\pi M_s = 0.5T(5000Gs)$,相对于 3mm 波段而言,其归一化磁矩 $p = 0.16$,和正常厘米波使用的材料归一化磁矩 $p = 0.64$ 而言,只有其 25%,这决定了 κ 值偏低,所以限制了毫米波环行器的带宽。

4.1-2 环行器的相对带宽 2δ 和 Q_L

在旋磁耦合电路中讨论过相对带宽 2δ 和 Q_L 耦合之间的关系式,可写成

$$Q_L 2\delta = \frac{\rho_m - 1}{\sqrt{\rho_m}}$$

这里 ρ_m 看作最大驻波系数值,而

$$Q_L = \frac{1}{\sqrt{3}\kappa/\mu} = \frac{0.58}{\sqrt{\rho_m}} \tag{4.1-1}$$

这是集总参数概念下三个耦合线圈的耦合 Q 值。在分布参数概念中, Q_L 为

$$Q_L = \frac{1.84^2 - 1}{2\sqrt{3}\kappa/\mu} = \frac{0.69}{|\kappa/\mu|} \tag{4.1-2}$$

式(4.1-1)和式(4.1-2)有一定的区别,如果把式(4.1-2)和式(4.1-1)联系在一起,计算出的带宽 2δ 略低于集中参数环行器带宽,此结果对图4.1-1(a),(c)两种无匹配三角块的情况较为合适,如果有了金属三角匹配块的情况,匹配块的作用使匹配带宽增大,这时公式可修正为

$$Q_L 2\delta = \sqrt{\frac{\rho_m^2 - 1}{3}} \tag{4.1-3}$$

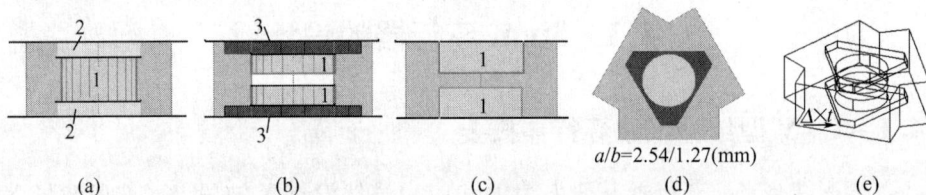

图 4.1-1　3mm 环行器结构

1—铁氧体;2—聚四氟乙烯;3—金属三角匹配块。

把 Q_L 和 2δ 带宽乘积表示在图4.1-5中,例如当 $\rho_m = 1.2$ 时,对无匹配块情况:如图4.1-2和图4.1-3所示,其 $Q_L 2\delta = 0.18$,带宽窄;对有匹配块情况(图4.1-4),其 $Q_L 2\delta = 0.38$,带宽较宽,相比之下增大1倍。

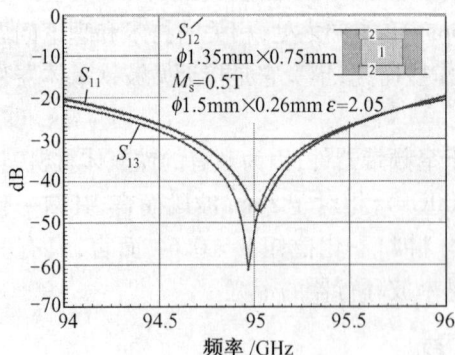

图 4.1-2　圆柱铁氧体支衬在聚四氟乙烯介质上

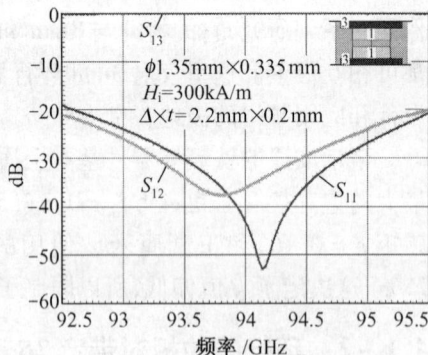

图 4.1-3　圆柱铁氧体和波导直接接触

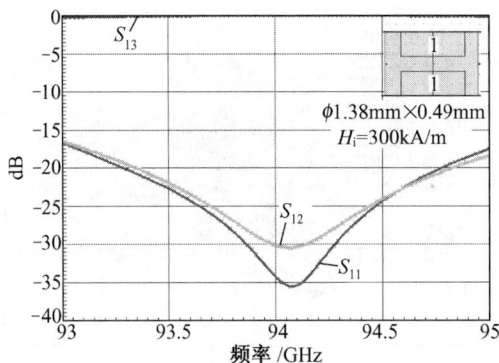

图 4.1-4　有三角匹配块的波导结环行器

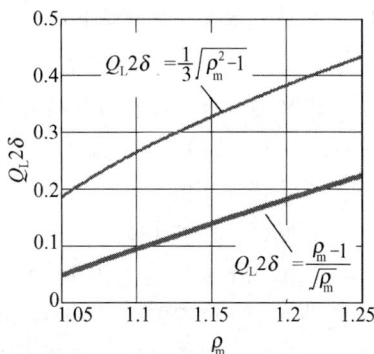

图 4.1-5　$Q_L 2\delta$ 带宽乘积—最大驻波 ρ_m 关系

关于波导中铁氧体圆柱模的公式(4.1-2)可以从场积分中获得证实:当输入功率 $P=1\mathrm{W}$,计算频率 $f=93.3\mathrm{GHz}$ 时,

$$Q_L = fU_L/P = f\int_V \mathrm{Re}(\boldsymbol{h}\cdot\mu\boldsymbol{h}^*)\,\mathrm{d}V$$

$$(4.1-4)$$

Q_L 为当单位功率输入时,在振动一周期内能量输出。图 4.1-1(a)的积分结果见表 4.1-1。

$$Q_L = 4.264$$

$$\left|\frac{\kappa}{\mu}\right| = \frac{\mathrm{Im}[(0,1,0)\mu(1,0,0)^t]}{\mathrm{Re}[(1,0,0)\mu(1,0,0)^t]}$$

$$= 0.1585$$

其计算结果示于表 4.1-1 中。$Q_L|\kappa/\mu|=0.676$,这和式(4.1-2)的结果相近。

表 4.1-1　负载 Q_L 值和比磁导率 κ/μ 的计算结果

Q_L
4.26405624919855
Integrate(ObjectList(f)
Real(Dot(<Hx,Hy,Hz>,mu*(Conj(<Hx,Hy,Hz>))))
$\|\kappa/\mu\|$
0.158490570216791
Integrate(ObjectList(f1),/(Imag(Dot(mu*(<0,1,0>)
Imag(Dot(mu*(<0,1,0>),<1,0,0>)))
Real(Dot(mu*(<1,0,0>),<1,0,0>)) $=$
$\|\kappa/\mu\|$

4.1-3　3mm Y 型结环行器的设计

图 4.1-1(a)、(b)、(c)为 3 种毫米波环行器的结构。图(a)为一片铁氧体支衬在两片介质膜之间,带宽 2GHz,$2\delta=2.1\%$。图(h)为两片铁氧体贴附在两块三角形金属匹配块上,带宽 3GHz,$2\delta=3.2\%$,由于三角匹配块使匹配带宽增宽。图(c)为两片铁氧体贴附在波导壁上带宽较小,约 1.5GHz,如图 4.1-3,但其散热情况良好。图(d)为图(b)的俯视结构,图(e)为图(b)的三维结构。

1. 承受峰功率

实际的 3mm 环行器都是做成 T 形结,长度为 4 倍~5 倍波导波长。当输入

1.5kW 峰功率时,波导内电场分布如图 4.1−6 所示,其最大场强 E_{max} = 1.29×10^6 V/m,低于击穿场强 E_b = 3×10^6 V/m,这是 3mmY 型结环行器承受峰功率的量级。

2. 承受平均功率

从图 4.1−7,输入 10W 功率,损耗功率 P_L = 1.7W,相当于 0.8dB 的正向损耗,从孤立环行器腔体散热效果看,导热仿真结果是铁氧体

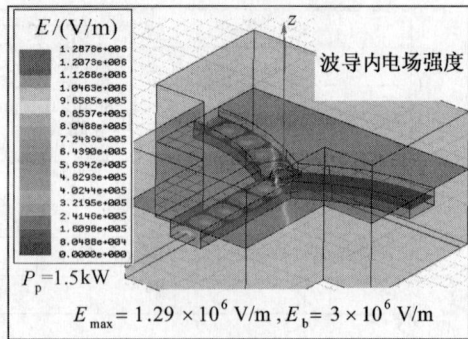

图 4.1−6　3mm 环行器电场分布

平均温度 T_{av} = 112℃,最高点温度 T_H = 121℃,低点温度 T_L = 95℃,均超过 80℃温度界限,所以单独的 3mmT 型结构环行器难以承受 10W 的平均功率。从图 4.1−8 观察,环行器安装在底板较大的设备上,这里底板面积超过 10cm×10cm,其散热效果有明显改善。T_{av} = 53.4℃,T_H = 61.4℃,T_L = 35.8℃,均低于 80℃温度界限。这是 3mm 环行器的平均功率可达到的水平。

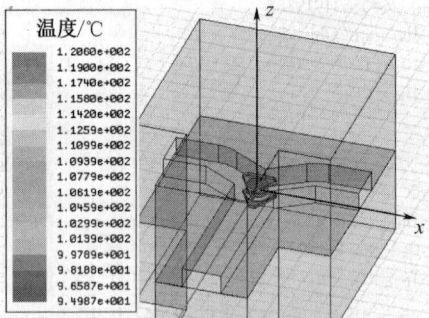

图 4.1−7　3mm 环行器腔体散热

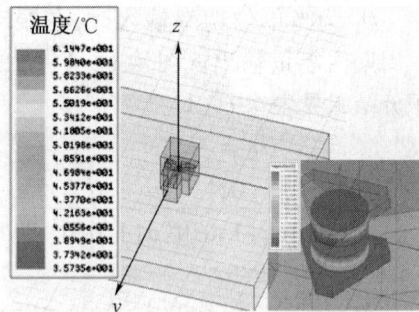

图 4.1−8　3mm 环行器安装在底板散热

4.2　宽带波导 Y 型结环行器

如图 4.2−1 所示的 Y 型结环行器,波导口径 $a \times b$ = 15.8mm ×7.9 mm,铁氧体三角块尺寸 $\Delta_f \times t$ = 3.87mm ×2.1mm(Δ_f 为三角块边长),匹配块尺寸 $\Delta \times t$ = 9.8mm ×1.5mm,铁氧体材料 $4\pi M_s$ = 2800Gs,ε = 12.5,ΔH = 50Oe,在频带宽度 Δ_f = 5GHz 满足 20dB 隔离。铁氧体的旋磁耦合按式(4.1−4)计算,Q_L = 1.155,根据 $Q_L 2\delta$ = 0.38 计算,理论值 2δ = 33%,实际相对带宽 2δ = 5/14.7 = 34%,理论值与实际仿真值比较接近。

表 4.2−1　Q_L 的仿真计算值

Q_L
1.15511951292804 Integrate(ObjectList(f1) ,Real(Dot(<Hx,Hy,Hz > Real(Dot(<Hx,Hy, Hz >, mu * (Conj(< Hx, Hy, Hz >))))

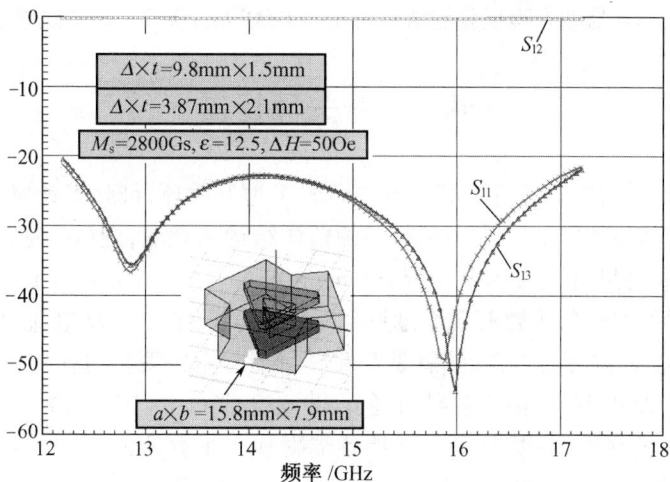

图 4.2 - 1 宽带波导 Y 型结环行器

理论值的计算结果图见表 4.2 - 1，在 $f = 16\text{GHz}$ 计算结果，其他频率点的 Q_L 值均小于 1.155，所以 $Q_L 2\delta$ 乘积公式带有近似性。

图 4.2 - 2 为对环行器的非互易性验证。从直接仿真结果获得 $dS = 0.9926 \angle$

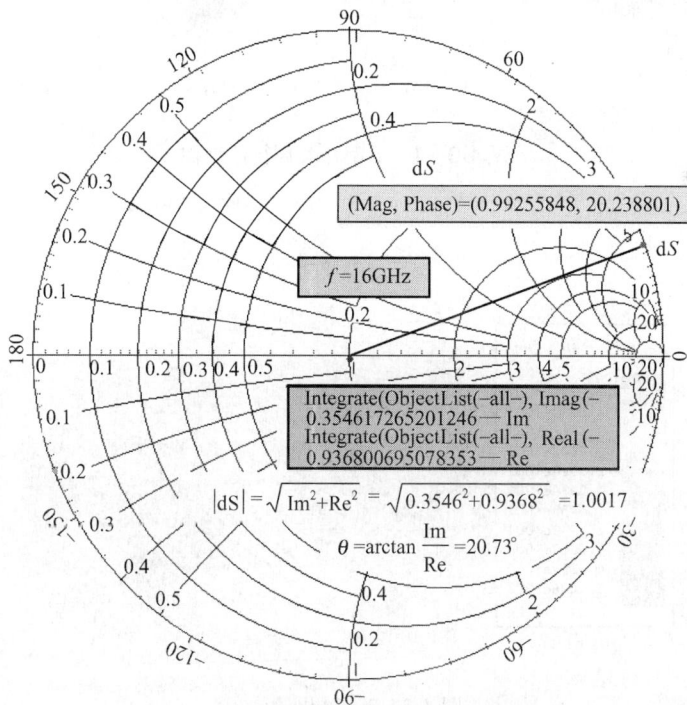

图 4.2 - 2　对非互易性仿真结果和计算结果作比较

20.2388°,从非互易性方程积分的结果为 dS = 1.0017∠20.73°,两者误差不大。

4.3　开关环行器

利用 Y 型结波导环行器原理可以做成 Y 型开关环行器,其铁氧体为闭合磁化结构。图 4.3 - 1(a)为开关环行器的整体结构示意图,图(b)为俯视图,其中 Y 型铁氧体块尺寸为 $L \times W \times H = 8\text{mm} \times 4.7\text{mm} \times 8\text{mm}$,$\varepsilon_f = 15.5$,$4\pi M_s = 1400\text{Gs}$,$L$ 为臂长,每个臂有 3 个通孔,串上激励线,通以正反电流,使铁氧体正反方向磁化,控制环行方向,这就是开关环行器基本原理。通孔的直径 2mm,孔位置离中心距 4.3mm,由于波导口径 $a \times b = 22.86\text{mm} \times 10\text{mm}$,Y 型铁氧体下衬垫 $\varepsilon = 2.05$ 的介质,厚度 1mm。支架各端附加 T 形介质匹配块,形成二级过渡匹配,第一级 $W_1 \times L_1/H_1 = 4.7\text{mm} \times 2/8\text{mm}$,第二级 $W_2 \times L_2/H_2 = 1.2\text{mm} \times 7.8/10\text{mm}$,匹配介质块的介电常数 $\varepsilon = 7$,图(d)为磁化场分布,是一不均匀磁化场,它通过静磁场仿真算出磁化场分布,如图 4.3 - 2 所示。在非均匀磁化场情况下

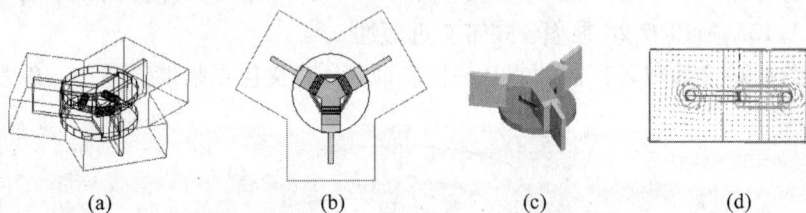

(a)　　　　　(b)　　　　　(c)　　　　　(d)

图 4.3 - 1　Y 型开关环行器结构

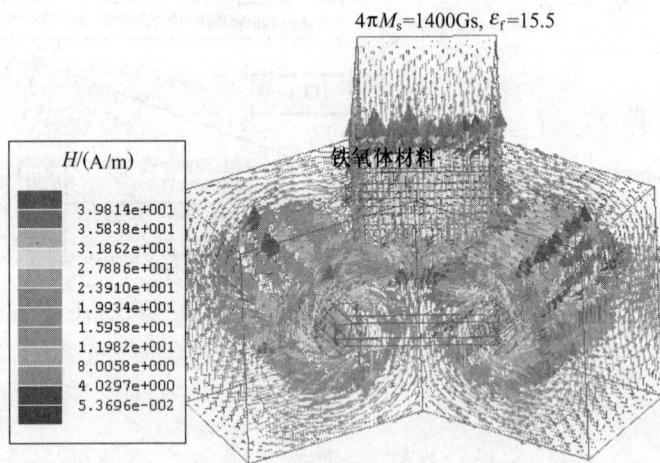

图 4.3 - 2　磁化场分布

再进行 HFSS 仿真,获得图 4.3-3 的环行性能。在 7.9GHz~9.0GHz 的带宽下,满足隔离 20dB。利用旋磁耦合的积分公式 (4.1-4):计算得到 $Q_L = 2.8575$,求出 $2\delta = 0.38/2.8575 = 13.3\%$。

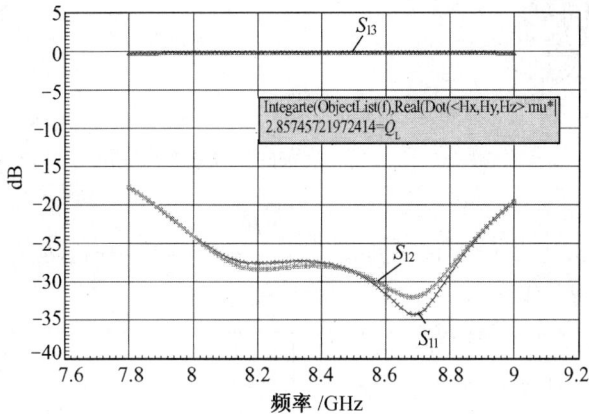

图 4.3-3 非均匀磁化场情况下环行性能

4.4 高功率 Y 型波导结环行器

Y 型波导结环行器在 S 波段以上频率工作时均采用低场工作方式,即外加磁化场远低于共振场,其归一化磁矩 $p \leqslant 1$,归一化内场 $\sigma = 0 \sim 0.2$,但工作频率降到 P 波段工作时,如微波能应用的频率 $f = 915$MHz 时。为了获得高功率好性能,p 值大于 1,如本设计中,$4\pi M_s = 650$Gs,$p = \gamma 4\pi M_s/\omega \approx 2$,$H_i = 33$kA/m,$\sigma = 1.26$。如图 4.4-1,口径为 $a \times b = 247$mm $\times 124$mm 的 Y 型波导结中放置 8 片 $\phi 11.5$mm $\times 3.8$mm 铁氧体样品,每片样品贴附在 $\phi 140$mm $\times 8$mm 的金属圆盘中,金属圆盘是隔层结构,8mm 分成 2mm + 4mm + 2mm,其中 4mm 为水冷层,通过波导内的导管完成水冷却循环。金属导管的外径 8mm,内径 5mm,每个金属冷却圆盘的正反两面贴附两块铁氧体圆片,共 5 个金属冷却圆盘,如果全部贴附情况下可冷却 10 片铁氧体样品,但在这里仅有 8 片铁氧体圆片,靠近上下波导壁的两个金属冷却盘仅贴一片铁氧体片,其环流性能较为理想。

图 4.4-2 为环行器的仿真结果,带宽约为 40MHz,在中心频率处,反射损耗及隔离性能达到大于 30dB,插损约 0.25dB,但实测结果小于 0.4dB,大约 8% 的功率损耗。若环行器输入平均功率 $P_{av} = 100$kW,大约有 8kW 损耗被铁氧体吸收,每片铁氧体耗散功率 1kW 左右。根据这个情况做了静热仿真试验。

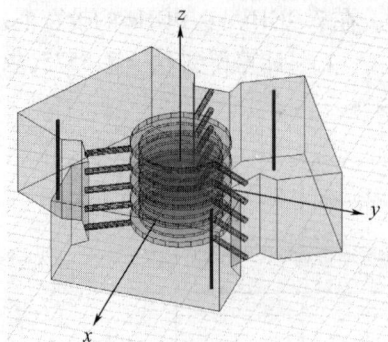

图 4.4 - 1　大功率波导 Y 型结环行器
　　　　　结构示意图

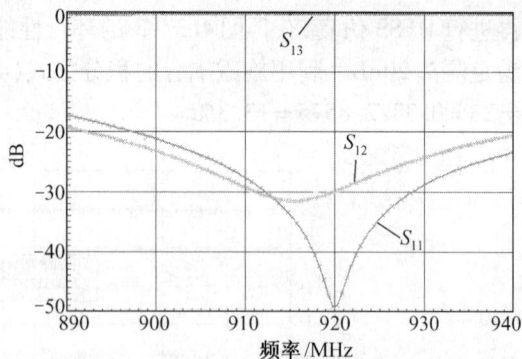

图 4.4 - 2　环行器的仿真结果

图 4.4 - 3 为环行器的静热仿真结果,每片铁氧体承受 1kW 的热量耗散,从靠近波导壁的两片铁氧体圆片做温度观察,贴附冷却圆盘面的铁氧体表面温升 $T_C = 33℃$(冷端温度),铁氧体表面背离冷却圆盘的温度 $T_H = 86.6℃$(热端温度),铁氧体片的平均温度 $T_{av} = 68.6℃$,根据铁氧体材料的温度特性,估计能承受 100kW 的功率。在仿真中冷却水温设在 20℃,水流速度 1m/s,铁氧体热导系数为 4W/cm · ℃。

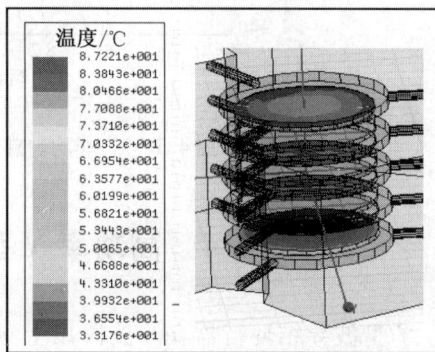

图 4.4 - 3　环行器的静热仿真结果

第 5 章　带线环行器和微带环行器

5.1　双 Y 型结带线环行器

双 Y 型结带线环行器是继圆盘结带线环行器之后发展的一种带线环行器，调节小 Y 臂长和臂宽和输入、输出端的尺寸，可以调节工作频率、环行器带宽，比起改变圆盘结尺寸更为方便和灵活，在实际设计中是常采用的方法。双 Y 型结环行器的设计频段横跨 Ku,X,C,S,L 等波段，大都工作在低场区，与宽带匹配电路配合可以做成宽带器件。各种宽带，包括带宽 $2\delta < 20\%$，中宽带 $2\delta = 20\% \sim 40\%$ 和宽带 $2\delta \geqslant 40\%$ 均可用双 Y 型结构来实现，微波带线环行器是目前市场上应用最广泛的环行器结构。

5.1 - 1　X 波段双 Y 型结微型环行器结构

这种环行器尺寸大小，犹如小型电感元件，简称微柱型环行器(图 5.1 - 1)。外壳 1 的尺寸仅 $\phi7.6mm \times 6mm$，螺旋盖 2 用于锁紧腔内各个零件：包括两片背银的铁氧体介质圆柱 3；内导体 4 和带有橡胶环的磁铁 5，在腔盖压力下使各元件之间有良好的弹性接触。铁氧体介质环的尺寸 $D_f \times t = 3mm \times 1.2mm$，$D_d \times t = 6.4mm \times 1.2mm$；$4\pi M_s = 2800Gs$，$\Delta H = 150Oe$，$\varepsilon_f = 13$；介质环 $\varepsilon_d = 20$。双 Y 型内导体 $w_y \times l_y = 1mm \times 1.5mm$，阻抗匹配线 $w \times l = 0.4mm \times 1.6mm$，特性阻抗为 31Ω。在端口孔处用充填介质泥进行调配。

图 5.1 - 2 中，双 Y 结的反射系数 S_{11}(YY) 在阻抗圆图上频率为 7.8GHz ~ 11.8GHz 约呈 3/4 的圆周，为低阻抗分布特性，圆中心处的归一化阻抗约 0.4，相当 20Ω，所以 $\lambda/4$ 匹配过渡阻抗约为 30Ω 较为合适。匹配后的输入阻抗如 S_{11} 分布，团聚在 $|S_{11}| = 0$ 点附近 $|S_{11}| < 0.1$。图 5.1 - 3 为环行器的性能，在 7.8GHz ~ 11.8GHz 范围内，反射损耗及隔离均大于 20dB，相对带宽 $2\delta = 41\%$，理论上 $Q_L 2\delta = 0.38$，通过场积分求出 $Q_L = 0.85$。所以理论带宽 $2\delta = 44.7\%$，与实际带宽还是较为接近的。

5.1 - 2　Y 形 S 波段小型化环行器

5.1 - 2 - 1　三叶形结构环行器

S 波段小型化环行器如图 5.1 - 4 所示，铁氧体圆柱的尺寸 $D_f \times t = \phi12mm \times$

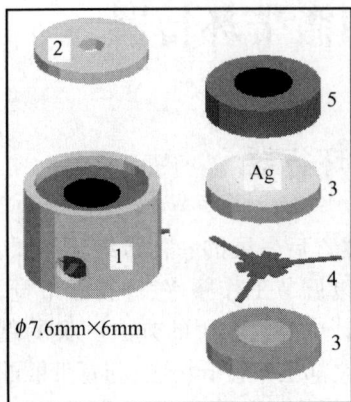

图 5.1 - 1 双 Y 型结微型环行器

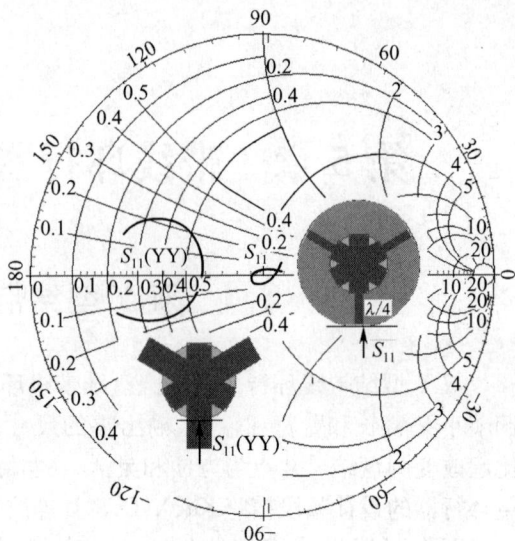

图 5.1 - 2 环行器反射参量 S_{11} 和铁氧体
表面反射参量 S_{11} (YY)

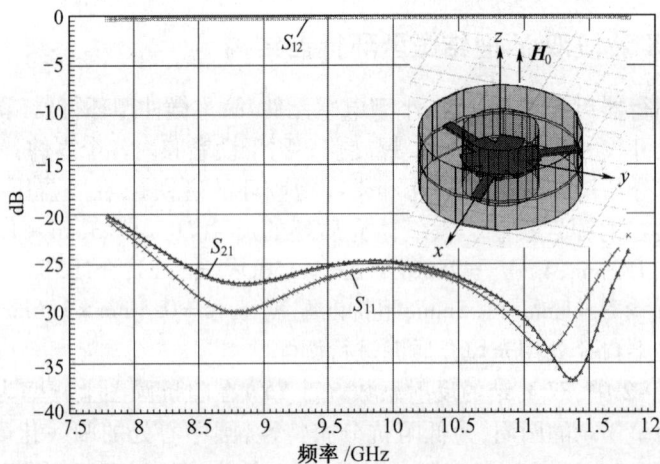

图 5.1 - 3 微型环行器的性能

1.7mm，材料磁矩 $M_s = 750/4\pi(kA/m)$，$\varepsilon = 14.5$；三叶形内导体长度 $R_0 = 5mm$，宽度 $w_0 = 3mm$，三叶的根部与半径 $r_0 = 2.25mm$ 的圆盘相连。三叶内导体起到非互易结的作用，它的输入阻抗为低阻抗，它的三个输出端与 L/C 宽带匹配网络相连，L/C 匹配网络实际上是两段不同长宽的传输段，细线处相当于串联电感作用；宽线处相当于并联电容作用，形成 L/C 型匹配网络，以取代 1/4 波长匹配段，前者尺寸要小许多。L/C 尺寸 $w_1 \times l_1 / w_2 \times l_2 = 0.66mm \times 1.8mm/3.5mm \times$

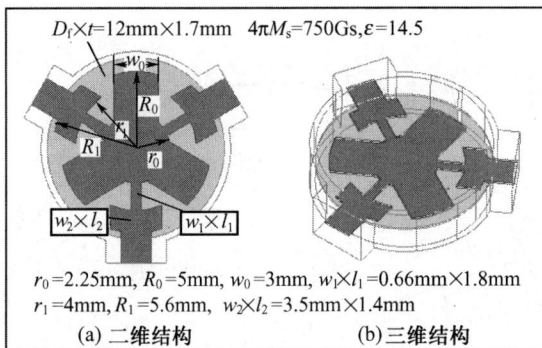

图 5.1-4 S 波段小型化环行器

1.4mm,三叶形内导体厚度 0.15mm,环行器内腔高度 3.55mm,按上述尺寸环行器的外壳尺寸可以设计到 $15\text{mm} \times 15\text{mm} \times 8\text{mm}$。

环行器性能如图 5.1-5 所示。在 3.3GHz~4.3GHz 带宽内,反射及隔离大于 20dB,其带宽 $2\delta = 26\%$。

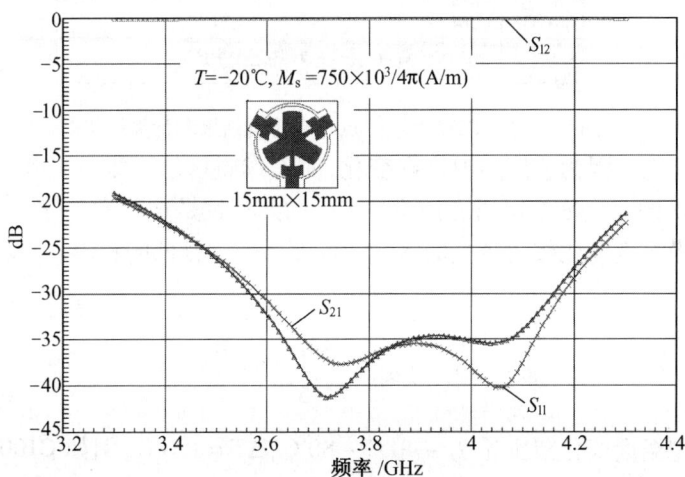

图 5.1-5 S 波段小型化环行器性能

5.1-2-2 环行器的非互易参数计算

取 11 个频率点在阻抗圆图中分布,如图 5.1-6 所示,其中 $0.88 < |dS| < 1.08$,均属正常环行范围。

$$dS = S_{12} - S_{21} = \frac{\text{j}\omega}{2} \int_V (\boldsymbol{h}_1 \cdot \boldsymbol{\mu} \boldsymbol{h}_2 - \boldsymbol{h}_2 \boldsymbol{\mu} \boldsymbol{h}_1)\, \text{d}V$$

5.1-2-3 环行器的温度稳定性

在低场工作条件下,依靠环行器的结构变化,调节磁化场工作点,不能获得

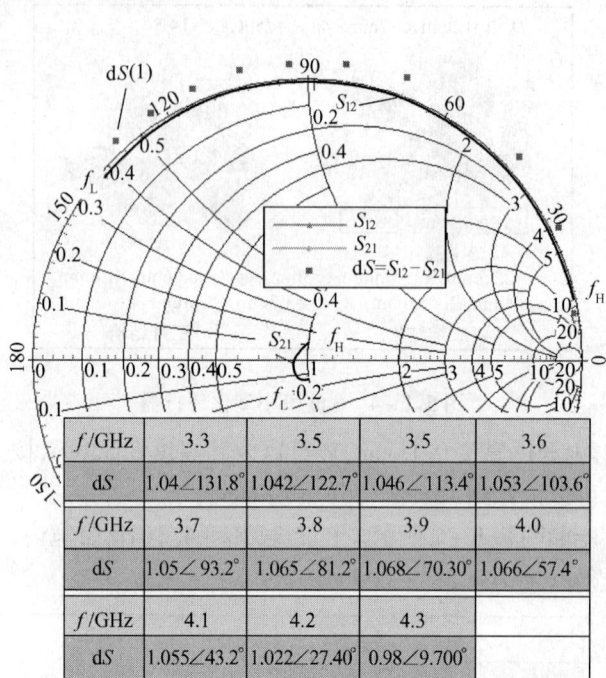

f/GHz	3.3	3.5	3.5	3.6
dS	1.04∠131.8°	1.042∠122.7°	1.046∠113.4°	1.053∠103.6°
f/GHz	3.7	3.8	3.9	4.0
dS	1.05∠93.2°	1.065∠81.2°	1.068∠70.30°	1.066∠57.4°
f/GHz	4.1	4.2	4.3	
dS	1.055∠43.2°	1.022∠27.40°	0.98∠9.700°	

图 5.1-6　dS11 个频率点分布仿真结果和计算结果

好的温度补偿。因为 p 值随温度在变化,而工作磁场趋于零场工作($\sigma\rightarrow0$),很难利用 p,σ 的变化来获得温度补偿。唯一的办法就是选取 $M_s - T$ 平坦材料,即饱和磁矩随温度变化较为缓慢的材料及温度系数比较低的材料。材料的温度系数定义为

$$\alpha = \frac{\Delta M_s}{M_s \Delta T}$$

如果把温度变化范围定为 $-40℃\sim80℃$,$\Delta T = 120℃$,例如 G1004 材料,为 YGdAl 石榴石材料,高/低温磁矩差为 $700/890$,$\alpha = 2\times10^{-3}$。这里选取的材料为室温 20℃时的 $M_s = 750/4\pi$(kA/m),80℃时的 $M_s = 675/4\pi$(kA/m),及低温 $-40℃$时的 $M_s = 825/4\pi$(kA/m),其温度系数 $\alpha = 1.6\times10^{-3}$,计算出高、低温下的环行器性能如图 5.1-7a 和图 5.1-7b 所示,对 3.4GHz~4.3GHz 范围内,高低温环行性能均能达到指标。

对照本节两种环行器,一种用介质环匹配(X 波段);另一种用 L/C 匹配网络,在铁氧体圆片范围内。两种环行器的共同点是:都在低场工作,结构尺寸较小,有适度的宽带特性。

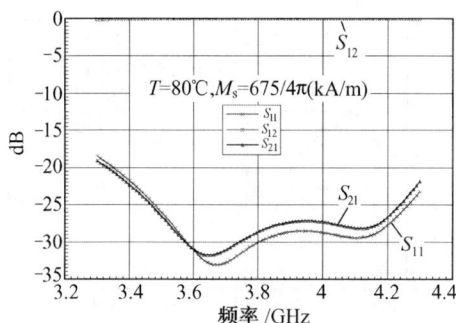

图 5.1-7a 高温环行性能

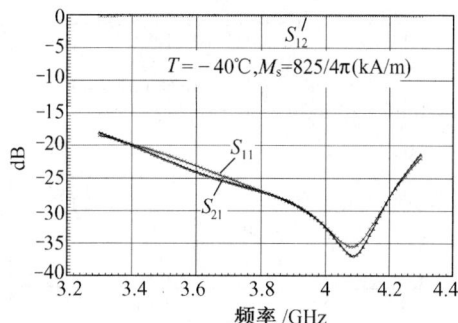

图 5.1-7b 低温环行性能

5.2 宽带环行器

图 5.2.1 中,直接在铁氧体内设计成圆盘形内导体加上 $\lambda/4$ 波长匹配线的方法,可以实现如上宽带性能。铁氧体圆盘尺寸 $D_f \times t = 20mm \times 3mm$,材料仍为 $4\pi M_s = 750Gs, \varepsilon = 14.5$;内导体为圆盘结,其尺寸为 $\phi_c \times t_c = 10.1mm \times 0.2mm$,与圆盘结相连接的阻抗匹配线尺寸 $w_1 \times l_1 = 1.8mm \times 4.6mm$,充当 $\lambda/4$ 匹配过渡段,腔高 $H = 6.2mm$,腔的直径 $D = 25.4mm$,输出端线段尺寸为 $w_2 \times l_2 = 3.6mm \times 2.2mm$,环行器常温性能如图 5.2-2 所示,在 2.8GHz～4.7GHz 带宽 1.9GHz 内满足环行性能,这种结构的特点是 $\lambda/4$ 匹配段在铁氧体圆柱内实现,所以可以节省体积,免去介质环在工艺上的复杂性,它可在 30mm × 30mm ×10mm 的尺寸大小的外壳装配成环行器,环行器的相对带宽 $2\delta = 50\%$。

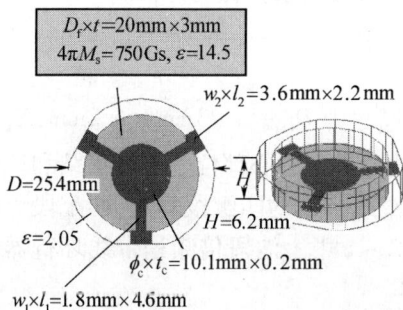

图 5.2-1 宽带环行器结构示意图

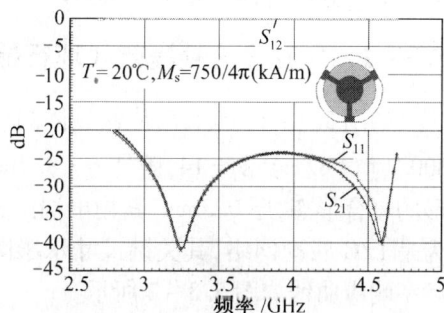

图 5.2-2 宽带环行器常温性能

这类环行器配上温度系数低的铁氧体材料,在高、低温度下能达到较好的环行器指标如图 5.2-3a 和图 5.2-3b 所示,对照图 5.2-2,在高、低温和常温情况下,S_{11} 和 S_{21} 曲线都呈"W"形,这是宽带环行器的特征,3 种温度下均能达到 $2\delta = 50\%$ 的带宽,说明在铁氧体内部圆盘结加 $\lambda/4$ 宽带匹配线可以获得良好的宽带性能。

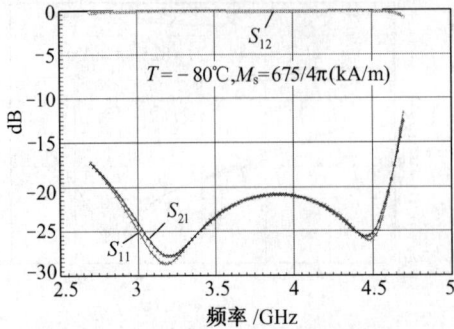
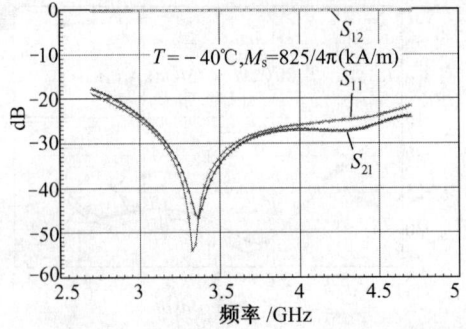

图 5.2 - 3a　宽带环行器高温环行性能　　　图 5.2 - 3b　宽带环行器低温环行性能

5.3　倍频程带线环行器

倍频程带线环行器在常规设计中有 L,S,C 等波段,频率为 1GHz ~ 2GHz,2GHz ~ 4GHz,4GHz ~ 8GHz 等一倍频程带宽,在此波段范围内,由于材料磁矩 M_s 选择合理,能获得倍频程带宽,例如 S 波段倍频程环行器,M_s 选择值为 750/4π(kA/m),它对不同频率有不同的归一化 p 值:对 2GHz,p_1(2GHz) = 1.05;对 3GHz,p_2(3GHz) = 0.7;对 4GHz,p_3(4GHz) = 0.525。这样的 p 值,便有相应的对 κ/μ 值,大的 κ/μ 能使阻抗响应获得团聚,这是宽带环行器的必备条件。在 X 波段以上,f = 8GHz ~ 16GHz,取 M_s = 3000/4π(kA/m) 才能满足 p_1 = 1.05,p_3 = 0.525 的要求。但对 P 波段不易获得倍频程性能,因为 M_s = 187.5/4π(kA/m) 的磁矩的温度特性太差了。这里以 S,L 两个波段的倍频程器件为例。

5.3 - 1　S 波段倍频程带线环行器

如图 5.3 - 1 所示,两片铁氧体圆柱的尺寸为 $D_f \times t$ = 23mm × 4.2mm,M_s = 800/4π(kA/m),ε_f = 14,腔高 H = 8.7mm,内导体的中心部位是由圆盘结和三叶形的复合形态,厚 0.3mm,其输出端由宽—窄线组成的匹配段相连,匹配段可认为是 L/C 匹配网络,其关键尺寸示于图 5.3 - 1 中。波段倍频程带线环行器的频率响应曲线如图 5.3 - 2 所示。

在 2GHz ~ 4GHz 带宽内,隔离优于 - 18dB,反射损耗优于 - 20dB。在低频处 f = 2GHz,出现一定的附加损耗,它在低频处插入损耗大于 0.3dB,估计是低频处的有效磁导率 μ_e < 0,因为这时 p = 1.12,μ_e = 1 - p^2,当 μ_e < 0 时,出现异常模,随着 M_s 进一步增大,附加损耗会进一步增加,这就是这类器件正常设计时不能使用 M_s 太高材料的原因。

图 5.3 - 3 中,$S_{11}(f)$ 为铁氧体圆盘三叶非互易结的输入端的 S_{11} 反射系数分

$D_f \times t = 23\text{mm} \times 4.2\text{mm}$ $H = 8.7\text{mm}$ $D = 25\text{mm}$

$w_0 = 4\text{mm}$, $w_1 = 3\text{mm}$, $w_2 = 5\text{mm}$, $w_3 = 1.4\text{mm}$
$r_0 = 4.5\text{mm}$, $r_1 = 4.2\text{mm}$, $R_0 = 5.3\text{mm}$
$l_1 = 1.3\text{mm}$, $l_2 = 1.2\text{mm}$, $l_3 = 4.9\text{mm}$

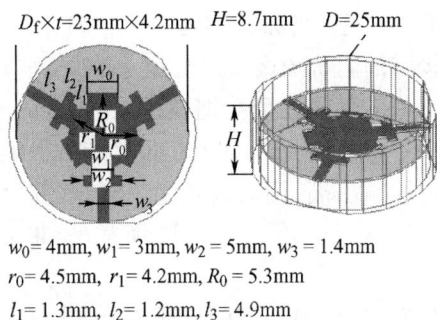

图 5.3 – 1 S 波段倍频程带线环行器的
结构尺寸

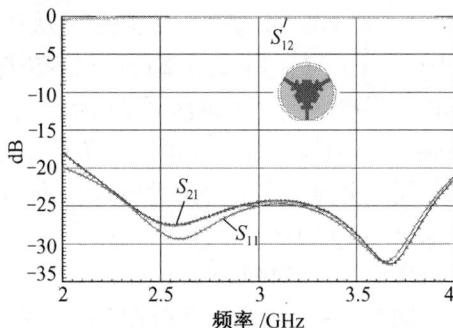

图 5.3 – 2 S 波段倍频程带线环行器的
频率响应曲线

布,它处于低阻抗圈内,阻抗团聚并不大好。经过宽线处的电容作用,反射系数
分布曲线为 $S_{11}(l)$,收缩 S_{11} 曲线;再经过电感 L 部分,使 S_{11} 获得较好的匹配
$S_{11}(pl)$,这就是 C – L 网络的匹配过程。

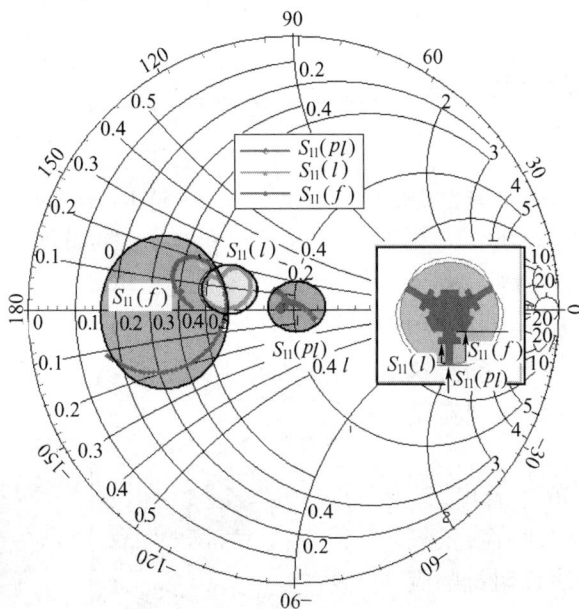

图 5.3 – 3 宽带环行器的匹配

5.3 – 2 L 波段倍频程带线环行器

L 波段倍频程带线环行器结构如图 5.3 – 4 所示。内导体为圆盘结加三级
过渡,金属圆盘直径 $\phi 32\text{mm}$,采用铁氧体/介质复合圆盘结构,铁氧体圆盘 $D_f \times t = 50\text{mm} \times 3\text{mm}$,介质圆盘 $D_d \times t = 50\text{mm} \times 1.5\text{mm}$ 原因是若铁氧体材料选为 M_s

$=550/4\pi(\mathrm{kA/m})$，其归一化磁矩 p 从低频—中频—高频分别为 $p_1=1.54$，$p_2=1.03$，$p_3=0.77$，用增大 p 值(或 κ/μ)获得较好的阻抗团聚。但当 $\mu_\mathrm{e}<0$ 时，铁氧体内场强有排斥倾向，附加介质圆盘($\varepsilon_\mathrm{d}=6.5$，$\mu=1$)作用接纳被排斥的一部分场强，在铁氧体—介质圆盘的交界面形成一个稳定的模式，它的作用是产生稳定的低阻抗分布。在复合圆盘中 $\phi50\mathrm{mm}$ 外围的输出端，用两级匹配过渡，这部分充满 $\varepsilon=6.5$ 的介质，可以起到宽带匹配作用。整个三角形腔的尺寸为 $L\times W\times H=99.4\mathrm{mm}\times114\mathrm{mm}\times10\mathrm{mm}$。

图 5.3 – 5 显示：反射损耗 S_{11}，隔离 S_{21} 在 1GHz ~ 2GHz 带宽范围内优于 $-20\mathrm{dB}$，呈三峰响应曲线。低端频率(2GHz)处的附加损耗约 0.08dB，所以

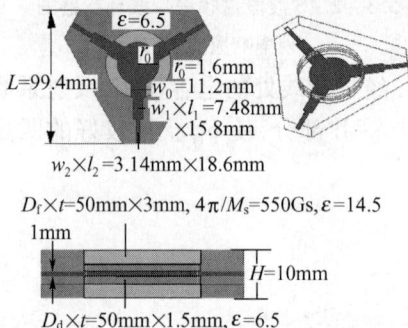

图 5.3 – 4　L 波段倍频程带线环
行器结构

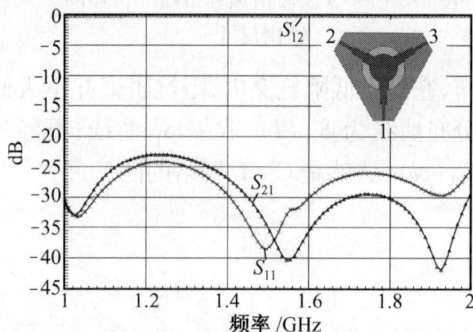

图 5.3 – 5　L 波段宽带环行器的频率
响应特性

尽管低端的归一化磁矩值 $p_1=1.54$，但它的附加损耗(相对高端频率处)增大无几，这证明了复合式铁氧体圆盘结构的优越性。

从图 5.3 – 6 中看出，$S_{11}(f)$ 为低阻抗分布特性，铁氧体/介质复合体表面阻抗响应曲线，绕其中心处阻抗 0.4(20Ω)一周半多，说明铁氧体表面输入阻抗团聚良好。通过第一级过渡，反射分布响应曲线如 $S_{11}(l)$；通过第二级匹配变成环行器端口响应的反射特性 $S_{11}(pl)$，它在 1GHz ~

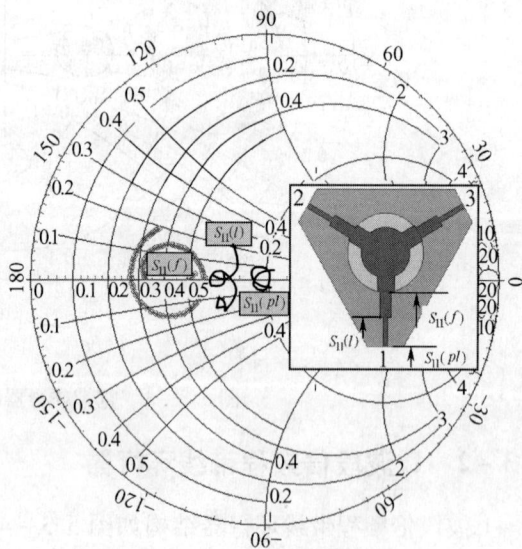

图 5.3 – 6　L 波段倍频程带线
环行器的匹配过程

112

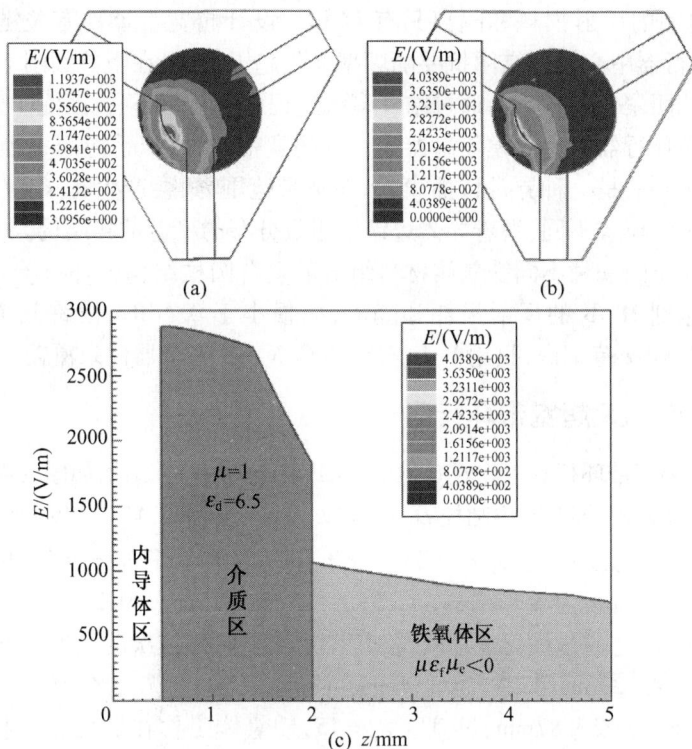

图 5.3 - 7　铁氧体—介质交界面
电场强度分布(p 点)

2GHz 范围内 $|S_{11}(pl)| < 0.1$。

为了对复合圆柱体场结构和宽带匹配关系从机理上有深入了解,从图5.3 - 7 中看出,图(a)为铁氧体—介质交界面的铁氧体一侧的电场分布,最大场强沿内导体圆边缘,其值约 $1.2 \times 10^3 (V/m)$。图(b)为交界面处介质圆盘一侧的电场分布,最大场强 $|E_{max}|$ 约 $4 \times 10^3 V/m$,显然由于铁氧体中对场强排斥作用使部分能量进入介质中。图(c)为场强分布曲线,在场强最大处,设置在圆盘边缘的 $z = 0 \sim 5mm$ 的纵轴线上,从 $0 \sim 0.5mm$ 处,金属盘内 $|E| = 0$;在 $Z = 0.5mm \sim 2mm$ 内导体上方范围为介质区,场强 E 较高;在 $z = 2mm \sim 5mm$ 范围为铁氧体区,场强较低。交界面($z = 2mm$ 处)起稳定场结构的作用为宽带性能的基本保障。

5.4　超宽带环行器设计

在电子对抗和抗干扰技术中要求环行器有超倍频程带宽,如 0.8GHz ~ 2.4GHz,2GHz ~ 6GHz,6GHz ~ 18GHz,这在设计上有一定的难度,一般在三倍频情况下,边频的反射损耗和隔离只有 14dB。设计超宽带器件有关键两点:第一,要求环行器中心结的结阻抗要随频率变化趋于稳定,在阻抗圆图上观察结阻抗是低阻抗团聚分布;第二,通过结外多级过程,获得宽带阻抗匹配。

边导模环行器和边导模隔离器是一种超宽带器件,似乎应用了上述两点关键技术。边导模是一种异常传播模式,在宽带范围内,会产生 $\mu_e < 0$ 的频区,其场结构和正常模式不同,沿着导体边缘呈指数分布的稳定的场结构。

本文介绍的一种不同铁氧体材料组成的复合圆柱结构的环行器,在三倍频带宽内可达到 18dB 的反射损耗和隔离,插损小于 0.4dB。横跨几个频区,从 0.8GHz ~ 18GHz 范围内,只用 P、L、S、S、C、C、X、Ku 三个器件来覆盖。

5.4-1 P、L、S 超宽带环行器

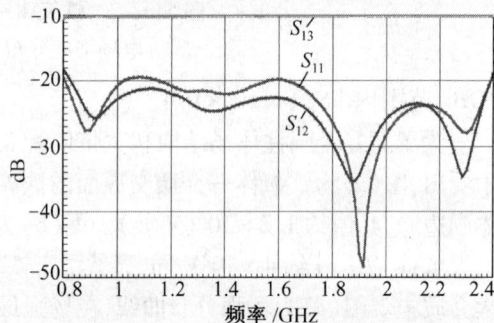

P、L、S 超宽带环行器工作在 0.8GHz ~ 2.4GHz 带宽,其结构如图 5.4-1 所示。铁氧体圆柱由两部分组成,内圆柱 $D_f \times t = 19.6mm \times 3.7mm$, $M_s = 550/4\pi(kA/m)$, $\varepsilon_f = 14.5$,在其外嵌套外径为 $D_f \times t = 33mm \times 3.7mm$ 的圆环,其 $M_s = 300 \times 10^3/4\pi(A/m)$,内导体中心部位为 Y 形结构,$w \times l \times t = 16mm \times 12mm \times 0.2mm$。圆柱体外是四级阻抗过渡,它通过优化设计获得,其尺寸从里向外依次的宽度为 $w_1/w_2/w_3/w_4 = 8.2mm/3.23mm/4.24mm/1.4mm$;长 度 依 次 为 $l_1/l_2/l_3/l_4 = 8.23mm/3.61mm/6.63mm/13.87mm$,过渡区 $\varepsilon_d = 15$,铁氧体工作在低场磁化状态,其宽带性能如图 5.4-2 所示。在 0.8GHz ~ 2.4GHz 隔离及反射小于 18dB。

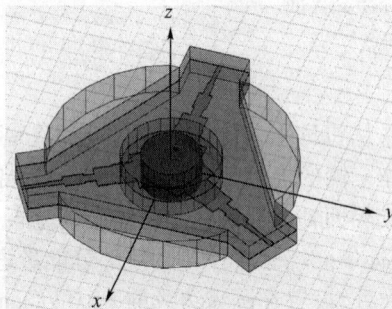

图 5.4-1 P、L、S 超宽带环行器结构   图 5.4-2 P、L、S 环行器宽带性能

图 5.4-3 中 $S_{11}(f)$ 为铁氧体表面阻抗,呈低阻抗分布,环绕阻抗点 $z = 0.3 + j0.1$ 两周多,说明结阻抗在 0.8GHz ~ 2.4GHz 带宽内有较好的团聚。$S_{11}(pl)$ 为输入口的 S_{11} 参数,基本围绕圆心。

5.4-1-1 超宽带环行器的非互易性分析

取端口 1、2 研究其非互易性:

$$dS = S_{12} - S_{21} = \frac{j\omega}{2}\int_V (h_1 \cdot \mu h_2 - h_2 \cdot \mu h_1)dV$$

第2编 Y型结环行器

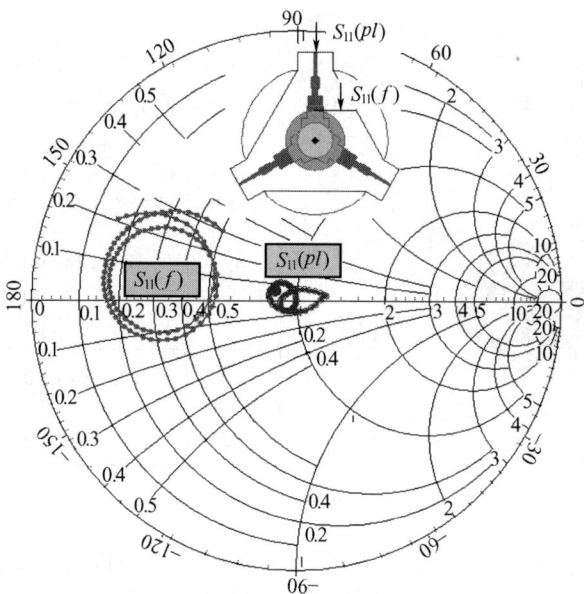

图 5.4 - 3 非互易结环行器的阻抗分布曲线

把实部、虚部分开积分：

$$\text{Re} = \left| \frac{\omega}{2} \int_{\text{all}} \text{Im}(h_1 \cdot \mu h_2 - h_2 \cdot \mu h_1) \, dV \right| \quad (5.4 - 1)$$

$$\text{Im} = \left| \frac{\omega}{2} \int_{\text{all}} \text{Re}(h_1 \cdot \mu h_2 - h_2 \cdot \mu h_1) \, dV \right| \quad (5.4 - 2)$$

$$|dS| = \sqrt{\text{Re}^2(dS) + \text{Im}^2(dS)} \quad (5.4 - 3)$$

对 5 个频率进行积分计算，得到如表 5.4 - 1 的结果。从 $|dS|$ 值的分布看，在 $0.88 \leqslant |dS| \leqslant 1.07$ 范围内，满足了环行器的非互易性指标。

表 5.4 - 1 超宽带 P、L、S 的非互易性 $|dS|$ 计算结果

公式	f/MHz	800	1200	1600	2000	2400
(5.4 - 1)	$\text{Re}(dS)$	0.8699	1.08	0.865	0.925	0.924
(5.4 - 2)	$\text{Im}(dS)$	0.4754	0.077	0.065	0.533	0.408
(5.4 - 3)	$|dS|$	0.9909	1.083	0.867	1.067	1.01

5.4 - 1 - 2 超宽带环行器场结构的稳定及场的稳定性分析

图 5.4 - 4 中电场集中在铁氧体圆柱圆环的交界面上，形成一种周界模式，也可以说是一种表面模分布，圆柱和圆环之间场的排斥和吸收的平衡状态。圆的左面数据显示圆柱中电场强度分布，右面数据为圆环中场强分布，在交界处场强处最强状态，由于圆柱/圆环的饱和磁矩分别为550Gs/300Gs，造成归一化值 p 和有效率 μ_e 的不同，如表 5.4 - 2 所示。

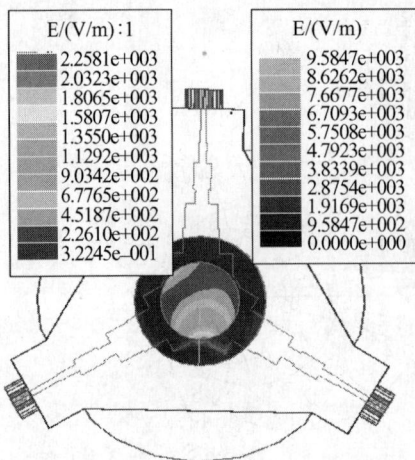

E/(V/m):1	E/(V/m)
2.2581e+003	9.5847e+003
2.0323e+003	8.6262e+003
1.8065e+003	7.6677e+003
1.5807e+003	6.7093e+003
1.3550e+003	5.7508e+003
1.1292e+003	4.7923e+003
9.0342e+002	3.8339e+003
6.7765e+002	2.8754e+003
4.5187e+002	1.9169e+003
2.2610e+002	9.5847e+002
3.2245e−001	0.0000e+000

表 5.4 – 2　超宽带频段内两种材料的归化磁矩 p_1、p_2 和有效磁导率 μ_{e1}、μ_{e2} 的计算结果比较

f/MHz	800	1200	1600	2000	2400
p_1	1.925	1.283	0.963	0.77	0.642
p_2	1.05	0.70	0.525	0.42	0.35
μ_{e1}	−2.71	−0.646	0.073	0.407	0.583
μ_{e2}	−1.03	0.51	0.724	0.824	0.878

图 5.4 – 4　环行器铁氧体的电场分布

对圆柱铁氧体而言,μ_{e1} 在低频端基本处于负值,所以有能量排斥效应。

图 5.4 – 5 为不同频率下场强的稳定性分布特性,其中 $f = 800\text{MHz}$,1600MHz,2400MHz 三条曲线显示场沿 $r = 0 \sim 16.5\text{mm}$ 在最大场强处观察到,在圆柱和圆环界面处($r = 10$)存在最大场强,证实了表面模的存在。从式(2.4 – 1b)可知,场结构随频率变化的稳定性决定了器件的宽带特性,因为若在低场饱和态工作时,非互易性方程:

$$dS = S_{12} - S_{21} = \mu_0 \gamma M_s \int_V i_z \cdot (h_1 \times h_2) dV$$

当场结构 h_1,h_2 不随频率变化时,$|dS|$ 也不随频率变化,所以有宽带特性。这里,在圆柱和圆环界面处,存在稳定的周界模(peripheral mode)。

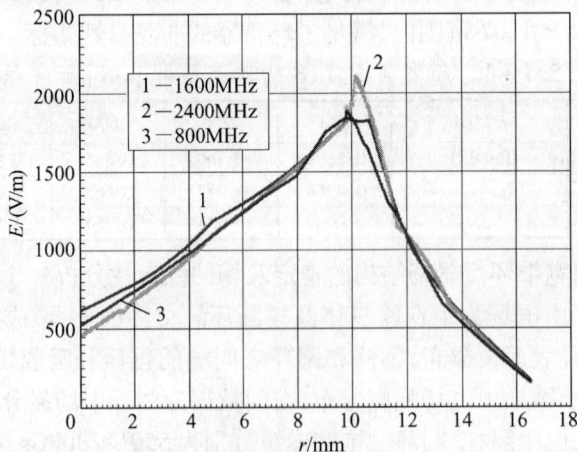

图 5.4 – 5　不同频率下表面模场强的稳定性分布

第2编　Y型结环行器

5.4-2 S、C 超宽带环行器

S、C 超宽带环行器在 2GHz~6GHz,横跨 S、C 两个波段,如图 5.4-6 所示。铁氧体圆柱尺寸 $D_f \times t_f = 18mm \times 2.5mm$,磁矩 $M_s = 1200/4\pi(kA/m)$,$\Delta H = 100Oe$,$\varepsilon_f = 14.5$;内导体的匹配段尺寸见图 5.4-6,$w_0/w_1/w_2/w_3 = 5mm/8.59mm/6.52mm/4.61mm$,其长度 $l_0/l_1/l_2/l_3 = 5mm/10.9mm/12.1mm/12.4mm$,$t_c = 0.2mm$;匹配段充有介质($\varepsilon_d = 2.6$)。附加介质圆盘尺寸 $D_d \times t_d = 18mm \times 0.4mm$,它的一面和铁氧体平面接触,另一面和内导体接触,介质片起到稳定场结构的作用,因为当铁氧体的归一化磁矩 $p > 1$ 时,其张量磁导率 $\mu < 0$,这时形成消失模传播,介质片的厚度虽然不大,$t_d = 0.4mm$,仅是铁氧体厚度($t_f = 2.5mm$)的 1/6,但它占有 29% 电磁能,而铁氧体中电磁能占有总电磁能量的 71%,所以铁氧体—介质片的交面形成表面模的稳定性结构。铁氧体中电能量 $U_e(f)$ 和磁能量 $U_m(f)$;介质片中电能量 $U_e(d)$ 和磁能量 $U_m(d)$。其计算结果如下:当输入功率 1W 时,

$$U_e = U_e(f) + U_e(d) = \int_f \boldsymbol{E} \cdot \varepsilon \boldsymbol{E}^* \mathrm{d}V + \int_d \boldsymbol{E} \cdot \varepsilon \boldsymbol{E}^* \mathrm{d}V =$$

$$84pJ + 67pJ = 151pJ$$

$$U_m = U_m(f) + U_m(d) = \int_f \boldsymbol{H} \cdot \mu \boldsymbol{H}^* dV + \int_d \boldsymbol{H} \cdot \mu \boldsymbol{H}^* dV =$$

$$169pJ + 38pJ = 207pJ$$

$$U = U_e + U_m = 358pJ$$

介质中储能:

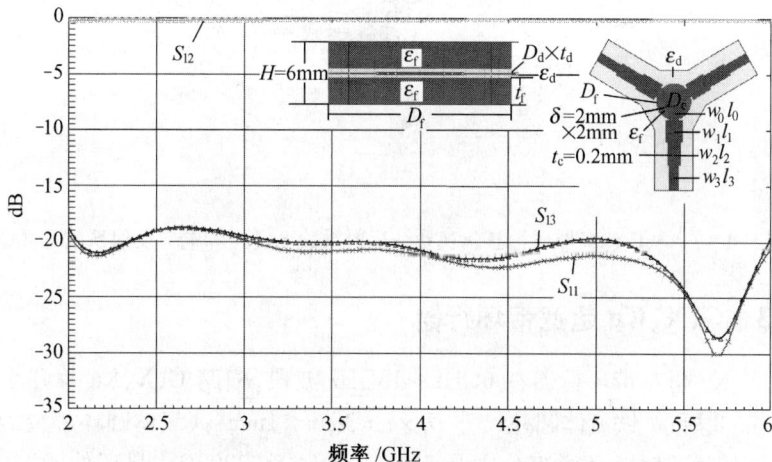

图 5.4-6　频率 S、C 超宽带环行器宽带性能

$$U(d) = U_e(d) + U_m(d) = 105\text{pJ}$$

铁氧体中储能：

$$U(f) = U_e(f) + U_m(f) = 253\text{pJ}$$

介质中储能和铁氧体中储能比分别为

$$U(d)/U = 29\%, U(f)/U = 71\%$$

图 5.4 – 6 为超宽带性能,在带宽范围内隔离和反射损耗均大于 18.5dB,正向损耗小于 0.5dB。

图 5.4 – 7 表示结阻抗团聚在低阻抗区。通过三级阻抗变换,完成输入端口阻抗匹配,团聚在 $z_{in} = 1$ 阻抗点周围。超宽带性能来源于铁氧体中的异常模和介质中的寻常模组成铁氧体—介质表面模(surface mode)场结构,这种场结构是频率不灵敏的稳定结构。

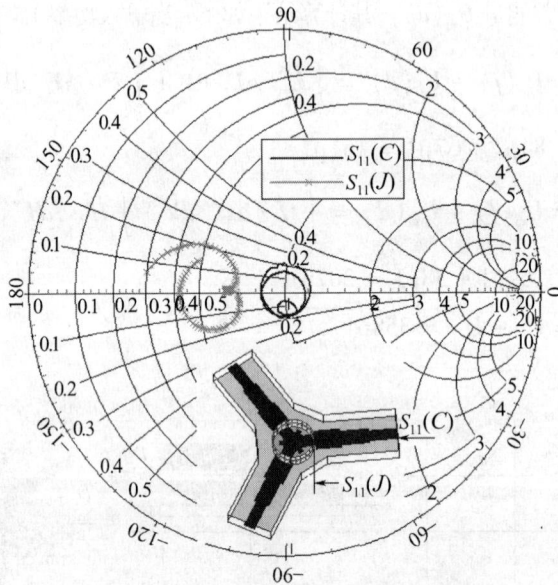

图 5.4 – 7 S、C 超宽带环行器非互易结反射系数 $S_{11}(J)$ 和端口反射系数 $S_{11}(C)$

5.4 – 3 C、X、Ku 超宽带环行器

C、X、Ku 超宽带环行器在 6GHz ~ 18GHz 波段,横跨 C、X、Ku 等几个波段。如图 5.4 – 8 所示,铁氧体圆柱尺寸 $D_f \times t = 3\text{mm} \times 1\text{mm}$,铁氧体圆环外径 $D_f \times t = 5.4\text{mm} \times 1\text{mm}$,其柱/环磁矩分别是 $M_s = 4000\text{Gs}$ 和 2000Gs,圆环外的匹配段为三级匹配,尺寸为 $w_1/w_2/w_3 = 1.9\text{mm}/1.2\text{mm}/0.66\text{mm}$ 及 $l_1/l_2/l_3 = 2.28\text{mm}/$

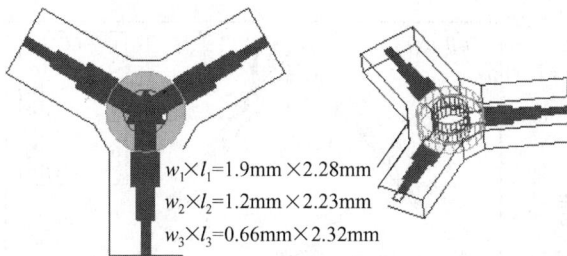

$w_1 \times l_1 = 1.9\text{mm} \times 2.28\text{mm}$
$w_2 \times l_2 = 1.2\text{mm} \times 2.23\text{mm}$
$w_3 \times l_3 = 0.66\text{mm} \times 2.32\text{mm}$

图 5.4 – 8　C、X、Ku 超宽带环行器

2.23mm/2.32mm,内导体厚度 $t = 0.1$mm,腔体内充有 $\varepsilon = 6.5$ 的介质。通过优化设计,环行器的性能如图 5.4 – 9 所示。在 6GHz ~ 18GHz 带宽内反射损耗及隔离均大于 18dB。

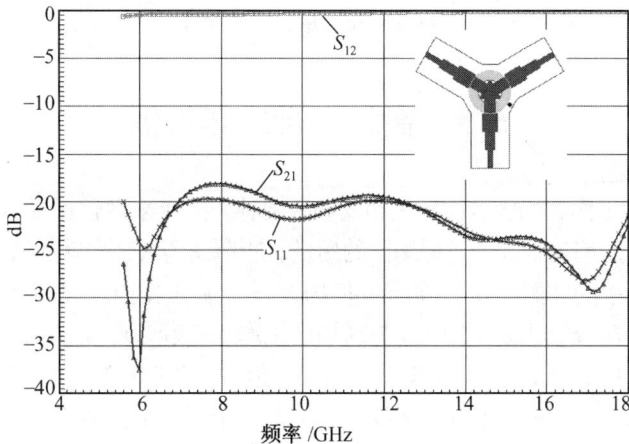

图 5.4 – 9　C、X、Ku 超宽带环行器性能

对圆柱而言,取 $M_s = 4000$Gs,对应低、中、高频率 $f_L = 6$GHz,$f_0 = 12$GHz 和 $f_H = 18$GHz,其归一化磁矩值分别为 $p_L = 1.866$,$p_0 = 0.933$,$p_H = 0.622$,对中低频率有能量排斥作用;对圆环而言 $4\pi M_s = 2000$Gs,对应归一化磁矩值分别为 $p_L = 0.933$,$p_0 = 0.466$,$p_H = 0.311$,其 $\mu_e > 0$。所以有周界模的特征。

图 5.4 – 10 观察 6GHz ~ 18GHz 中 7 个频率点,从圆柱中心 $r = 0 \sim 2.7$mm,沿电场最强处作矢径,在交界处 $r = 1.5$mm 场强比较集中,而且随频率变化而趋于稳定分布,由于场结构的稳定性决定宽带的可能性,因为从式(2.4 – 1b)dS 积分公式看,场结构稳定了,$|\text{d}S|$ 值就稳定了。

对 18GHz 频点,作了圆柱体内和圆环体内电磁能的比较,在圆环中 $U_o = 6.95 \times 10^{-11}$J,在圆柱中 $U_i = 7.07 \times 10^{-11}$J。

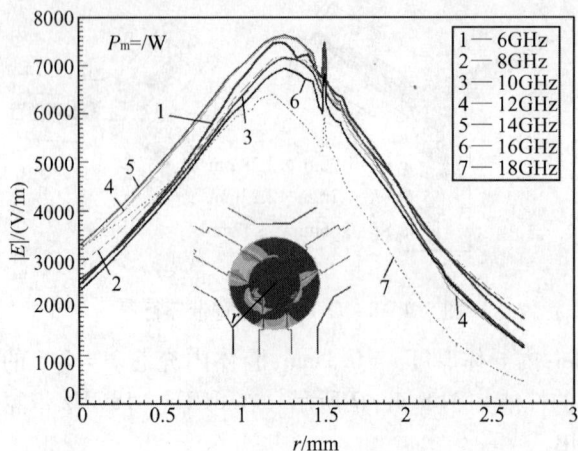

图 5.4 – 10　场分布的观察

5.5　高场区带线环行器

环行器的工作磁场区有高场区和低场区两种。近年来通信用环行器迅速发展，高场区环行器的用量远远超过低场区的用量。所谓高场区工作就是铁氧体的工作内场在该工作频率的共振场以上；如果共振场 $H_r = \omega/\gamma$，工作内场 $H_i > H_r$，用归一化内场表示时 $\sigma = H_i/H_r$，当 $\sigma > 1$ 时称为高场区工作，一般取 $\sigma = 1.1 \sim 2.4$ 范围内；而低场区工作时，$\sigma \ll 1$，基本在零场工作（一般 $\sigma = 0 \sim 0.2$）。加大 σ 时，$\mu_e < 0$ 出现异常模式。高场区工作环行器一般适宜于低频段，频率在 4GHz 以下的均可采用；而低场区工作的环行器一般适宜于高频段，一般在频率 1GHz 以上。在 S、L 两个波段高场区和低场区均可采用。当频率更高时，不适宜高场区工作，因为磁化场太高不易达到磁化饱和，特别是波导系统。频率太低采用低场区工作也有困难，因为受到零场损耗增大的影响。本节采用两个设计范例，都是接近极限设计。一个是 S 波段，达 4GHz 频率；另外一个是米波频率。在这两个极端状态之间的频段均属正常的高场区环行器设计频段。

高场区环行器有以下优点：

（1）高场区工作条件下，材料充分饱和，避免了零场损耗，这对低损耗器件有利，目前的低线宽材料 $\Delta H = 10Oe$ 很适宜在高场区工作，具有低的插损，约 0.15dB。

（2）高场区工作的环行器选择材料的归一化磁矩 $p = \gamma 4\pi M_s/\omega$ 均大于 1，甚至到数十，其有效磁导率 μ_e 远大于 1，大大缩小了样品的尺寸（或器件的尺寸），从已经实践过的器件来看，铁氧体样品直径 $D_f \approx \lambda_0/10 \cdots \lambda_0/40$（$\lambda_0$ 为对应频率的波长)。

(3)高场区工作的环行器由于避免了自旋波兼并,所以不会产生高功率自旋波非线性问题,避免了非线性损耗产生。

5.5–1 S 波段小型化环行器

如图 5.5–1 所示,环行器工作在 3250MHz ~ 3800MHz 带宽内,$2\delta = 16\%$,性能满足反射损耗和隔离优于 20dB,内导体结构为三叶形非互易结,其各端加上 L/C 匹配网络,铁氧体的尺寸 $D_f \times t = 7\text{mm} \times 1\text{mm}$,$M_s = 1850/4\pi(\text{kA/m})$,$\varepsilon = 14.5$,$\Delta H = 10\text{0e}$;腔高 2.1mm。内导体厚度 0.1mm,三叶瓣的弧长对顶角为 20°,匹配电感尺寸 $w \times l = 0.74\text{mm} \times 2.2\text{mm}$,铁氧体中内磁化场 $H_i = 120\text{kA/m}$。从图 5.5–1 中 S_{11} 在阻抗圆图上绕圆心团聚。所以 S_{11} 曲线呈双峰 W 形响应曲线。

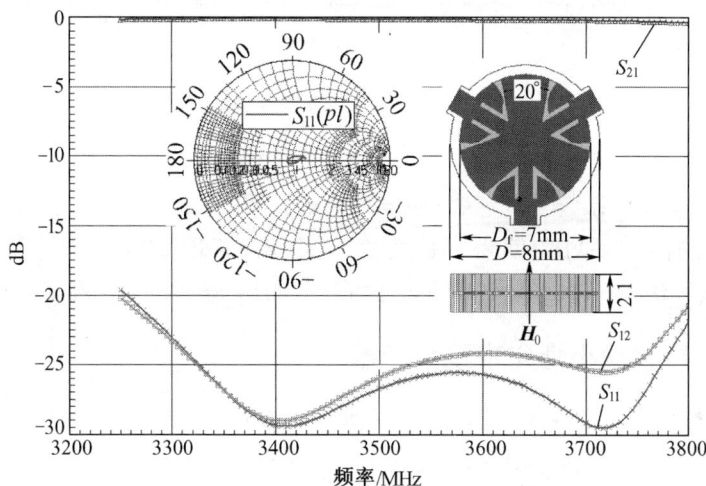

图 5.5–1 S 波段小型化环行器结构和性能

图 5.5–1 的仿真结果是通过 HFSS 软件获得的,但预先对铁氧体中内磁场 H_i 必须经过 3D 静磁仿真,其仿真模型和结果如图 5.5–2 所示。0、1 为螺旋盖壳体,结构是铁质材料,两片钐钴片。图中两组曲线:$H_i – d$ 为铁氧体中内场曲线,从直径方向观察,铁氧体圆盘中间部位,H_i 较均匀,$H_i = 120\text{kA/m}$,在靠近样品边缘有一定的起伏,变化范围不太大,但因不在非互易结中央部位,影响不太大,和均匀磁化模型($H_i = 120\text{kA/m}$)结果小有差别。$H_i – z$ 为铁氧体圆盘轴线上(2.1mm)观察,H_i 比较均匀。整个器件的尺寸为 $\phi 10\text{mm} \times 6\text{mm}$,为了说明直径小可以粗略计算一下 μ_e 和 κ/μ:

$$\mu = 1 + \frac{p\sigma}{\sigma^2 - 1} \quad \kappa = \frac{p}{\sigma^2 - 1}$$

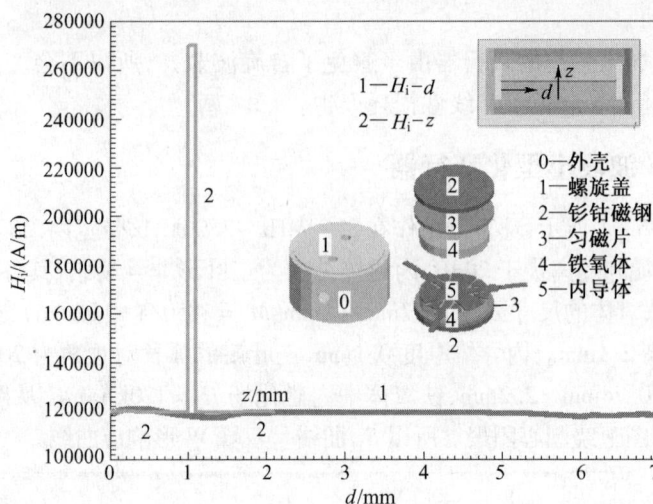

图 5.5 - 2　静磁仿真模型和结果

设工作频率 $f = 3.5\text{GHz}$　$H_r = 1250\text{Oe} = 10^5\text{A/m}$, $p = \gamma M_s/\omega = 1.48$, $\sigma = 1.2$; $\mu = 5.04$, $\kappa = 3.36$; $\mu_e = (\mu^2 - \kappa^2)/\mu = 2.8$, $\kappa/\mu = 0.67$, $k = k_0\sqrt{\varepsilon_f \mu_e} = 6.37k_0$, 由于铁氧体的高 ε_f 和 μ_e, 使得常数增大 6.37 倍, 若以 $kR = \pi/2$ 计算, 则 $\lambda_0 = 8.57\text{cm}$, $k_0 = 0.733/\text{cm}$, $k = 4.67/\text{cm}$, 设 $kD_f = \pi$, $D_f = 6.7\text{mm}$, $D_f/\lambda_0 \approx 7.8\%$。

5.5 - 2　L 波段小型化带线环行器

L 波段小型化带线环行器, 由于工作波长较长, 在低场工作时, 铁氧体及环行器尺寸较大, 为了缩小其体积尺寸, 可在高场工作。用以下非互易方程公式 (在 z 方向均匀磁化时):

$$|\,\text{d}S\,| = |\,S_{12} - S_{21}\,| = \left|\omega\mu_0\kappa\int_{V_f} i_z \cdot (\boldsymbol{h}_1 \times \boldsymbol{h}_2)\text{d}V\right|$$

$$\omega\kappa = \frac{\omega p}{\sigma^2 - 1} = \frac{\gamma M_s}{\sigma^2 - 1}$$

可以看到, 在高场区工作时, 若 $\sigma \to 1$ 磁场下工作, κ 值较大, 所以积分体积 (即铁氧体体积) 可以大大缩小。在本设计中, 三叶形内导体的形状尺寸, 如图 5.5 - 3 所示, 内导体圆径 $D_c \times t_c = 7\text{mm} \times 0.1\text{mm}$; 铁氧体材料参数也与其相同, $4\pi M_s = 1850\text{Gs}$, $\Delta H = 10\text{Oe}$, $\varepsilon_f = 14.5$, 但其直径 $D_f = 8\text{mm}$, $t_f = 1\text{mm}$, 主要差别是 L 波段的磁化场 $H_i = 60\text{kA/m}$。环行器结构和性能如图 5.5 - 3 所示, 相对带宽 $2\delta \approx 5.2\%$, 插损 $\leqslant 0.5\text{dB}$。这种器件的外形尺寸如图 5.5 - 3 所示, $\phi12.7\text{mm} \times 6\text{mm}$。

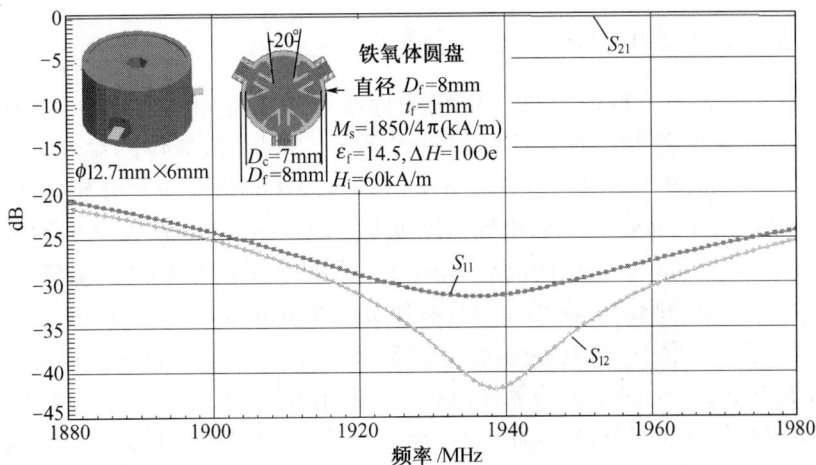

图 5.5 – 3　L波段小型化带线环行器结构和性能

图5.5 –4 为正反向传输系数$|S_{21}|$，$|S_{12}|$和非互易性$|\mathrm{d}S|$的仿真结果，正向$|S_{21}|\geqslant 0.9$，反向$|S_{12}|\leqslant 0.08$，，$0.9\leqslant|\mathrm{d}S|\leqslant 0.96$，对工作频率$f=1940\mathrm{MHz}$作了数值积分计算，结果为$|\mathrm{d}S|=0.97$，和仿真结果相比，误差约为$1\%$；对场积分值$[i_z\cdot(h_1\times h_2)]=4.16\times 10^{-6}$，是通过端口功率$P_1=P_2=0.5W$而得，其值越小，铁氧体直径越小，这里$D_\mathrm{f}=8\mathrm{mm}$，而用工作波长$\lambda_0=160\mathrm{mm}$来估计，$D_\mathrm{f}/\lambda_0=1/20=0.05$。获得小型化尺寸的基本原则：为了缩小铁氧体体积必须增大$\omega\kappa$值，取高M_s材料（$M_\mathrm{s}=1850/4\pi(\mathrm{kA/m})$及归一化磁场$\sigma\rightarrow 1$，但必须克服共振损耗。工作频率$f=1940\mathrm{MHz}$，铁磁共振磁场$H_\mathrm{r}=693\mathrm{Oe}$；饱和磁矩$4\pi M_\mathrm{s}=1850\mathrm{Gs}$，归一化磁矩$p=2.67$；$H_\mathrm{i}=60\mathrm{kA/m}=750\mathrm{Oe}$，归一化磁场$\sigma=750/693=1.08$；$\mu_0=4\pi\times 10^{-7}H/\mathrm{m}$，应用公式计算出：$\kappa=15.15$，$|\mathrm{d}S|=0.97$。

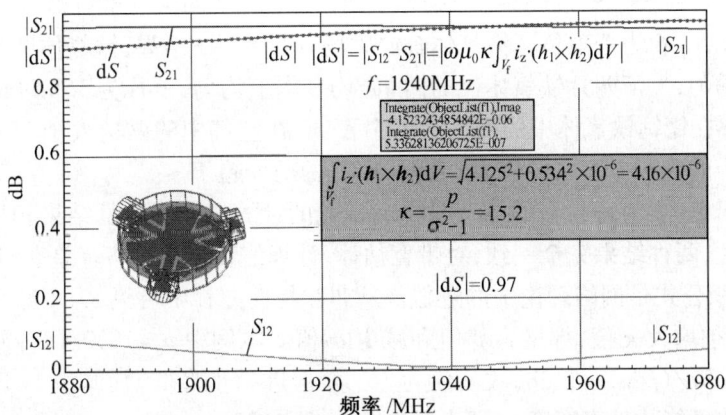

图 5.5 – 4　L波段小型化环行器$|S_{12}|$，$|S_{21}|$，$|\mathrm{d}S|$仿真

5.5 – 3 米波段小型化带线环行器

图5.5 – 5为米波段小型化带线环行器设计结构和性能。$f = 345\text{MHz} \sim 370\text{MHz}$，相对带宽 $2\delta \approx 7\%$，反射和隔离优于 -20dB，铁氧体圆盘片 $D_f \cdot t_f = 19\text{mm} \times 1.3\text{mm}$，$M_s = 1850/4\pi(\text{kA/m})\varepsilon_f = 14.5$，$\Delta H = 100e$；外套介质圆环，其尺寸 $D_d \cdot t = 23.4\text{mm} \times 1.3\text{mm}$，内导体厚度0.2mm，三叶瓣的弧长中角24°，电感条尺寸 $w \cdot l = 1\text{mm} \times 6\text{mm}$，腔高2.8mm，其性能曲线见图5.5 – 5。隔离(S_{12})和反射(S_{11})呈单峰响应。内导体圆片直径 $D_c = 22\text{mm}$，切割缝宽0.3mm，环行器设计成螺盖式一体化结构，外壳尺寸为 $25.4\text{mm} \times 25.4\text{mm} \times 6.6\text{mm}$，以中心频率358MHz计算，$\lambda_0 = 838\text{mm}$，铁氧体直径约为波长的1/44，外壳尺寸为波长的1/30，小型化尺寸能与集总参数环行器相比。图5.5 – 5中的性能曲线是铁氧体在壳体中磁化所得到的仿真性能。

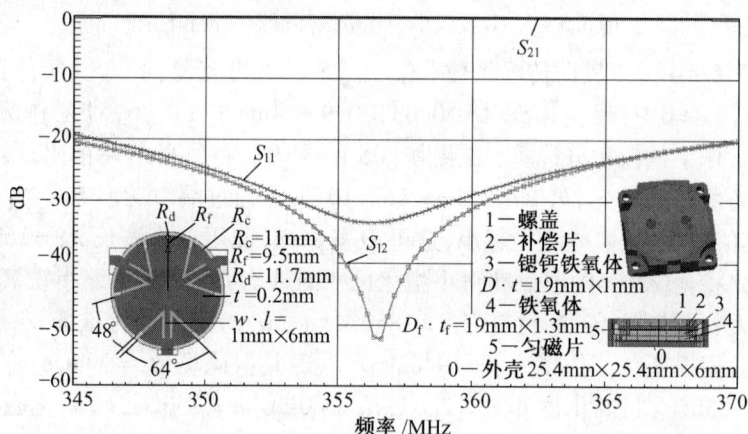

图5.5 – 5　米波段小型化环行器结构和性能(相对带宽 $2\delta \approx 7\%$)

图5.5 – 6为静磁仿真铁氧体轴向磁场分布 $H_i - z$ 结果，铁氧体圆片轴向磁场分布均匀，上下两片铁氧体(4)中的磁场基本上均匀，上片为15kA/m，下片为14kA/m；在锶钙铁氧体中的磁场为125kA/m；在空气中的磁场大于15kA/m；在补偿片中的磁场16kA/m；在盖/壳中(1/0)的磁场趋于零。

表5.5 – 1为环行器的非互易性和带宽的计算结果和仿真结果相比较。对非互易性，两种结果完全一致；对带宽估计，计算值和仿真值略有差别，其原因是 $Q_L 2\delta$ 乘积公式是网络理论中的近似。从非互易性方程中可见，为了减少积分体积 V_f，必须增大 κ 值，即增大 p 值和减少 σ 值。本例中 $p = 1850/(f/\gamma) = 14.5$，$\sigma = 14\text{kA/m}/(f/\gamma) = 1.38$，故 κ 值为16，若 σ 进一步降低，其体积 V_f 还有进一步减少的可能。外壳宽度 w 尺寸为波长 λ_0 的1/33。

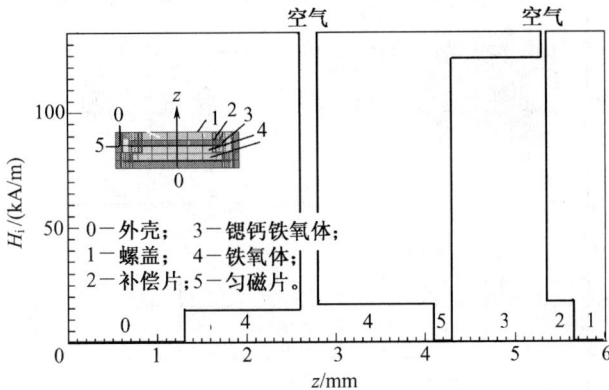

图 5.5 – 6　静磁仿真铁氧体轴向磁场分布 $H_i - z$

表 5.5 – 1　环行器 dS、$Q_L2\delta$ 值的结果比较

	非互易性方程 dS	有载 Q_L 值和相对带宽 2δ 乘积
数值积分计算结果	$$dS = \omega\mu_0\kappa\int_{V_f} i_z \cdot (\boldsymbol{h}_1 \times \boldsymbol{h}_2)dV$$ $$= R + jX$$ Integrate(ObjectList(– all –),Imag) R　0.00989904007662267 X　Integrate(ObjectList(– all –),Real) 　　 – 0.988727127848895 $\lvert dS \rvert = \sqrt{R^2 + X^2} = 0.9888$ $\theta = \arctan(X/R) = 170.43°$ $dS = 0.9888 \angle 170.43°$	$$Q_L2\delta = \frac{\rho_m - 1}{\sqrt{\rho_m}}$$ Integrate(ObjectList(– all –),Real(Dot(< Hx,Hy,Hz > ,2.75906157046606 $= Q_L$ $2\delta = \dfrac{0.2}{Q_L} = \dfrac{0.2}{\int_{all} h \cdot \mu h^* dV} = \dfrac{0.2}{2.76} = 7.2\%$
仿真结果	port1　　　　port2 port1　(0.01939,125.193)　(0.01126,157.895) port2　(0.97831, – 0.332)　(0.01912,170.404) $dS = S_{12} - S_{21}$ 　　$= (0.01126,157.895) - (0.97831, – 0.332)$ 　　$= 0.9888 \angle 170.43°$	见图 5.5 – 5 $2\delta \approx 7\%$

5.5 – 4　米波段宽带带线环行器

　　图 5.5 – 7 为低频宽带环行器结构和性能。$f = 155\text{MHz} \sim 200\text{MHz}$,反射和隔离优于 20dB,相对带宽 $2\delta \approx 25\%$,铁氧体圆盘片 $D_f \cdot t = 38\text{mm} \times 1.5\text{mm}$,$M_s = 1850/4\pi(\text{kA/m})$,$\varepsilon_f = 14.5$,$\Delta H = 10\text{Oe}$;外套介质圆环,其尺寸 $D_d \cdot t = 46\text{mm} \times 1.5\text{mm}$,$\varepsilon_d = 24$,$\Delta H = 10\text{Oe}$;内导体厚度 0.2mm,三叶瓣的弧长对顶角 20°,电感条尺寸 $w \cdot l = 2\text{mm} \times 10\text{mm}$,腔高 3.2mm,其性能曲线如图 5.5 – 7 所示。隔离和反射呈双峰响应,在阻抗圆图上 S_{11} 团聚较好。

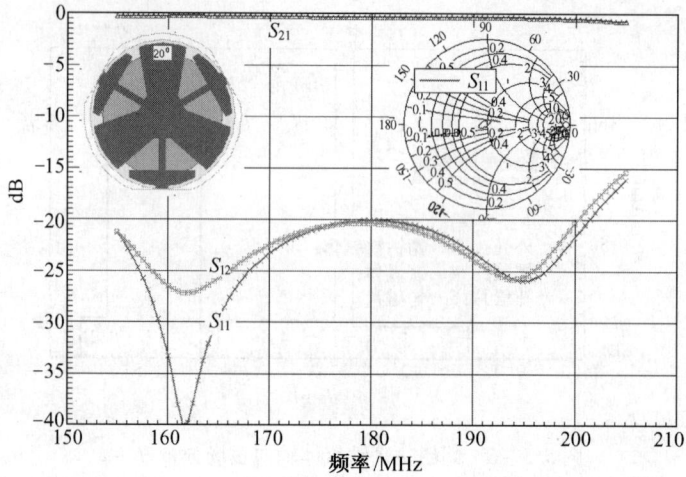

图 5.5 – 7 低频宽带环行器结构和性能

图 5.5 – 8 为静磁仿真结果,由于样品面积大,铁氧体圆柱边缘 $r = 15\text{mm} \sim 19\text{mm}$ 范围内起伏较大,均匀部分的 $H_i = 8.6\text{kA/m}$(见 $H_i - d$ 曲线),体圆柱边缘部分 $H_i = 20\text{kA/m}$ 起伏较大;$H_i - z$ 曲线为铁氧体的轴向观察场 H_i 分布,铁氧体内的 H_i 比较均匀,$H_i = 8600\text{A/m}$。

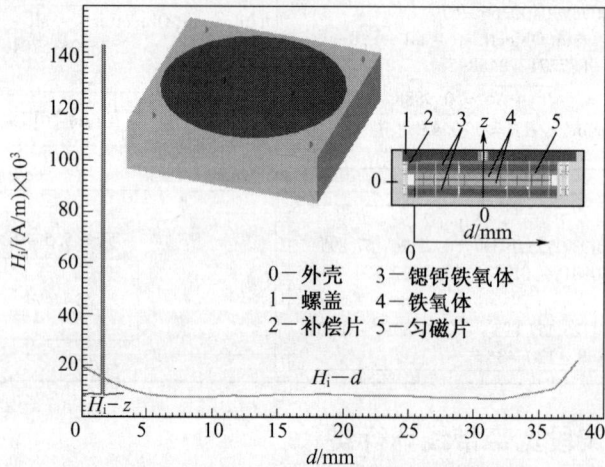

图 5.5 – 8 铁氧体的轴向磁场分布 $H_i - z$ 和径向磁场分布 $H_i - d$ 静磁仿真结果

外壳尺寸 $L \times W \times H = 58\text{mm} \times 58\text{mm} \times 14\text{mm}$,令波长 $\lambda_0 = 170\text{cm}$,外壳的维度尺寸只有其 3.4%,即波长 30 倍于壳体尺寸,比样品直径大近 40 倍,其原因有两点:① 采用了高介电常数的介质环($\varepsilon = 24$),增长电容量;② 样品 p 值大,σ 小,μ_e 大。按 $f = 180\text{MHz}$ 计算,$H_r = 64.3\text{Oe}$,$p = 28.8$,$\sigma = 1.67$,算出 $\kappa = 16.1$,

126

$\mu = 27.9$, $\mu_e = 18.6$, $\sqrt{\varepsilon_f \mu_e} = 16.4$, $\lambda_0 = 166$cm, $k_0 = 0.038$/cm, 仿真中采用介质环的 $D_d = 46$mm, 估计的误差并不大。

5.6　高场区环行器的温度稳定性

高场工作的环行器用作小损耗材料, 如 TTVG – 1600 为 CaVYIG 材料, 居里温度 $T_c = 220$℃, 磁矩随温度变化大: 常温（20℃）时, $M_s = 1600/4\pi$(kA/m); 80℃时, $M_s = 1400/4\pi$(kA/m); –40℃时, $M_s = 1700/4\pi$(kA/m), 磁矩 M_s—T 的温度系数较差, $\alpha_T = 1.6 \times 10^{-3}$/℃。为了使器件获得有好的温度特性, 可以采用磁场补偿法, 随着 M_s 的增加或减少, 外磁场亦应同步的增加或减少, 使张磁磁导率 κ 保持稳定。非互易性场方程为

$$\mathrm{d}S = \omega\mu_0\kappa\int_f \boldsymbol{i}_z \cdot (\boldsymbol{h}_1 \times \boldsymbol{h}_2)\mathrm{d}V \quad \kappa = \frac{p}{\sigma^2 - 1} \qquad (5.6-1)$$

温度稳定性方程必须满足 $\Delta\kappa = 0$:

$$\Delta\kappa = \frac{\partial\kappa}{\partial p}\Delta p + \frac{\partial\kappa}{\partial\sigma}\Delta\sigma = 0$$

$$\frac{\Delta p}{\Delta\sigma} = \frac{2p\sigma}{\sigma^2 - 1} = k_0 \qquad (5.6-2)$$

从式（5.6 – 2）解出归一化磁矩和归一化磁场同步变化关系。其中, p_0 和 σ_0 为相对中心频率 f_0 的归一化值。

在常温20℃时, 环行器常温性能如图5.6 – 1 所示, 铁氧体圆片外套介质环, 直径 $D_f = 16$mm, $D_d = 20$mm, 厚度 $t = 1$mm; 铁氧体磁矩 $M_s = 1600/4\pi$(kA/m), $\varepsilon = 14.6$; 介质环 $\varepsilon_d = 25$, 三叶瓣内导体半径 $R_0 = 9.5$mm, 宽度 $W = 6$mm, 电感条尺寸 $l \cdot w \cdot$

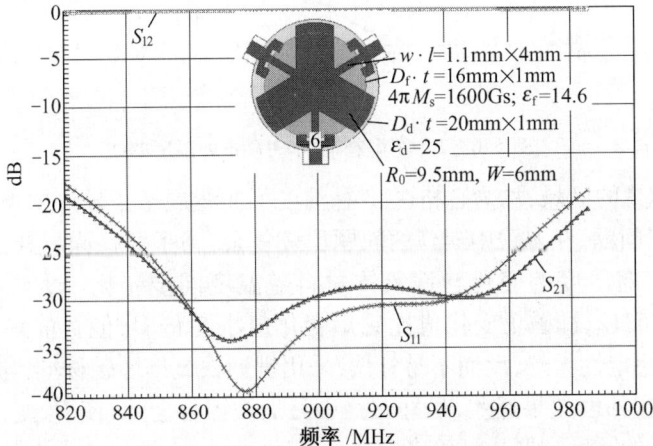

图 5.6 – 1　高场带线环行器常温性能

$t = 4.5\text{mm} \times 1.1\text{mm} \times 0.1\text{mm}$；腔体径高 $D_d \cdot t = 20\text{mm} \times 2.1\text{mm}$。其环行性能在 830GHz～980MHz 带内性能良好，反射及隔离均优于 20dB。

为了得到宽温补偿，中心频率 $f_0 = 910\text{MHz}$，把常温态的磁矩 M_s 和磁场 H_i，算出 $p_0 = 4.93$，$\sigma_0 = 1.808$，代入式（5.6－2）算出温度补偿常数 $k_0 = 5.12$，从而求出磁场偏移量 $\Delta\sigma$ 和磁矩偏移量 Δp 的关系，$\Delta p = 5.12\Delta\sigma$，在高温、常温、低温下的磁矩和磁场补偿关系如表 5.6－1 所列。

表 5.6－1　高温、常温、低温下的磁矩和磁场补偿关系　$f_0 = 910\text{MHz}$

$T/℃$	$M_s/(4\pi)$(kA/m)	p	σ	Δp	$\Delta\sigma$	$\sigma = \sigma_0 + \Delta\sigma$	$H_i/$(kA/m)
80	1400	4.31	1.690	−0.62	−0.08	1.61	41.7
20	1600	4.92	1.808	0	0	1.808	47
−40	1700	5.23	1.868	0.31	0.04	1.848	48.0

对 3 种温度、三种不同的磁矩 M_s 和磁场 H_i 作仿真计算（表 5.6－1），得到如图 5.6－2 宽温补偿 $S_{11} - f$ 3 种温度曲线。

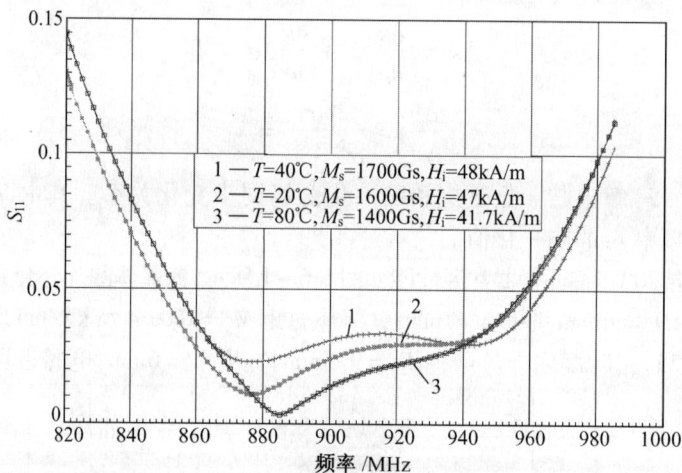

图 5.6－2　宽温补偿 $S_{11} - f$ 3 种温度曲线

$S_{11} \leqslant 0.1$ 的区域，均为合格区，3 种温度下曲线展示了较好的温度补偿。关于温度补偿问题，在实践中遇到的问题比较复杂，为了获得同步补偿，所采用磁铁材料亦应随温度的变化与铁氧体材料随温度同步变化。尽管本例中要求 $\Delta M_s / \Delta H_i = 5.12$，即磁场变化值比磁矩变化值小 5 倍多，但目前采用的钐钴磁钢，其温度稳定性太好，反而不易补偿；采用锶钙铁氧体恒磁材料，与铁氧体材料配合在一起，补偿效果好些，最好磁路中另加铁镍合金片，使 H_i 变化大些为好。目前补偿片的厚度主要靠试验来选择。

第2编　Y型结环行器

5.7 扁平结构的环行器

图 5.7 – 1(a)为环行器腔内结构示意图;(b)为外形结构示意图。由于 3 块磁铁安装在与六角形铁氧体片同一个平面内,压缩了器件的整体高度,图(b)所示的尺寸为 25.4mm × 25.4mm × 5mm,这种平面结构形式,使用在微波集成电路中比较方便、美观。六角形铁氧体的边长为 12.7mm 和 7.85mm,厚度 $t_f =$ 1.1mm。$M_s = 1600/4\pi(\text{kA/m})$,$\varepsilon = 14.6$;弓形钐钴磁钢宽度 9.6mm 弓形高 2.3mm,厚度 2.3mm,内导体为由 3 个 T 形组成的非互易结,其尺寸 $w_1 \cdot l_1/w_2 \cdot l_2$ 和 L/C 网络,其尺寸 $w_3 \cdot l_3/w_4 \cdot l_4$ 均注在图 5.7 – 2 中,环行器的性能为 $f =$ 980MHz ~ 1120MHz,满足 $S_{11}(\text{dB})$ 和 $S_{21}(\text{dB})$ 优于 20dB。这种形式的结构宜在 400MHz ~ 2GHz 频率范围内设计。

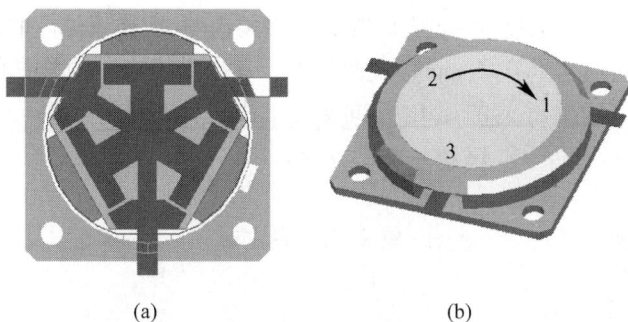

(a)　　　　　　　　　　　　(b)

图 5.7 – 1　扁平结构的环行器示意图

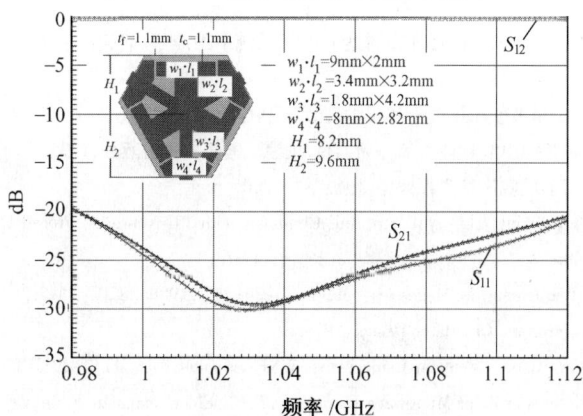

图 5.7 – 2　扁平结构的环行器性能

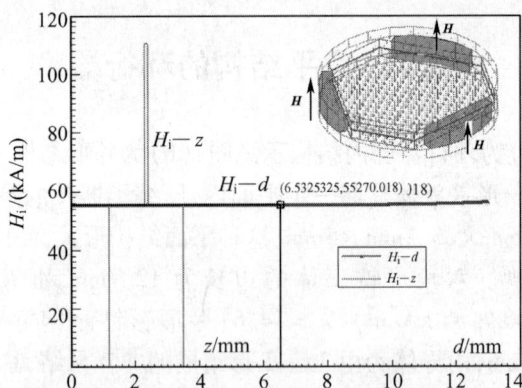

图 5.7 - 3 平面结构的环行器磁化场的均匀性

环行器的磁化结构比较特殊,3 块钐钴磁钢同方向磁化,通过上下两层导磁材料和铁氧体磁性材料构成闭合磁回路,其漏磁比较小,铁氧体磁化场较均匀。如图 5.7 - 3 所示,不仅 $H_i - z$ 方向观察到磁场均匀,在铁氧体内取 $z = 0.5$ 平面,从六角形两对边作垂直 $d(\text{mm})$,观察到 $H_i - d$ 也比较均匀。图中右上角显示磁化矢方向朝下,而磁钢的磁化方向朝上,铁氧体内磁场 $H_i = 65325\text{A/m}$,对 1.05GHz 频率,其 $\sigma = 2.18, p = 4.27, \mu_e = 3.38$。

第 2 编参考文献

[1] B Lax K,J Button. Microwave Ferrite and Ferromagnetics. Mc Graw-Hill Book CompangIne 1962,538.

[2] 蒋微波,蒋仁培. 微波铁氧体器件在雷达和电子系统中的应用、研究与发展(上). 现代雷达,2009,31:9,5 - 13.

[3] 蒋微波,蒋仁培. 微波铁氧体器件在雷达和电子系统中的应用、研究与发展(下). 现代雷达,2009,31:10,1 - 9.

[4] 蒋仁培,魏克珠. 微波铁氧体理论和技术. 北京:科学出版社,1984.

[5] 魏克珠,李士根,蒋仁培. 微波铁氧体新器件. 北京:国防工业出版社,1995.

[6] 岳峰. 带线环行器的温度稳定性问题. 微波学报,2005.6.

[7] Jiang Renpei,Xujidong. Thin-type Stripline Circulator with LC-Networks. Proceding 10th ICMF Poland,1989,344 - 348.

[8] Jiang Renpei,Wei Chongyue. Magnetics,vol,MAG - 24(11),1988,2820 - 2822.

[9] D K Linkart. Microwave Circulator Design,1989.

[10] J Helszajn,W T Nisblt. Circulator Using Planar WYE-resonators. vol. MTT - 29,JULY,1981,688 - 699.

[11] A J Baden-Fuller. Ferrite at Microwave Frequency. IEEE Electromagnetic Serie;vol. 23,1987.

[12] J Helszajin,R D Baars,W T Nisbet. Characteristics of Circulators Using Planar Triangular and Disk Resonators Symmetrically Loaded with Magnetic Ridges. IEEE Trans. ,MTT, vol. MTT - 28(6),1980,616 - 621.

[13] G P Riblet. Techniques for Broad-Banding Above Resonance Circulator Junction without the Use of Exter-

nal Matching Networks. IEEE Trans. ,MTT,vol. MTT – 28(2) ,1988 ,125 – 129.

[14] T Miyoshi. The Design of Planar Circulators for Wide-Band Operation. IEEE. Trans. MTT, vol. MTT – 28(3) ,1980 ,210 – 214.

[15] J Helszajin,D,James,W T Nisble. Circulators Using Planar Triangular Resonators. IEEE Trans. ,MTT,vol – 27(2) ,1979 ,188 – 193.

[16] E R Buertil Ilansson,K G Filipsson. Multiple-Frequency Operation of Y-junction Circulators Using Single-Mode Approximation,IEEE Trans. MTT,vol MTT – 27(4) ,1979 ,322 – 328.

[17] J Helszajn. Planar Triangular Resonators with Magnetic Wall. IEEE Trans. , MTT, vol-MTT – 26(2) , 1978 ,95 – 100.

[18] S Ayter, Y Ayasli. The Frequency Behavior of Stripline Circulator Junction,IEEE Trans. MTT – 26(3) , 1978 ,197 – 202.

[19] J Helszajn. Nonreciprocal Microwave Junction and Circulator. New York: Wiley 1975.

[20] Y S Wu,F J Rosenbaum. wideband Operation of Microstrip Circulator. IEEE Trans. ,MTT,vol MTT – 22, Oct. 1974 ,849 – 856.

[21] H Bosma. Junction Circulator. Advances in Microwave,vol. 6,1971 ,215 – 239.

[22] J Helszajn,M Medermott. The Inductance ofi a Lumped Constant Circulator. IEEE trans. , vol. MTT – 18(1) ,1970 ,50 – 52.

[23] G Mcchesney,V Dunn. Broad Lumped Element UHFCirculator. IEEETrans. , vol. MTT – 15(3) ,1967, 198 – 199.

[24] Y Konishi. Lumpted Element Y-Circulator. IEEE Trans. ,vol. MTT – 13(6) ,1965 ,852 – 864.

[25] J W Simon. Wideband Stripe-Transmission Line Y-Junction Circulator. IEEE Trans. , MTT, MTT – 13, 1965 ,15 – 27.

[26] C E Fay,R L Comtion stock. Opration of the Ferrite Juction Circultor. IEEE Trans. MTT, , MTT – 13, 1965 ,15 – 17.

[27] H Bosma. On Stripline Y-circular at UHF. IEEE Trans. MTT,vol. MTT – 12 ,Jan 1964 ,61 – 72.

[28] H Bosma. On Principle of Stripline Circulator. Proc. IEE Suppl. ,vol. 100 ,1962 ,127 – 146.

[29] U Milano,J H Saunders,L A Davix. Y-Juction Stripline Circultor. IRE Trans. MTT,vol. MTT – 8 ,May, 1960 ,346 – 351.

第 5 章　带线环行器和微带环行器

第3编　铁氧体变极化技术及应用

第6章　雷达极化捷变技术

雷达极化捷变技术,从回波信号中提取极化信息的研究是近10年来研究的热点,也是雷达新技术发展的重要方面。通常雷达所索取的回波信息,包括从目标的方位,仰角;从时域和频域的信息中提取的距离、速度等信息均为"点"目标信息,而极化信息中才包含了"体"目标信息,包括目标大小、形状、姿态、旋转、翻滚等,而且群目标回波也取决于极化信息,极化信息处理,对其索取、极化谱的解调是极化雷达主要方面。铁氧体变极化技术,解决极化的发射、变换和接收等技术是一个关键课题,有助雷达功能的提高。

(1) 改进对雷达目标的监测能力,由于目标性质不同,姿态不同,不同极化有不同 RCS 在满足共轭极化接受条件下,可增强回波信号的接收。

(2) 提高 ECCM 能力,在发射极化和接收极化形成正交条件下,起到极化滤波器的作用。

(3) 提高雷达识别目标的能力,不同目标的回波信息可以在极化球上进行极化域分类,达到识别的能力。

(4) 利用变极化器进行极化扫描或极化捷变,可以对目标的极化状态进行跟踪,极化捷变的速度约 $1\mu s$,极化捷变雷达可以快速测量目标的极化散射距阵。

(5) 抑制云雨杂波信号。

铁氧体变极化器是通过同时控制幅/相输出的铁氧体器件,它有两种类型,即双模单通道变极化器及单模双通道变极化器。

6.1　极化球概念

应用极化球概念在极化雷达中研究目标极化特性的常用方法。图 6.1 – 1 为 Poincare 极化球面坐标,$(2\alpha,\phi)$ 为球面坐标变量,(S_1,S_2S_3) 为坐标轴,球面上任一点代表着一种极化,如($1\,0\,0$)点为垂直极化 VP;($0\,1\,0$)为倾角 $45°$的线极化45°LP;(0 0 1)点为正圆极化 +CP,(-1 0 0)点为水平极化 HP;(0 -1 0)点为倾角 -45°的线极化;(0 0 -1)点为负圆极化 -CP,任意坐标点为不同倾角 τ,不同轴比 AR 的椭圆极化,上半球面上分布的为正椭圆极化 +EP,下半球面上分布负椭圆极化 -EP,上半球面的极化分布和下半球面的极化分布呈对称关系(S_1S_2 对称面),所以只需讨论上半球面的极化分布就足够了。

利用球面的圆弧角 2α 和弧线夹角 ϕ,所确定的球面坐标更能方便描述任意点极化特性,如由 V 点绕轴转动圆弧角 2α 到点 P_1,再绕 S_1 轴旋转 $\Delta\theta$ 到 $P(2\alpha\theta)$,V 点为垂直极化,$\theta + \Delta\theta = 90°$,$P(2\alpha\ \theta)$ 为任意椭圆极化,$2\alpha,\theta$ 确定以后,椭圆的形态和姿态便确定,其关系为

$$\begin{cases} \tan2\tau = \tan2\alpha\cos\theta \\ \sin2\delta = \sin2\alpha\sin\theta \end{cases} \tag{6.1-1}$$

式中:τ 为椭圆的倾角(图6.1-2),代表椭圆的姿态;δ 为轴比角;$\tan\delta$ 为椭圆的轴比,表示短轴与长轴的比值(极化形态);在极化球面上,2δ 代表 PQ 弧线角;PQ 为径线 2τ 的线段,表示从 $V{\to}Q$ 的圆弧角,它们的关系集中表示在图6.1-2的球面三角形中,三角形的 3 个边为 VP,PQ 和 VQ,相应的圆弧角为 2α,2δ 和 2τ;VP 和 VQ 的夹角为 θ,因为 $PQ \perp VQ$,所以 $\triangle VPQ$ 为球面直角三角形。式(6.1-1)正是球面直角三角形的基本关系式。

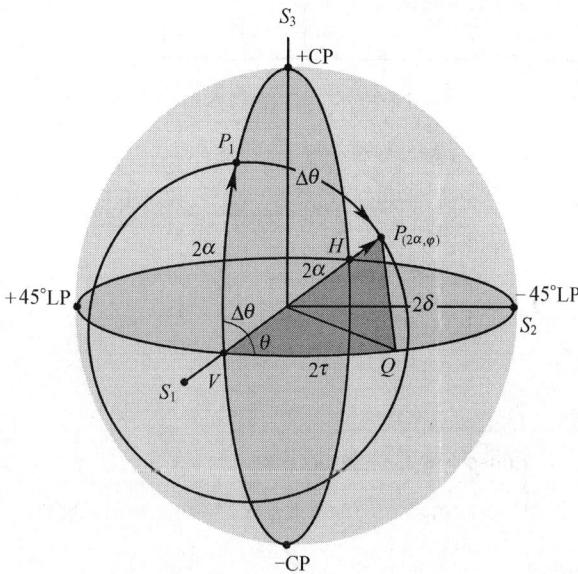

图6.1-1 Poincare 极化球面坐标

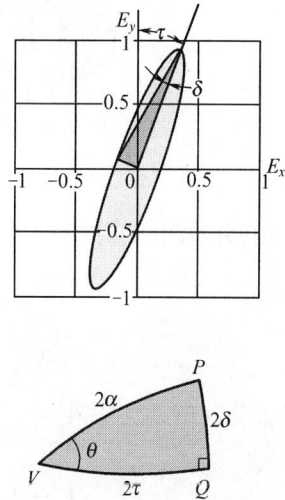

图6.1-2 椭圆极化参数 (α,θ) 方程及椭圆形态姿态参数 (δ,τ)

$$\begin{cases} E_x = \sin\alpha\sin(\omega t + \theta) \\ E_y = \cos\alpha\sin\omega t \end{cases} \tag{6.1-2}$$

式(6.1-2)为椭圆极化的参数方程,不同组合便得到不同的姿态和不同形态的椭圆极化方程。

6.2　铁氧体变极化器

图6.2-1为铁氧体变极化器基本结构,它由变极段 A 和移相段 Θ 级联而成 $A-\Theta$ 型变极化器,它们在一根铁氧体圆柱上加上两组四磁极磁路,其中 A 部分为变极化段,四磁极 NN-SS 在垂直或水平方向,为变极化段,对 VP 极化和 HP 极化产生差相移;四磁极 NN-SS 呈 ±45°角放置为差移相段。变极化段极化矩阵:

$$\boldsymbol{T}_\alpha = \begin{bmatrix} \cos\alpha & \mathrm{j}\sin\alpha \\ \mathrm{j}\sin\alpha & \cos\alpha \end{bmatrix}$$

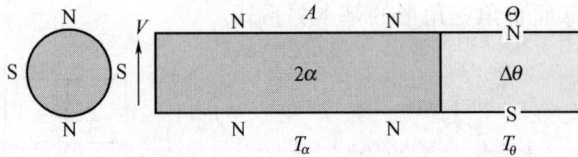

图6.2-1　$A-\Theta$ 型变极化器

差相移段极化矩阵

$$\boldsymbol{T}_\theta = \begin{bmatrix} \mathrm{e}^{-\mathrm{j}\Delta\theta} & 0 \\ 0 & 1 \end{bmatrix}$$

变极化段的极化矩阵

$$\boldsymbol{T} = \boldsymbol{T}_\theta \boldsymbol{T}_\alpha = \begin{bmatrix} \cos\alpha \cdot \mathrm{e}^{-\mathrm{j}\Delta\theta} & \mathrm{j}\sin\alpha \cdot \mathrm{e}^{-\mathrm{j}\Delta\theta} \\ \mathrm{j}\sin\alpha & \cos\alpha \end{bmatrix}$$

当垂直极化输入时,其输出极化为

$$\boldsymbol{P}(\alpha,\varphi) = \boldsymbol{T}\begin{bmatrix} 0 \\ 1 \end{bmatrix} = \begin{bmatrix} \mathrm{j}\sin\alpha \cdot \mathrm{e}^{-\mathrm{j}\Delta\theta} \\ \cos\alpha \end{bmatrix} = \begin{bmatrix} \sin\alpha \cdot \mathrm{e}^{\mathrm{j}\theta} \\ \cos\alpha \end{bmatrix} \quad \theta = 90° - \Delta\theta$$

α,θ 为变极化器的可控制量,也是极化球面坐标参量,所以铁氧体变极化器和雷达变极化问题通过球面直角三角形基本关系式(6.1－1)联系。

为了使变极化可以控制在全极化球面上,上半球面控制范围:$\alpha \in (0, 90°)$,$\theta \in (0,180°)$;下半球的控制范围:$\alpha \in (0,-90°)$,$\theta \in (0,180°)$;其中 $\theta \in (0,180°)$ 等效于 $\Delta\theta \in (-90°,90°)$,所以变极化段的长度为移相段长度的 1 倍。

仅考虑上半球面得极化分布,设 α 从 $0°\to90°$,有 9 个控制态,θ 从 $0°\to180°$ 也等分成 9 个状态,共组合 81 个状态,列于表6.2－1,α 相隔 $11.25°$ 一个变化状态,θ 每隔 $22.5°$ 为一个状态。把 81 个状态排成 9×9 行列。

表 6.2－1　不同 (α,θ) 组合建立 81 个极化状态

$p(\alpha,\theta)$	$\alpha=(0.000$	11.25	22.50	33.75	45.00	56.25	67.50	78.75	$90.00)$
m	0	1	2	3	4	5	6	7	8
n									
0	p_1	p_2	p_3	p_4	p_5	p_6	p_7	p_8	p_9
1	p_{10}	p_{11}	p_{12}	p_{13}	p_{14}	p_{15}	p_{16}	p_{17}	p_{18}
2	p_{19}	p_{20}	p_{21}	p_{22}	p_{23}	p_{24}	p_{25}	p_{26}	p_{27}
3	p_{28}	p_{29}	p_{30}	p_{31}	p_{32}	p_{33}	p_{34}	p_{35}	p_{36}
4	p_{37}	p_{38}	p_{39}	p_{40}	p_{41}	p_{42}	p_{43}	p_{44}	p_{45}
5	p_{46}	p_{47}	p_{48}	p_{49}	p_{50}	p_{51}	p_{52}	p_{53}	p_{54}
6	p_{55}	p_{56}	p_{57}	p_{58}	p_{59}	p_{60}	p_{61}	p_{62}	p_{63}
7	p_{64}	p_{65}	p_{66}	p_{67}	p_{68}	p_{69}	p_{70}	p_{71}	p_{72}
8	p_{73}	p_{74}	p_{75}	p_{76}	p_{77}	p_{78}	p_{79}	p_{80}	p_{81}

其中 $p(m,n)$,$\theta=\begin{pmatrix}0\\22.5\\45\\67.5\\90\\112.5\\135\\157.5\\180\end{pmatrix}$

第一行($n=0$),$p_1,p_2,p_3,p_4,p_5,p_6,p_7,p_8,p_9$ 共 9 个极化均为线极化;

第九行($n=8$),$p_{73},p_{74},p_{75},p_{76},p_{77},p_{78},p_{79},p_{80},p_{81}$ 共 9 个极化也为线极化。

共 18 种线极化,选其中 9 个极化:$p_1,p_3,p_5,p_7,p_9,p_{80},p_{78},p_{76},p_{74}$,它们的极化分布特征见图 6.2－2,极化从垂直—水平—垂直,倾角每变化 $22.5°$ 一个极化,也就是 α 变化量 $\Delta\alpha$,即线极化的倾角跳变量 $\Delta\tau=22.5°$,以上是两行的变极化情况,此群极化沿纬线 $\delta=0$("赤道线")一周,线极化变化从垂直—水平—垂直,16 个线极化状态可制作旋转线极化器,它不需旋转磁化,仅需 (α,θ) 值的

图 6.2-2 所示的 9 个极化子图，分别标注如下：

第一行：
- p_1：$\tau=0$，$AR=0$，$\delta=0$；$p(m,n)$ $m=0$ $n=0$，$\alpha_{0,m}=0$ $\theta_{n,0}=0$
- p_3：$\tau=22.5°$，$AR=0$，$\delta=0$；$p(m,n)$ $m=0$ $n=2$，$\alpha_{0,m}=22.5°$ $\theta_{n,0}=0$
- p：$\tau=45°$，$AR=0$，$\delta=0$；$p(m,n)$ $m=0$ $n=4$，$\alpha_{0,m}=45°$ $\theta_{n,0}=0$

第二行：
- p_{80}：$\tau=-78.75°$，$AR=0$，$\delta=0$；$p(m,n)$ $m=8$ $n=7$，$\alpha_{0,m}=78.75°$ $\theta_{n,0}=180°$
- p_9：$\tau=0$，$AR=0$，$\delta=0$；$p(m,n)$ $m=0$ $n=8$，$\alpha_{0,m}=90°$ $\theta_{n,0}=0$
- p_7：$\tau=-22.5°$，$AR=0$，$\delta=0$；$p(m,n)$ $m=0$ $n=6$，$\alpha_{0,m}=67.5°$ $\theta_{n,0}=0$

第三行：
- p_{78}：$\tau=-56.25°$，$AR=0$，$\delta=0$；$p(m,n)$ $m=8$ $n=5$，$\alpha_{0,m}=56.25°$ $\theta_{n,0}=180°$
- p_{76}：$\tau=-33.75°$，$AR=0$，$\delta=0$；$p(m,n)$ $m=8$ $n=3$，$\alpha_{0,m}=33.75°$ $\theta_{n,0}=180°$
- p_{74}：$\tau=-11.25°$，$AR=0$，$\delta=0$；$p(m,n)$ $m=8$ $n=1$，$\alpha_{0,m}=11.25°$ $\theta_{n,0}=180°$

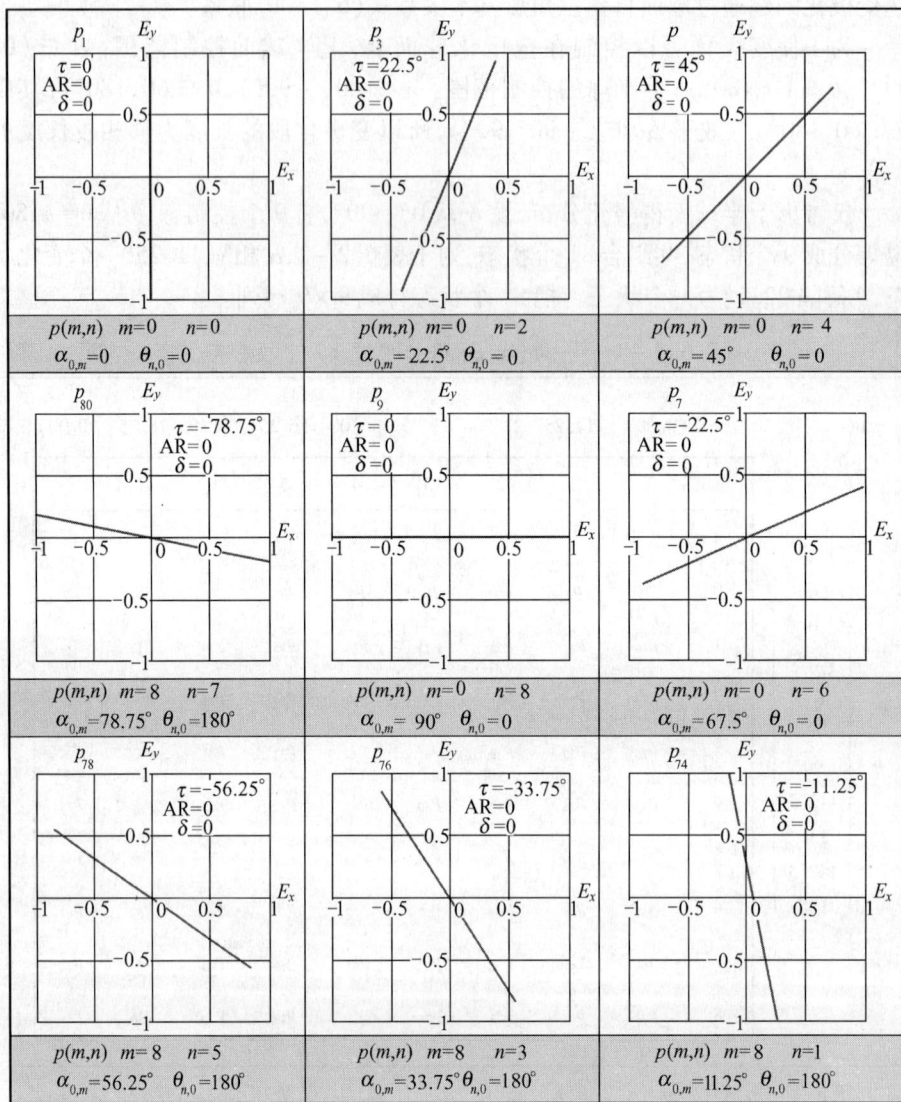

图 6.2-2 旋转线极化序列 p_n

配合。

　　再看第一列和第九列的极化变化：图 6.2-2 所示的 9 种极化均为线极化；第一列的九种极化 $p_1,p_{10},\cdots,p_{73}$ 均为垂直极化，因此它不是变极化器的要求，它是一种双模非互易移相器；同样，第九列的极化 $p_9,p_{18},\cdots,p_{81}$ 都是水平线极化，所以表中的极化陈列中，周边的极化分布共 16 种线极化。再看中间行排列的极化特性,共9种极化,p_5,p_{14},$\cdots$,p_{77}它们的极化分布见图6.2-4。通常的变极化器是从垂直极化→椭圆极化→圆极化→椭圆极化→水平极化,其椭圆的姿态不变,轴比角随同步变化,早期用的变极化器属于这类。

图6.2-2 旋转线极化序列p_n(纬线变极化器)不同线极化序列p_n对应不同极化行列$p(m,n)$,和极化参量$P(\alpha,\phi)$和极化姿态(倾角τ)对照图。

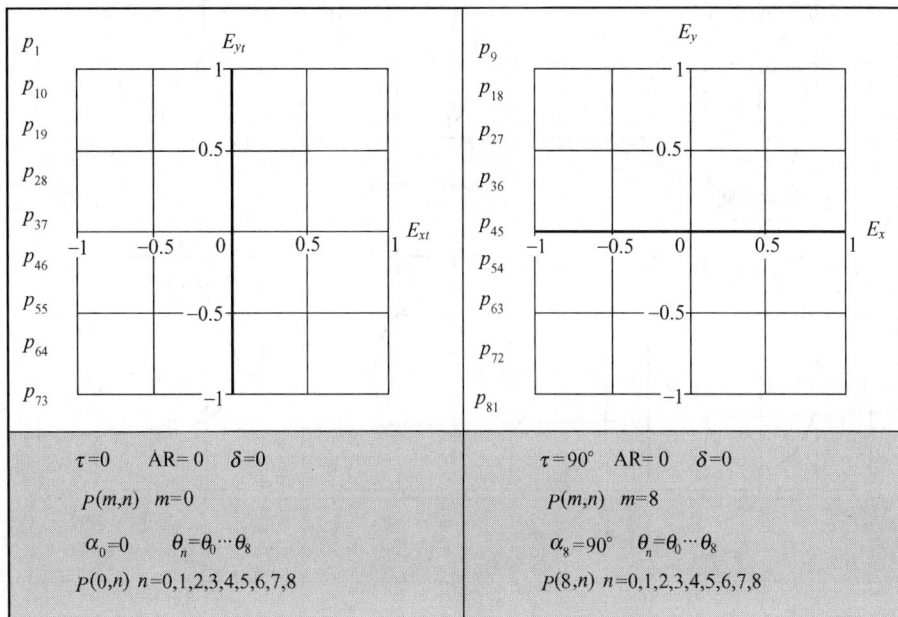

图6.2-3 垂直线极化和水平线极化序列

图6.2-3中,垂直线极化和水平线极化序列的极化行列分别为$P(0,n)$和$P(8,n)$,$n=0,1,\cdots,8$。

表6.2-1的中间行$n=4$排列的极化特性共9种,它们的极化分布图6.2-4,零经线变极化器(琼斯极化矢)对应的极化序列P_n,极化行列$P(m,n)$,极化参量$P(\alpha,\theta)$和极化形态δ对照表。

通常的变极化器是从垂直极化→椭圆极化→圆极化→椭圆极化→水平极化,其椭圆的姿态不变,轴比角随同步变化,早期用的变极化器属于这类。

6.2-1 铁氧体极化器的仿真观察

图6.2-5a为铁氧体变极化器的结构,变极化器两端用介质匹配在铁氧体圆棒上放置两组磁化四磁极磁路;图6.2-5b为四磁极磁化场的场型观察,两组

p_{37} E_y 图	p_{38} E_y 图	p_{39} E_y 图
$\tau=0$ AR$=0$ $\delta=0$	$\tau=0$ AR$=0.199$ $\delta=11.25°$	$\tau=0$ AR$=0.414$ $\delta=22.5°$
$p(4,0)$ $m=4$ $n=0$ $\alpha_n=0$ $\theta_m=90°$	$p(4,1)$ $m=4$ $n=1$ $\alpha_n=11.25°$ $\theta_m=90$	$p(4,2)$ $m=4$ $n=2$ $\alpha_n=22.5°$ $\theta_m=90$
p_{40} E_y 图	p_{41} E_y 图	p_{42} E_y 图
$\tau=0$ AR$=0.668$ $\delta=33.75°$	$\tau=0$ AR$=1$ $\delta=45°$	$\tau=0$ AR$=0.668$ $\delta=33.75°$
$p(4,3)$ $m=4$ $n=3$ $\alpha_n=33.75°$ $\theta_m=90°$	$p(4,4)$ $m=4$ $n=4$ $\alpha_n=45°$ $\theta_m=90°$	$p(4,5)$ $m=4$ $n=5$ $\alpha_n=56.25°$ $\theta_m=90°$
p_{43} E_y 图	p_{44} E_y 图	p_{45} E_y 图
$\tau=0$ AR$=0.414$ $\delta=22.5°$	$\tau=0$ AR$=0.199$ $\delta=11.25°$	$\tau=0$ AR$=0$ $\delta=0$
$p(4,6)$ $m=4$ $n=6$ $\alpha_n=67.5°$ $\theta_m=90°$	$p(4,7)$ $m=4$ $n=7$ $\alpha_n=78.75°$ $\theta_m=90°$	$p(4,8)$ $m=4$ $n=8$ $\alpha_n=90°$ $\theta_m=90°$

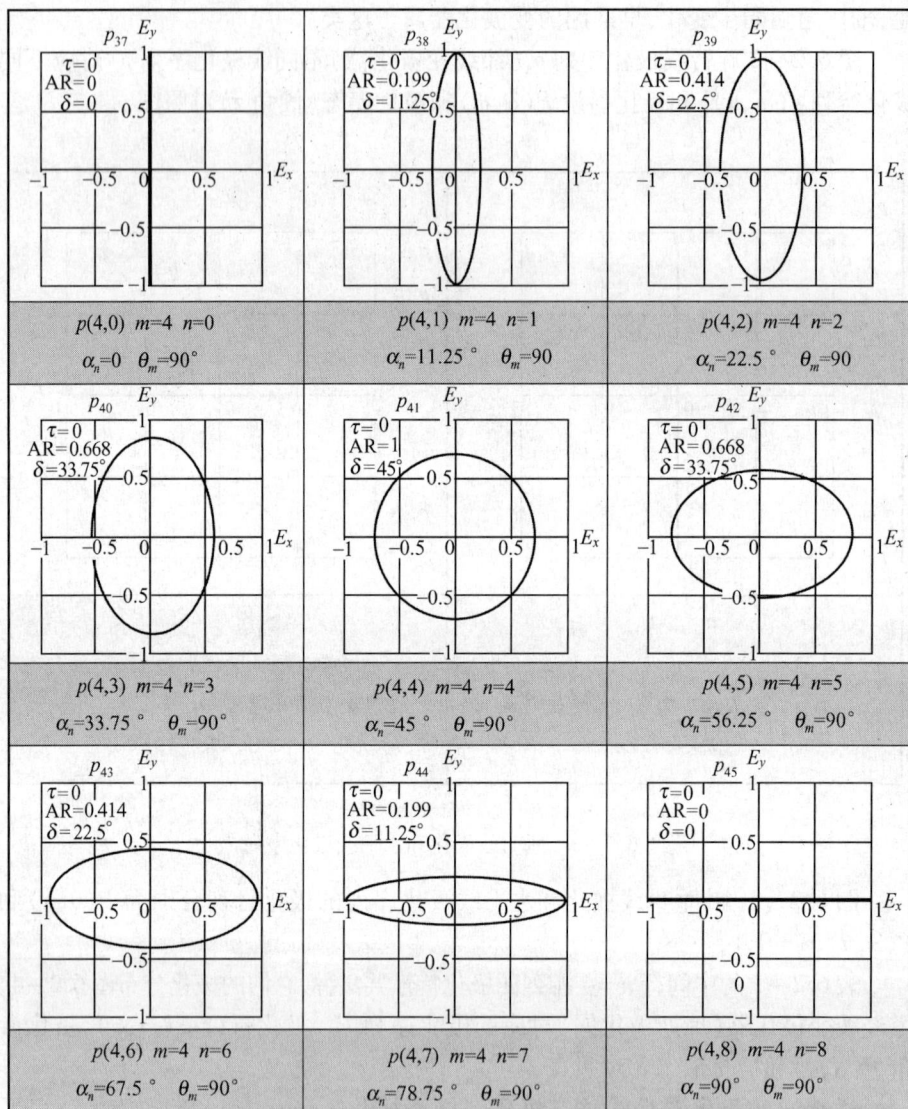

图 6.2 – 4　琼斯极化矢——零经线变极化器

四磁极磁场的场型交叉 45°。图 6.2 – 5c 为变极化过程的仿真,铁氧体圆柱直径
变极化段 A 长 20mm,移相段长度 10mm,工作频率 5.5GHz 磁化矩 M400 时的极
化变化过程如图 6.2 – 5 所示,端口输入为线极化;A 的输出端变成圆极化;Θ 段
的输出端变成倾角 45°,轴比角 22.5°的椭圆极化。

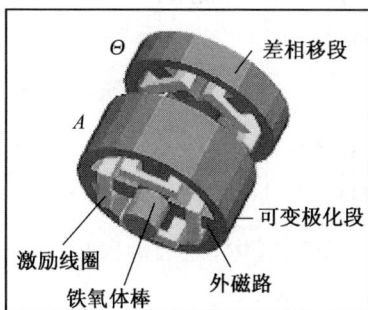

图 6.2 – 5a　铁氧体变极化器的结构

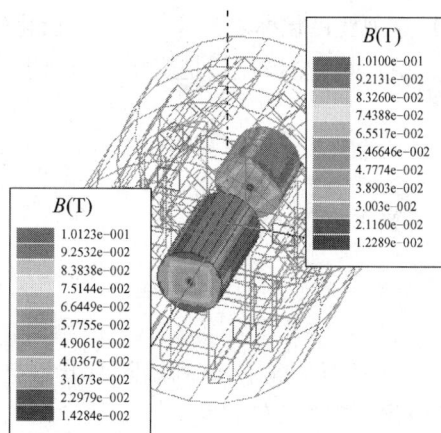

图 6.2 – 5b　四磁极磁化场的场型观察

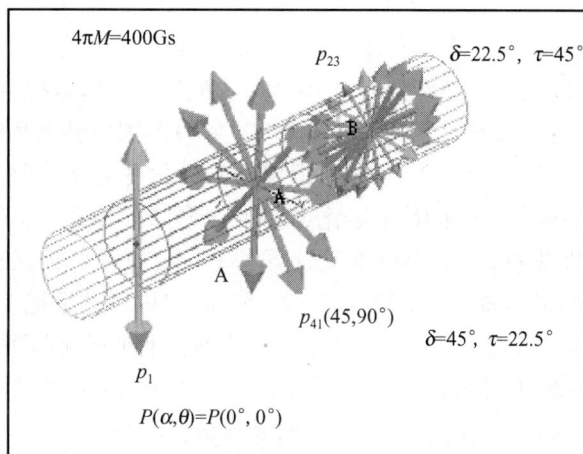

图 6.2 – 5c　型变极化器的极化变换过程的仿真

6.3　铁氧体全极化器

如果变极化器能在全极化球区域内调控,称为全极化器;与此相反,一般变极化器只能在极化球面的局域区实现变极化,如 $A - \Theta$ 型变极化器 $\theta = \pm\pi/2$,仅能在 $\alpha \in (-90°, 90°)$ 的零经线上变极化,所有的极化倾角 $\tau = 0$,只能改变极化的形态,从 VP→ + EP→ + CP→ + EP→HP→ − EP→ − CP→VP 极化,绕零经线 $\tau = 0$ 一周(图 6.2 – 4);又如旋转线极化器,它只能改变极化的姿态,不能改变极化的形态(形态参数 $\delta = 0$),在极化球上仅能沿 $\delta = 0$ 的零纬线变化(图 6.2 –

2），这种变极化称之为 $A-\Theta$ 型变极化（$\Delta\theta=\pm90°$）。

$A-\pi$ 型全极化器是旋转式椭圆极化器，其极化矩阵可写成

$$T = T(\pi)T_\alpha = \begin{bmatrix} -\cos\Omega t & \sin\Omega t \\ \sin\Omega t & \cos\Omega t \end{bmatrix} \begin{bmatrix} \cos\alpha & \mathrm{j}\sin\alpha \\ \mathrm{j}\sin\alpha & \cos\alpha \end{bmatrix}$$

当垂直极化输入时，输出极化：

$$P = \begin{bmatrix} -\cos\Omega t & \sin\Omega t \\ \sin\Omega t & \cos\Omega t \end{bmatrix} \begin{bmatrix} \mathrm{j}\sin\alpha \\ \cos\alpha \end{bmatrix}$$

α 任意情况下，其列矩阵两分量空间正交，相位差 $90°$，为椭圆极化。所以 P 极化为椭圆旋转极化。

6.3-1 $A-\Theta$ 型全极化器

若 $\alpha\in(-\pi/2,\pi/2)$，$\theta\in(-\pi,\pi)$ 范围内变化，其极化矢可以覆盖整个极化球球面，所以称为 $A-\Theta$ 型全极化器，表 6.2-1 所表示的 (α,θ) 共 81 个序列的极化，分布在极化球上半部分 $\alpha\in(0,\pi/2)$，$\theta\in(0,\pi)$，若把极化分布扩展到下半球面，则还要在 $\alpha\in(0,-\pi/2)$，$\theta\in(0,-\pi)$ 范围内补充 $9\times9=81$ 个极化点，虽然上下球面共有 162 个极化点，但实际的极化种类比此要少。第一，由于垂直极化和水平极化，共有 18 个极化点，实际只能 2 个极化点。第二，由于零经线（$\delta=0$）上的极化点，上下半球重复计算了 16 个，所以总数只有 114 种极化。上面是在 α,θ 的增量 $\delta\alpha=11.25°$，$\delta\theta=22.5°$ 的结果。这里把 114 种极化看作离散性分布在全极化球面上。$A-\Theta$ 型全极化器在上半极化球面上椭圆极化 EP 和圆极化 CP 分布如图 6.3-1 所示。图 6.3-1 为 $A-\Theta$ 型全极化器当 $\alpha\in(-\pi/2,\pi/2)$，$\theta\in(-\pi,\pi)$ 范围内变化时其变极化序列。

6.3-2 $A-\pi$ 型全极化器（极化扫描）

图 6.3-2 为 $A-\pi$ 型全极化器结构示意图，它与 $A-\Theta$ 型全极化器的显著差别为：① 变极化段 A 的变极化系数 $\alpha\in(-45°,45°)$，与 $A-\Theta$ 型的 $\alpha\in(-90°,90°)$ 要短；而变极化移相段的差相移 $\Delta\theta=180°$ 做成旋转半波片（π），所以（π）段的长度为 A 长度的 1 倍。② 旋转半波片（π）使用两组四磁极 A 及 B 组成（图 6.3-3），A 线圈和 B 线圈交叉 $45°$，分别通过 I_A，I_B 电流，$I_A=I_0\sin\Omega t$，$I_B=I_0\cos\Omega t$，这样，在铁氧体中产生旋转四磁极磁场，其旋转角频率为 $\Omega/2$，在旋转四磁极的磁场作用下，铁氧体半波片特性变成一个旋转半波片，波片的旋转角为 $\theta_R=\Omega t/2$。

由表 2.3-1 可写出旋转半波片的极化矩阵：

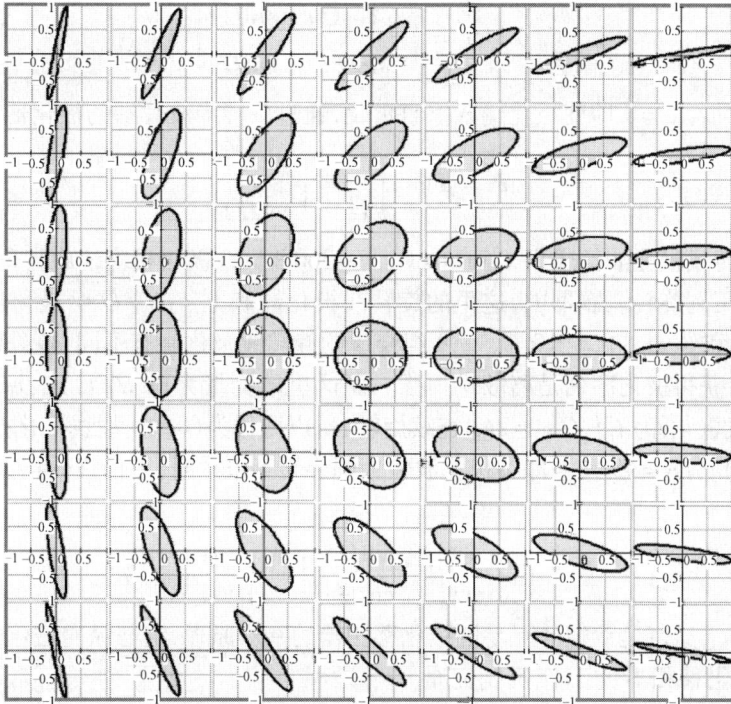

图 6.3 - 1　$A-\Theta$ 型全极化器在上半极化球面上椭圆极化 EP 和圆极化 CP 分布

（表 6.2 - 1 内区极化点 $7 \times 7 = 49$ 个椭圆极化极化状态）

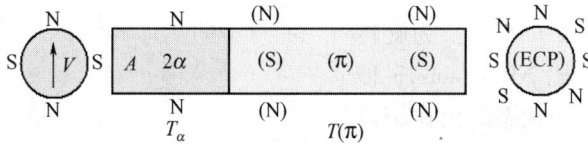

图 6.3 - 2　$A-\pi$ 型全极化器结构示意图

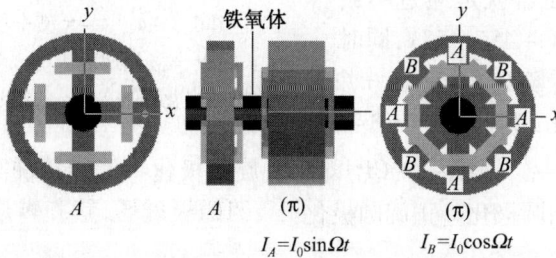

图 6.3 - 3　$A-\pi$ 型全极化器的磁化结构图

$$T(\pi) = \begin{bmatrix} -\cos\Omega t & \sin\Omega t \\ \sin\Omega t & \cos\Omega t \end{bmatrix}$$

（1）若 $\alpha = 0$ 即变极化输入垂直极化，通过旋转半波片后的极化输出：

$$P = T(\pi)\begin{bmatrix} 0 \\ 1 \end{bmatrix} = \begin{bmatrix} \sin\Omega t \\ \cos\Omega t \end{bmatrix}$$

这是旋转线极化波的输出，当 $\Omega t = 0°,\cdots,360°$ 时，线极化相应地旋转 $360°$，此原理可应用到旋转调制器中，这里的旋转线极化器和上节 $A-\Theta$ 全极化器中应用 $p(m,0)$ 和 $p(m,8)$，$m = 0,1,\cdots,8$ 组合成的旋转线极化略有不同，该处 (α,ϕ) 同时改变，获得极化序列是离散式扫描。而这里的变量为 $(\alpha,\Omega t)$ 或 (α,τ)，其中 $\alpha = 0$，线极化倾角随 $\Omega t = 2\theta_{R}$ 连续旋转，所以可称为 $(0,\pi)$ 型线极化扫描。

（2）当 $\alpha = 45°$ 时，即圆极化波输入到旋转半波片时，输出极化仍为圆极化，而移相

$$P = \begin{bmatrix} -\cos\Omega t & \sin\Omega t \\ \sin\Omega t & \cos\Omega t \end{bmatrix}\begin{bmatrix} 1 \\ j \end{bmatrix} = e^{j\Omega t}\begin{bmatrix} -1 \\ j \end{bmatrix}$$

$\Delta\phi = \Omega t$，这就是双模非互易圆极化移相器的基本原理，它与纵向磁化时双模互易圆极化移相器的工作机制完全不同，这里是横向磁化场作用，输入/输出的极化和相移如下：其正旋圆极化输入，负旋圆极化输出，同时移相。

（3）当 $0 < \alpha < 45°$ 时，为旋转椭圆极化，其轴比 AR $= \tan\alpha$，3 种（CP，EP，LP）工作状态的极化旋转情况见图 6.3 – 4，当旋转 $360°$ 时，倾角旋转 $180°$。

全极化扫描器就是通过不断改变 α 值，$\alpha \in (-45°,45°)$，同时通过四磁极旋转场不断旋转 $\theta_{R} = \Omega t/2$，这时输出极化从 $-$ CP $\rightarrow$（$-$EP）$\rightarrow$（RL）$\rightarrow$（$+$EP）$\rightarrow +$ CP，即为负旋圆极化$\rightarrow$旋转负椭圆极化$\rightarrow$旋转线极化$\rightarrow$旋转正椭圆极化$\rightarrow$正旋圆极化。

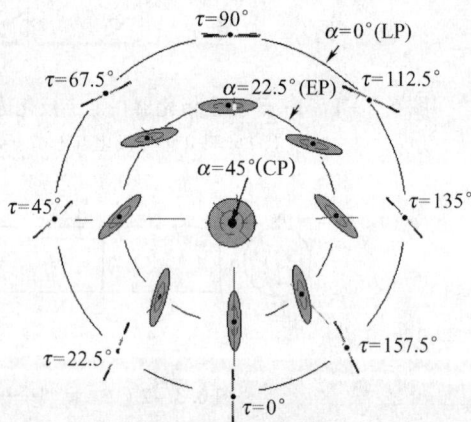

图 6.3 – 4　$A -\pi$ 型全极化器在
上半极化球面上分布投影图

LP—旋转线极化；EP—旋转椭圆极化；CP—圆极化。

6.3 –3　$A - F$ 型全极化器

图 6.3 –5 为 $A - F$ 型全极化器。当垂直极化 VP 进入极化器 A，变成椭圆极化，

再通过法拉第旋转器 F,产生椭圆法拉第旋转,其变极化过程类似于图6.3-4,其中 A 的功能是改变极化形态,F 的功能是改变极化的姿态。其法拉第旋转倾角 τ 不是靠旋转磁场确定,而靠法拉第旋转角 φ 确定。$A-F$ 型全极化器的极化矩阵:

$$T = T_F T_\alpha = \begin{bmatrix} \cos\phi & \sin\phi \\ -\sin\phi & \cos\phi \end{bmatrix} \begin{bmatrix} \cos\alpha & j\sin\alpha \\ j\sin\alpha & \cos\alpha \end{bmatrix}$$

图 6.3-5 $A-F$ 型全极化器

当垂直极化 VP 输入时,输出极化:

$$P = \begin{bmatrix} \cos\phi & \sin\phi \\ -\sin\phi & \cos\phi \end{bmatrix} \begin{bmatrix} j\sin\alpha \\ \cos\alpha \end{bmatrix}$$

即产生椭圆极化旋转,旋转角 $\phi=\tau$,作为全极化器要求在全极化球面上改变,要求 $\alpha \in (-45°,45°)$,$\phi \in (-90°,-90°)$。

6.4 $A-\Theta$ 型全极化器的仿真设计与计算

图6.4-1为 $A-\Theta$ 型全极化结构示意图,工作在 L 波段($f=1080\text{MHz} \sim 1140\text{MHz}$),铁氧体方棒尺寸 $52\text{mm} \times 52\text{mm} \times 250\text{mm}$,用于设置变极化段 A 和双模移相段 Θ。A 段的长度 60mm 用于装配四磁极磁铁;双模移相段 Θ 的长度 60mm 用于装配四磁极磁铁,两种磁化场型旋转45°(图6.4-2)。

这种形式的全极化器的输出极化矢和极化雷达中的琼斯极化矢相对应。

$$T = T_{\Delta\theta} T_\alpha = \begin{bmatrix} \cos\alpha \cdot e^{-j\Delta\theta} & j\sin\alpha \cdot e^{-j\Delta\theta} \\ j\sin\alpha & \cos\alpha \end{bmatrix}$$

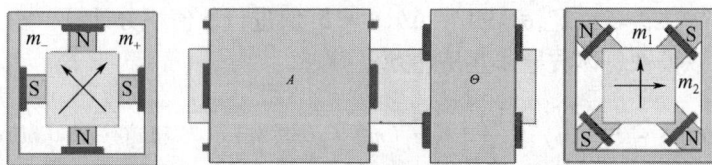

图 6.4-1 $A-\Theta$ 型全极化结构示意图

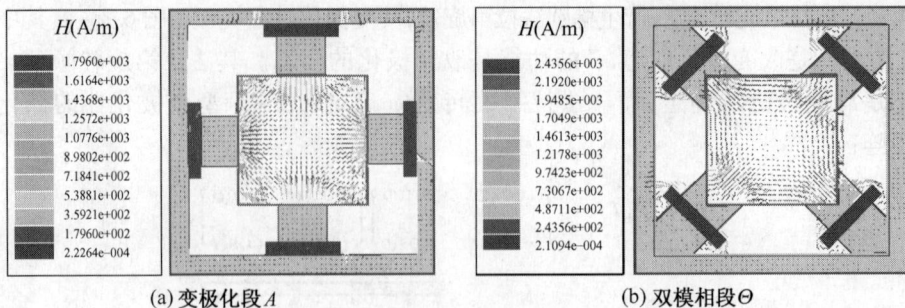

	H(A/m)
	1.7960e+003
	1.6164e+003
	1.4368e+003
	1.2572e+003
	1.0776e+003
	8.9802e+002
	7.1841e+002
	5.3881e+002
	3.5921e+002
	1.7960e+002
	2.2264e-004

(a) 变极化段 A

(b) 双模相段 Θ

图 6.4 – 2　A – Θ 型全极化器两种磁化场型仿真

在铁氧体变极化技术中，$\Delta\theta$ 为 m_1 和 m_2 间波形差相移；α 为变极化段 A 的变极化角，当垂直极化输入时，其输出极化矢为

$$\boldsymbol{P} = \begin{bmatrix} \sin\alpha \cdot \mathrm{e}^{\mathrm{j}(90° - \Delta\theta)} \\ \cos\alpha \end{bmatrix} = \begin{bmatrix} \sin\alpha \cdot \mathrm{e}^{\mathrm{j}\theta} \\ \cos\alpha \end{bmatrix}$$

在极化球中，α，θ 被定义成球面三角上的坐标角（图 6.1 – 1）。

$\sin\alpha$ 和 $\cos\alpha$ 可通过对变极化段的仿真计算所得（图 6.4 – 3），它随磁化状态而变，图中计算了 $M = 0$、$25 \times 10^{-4}\mathrm{T}$、$50 \times 10^{-4}\mathrm{T}$、$75 \times 10^{-4}\mathrm{T}$、$100 \times 10^{-4}\mathrm{T}$、$110 \times 10^{-4}\mathrm{T}$，获得共 12 条频率特性曲线，其中 $M = 0$ 的 $\cos\alpha$ 和 $\sin\alpha$ 曲线基本上是水平分布；$M = 110 \times 10^{-4}\mathrm{T}$ 的 $\sin\alpha$ – f 曲线和 $M = 0$ 的 $\cos\alpha$ – f 曲线，两线基本重合并且水平。水平分布说明变极化器的宽带特性好。本例中当 $M = 0 \sim 110 \times 10^{-4}\mathrm{T}$ 时，极化从水平极化变到垂直极化。

图 6.4 – 4 为双模移相段的波形差相移 $\Delta\theta(m_1, m_2)$ – 频率特性的仿真计算结果。其四磁极磁化方向为对角方向的场型，计算了 $M = 120 \times 10^{-4}\mathrm{T}$ 时，$\Delta\theta \approx 90°$，从 $M = 25 \times 10^{-4}\mathrm{T}$、$50 \times 10^{-4}\mathrm{T}$、$100 \times 10^{-4}\mathrm{T}$、$120 \times 10^{-4}\mathrm{T}$ 共 4 条曲线，当磁化矩 $M \leqslant 100 \times 10^{-4}\mathrm{T}$ 时，其水平分布较好。

上述全极化器的两组仿真曲线，均是在静磁特性仿真和高频仿真两个软件下进行的。

为了进一步论证其仿真曲线的可信度，可以采取对频率点 $f = 1100\mathrm{MHz}$ 的计算：对变极化段，$M = 50 \times 10^{-4}\mathrm{T}$，$\sin\alpha = 0.64$，$\alpha = 39.8°$ 和对双模移相段，$M = 100 \times 10^{-4}\mathrm{T}$，$\Delta\theta = 75.2°$，$\theta = 90° - \Delta\theta$，$\theta = 15°$ 值进行数值积分计算：

（1）双模铁氧体波导非互易性方程

$$S_{12}(m) - S_{21}(m) = \frac{\mathrm{j}\omega}{2} \int_{V_\mathrm{f}} [h_1(m) \cdot \mu h_2(m) - h_2(m) \cdot \mu h_1(m)] \mathrm{d}V$$

对双模移相段：$m = m_1$ 或 m_2。

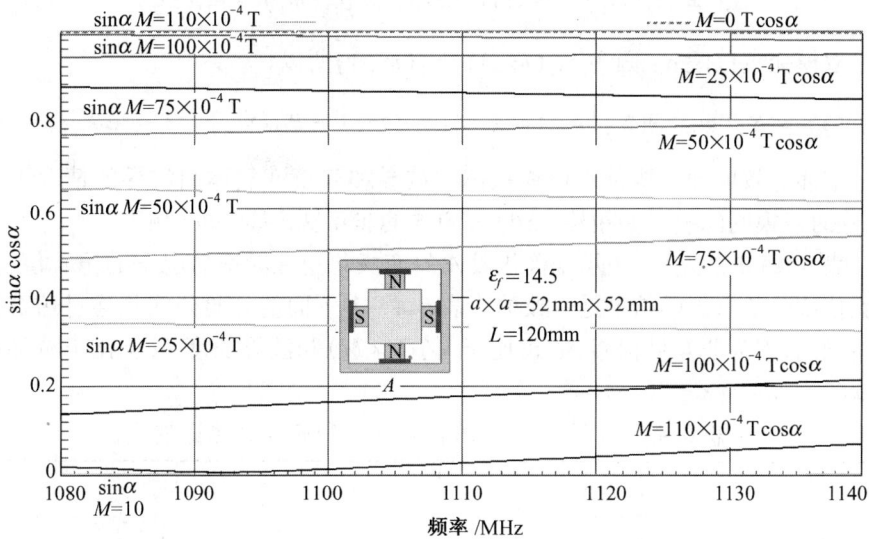

图 6.4 - 3   变极化段 $\sin\alpha, \cos\alpha$ 的仿真计算结果

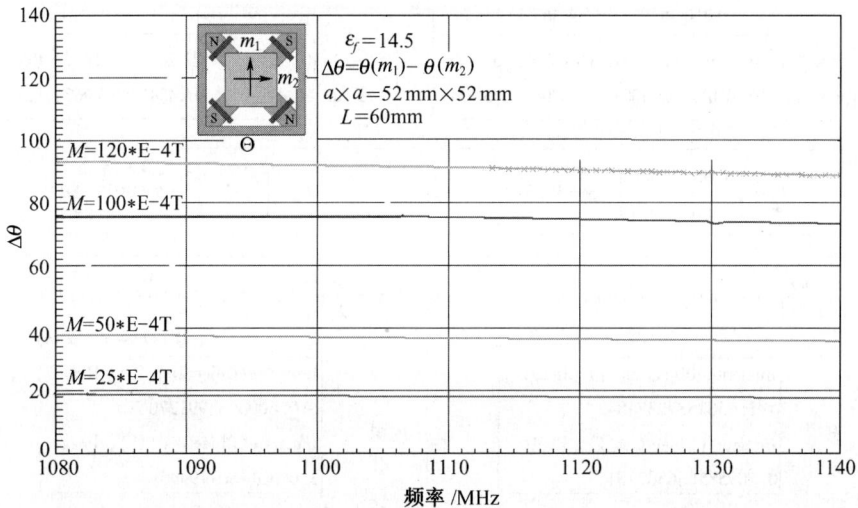

图 6.4 - 4   双模移相段 Θ 的波形差相移 $\Delta\theta(m_1, m_2)$ - 频率特性的仿真结果

对双模变极化段：$m = m_+$ 或 m_-；$m_\pm = m_1 \pm m_2$。

（2）对双模段的模式差相移可利用非互易方程来求解：

非互易移相段 $\mathrm{d}\theta$：$\mathrm{d}S = S_{12}(m) - S_{21}(m) \Rightarrow \mathrm{d}\theta = \theta_{12}(m) - \theta_{21}(m)$，$m = m_1$ 或 m_2。

双模移相段模式差相移 $\Delta\theta$：因为 $S_{12}(m_2) \Leftrightarrow S_{21}(m_1)$，所以

$$\Delta S = S_{12}(m_1) - S_{12}(m_2) \Rightarrow \Delta\theta = \theta_{12}(m_1) - \theta_{12}(m_2)$$

双模变极化段 α：因为 $S_{12}(m_-) \Leftrightarrow S_{21}(m_+)$，所以

$$\Delta S = S_{12}(m_+) - S_{12}(m_-) \Rightarrow \alpha = [\theta_{12}(m_+) - \theta_{12}(m_-)]/2 = \Delta\theta_\pm /2$$

上述等效原理只能是双模铁氧体方波导和双模铁氧体圆波导的情况下成立,这时双模间的模式差相移 $|\Delta\theta|$ 和模式的非互易相移 $|d\theta|$ 相等。

表 6.4-1 的左面,表示变极化段 A 的变极化角在频率情况下的仿真值,其与数值积分法求出的结果是一致的。表 6.4-1 下面的经验公式是通过仿真计算得到的,因为非互易相移 $\Delta\theta$ 正比于 $\kappa/\mu(\propto M)$ 和波导长度 L;反比于波导宽度 a。

表 6.4-1　全极化器的仿真计算和积分计算比较

变极化段	双模移相段
$f = 1100\text{MHz}$　　$M = 50 \times 10^{-4}\text{T}$	$f = 1100\text{MHz}$　　$M = 100 \times 10^{-4}\text{T}$
仿真 　　　　port1:m$_1$　　　　port1:m$_2$ port2:m$_1$　(0.77084, 146.566)　(0.63701, 57.190) port2:m$_2$　(0.63701, 55.130)　(0.77084, 145.754)	仿真 　　　　port1:m$_1$　　　　port2:m$_2$ port2:m$_1$　(0.99894, -172.282)　(0.04545, 105.710) port2:m$_2$　(0.04541, 14.458)　(0.99893, 112.475)
$\downarrow$	$\downarrow$
$T_\alpha = \begin{bmatrix} \cos\alpha & j\sin\alpha \\ j\sin\alpha & \cos\alpha \end{bmatrix}$　$\alpha = 39.57°$	$T_\theta = \begin{bmatrix} e^{j\Delta\theta} & 0 \\ 0 & 1 \end{bmatrix}$　$\begin{aligned}\Delta\theta &= 75.2° \\ \theta &= 90° - \Delta\theta \\ &= 14.8°\end{aligned}$
$dS(m) = \dfrac{j\omega}{2} \displaystyle\int_{V_f} [h_1(m) \cdot \mu h_2(m) - h_2(m) \cdot \mu h_1(m)] dV$	$dS(m) = \dfrac{j\omega}{2} \displaystyle\int_{V_f} [h_1(m) \cdot \mu h_2(m) - h_2(m) \cdot \mu h_1(m)] dV$
$\downarrow$　$m = m_+$ 或 m_-	$\downarrow$　$m = m_1$ 或 m_2
积分计算 Integrate(ObjectList(f), Imag1 　-1.05625873374842 Integrate(ObjectList(f), Real1 0.709585666502264	积分计算 Integrate(ObjectList(f1), Real 　-0.600465399127067 Integrate(ObjectList(f1), Imag 1.06501180719445
$\downarrow$	$\downarrow$
$|dS(m)| = \sqrt{\text{Re}^2 + \text{Im}^2} = 1.3994$ $d\theta = 79.02°$　$\alpha = 39.51°$	$dS = \sqrt{\text{Re}^2 + \text{Im}^2} = 1.2224$ $\Delta\theta = 75.3°$
经验公式　$\alpha = 2.35\dfrac{\kappa}{\mu}\dfrac{L}{a}\text{rad}$	经验公式　$\Delta\theta = 4.46\dfrac{\kappa}{\mu}\dfrac{L}{a}\text{rad}$
$\dfrac{\kappa}{\mu} = \dfrac{\gamma M}{\omega} = 0.127$　$\begin{aligned}L &= 120\text{mm} \\ a &= 52\text{mm}\end{aligned}$　$\alpha = 39.46°$	$\dfrac{\kappa}{\mu} = \dfrac{\gamma M}{\omega} = 0.255$　$\begin{aligned}L &= 60\text{mm} \\ a &= 52\text{mm}\end{aligned}$　$\Delta\theta = 75.2°$

对双模移相段,表6.4-1中右面为双模 m_1, m_2 模式差相移情况,用 m_1 模作为激励模: $P_1(m_1) = 0.5, P_2(m_1) = 0.5$;通过计算 $|d\theta(m_1)|$ 算得 $\Delta\theta(m_1/m_2)$。表6.4-1中左面 m_+, m_- 模式差相移情况,可用 m_+ 作为激励模:$P_1(m_+) = P_1(m_1, m_2) = P_1(0.25, 0.25), P_2(m_+) = P_2(m_1, m_2) = P_2(0.25, 0.25)$。通过计算 $|d\theta(m_+)|$ 算得 $\Delta\theta(m_+/m_-)$ 和 $\alpha(m_1/m_2) = \Delta\theta(m_+/m_-)/2$。

从图6.4-5全极化器实例的数据:可获得椭圆极化矢:($\sin\alpha \cdot e^{j\theta}$, $\cos\alpha$) = ($\sin39.5° \cdot e^{j14.8°}$, $\cos39.5°$),其倾角 $\tau = 39.33°$,轴比 $AR = 0.126$,轴比角 $\delta = 7.26°$。如果 θ 的可调范围为 $\theta \in (-90°, 90°)$, α 的可调范围为 $\alpha \in (-90°, 90°)$,便可获得全极化器的输出。

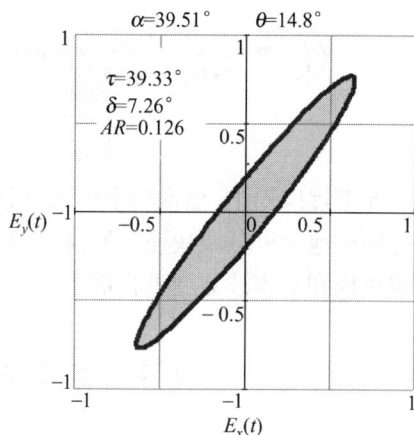

图6.4-5 全极化器的输出极化矢
的坐标角 α, θ 和椭圆极化
τ, δ, AR

第7章 高功率铁氧体变极化技术

在工程应用中,根据功率容量可分成高功率和低功率两类变极化器;从控制极化变换速度可分成快速和慢速两类变极化器;从微波射频电路结构形式又可分成单模和双模波导变极化器等。

7.1 高功率双模变极化器

7.1-1 结构特性

20 世纪 80 年代初,我国新设计的舰载及靶场精密测量雷达,在天馈系统采用了电控变极化技术,从而提高了雷达的信杂比,减少了多路径效应,增强了雷达抗干扰和对目标的识别能力,这已成为雷达发展及应用的一种新趋势。

利用铁氧体在双模波导中的双折射效应,可设计各波段高功率铁氧体变极化器,其典型性能如表 7.1-1 所列。

表 7.1-1 高功率双模变极化器特性

频率范围/GHz	2.5~2.8	5.3~5.9	8.0~10	30~36
插入损耗/dB	0.4	0.4	0.35	0.6
驻波比	1.25	1.25	1.25	1.30
轴比/dB	1.5	1.52	1.52	1.5
极化转换速度/ms	<3	<1.5	<1.5	<1.5
峰值功率/MW	2	1.5	0.2	0.2
平均功率/kW	2	1	0.2	0.1
极化隔离度/dB	22	23	22	22
极化控制电流/A	1.2	1	0.5	0.2
重量/kg	4	3	1.5	0.5
输出极化方式	水平极化,垂直极化,左右圆极化			
环境温度/℃	-20~+60			

7.1-2 高功率变极化器工作原理

高功率变极化器采用横向四磁极场形式(图7.1-1),用极化变换矩阵可清楚地描述其工作原理。总的极化变换矩阵可表示为

$$T = \begin{bmatrix} \cos^2\theta + \sin^2\theta\, e^{-j\theta_N} & \cos\theta\sin\theta - \sin^2\theta\, e^{-j\theta_N} \\ \sin^2\theta - \sin\theta\cos\theta\, e^{-j\theta_N} & \sin^2\theta + \cos^2\theta\, e^{-j\theta_N} \end{bmatrix}$$

$$(7.1-1)$$

式中:θ_N 为可变非互易的波型差相移。

从图7.1-1看出,当发射信号 E_0 馈给高功率变极化器时,就分解成 E_1 和 E_2,此时 $\theta = 45°$,则式(7.1-1)可简化为

$$T = \frac{1}{2}\begin{bmatrix} 1 + e^{-j\theta_N} & 1 - e^{-j\theta_N} \\ 1 - e^{-j\theta_N} & 1 + e^{-j\theta_N} \end{bmatrix} \quad (7.1-2)$$

由此可见,在输入垂直极化波时,控制波型差相移使 $\theta_N = 0°$,$\pm 90°$ 和 $\pm 180°$,便可相应地输出垂直、左旋、右旋和水平极化波。

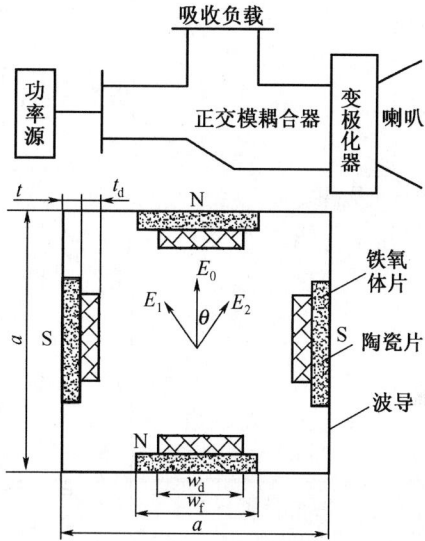

图7.1-1 高功率双模变极化器示意图

7.1-3 非互易波型差相移段分析

在方波导中,H_{10} 模和 H_{01} 模是一对简并的简正波。但在方波导中充有铁氧体时,这两个模式不再保持简并,现在利用微扰法来求出它们的波型差相移 $\Delta\beta$ 的近似解。

由图7.1-1,若磁化方向为法向,则各片铁氧体张量磁导率可表示为

左右片铁氧体:$\boldsymbol{\mu} = \begin{bmatrix} \mu & 0 & 0 \\ 0 & \mu & \mp jk \\ 0 & \pm jk & \mu \end{bmatrix}$

上下铁氧体:$\boldsymbol{\mu} = \begin{bmatrix} \mu & 0 & \mp jk \\ 0 & \mu & 0 \\ \pm jk & 0 & \mu \end{bmatrix}$

(1) H_{10} 模和 H_{01} 模可表示为

H_{10} 模

$$\begin{cases} E_y^{10} = - V_{10}\sqrt{\dfrac{2}{a^2}}\sin\dfrac{\pi}{a}x \\[3mm] E_x^{10} = V_{10}\sqrt{\dfrac{2}{a^2}}\dfrac{\beta_{10}}{\omega\mu_0}\sin\dfrac{\pi}{a}x \\[3mm] H_z^{10} = -\,\mathrm{j}\dfrac{\lambda_0}{a}\dfrac{V_{10}}{\sqrt{2a^2}}\dfrac{1}{\eta_0}\cos\dfrac{\pi}{a}x \end{cases} \qquad (7.1-3)$$

H_{01}模

$$\begin{cases} E_x^{01} = V_{01}\sqrt{\dfrac{2}{a^2}}\sin\dfrac{\pi}{a}y \\[3mm] E_y^{01} = V_{01}\sqrt{\dfrac{2}{a^2}}\dfrac{\beta_{10}}{\omega\mu_0}\sin\dfrac{\pi}{a}y \\[3mm] H_z^{01} = -\,\mathrm{j}\dfrac{\lambda_0}{a}\dfrac{V_{01}}{\sqrt{2a^2}}\dfrac{1}{\eta_0}\cos\dfrac{\pi}{a}y \end{cases} \qquad (7.1-4)$$

为方便起见,令 $V_{10} = V_{01} = 1$,又令 $A = \sqrt{\dfrac{2}{a^2}}\dfrac{\beta_{10}}{\omega\mu_0}$,$A_{10} = -\sqrt{\dfrac{2}{a^2}}$,$B = -\,\mathrm{j}\dfrac{\lambda_0}{a}\dfrac{1}{\sqrt{2a^2}}$ $\dfrac{1}{\eta_0}$,$A_{01} = \sqrt{\dfrac{2}{a^2}}$,由此得出合成波的场分布

$$\boldsymbol{H}_0 = \begin{bmatrix} H_x^{10} \\ 0 \\ H_z^{10} \end{bmatrix} + \begin{bmatrix} 0 \\ H_y^{01} \\ H_z^{01} \end{bmatrix} = \begin{bmatrix} A\sin\dfrac{\pi}{a}x \\[3mm] A\sin\dfrac{\pi}{a}y \\[3mm] B\left(\cos\dfrac{\pi}{a}x + \cos\dfrac{\pi}{a}y\right) \end{bmatrix} \qquad (7.1-5)$$

$$\boldsymbol{E}_0 = \begin{bmatrix} 0 \\ E_y^{10} \\ 0 \end{bmatrix} + \begin{bmatrix} E_x^{01} \\ 0 \\ 0 \end{bmatrix} = \begin{bmatrix} A_{01}\sin\dfrac{\pi}{a}y \\[3mm] A_{10}\sin\dfrac{\pi}{a}y \\[3mm] 0 \end{bmatrix} \qquad (7.1-6)$$

（2）将磁化方向相反由此得出

$$\Delta\boldsymbol{\mu} = \mu_0 \begin{bmatrix} 0 & 0 & -\mathrm{j}2k \\ 0 & 0 & -\mathrm{j}2k \\ \mathrm{j}2k & \mathrm{j}2k & 0 \end{bmatrix} \tag{7.1-7}$$

将 $\boldsymbol{E}_0$，$\boldsymbol{H}_0$ 及 $\Delta\boldsymbol{\mu}$ 代入微扰公式进行运算后获得传播常数微扰值为

$$\Delta\beta_{\pm} = \frac{8k}{a}\frac{\pi}{\pi\mu}\sin\frac{\pi}{a}t\sin\frac{\pi w}{2a} \tag{7.1-8}$$

式中：t,w 分别为铁氧体的厚度和宽度；k 为铁氧体材料张量磁导率的非对角分量。

7.1-4　射频结构设计和加载技术

为了获得最佳非互易波型差相移,必须确定合理的波导结构和铁氧体片的磁化方式。

（1）选定方波导和铁氧体片的尺寸。设 C 波段方波导边长 a 为 32mm；铁氧体片宽度 w 为 21mm,厚度 t 为 2.5mm。

（2）采用高温度稳定性的钇钆锡石榴石材料,其归一化饱和磁矩 $p = 0.55$,把上述参数代入式(7.1-8),经计算得单位长度波型差相移 $\Delta\beta = 10.45°/\mathrm{cm}$。要得到需要的波型差相移,应选取适宜的铁氧体片长度。

（3）介质片加载采用小损耗的滑石瓷($\varepsilon = 6$)片在铁氧体表面进行加载,一方面可提高相移量,另一方面可提高器件的平均功率容量。在设计器件时,要尽量采用薄的铁氧体片,以增大与波导接触面积来改善热传导性能。

实验证明,铁氧体片介质加载后,可使非互易波型差相移增加30%～40%,最大可达50%,但有时会激励高次模,因此,要注意选合适的介质片尺寸。

7.1-5　变极化性能和应用

1. 圆极化椭圆度

在图 7.1-1 中,分别给垂直臂或水平臂馈入射频信号,当磁化电流为0.62A 时,在变极化器的输出端,利用旋转的圆波导,连续测试了左旋、右旋圆极化波的轴比和频率关系,如图 7.1-2 所示。

2. 变极化器加载特性

实验选用滑石瓷片长度 $L_{\mathrm{d}} = 10\mathrm{cm}$,宽度 $w_{\mathrm{d}} = 1.6\mathrm{cm}$,厚度 $t_{\mathrm{d}} = 0.1\mathrm{cm}\sim$0.15cm,将它贴在铁氧体薄片上,并测出驻波比和损耗与频率的关系(图7.1-3)。

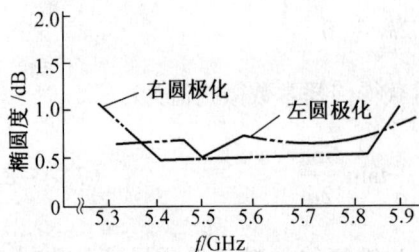

图 7.1 - 2　电控极化轴比和频率关系

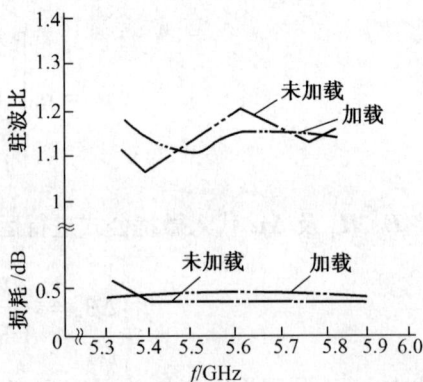

图 7.1 - 3　驻波比、损耗与频率关系

3. 变极化器的高功率特性

在自然冷却下,变极化器能承受峰值功率 1MW,平均功率 1kW,而器件表面温度为 38℃(室温为 22℃);当频率为 6.1GHz 时,器件能承受 4kW 的连续波功率。在高功率状态下,峰值功率不同,它的插入损耗也略有不同。如峰值功率为 650kW 时,器件的插入损耗小于 0.5dB,而当峰值功率接近 1MW 时,其器件插入损耗就接近 0.5dB ~ 0.75dB。

4. 高功率变极化器的应用

在雷达变极化技术应用中,变极化器还可以用于电子干扰设备,它能快速发射多种极化,以有效地干扰敌方;另外它还能用于极化反干扰装置,瞬时侦察并测定信号的圆极化旋向,以发射反旋向的圆极化波,从而减弱敌方干扰信号的威力。高功率变极化器和差相移组合后,便成为全极化器,其工作原理将在下节详细讨论。

7.2　高功率铁氧体全极化器

现代雷达变极化技术是当前极化雷达发展所面临的关键技术,雷达变极化可从目标的极化散射矩阵中获得丰富的极化信息,这对解决雷达面临的四大威胁(干扰、隐身、低空突防及反辐射导弹)和提高目标识别能力具有十分重要的作用。当前实现变极化技术应用的方法有很多种,微波铁氧体变极化技术一直受到人们的密切关注。20 世纪 80 年代 ~ 90 年代,经研发设计的新型铁氧体电控器件,已成功应用于 X 波段导航雷达,8mm 低仰角测量雷达以及全波段(L,S,C,X)低轨卫星单脉冲宽带地面情报侦察雷达天馈接收支路,以完成极化发射及接收转换成单极化输出,这一极化特征增强了雷达目标检测及抗自然干扰的能力。但近代雷达变极化技术的发展要求是全极化工作,工作在各种形态(各种极化)、各种姿态(不同椭轴倾角)和不同极化旋向。这一新的全极化域电控技术特性,对现在雷达变极化问题的研究及提高雷达实战能力,将无疑有着十分重要的意义。

全极化技术应用频段范围广,其工作频率为 0.9GHz ~ 40GHz(L,S,C,X,Ku 及 Ka 等波段)。这对现代雷达及移动通信技术提供更好的实用技术。正因为极化雷达的实战意义十分重要,所以欧美等发达国家拥有的极化雷达数量越来越多,如美国有 NASA 的 JPL/CV - 990 多波段(L,C,X)极化合成孔径雷达,陆军的 Ku 波段极化测量雷达,空军用的 RADSS 波段极化跟踪雷达;英国 SARC 的 CH1LOTONS 波段极化雷达;加拿大 NRCC 的 S,C 波段极化雷达等。

7.2 -1   高功率全极化器微波结构及基本原理

铁氧体全极化器是利用铁氧体波导中的变极化效应,波型差相移效应所设计成的新型全极化器,图 7.2 - 1 为 3 种不同类型结构示意图,前者的功能完成微波信号幅度调整,后者仅是完成相位调整,全极化器由正交模器、变极化器、移相器、极化电源及相位电源六部分组成。图中所示的铁氧体全充填全极化方波导,圆波导及部分充填方波导并配置不同的四磁极磁化场来实现全极化功能,只要控制外加磁化场大小,就能在铁氧体方波导、圆波导等波导中,传播微波信号的垂直极化波、水平极化波、左、右圆极化波或任意椭圆极化波。因此本器件类型具有多功能特性,在微波技术领域中,将可获得多种多样的新应用,表 7.2 - 1 为 L,S,X 及 Ku 波段铁氧体全极化器技术特性比较。

表 7.2 -1   全极化器技术特性比较

频段	L		S	X	Ku
频率/GHz	0.9 ~ 1.2	1.2 ~ 1.4	2.5 ~ 3.5	8 ~ 10	12 ~ 18
驻波	<1.35	<1.35	1.35	1.3	1.3
插入损耗/dB	<1	<1	<1	0.8	0.8
极化转换时间/ms	<3	<3	<1.5	0.5	<0.5
峰值功率/kW	500	300	300	200	10
平均功率/kW	0.5	3	3	0.25	0.1

频段	L	S	X	Ku
极化相移/(°)	±180	±180	±180	±180	±180
差相移/(°)	±90	±90	±90	±90	±90
输入极化方式	V 或 H	V 或 H	V 或 H	V 或 H	V 或 H
输出极化方式	任意极化	任意极化	任意极化	任意极化	任意极化
相对带宽/%	<8	<16	<12	<10	<10
尺寸/cm	<120	<120	<100	<30	<20
重量/kg	<18	<18	<50	<5	<1.5
环境温度/℃	-20 ~ +60	-20 ~ +60	-20 ~ +60	-20 ~ +60	-20 ±60
应用特征	抗干扰与识别目标				

图 7.2 - 1 中任一种全极化器,当垂直极化波或水平极化波从左端输入时, 则右端即可得到全极化输出,现定义极化矩阵 $\boldsymbol{T}$ 为

$$\boldsymbol{T} = \begin{bmatrix} \cos\alpha \cdot e^{j\Delta\phi} & j\sin\alpha \cdot e^{j\Delta\phi} \\ j\sin\alpha & \cos\alpha \end{bmatrix} \qquad (7.2-1)$$

若输入水平极化波 $\begin{bmatrix} 1 \\ 0 \end{bmatrix}$ 时,则输出端的极化为

$$\begin{bmatrix} E_x \\ E_y \end{bmatrix} = \boldsymbol{T} \begin{bmatrix} 1 \\ 0 \end{bmatrix} = \begin{bmatrix} \cos\alpha \cdot e^{j\Delta\phi} \\ j\sin\alpha \end{bmatrix} \qquad (7.2-2)$$

式中: $\phi = \Delta\phi - 90°$。

当 α、ϕ 在 $[-90°, 90°]$ 域内变化时,也可获得全极化输出。

7.2 - 2　高功率全充填铁氧体方波导(或圆波导)全极化器

1. 横向磁化铁氧体方波导传播常数解

1) 张量磁导率磁化差值 $\Delta\overset{\leftrightarrow}{\mu}(\theta)$ 的求法

利用微扰的方法,将未加磁化场的参考方波导作为标准波导,见图 7.2 - 2, 然后加上外横向磁化场时, $\overset{\leftrightarrow}{\mu}(\theta)$ 便产生微扰变化,因此, $\Delta\overset{\leftrightarrow}{\mu}(\theta)$ 是磁化态和参

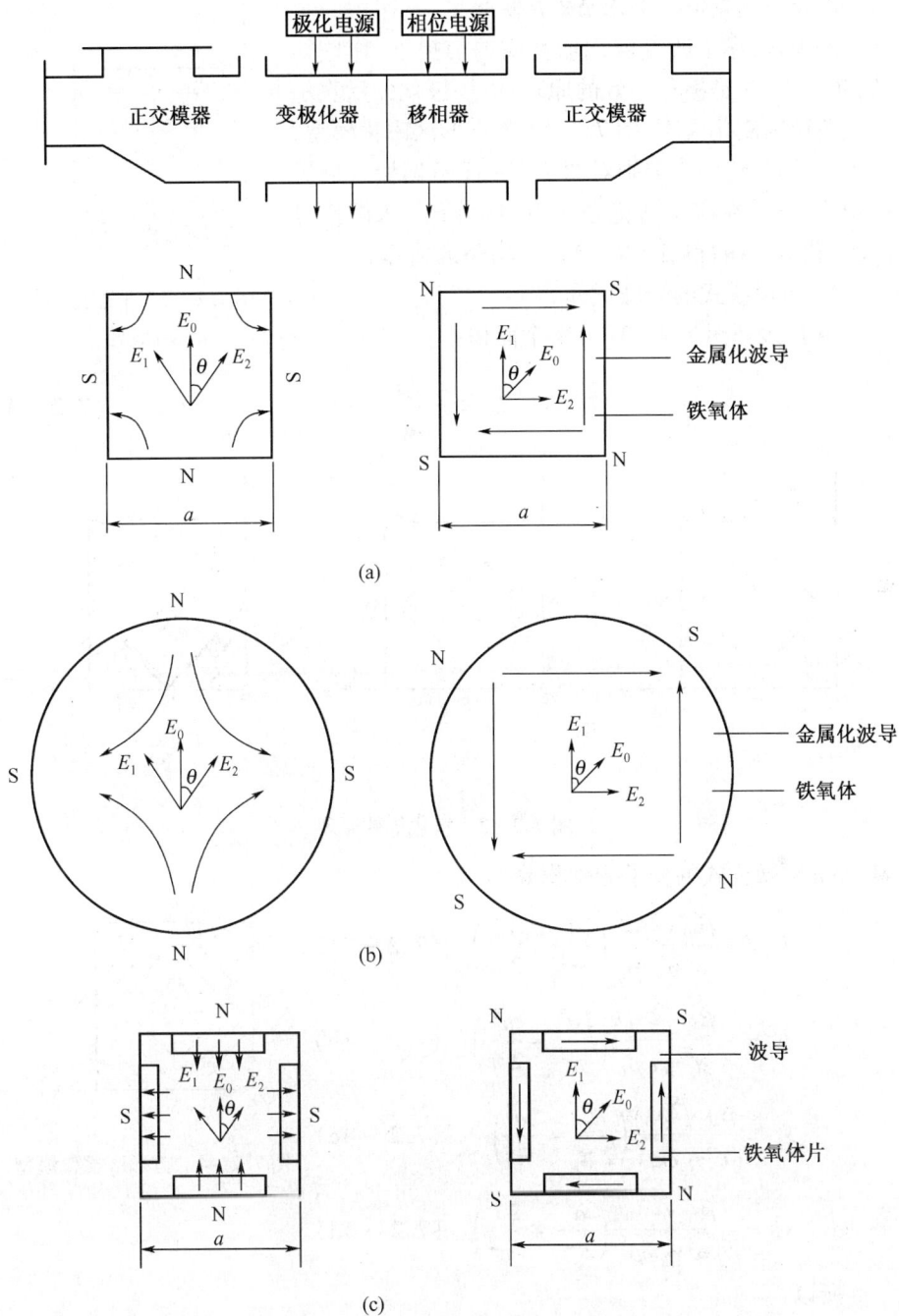

图 7.2 - 1 铁氧体全极化器示意图

考未磁化态之差值。为求 $\Delta\beta$ 方便起见，一律用一个方向的极化，在不改变极化场性质的前提下，作些等效，图 7.2 – 3 是极化等效的原理，电场极化矢量表示为三角形区磁化模型，图 7.2 – 4 为方形区磁化模型，因此，运用微扰公式分别对图 7.2 – 3(c)四块区域进行积分运算，在应用微扰公式中，利用 H_0（未微扰时的场）代替了微扰后的 H_i，这只是粗略的估算。

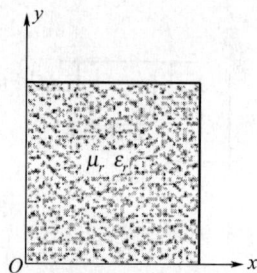

图 7.2 – 2　未磁化标准
方波导

2) 对微扰式的分母积分

用 I_0 表示图 7.2 – 3(c)整个面积：

$$I_0 = = \frac{2\beta_{10}}{\omega\mu_0} \qquad (7.2 - 3)$$

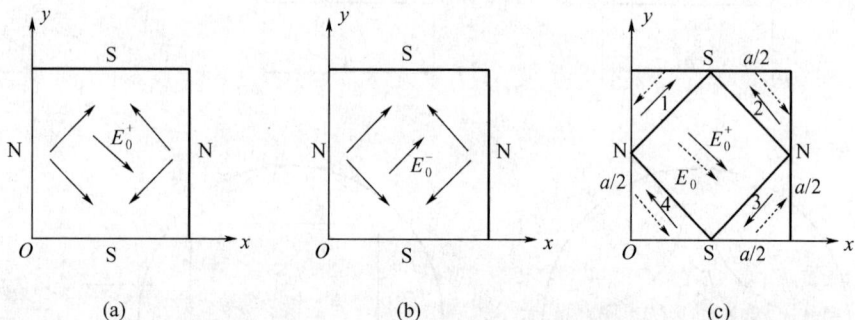

(a)　　　　　　(b)　　　　　　(c)

图 7.2 – 3　极化等效原理

3) 对微扰式的分子分别积分

$$I_1 = -\frac{\beta_{10}\sqrt{2}\lambda_0 k}{a^3 \eta_0 \omega\mu_0}\left(\frac{2a^2}{\pi^2} - \frac{a^2}{2\pi}\right) \qquad (7.2 - 4a)$$

$$I_2 = -\frac{\beta_{10}\sqrt{2}\lambda_0 k}{a^3 \eta_0 \omega\mu_0}\left(\frac{2a^2}{\pi^2} + \frac{a^2}{2\pi}\right) \qquad (7.2 - 4b)$$

$$I_3 = \frac{\beta_{10}\sqrt{2}\lambda_0 k}{a^3 \eta_0 \omega\mu_0}\left(\frac{a^2}{2\pi} - \frac{2a^2}{\pi^2}\right) \qquad (7.2 - 4c)$$

$$I_4 = -\frac{\beta_{10}\sqrt{2}\lambda_0 k}{a^3 \eta_0 \omega\mu_0}\left(\frac{a^2}{2\pi} + \frac{2a^2}{\pi^2}\right) \qquad (7.2 - 4d)$$

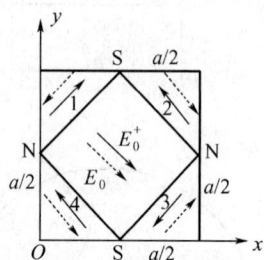

图 7.2 – 4　方形区磁化模型

所以

$$I_0 \text{分子} = I_1 + I_2 + I_3 + I_4 = \frac{8\beta_{10}\sqrt{2}\lambda_0 k}{a\omega\eta_0 \pi^2\mu_0} \qquad (7.2 - 5)$$

因此 $\qquad \Delta\beta = \dfrac{I_0 \, 分子}{I_0 \, 分母} = \dfrac{4\sqrt{2}}{a\pi}(k/\mu)$ (7.2-6)

式中：$k = \dfrac{\omega_m}{\omega}$，$a$ 为方波导（cm）。

式（7.2-6）是三角形区磁化模型所求的差相移段的传播常数。

另外，从图 7.2-4 中方形区磁化模型考虑，图 7.2-4I_0 面积和图 7.2-3(c)I_0 面积相同，而方形区磁化模型各区域积分为

$$I_1 = \frac{\beta_{10}\sqrt{2}\lambda_0 k}{a^3 \eta_0 \omega\mu_0}\left(\frac{4a^2}{\pi^2} - \frac{a^2}{\pi}\right) \qquad (7.2-7a)$$

$$I_2 = \frac{\beta_{10}\sqrt{2}\lambda_0 k}{a^3 \eta_0 \omega\mu_0}\left(\frac{4a^2}{\pi^2} + \frac{a^2}{\pi}\right) \qquad (7.2-7b)$$

$$I_3 = \frac{\beta_{10}\sqrt{2}\lambda_0 k}{a^3 \eta_0 \omega\mu_0}\left(\frac{4a^2}{\pi^2} - \frac{a^2}{\pi}\right) \qquad (7.2-7c)$$

$$I_4 = \frac{\beta_{10}\sqrt{2}\lambda_0 k}{a^3 \eta_0 \omega\mu_0}\left(\frac{4a^2}{\pi^2} + \frac{a^2}{\pi}\right) \qquad (7.2-7d)$$

所以 $\qquad I_{0分子} = I_1 + I_2 + I_3 + I_4 = \dfrac{16\beta_{10}\sqrt{2}\lambda_0 k}{a\omega\mu_0\pi^2}$ (7.2-8)

$$\Delta\beta = \frac{8\sqrt{2}}{a\pi}\left(\frac{k}{\mu}\right) = 3.6\frac{1}{a}\left(\frac{k}{\mu}\right) \qquad (7.2-9)$$

式（7.2-9）是方形区磁化模型所求的差相移段的传播常数，它和耦合波理论式分析结果相近，是设计变极化器的移相段重要依据。

2. 全充填横向磁化铁氧体方波导（或圆波导）移相段传播常数

图 7.2-1(a)右图为差相移段，其 4 个磁化中心的坐标分别为$(a/2,0)(0,a/2)$，$(-a/2)$，$(-a/2,0)$ 和 $(0,-a/2)$，应用多磁化中心的概念，则可解出 H_{10} 波和 H_{01} 波的传播常数分别为

$$\begin{cases} \beta_{10} = -jT^v_{1010} + j\sqrt{z_{1010}y_{1010}} \\ \beta_{01} = -jT^v_{0101} + j\sqrt{z_{0101}y_{0101}} \end{cases} \qquad (7.2-10)$$

因此，H_{10} 波和 H_{01} 波是一对不发生耦合作用的简正波，它们的传播常数不同，故 H_{10} 波和 H_{01} 波之间存在波型差相移（即指两个波型在同一方向传播时的相位差），且它们各自又都存在非互易相移（即指同一波型在相反方向传播时的相位差），它们的数值相等，其单位长度上差相移的计算公式为

$$\Delta\beta = \left| -j\left[T^v_{1010} - T^v_{0101}\right]\right| = \left|\frac{2.77k}{\mu a}\right| \qquad (7.2-11)$$

这样，H_{10}波和H_{01}波就称为一对非互易简正波，形成所谓的非互易双折射效应。在低场区，$k>0$，$\beta_{10}<\beta_{01}$，即$\nu_{10}>\nu_{01}$，因此，H_{10}波是快波，而H_{01}波是慢波，由此可见，在对称四磁化中心的双折射效应中，其快慢轴的判据原则是：当传播沿着z轴方向，直流磁化场的 N 极在轴的左侧，此轴就是快轴，与之垂直的轴就是慢轴；而当传播方向相反（$-z$ 方向），则原来的快轴变成了慢轴，慢轴又变成了快轴，这种快慢轴随传播方向改变而变化的现象称为非互易的双折射效应。因此，在输入端输入 45°，从而当输出端的波型差相移为 $\pm\pi/2$ 时，就变成正、负圆极化波输出；当波型差相移为 π 时，就变成 $-45°$ 线极化波输出；当波型差相移为 2π 时，就变成 $+45°$ 线极化波输出。这样，就可做成输出 4 种不同极化波的变极化器件。

7.2 –3　高功率部分充填铁氧体方波导全极化器

部分充填横向磁化铁氧体方波导全极化器主要组成结构示意图如图 7.2 – 1（c）所示，其变极化段传播常数微扰分析已如 7.1 节论述。图 7.2 – 1（c）右图是四磁极切向磁化，同样采用微扰公式求出差相移段的传播常数解如下：

（1）右边铁氧体片 $\mu_{zx}=-\mathrm{j}k$

$$I_{右}=\mathrm{j}kAB\mu_0\frac{a^2}{\pi}\sin^2\frac{\pi}{a}t \tag{7.2 – 12}$$

（2）左边铁氧体片 $\mu_{zx}=\mathrm{j}k$

$$I_{左}=\mathrm{j}AB\mu_0\frac{a^2}{\pi}\sin^2\frac{\pi}{a}t \tag{7.2 – 13}$$

（3）上边铁氧体片 $\mu_{zy}=\mathrm{j}k$

$$I_{上}=\mathrm{j}kAB\mu_0\sin^2\frac{\pi}{a}t \tag{7.2 – 14}$$

（4）下边铁氧体片 $\mu_{zy}=-\mathrm{j}k$

$$I_{下}=\mathrm{j}kAB\mu_0\sin^2\frac{\pi}{a}t \tag{7.2 – 15}$$

把式（7.2 – 12）~式（7.2 – 15）代入微扰公式，

$$\Delta\beta=\Delta\beta_+-\Delta\beta_-=\frac{4}{a}(k/\mu)\sin^2\frac{\pi t}{a} \tag{7.2 – 16}$$

式中：a 为波导边长（cm）；t 为铁氧体厚度（cm）。

式（7.2 – 16）和耦合波理论公式一致。

第3编　铁氧体变极化技术及应用

7.2-4 铁氧体全极化器设计中的关键技术

（1）新型的微波结构。根据图 7.2-1 的分析得到的传播常数公式(7.1-8)、式(7.2-9)、式(7.2-11)及式(7.2-16)均为设计所需求的各波段高功率铁氧体变极化器,移相器计算依据,在实现铁氧体全极化器功能特性,要求各组件的插入损耗尽可能小,这样才能有利于高功率工作。

（2）新型的周期性加载结构。工作 L 波段高功率铁氧体全极化器,如果采用常规设计方案,则微波结构形状庞大,设计及制作成本高,现采用铁氧体—低损耗热传导陶瓷介质组合(图 7.2-1(a)、(b)中的变极化段),移相段均为组合一体化射频结构,其体积小、重量轻、结构形状紧凑,这种结构已被高功率全极化器采用。

铁氧体介电常数 ε_f 和热传导陶瓷介电常数 ε_d 大体一样,层与层间反射量很小时,多层反射在一定条件下可以互相抵消,使全极化器输入端和输出端有良好的阻抗匹配,这类组合的射频结构横向尺寸偏大,变极化效应变弱,因为热传导系数好于铁氧体热传导系数 3 倍~4 倍,在铁氧体中的热量其部分也通过热传导陶瓷传递到波导壁上。

图 7.2-5 为铁氧体圆片(或方片)与介质片组合周期加载结构示意图。

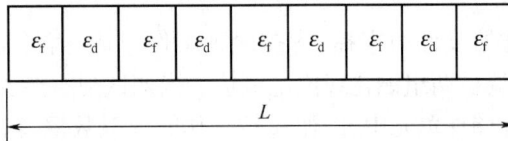

图 7.2-5 铁氧体—陶瓷介质周期性结构

（3）选低损耗、高优质、高温度稳定性的石榴石铁氧体材料是实现高性能组合全极化器的重要基础。在高功率状态下,要求变极化技术指标在合理范围之内,考虑到全极化器低损耗的优势,折衷选择掺杂质元素,以克服相移漂移。

（4）高速极化转换速度。极化转换速度快慢是雷达技术应用中一个重要技术指标,为了实现快速极化转换通常采用下列方法:

① 在铁氧体方波导或圆波导周围表面上,蒸发一层 $3\mu m$ 厚的金属层,以形成金属化微波铁氧体方波导(或圆波导),增大电阻率,克服涡流效应。

② 高速极化控制电路设计。全极化器实现从一种极化态变换到另一种极化态所需要的时间,主要受到磁化电路的时间常数制约,即波导壁上感应的涡流及磁极磁芯感应的涡流,因此,采用低电压,并具有上下脉冲适宜幅度,宽度磁化电流来激励,以实现快速极化变换。

图 7.2－6 为铁氧体全极化器控制系统。系统 CPU 接收雷达主机发出的极化控制信号,送到相应的存储单元读取数据,再送相应 D/A 转换器,经恒流放大电路,来驱动铁氧体全极化器工作。

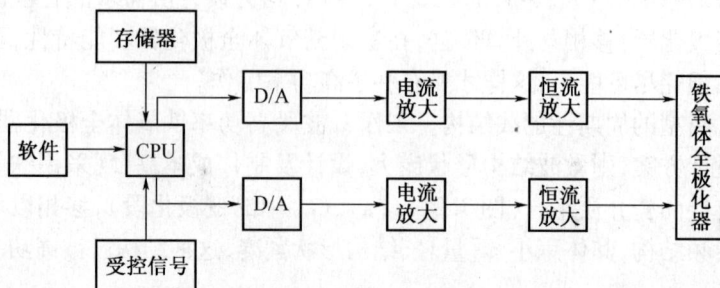

图 7.2－6　铁氧体全极化器控制系统

在本控工作方式下,通过外接的手动调节按键,可分别方便地调试两组电流,将数据存于相应的存储器,以便遥控工作时读取数据。在遥控工作时,系统可直接与主机相连,方便快捷地改变极化状态,以满足实际工作需要。

7.2－5　铁氧体全极化器电性能特性

铁氧体全极化器设计为本控、遥控两种工作方式,前者是通过手动调节按键,可分别方便地调试两组磁化线圈电流值。当调试到所要求各工作状态后,即将诸数据相应地存储在单元中,以便遥控工作时读取数据,输出正确的电流值,数码管显示器可显示出暂态工作电流值。在遥控工作方式下,工作系统可直接与设备主控机相连接,使雷达方便、快捷地改变极化状态,以满足实际探测工作内容的需要。

铁氧体全极化器是多功能器件,体积小、性能优良、制作设计成本低、控制应用灵活,是任何可控铁氧体器件不可比拟的,具有独特的新功能,在现代电子高频微波天馈系统中,具有重要应用意义。全极化器根据图 7.2－1 结构示意图,将全极化器不同电性能测试结果简述如下:

1. 高功率铁氧体方波导全极化器典型电性能测量(图 7.2－1(a))

1) 全极化器转换时间

铁氧体全极化器是由电流控制,电流的瞬态过程对变极化从一个稳定状态到另一个稳定状态的时间长短是关系到铁氧体变极化器能否在变极化系统中应用的重要问题,高功率铁氧体变极化器和它的快速极化转换时间是很矛盾的,在实际设计和制作中,要全面考虑有关影响转换速度各种因素(在后面有关章节详细分析)。

根据图 7.2－7 铁氧体全极化器，矢网 8753A 变极化控制电源连接组成，当矢网 8753A 调整输出频率范围为某一频率时，使控制极化电源电流输出大小，以使铁氧体变极化器由垂直端口输入→水平端口输出最大（或垂直端口输出最大）→在矢网 8753A 显示屏上获得较满意的实际测量动态转换时间，其上升沿和下降沿均为 1.5ms～2ms，其测量动态波形如图 7.2－8 所示，理论计算和实际测量相一致。

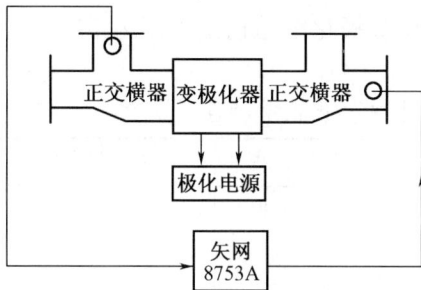

图 7.2－7　铁氧体全极化器极化
转换时间测量

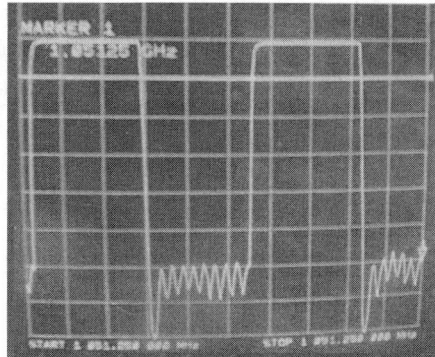

图 7.2－8　全极化器转换时间测量结果
（纵轴 6dB/格，横轴 10ms/格）

2）铁氧体全极化器静态特性

根据铁氧体全极化器技术条件、微波结构、铁氧体物理尺寸及其参数等，将它们组合装配后，对其主要技术指标进行测试，以提供高功率实验的基础。它能否承载高功率容量关联多种技术因素，如铁氧体材料参数选用是否合适、微波结构设计、机械加工公差精度、整体组合后的技术指标调整等。图 7.2－9 为铁氧体全极化器静态测量，包括矢网 8753A、极化电源、相位电源、极化测量器等。

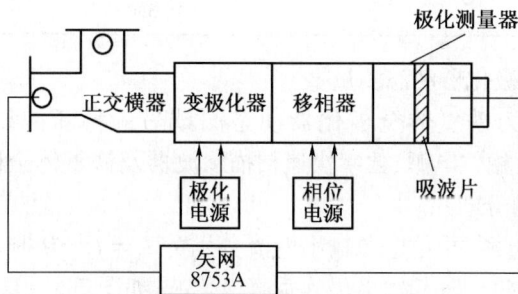

图 7.2－9　铁氧体全极化器静态测量

（1）由图 7.2－9 可知，当极化电源、极位电源的控制电流 $I_1 = I_2 = 0$ 时，矢网输出某频率范围，调节极化测量器，输出插入损耗，驻波特性如表 7.2－2 所列。

表 7.2 - 2　静态插入损耗及驻波特性

频率/GHz	1	1.02	1.04	1.06	1.08	1.1
插入损耗/dB	0.55	0.45	0.39	0.39	0.4	0.45
驻波比	1.33	1.28	1.26	1.26	1.3	1.35
器件尺寸/m	<1.2					

（2）当极化电源输出电流 $I_2 = 0$ 时，调节极化电源电流输出电流 I_1 大小，使极化测量器输出左、右椭圆极化（左圆极化或右圆极化），其轴比为1dB～1.5dB。

（3）当极化电源输出电流 $I_2 = 0$ 时，调节极化电源输出电压为 14V，电流 $I_1 = 230mA$，极化测量器输出水平极化（表7.2 - 3）。

表 7.2 - 3　垂直极化到水平极化正交特性

频率/GHz	1	1.02	1.04	1.06	1.08	1.1
水平极化插入损耗/dB	0.55	0.51	0.35	0.39	0.4	0.5
垂直极化水平极化正交隔离度/dB	22	23	25	25	24	23
器件尺寸/m	<1.2					

（4）当极化电源输出电流 $I_1 = 0$ 时，调节相位电源输出电流 I_2 大小，测量差相移（表7.2 - 4）。

表 7.2 - 4　差相移特性

频率/GHz	1	1.02	1.04	1.06	1.08	1.1
差相移 $\Delta\phi/(°)$	112	111	106	104	102	100
相位电源电压/V	12					
极化电源电流/mA	350					

3）铁氧体全极化器动态测量

图7.2 - 10 为铁氧体全极化器动态测试另一种新的显示形式，由矢网8753A、极化电源、相位电源、数字快速扫描示波器及铁氧体全极化器组成，其动态波形图像简述如下：

（1）当极化电源、相位电源输出电流分别为 $I_1 = I_2 = 0$ 时，矢网信号输出馈给变极化器垂直极化波，其输出仍为垂直极化波，如图7.2 - 11a 所示。

（2）当极化电源、相应电源输出电流分别 $I_1 \neq 0$，$I_2 = 0$ 时，磁化电流为适宜值时，同样馈给变极化器为垂直极化波，在变极化器输出端便得到幅度相等、相位差为 ±90° 的左、右圆极化波，如图7.2 - 11b 所示。

第3编　铁氧体变极化技术及应用

162

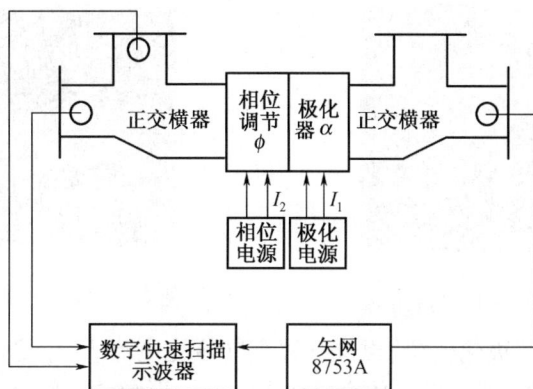

图 7.2 – 10　动态测量方框图

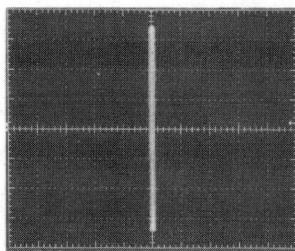

图 7.2 – 11a　垂直极化波

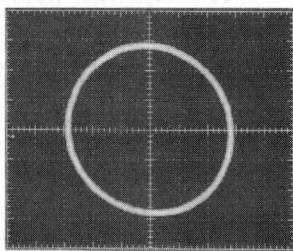

图 7.2 – 11b　左、右圆极化波

（3）当相位电源输出电流 $I_2 = 0$，调节极化电源输出电压为 14V 时，$I_1 = 230$mA 时，变极化器便产生 180°波型差相移，当馈入变极化器垂直极化波时，即为输出水平极化波，如图7.2 – 11c 所示。

（4）当极化电源、相位电源输出磁化电流 I_1，I_2 调节为适宜值时，在变极化器输出端分别产生 ±45°的椭圆极化波，图 7.2 – 11d 为 −45°的左椭圆极化波。

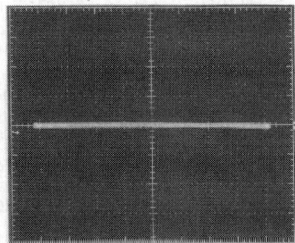

图 7.2 – 11c　水平极化波

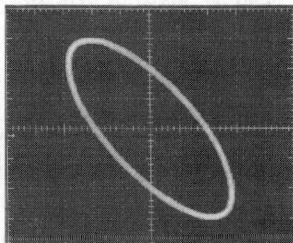

图 7.2 – 11d　−45°左椭圆极化波

（5）当极化电源、相位电源输出磁化电流 I_1，I_2 为某种数值时，变极化器输出端便产生 ±45°的线极化波，图 7.2 – 11e 为 −45°线极化波。

（6）当极化电源、相位电源输出磁化电流 I_1，I_2 调节某种磁化电流时，变极化器输出为水平椭圆极化波，如图 7.2 – 11f 所示。

第 7 章　高功率铁氧体变极化技术

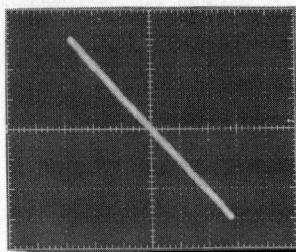

图 7.2 – 11e   – 45°线极化波

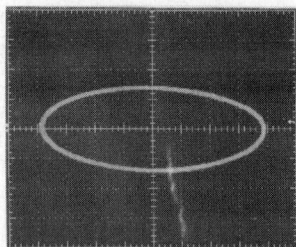

图 7.2 – 11f   水平椭圆极化波

上述只是调节极化电源、相位电源不同磁化电流 I_1, I_2 之值时,利用 TEXK 型快速扫描示波器,显示铁氧体全极化器动态波形图的一部分功能,它的多种极化功能实现也由软件程序来保证。

4) 承受高功率计算和试验比较

一般充满铁氧体方波导或圆波导耐峰值功率和平均功率容量是有限的,波导场强度为 $E_0 = 3 \times 10^6 \text{V/m}$,当铁氧体波导内无间隙时,通过计算,铁氧体中场强度最大值为 $E_n = 18 \times 10^4 \text{V/m}$,因此,$E_n < E_0$,在 L 波段铁氧体全极化器,将采用分段加载技术等,经大功率试验设备多次试验证明,在风冷条件下,也能承载较高的峰值功率为 600kW,平均功率容量为 600W 连续稳定工作。

2. 高功率宽带铁氧体圆波导全极化器(图 7.2 – 1(b))

1) 高功率宽带全极化器设计意义

当前对空情报雷达所处的电磁波环境复杂而多变,使雷达的作战应用性能难以有效发挥,反辐射导弹和反辐射无人机的出现,低空突防技术的应用必须将新技术应用于现代雷达系统,提高雷达系统战场适应能力,发挥雷达的整体作战效能。雷达的极化特征是雷达回波信号中除幅度、相位、多普勒频移以外的第四特征,全极化与变极化技术在雷达系统中的应用可大大提高雷达系统综合性能。

在极化雷达的工作实现上,许多极化雷达也是在现有雷达基础上进行改装,使其具有极化处理功能。全极化与极化处理难度大,大多数极化雷达只是具备水平极化、垂直极化、圆极化等几种特殊极化的发射和接收变极化功能,忽略了在特殊极化之外还存在大量的椭圆极化。因此,在技术和器件的双重制约下,现有雷达变极化系统还无法做到全极化域覆盖。

针对传统变极化器的缺陷,现研制出了承载峰值功率容量 100kW,平均功率 3kW,工作频宽为 15% ~ 20%,在高功率状态下,(从垂直极化→水平极化)快速极化转换速度小于 1.5ms,这一宽带一体化铁氧体全极化器应用于全极化域变极化雷达系统,可实现全极化域发射接收变极化处理功能,实现了雷达目标的极化增强、抗干扰和反侦察功能。

2）高功率宽带全极化器研制设计

（1）微波铁氧体材料参数确定。L波段铁氧体全极化器采用低饱和磁化矩及损耗因子较小的钇铁石榴石材料。它是研制全极化器的关键功能材料，在具体应用上受到限制，经过较多工艺配方调整，其物理参数均达到了全极化器的基本要求。

（2）导热陶瓷圆片精密制作。低损耗、高介质常数并具有热传导性能的陶瓷片是周期加载的重要组成之一，当大功率通过铁氧体耗散热量，由导热圆陶瓷散发出来。其电性能要求制作严格，介电常数和铁氧体介电常数较接近。组合后的变极化器和移相器均为一段圆波导的整体结构消除了不连续性。

（3）匹配陶瓷片设计。L波段铁氧体圆波导和外部空波导连接传输电磁波能量是经陶瓷介质块尺寸计算和实验确定的，它起到过渡变换作用。宽带匹配陶瓷包括方形陶瓷片粘结而成的第一级方形匹配陶瓷和圆形薄陶瓷片粘结而成的第二级圆形匹配陶瓷，且第一级匹配的陶瓷介电常数小于第二级匹配的陶瓷介电常数。经两级匹配陶瓷尺寸调整，以获得宽带驻波特性。

（4）微波结构设计。L波段高功率宽带铁氧体全极化器的复合结构包括波导—同轴变换、正交模耦合器，同时，根据圆波导铁氧体波型差相移计算公式，所设计变极化器，移相器组成，它的各种组件进行了细致构思计算，为组合完整器件奠定了基础。

3）高功率宽带全极化器电性能

在上述各组件调试技术指标基础上，并将组合整体器件，大量的工作是正交模耦合器和铁氧体圆波导过渡匹配，它是制成高功率宽带全极化器最关键技术环节，如果组合器件驻波调整不符合要求，整个宽带极化器电性能就无法精确测试，因此大量的工作是调整陶瓷片尺寸和介电常数，以选取适合需要的几何尺寸。高功率宽带全极化器基本电性能如表7.2-5所列。

表7.2-5　高功率宽带全极化器基本电性能

频率/GHz	1.1	1.15	1.2	1.25	1.3	1.35	1.4
驻波比	1.35	1.32	1.2	1.23	1.21	1.28	1.35
插损/dB	0.9	0.8	0.69	0.7	0.7	0.7	0.8
正交隔离/dB	22	24	25	25	24	23	22
差相移/(°)	115	112	105	92	90	84	83
变极化移/(°)	185	180	180	180	178	175	174
峰值功率/kW	100						
平均功率/kW	3						
极化转换时间/ms	<1.5（软件或电路实现）						
组合器件尺寸/m	<1.2						
冷却形式	自然冷却（或风冷却）						

3. 高功率部分充填铁氧体全极化器(图 7.2 - 1(c))

部分充填铁氧体全极化器工作原理、组成和控制方法均和上述两种高功率全极化器相同。这类高功率全极化器一般在自然冷却(或风冷却)条件下,能承载峰值功率容量 2MW,平均功率容量 2kW;在特定结构设计和环境温度控制下,仍能在更高的峰值功率容量和平均功率容量下工作,是厘米波雷达天馈系统中重要应用元件之一。

为了获得较好的非互易变极化相移和相位调节相移我们设定工作频率范围为 2.5GHz ~ 3.5GHz,高功率微波铁氧体材料归一化磁矩 $p = 0.56$;$\varepsilon_f = 14.5$,$\tan\delta_\varepsilon = 3 \times 10^{-4}$,自旋波线宽 $\Delta H_K = 3.2 \times \dfrac{10^3}{4\pi\left(\dfrac{A}{M}\right)}$,居里温度 $T_c = 205℃$,部分充填方波导口径边长 $a = 64mm$,铁氧体片厚度 $t = 6mm$,宽度 $W = 35mm$,把这些参量代入式(7.2 - 16)计算后,分别得到变极化段、相位移相段的长度,其理论计算和实际测试相一致。高功率部分充填铁氧体全极化器电性能如表 7.2 - 6 所列。

表 7.2 - 6　高功率部分充填铁氧体全极化器电性能

频率/GHz	2.7	2.7	2.75	2.8	2.85	2.9	2.95	3	3.25
驻波比	1.24	1.2	1.18	1.15	1.15	1.18	1.18	1.16	1.2
插损/dB	0.75	0.8	0.8	0.88	0.85	0.88	0.9	0.9	1
正交隔离/dB (垂直极化至水平极化)	25	25	25	25	25	25	25	25	25
差相移/(°)	95	98	105	115	123	138	148	160	165
峰值功率/kW	100								
平均功率/kW	3								
极化转换时间/ms	<1.5(软件或电路实现)								
冷却形式	自然冷却(或风冷却)								
组合件尺寸/m	<1								

第8章 高功率锁式变极化器

近代,精密测量雷达天馈系统大都采用机电式变极化器。它的极化转换速度比较慢,这对探测空间快速目标的极化特性是不理想的。为了适应现代雷达极化捷变技术新应用,我们探讨了铁氧体快速变极化器,利用它们的特性,实现了雷达的多极化能力。

8.1 高功率圆波导锁式变极化器

8.1－1 理论分析

铁氧体变极化器是采用部分填充铁氧体圆波导中的横向四磁极磁化形式,在含有法向磁化铁氧体管的情况下,在现代铁氧体变极化技术中非常有用。在空的圆波导中,H_{11} 奇波和 H_{11} 偶波是两个最低模次的简正波,图 8.1－1 为铁氧体薄管四磁极磁化的圆波导。从图 8.1－1 看出,铁氧体管壁很薄,这有利于高功率散热。从铁氧体圆波导磁化特点区分,可分成切向磁化和法向磁化两类。它与矩波导中 E 面磁化和 H 面磁化颇为类似。在四磁极头"窄"的情况下,对应于切向磁化模型,在四磁极较"宽"的情况下,对应于法向磁化。现在采用简正波和耦合波方法分析图 8.1－1 的磁化模型。

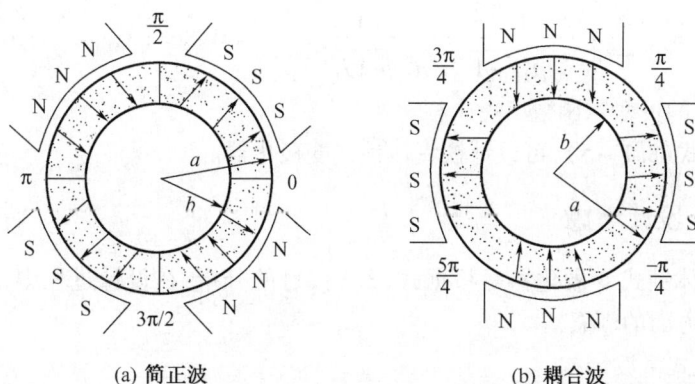

(a) 简正波   (b) 耦合波

图 8.1－1 铁氧体薄管宽磁极头磁化中的简正波、耦合波原理示意图

根据耦合传输理论式,铁氧体圆管在四磁极场作用下,所引起的电压转移系数如下:

$$T_{ik} = X_k^2 \int_S \frac{\mu_{zr}}{\mu} \Pi_k \frac{\partial \Pi_i}{\partial r} \mathrm{d}S + X_k \int_S \frac{\mu_{z\theta}}{\mu} \Pi_k \frac{\partial \Pi_i}{r \partial \theta} \mathrm{d}S \qquad (8.1-1)$$

式中:i,k 分别为 o 模和 e 模;S 为铁氧体圆管的截面积。因此,H_{11} 奇模和偶模所对应的赫兹函数表示如下:

$$\begin{cases} \Pi_o = \Lambda_{11} J\left(\dfrac{\mu_{11} r}{a}\right) \sin\theta \\[3mm] \Pi_e = \Lambda_{11} J_1\left(\dfrac{\mu_{11} r}{a}\right) \cos\theta \end{cases} \qquad (8.1-2)$$

在圆柱坐标中,铁氧体张量磁导率为

$$\mu = \begin{bmatrix} \mu & 0 & -\mu_{zr} \\ 0 & \mu & -\mu_{z\theta} \\ \mu_{zr} & \mu_{z\theta} & 0 \end{bmatrix} \qquad (8.1-3)$$

对于图 8.1-1(a),把式(8.1-2)、式(8.1-3)代入式(8.1-1)中,得到积分的表示式为

$$T_{oe} = \frac{2\mathrm{j}k}{\mu} \Lambda_{11}^2 X_{11} \int_S J_1^2(x) \mathrm{d}x \qquad (8.1-4)$$

将式(8.1-4)转换成差相移的表示式如下:

$$\Delta\beta = 4\left(\frac{k}{\mu}\right) \Lambda_{11}^2 X_{11} \int_{x_{11b}}^{x_{11a}} J_1^2(x) \mathrm{d}x \qquad (8.1-5)$$

同样将图 8.1-1(b)采用耦合波方法进行积分计算后,其结果和式(8.1-5)一致。

式中:$\Lambda_{11} = \sqrt{\dfrac{2}{\pi}} \cdot \dfrac{1}{\sqrt{\mu_{11}^2 - 1}} \dfrac{1}{\sqrt{\mu_{11}^2 - 1} J_1(X_{11})} = 0.888$;$X_{11} = \dfrac{\mu_{11}}{\alpha}$;$\mu_{11} = 1.84$,
$J_1'(x) = 0$ 的贝塞尔函数第一个根。

根据式(8.1-5),可设计铁氧体锁式变极化器。

8.1-2 设计考虑

铁氧体锁式变极化器是根据式(8.1-2)的分析,在设计过程中,主要考虑下面两个方面的因素。

1. 锁式微波结构

选用金属铁氧体部分填充圆波导具有 4 种优点:① 由于铁氧体圆管外表面真空镀膜金属层(3 倍趋肤厚度),能承受大功率;② 体积小,重量轻,设计成本

低,易制造;③ 单位差相移大;④ 由于外层四块锁式磁轭易吻合,因此极化转换速度快。在上面所述优点的情况下,选取外半径为 1.9cm 和内半径为 1.6cm 的铁氧体圆波导管,铁氧体管总长度为 12cm,C 波段工作波长为 5.5cm。

2. 高功率微波铁氧体材料

根据器件能承受较大的峰值功率和平均功率的特点,要求在环境温度变化范围大的情况下保证相位精度。因此,所选用的铁氧体材料应具有较大的自旋波线宽,尤其是温度稳定性必须良好。对于高功率,通常选取材料的归一化磁矩 $p = 0.55$,矩形比 $S = 0.88$,$k/\mu = 0.48$,$\varepsilon_f = 14$。对上述 1,2 两项数值代入式 (8.1-5)中,经换算,得到铁氧体圆管单位长度差相移 $\Delta\phi = 12.3°/cm$。

8.1-3 性能研究

由式(8.1-5)计算结果获得了图 8.1-2 锁式差相移段,外锁式磁轭采用同类的铁氧体材料。要求温度稳定性好的铁氧体材料,不致于在高功率状态下使性能变差。经器件测试,获得了如表 8.1-1 所列性能。

当磁化激励电流为 8A 时,差相移与频率磁化电流的关系如图 8.1-3 所示。在自然冷却的条件下,器件能承受峰值功率容量 1000kW,平均功率容量 1kW,这时,高功率状态器件插入损耗为 0.6dB。

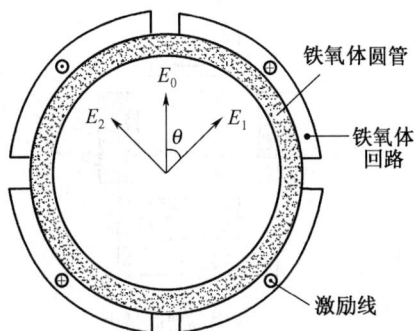

图 8.1-2 双模锁式变极化器截面图

表 8.1-1 高功率锁式变极化器基本性能

频率/GHz	5.4~5.8
插入损耗/dB	0.5
驻波比	1.25
锁式相移/(°)	0 ±90 180
极化转换速度/μs	30~50
峰值功率/kW	800~1000
平均功率/W	800~1000(自然冷却)
激励脉冲电流/A	5~10
重量/kg	1.2

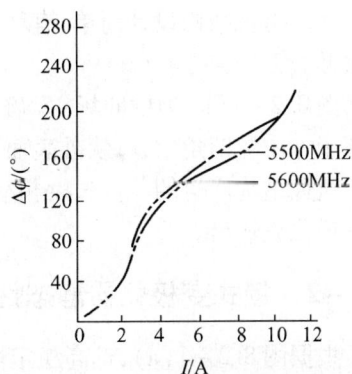

图 8.1-3 差相移与磁化电流的关系

8.2 高功率方波导锁式变极化器

8.2-1 结构组成及工作原理

锁式方波导变极化器截面如图8.2-1所示,图(a)为横向场切向磁化,其简正轴在±45°方向,为保持锁式特性,外磁路采用温度稳定性较好的铁氧体材料以构成锁式回路。四片条形铁氧体表面上镀一层3μm厚的金属膜以形成波导壁,它们分别吻合于波导四壁中心槽内。由于它为切向磁化,使得输入线极化波须扭转45°,若波形差相移为0°,±90°,180°时,则对应输出为45°、135°方向上的线极化波和正负圆极化波。

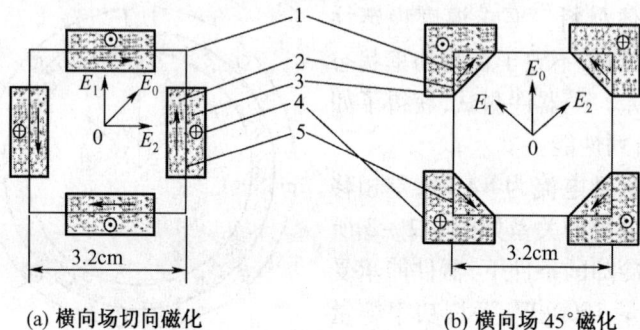

(a) 横向场切向磁化   (b) 横向场45°磁化

图8.2-1 锁式方波导变极化器截面
1—波导;2—铁氧体;3—锁式回路;4—脉冲激励线;5—金属薄膜波导。

切向磁化结构设计简单,有利于散热,极化转换速度快,但其单位长度相移量较低。

图8.2-1(b)为横向场45°磁化,其简正轴在x轴或y轴方向;四块铁氧体充填于方波导四角中,每块外表面上均镀金属膜后和铁氧体外回路形成锁式回路。这种结构产生的单位长度相移量较大,输入线极化波不须扭转45°,易实现多种极化波输出。

8.2-2 锁式变极化器静态性能

根据图8.2-1(a),选高稳定性钇钆锡铁氧体材料,其归一化磁矩$p=0.55$,介电常数$\varepsilon_f=14$,铁氧体条形为$12cm\times2cm\times0.1cm(\varepsilon_f=14)$。当外加激励脉冲电流为8A时,变极化器试验性能如表8.2-1所列。

表 8.2-1 方波导锁式变极化器的静态性能

工作频率/GHz	5.4~5.8	极化转换速度/μs	<20
带宽/%	>5	脉冲电流/A	8
驻波比	<1.25	磁化线圈/匝	1
插入损耗/dB	<0.5	波导尺寸/cm	3.2×3.2
圆极化椭圆度/dB	1.5	铁氧体材料	YGdIn

8.3 高功率变极化双工器

变极化双工器主要有单模双通道和双模单通道两种形式。设计变极化双工器时,主要考虑3个技术指标,即极化转换速度、承受功率及移相精度,其核心取决于移相器。采用锁式铁氧体移相器做成的变极化双工器可满足某种极化状态,它们的转换速度可达微秒量级,且有较高的移相精度,但其承受的功率容量较低,因此,只能用于接收回路。H 面铁氧体移相器可承受兆瓦量级的功率,但转换速度目前只能达到毫秒级。若要求微秒量级,则要采用薄膜波导及大脉冲电流激励技术。

8.3-1 变极化双工器的结构组成

变极化双工器具有双重功能,既能实现任意极化的发射和接收,又能起到大功率环行器的作用,这使它在精密测量雷达、机载雷达和气象雷达中具有重要的应用。它的结构主要有以下3种形式。

1. 单模双通道变极化双工器

图 8.3-1 的结构是利用差相移原理实现的,它由 3dB 电桥、两只非互易铁氧体移相器、正交模耦合器、平衡移相器及连接波导组成,可实现3种极化的发射与接收。非互易移相器是变极化的关键元件,由电磁铁供给磁化场。当来自发射机的微波能量通过 3dB 电桥后分成振幅相等的两部分,分别进入上下支

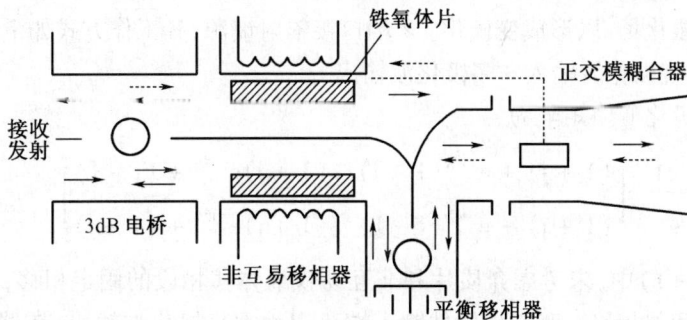

图 8.3-1 双通道变极化双工器

路,通过移相器输入正交模耦合器进行合成。因此,只要调节两非互易移相器的电流大小和方向,便可得到各种极化的发射和接收。在 C 波段工作时,它能承受峰值功率 1.5MW,平均功率为 2kW,插入损耗约为 0.5dB,带宽为 8% 左右。它是目前单模双通道变极化双工器应用较成功的新器件。若其相移在 0°～90°或 0°～180°范围电控调节,则构成了电调变极化双工器。

2. 双模单通道变极化双工器

它由三端环行器和变极化器构成,如图8.3-2所示。只要控制双模变极化器的磁化场,当发射和接收任意极化波,其中三端环形器是用来作收发信号。很明显,此结构只能适应于中等功率的变极化系统。

3. 双模单通道复合型变极化双工器

图8.3-3为双模单通道复合型变极化双工器,它省略了三端环行器,可实现单一极化输入、多极化输入,并可接收多种极化信号;其结构紧凑,造价低。当装上散热片后,其功率容量均可和单模双通道变极化双工器相比拟。这在雷达高频天馈系统中,可大大简化馈线元件。其缺点是极化转换速度较慢。

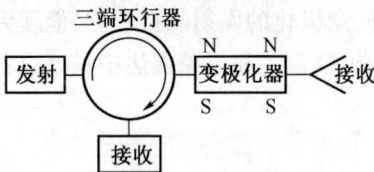

图 8.3-2　双模单通道变极化双工器　　图 8.3-3　双模单通道复合型变极化双工器

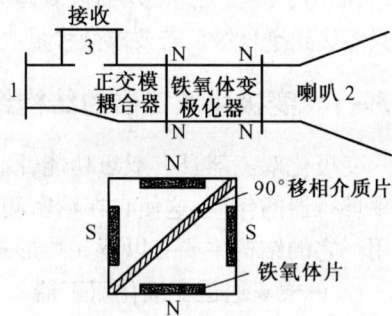

从正交模耦合器的 1 端口只能传输垂直极化波,3 端口只能传输水平极化波。变极化器由对角放置 λ/4 90°移相介质片和 4 片铁氧体组成。方波导四周有四磁极磁化场,以形成变极化。2 端口接辐射馈源,其工作方式如下:

1) 垂直极化波输入—多极化波输出

它的极化变换矩阵为

$$T = \frac{1}{2\sqrt{2}}\begin{bmatrix}(1+j) + e^{-j\theta_N}(1-j) & (1+j)e^{-j\theta_N} + (j-1)\\(1+j) + e^{-j\theta_N}(j-1) & (1+j)e^{-j\theta_N} + (1-j)\end{bmatrix} \quad (8.3-1)$$

在式(8.3-1)中,未考虑介质片和非互易铁氧体移相段的固定相移,θ_N 为可变非互易波型差相移。我们把器件输入端口定为垂直极化波输入,在器件的输出端便产生如表8.3-1的各种极化波。

2）接收多极化信号，转换成水平极化波

当喇叭接收多种极化信号时，则在正交模耦合器水平端 3 输出，其接收极化变换矩阵为

$$T = \frac{1}{2\sqrt{2}}\begin{bmatrix} (1 + e^{-j\theta_N}) & -j(1 - e^{-j\theta_N}) & (1 - e^{-j\theta_N}) & -j(1 + e^{-j\theta_N}) \\ (1 - e^{-j\theta_N}) & -j(1 + e^{-j\theta_N}) & (1 + e^{-j\theta_N}) & -j(1 - e^{-j\theta_N}) \end{bmatrix} \quad (8.3-2)$$

根据式（8.3-2），可调节 θ_N 使接收多种极化波时转换成水平极化波输出，如表 8.3-2 所列。

表 8.3-1 输出的各种极化波

输入垂直极化波	可变非互易波型差相移 $(\theta_N)/(°)$	输出极化波性质
$\begin{bmatrix} 0 \\ 1 \end{bmatrix}$	0	$\frac{1}{\sqrt{2}}\begin{bmatrix} j \\ 1 \end{bmatrix}$ 左圆极化波
$\begin{bmatrix} 0 \\ 1 \end{bmatrix}$	180	$\frac{1}{\sqrt{2}}\begin{bmatrix} j \\ 1 \end{bmatrix}$ 右圆极化波
$\begin{bmatrix} 0 \\ 1 \end{bmatrix}$	+90	$\frac{1}{\sqrt{2}}(1+j)\begin{bmatrix} 1 \\ 0 \end{bmatrix}$ 水平极化波
$\begin{bmatrix} 0 \\ 1 \end{bmatrix}$	-90	$\frac{1}{\sqrt{2}}(1+j)\begin{bmatrix} 0 \\ 1 \end{bmatrix}$ 垂直极化波

表 8.3-2 接收多种极化信号转换水平极化信号

接收极化波	可变非互易波型差相移 $(\theta_N)/(°)$	输出极化波性质
$\begin{bmatrix} 1 \\ j \end{bmatrix}$ 右圆极化波	0	$\begin{bmatrix} 1 \\ 0 \end{bmatrix}$ 水平极化波
$\begin{bmatrix} j \\ 1 \end{bmatrix}$ 左圆极化波	180	$\begin{bmatrix} 1 \\ 0 \end{bmatrix}$ 水平极化波
$\begin{bmatrix} 1 \\ 0 \end{bmatrix}$ 水平极化波	+90	$\begin{bmatrix} 1 \\ 0 \end{bmatrix}$ 水平极化波
$\begin{bmatrix} 0 \\ 1 \end{bmatrix}$ 垂直极化波	-90	$\begin{bmatrix} 1 \\ 0 \end{bmatrix}$ 水平极化波

从表 8.3-1 和表 8.3-2 可明显看出，此器件完成了收发的多功能特性，这是一般非互易器件不具备的。

8.3-2 变极化双工器的静态性能

为使器件结构紧凑，实验用图 8.3-3 的复合结构，其实验性能如下：

1. 低功率

在 C 波段选用波导口径为 3.7cm × 3.7cm，铁氧体片长为 13cm，介质片长度为 15cm，宽度为 5.5cm，厚度为 0.5cm。四磁极的磁轭用矽钢片做成，测得低功率性能，如图 8.3-4 所示。

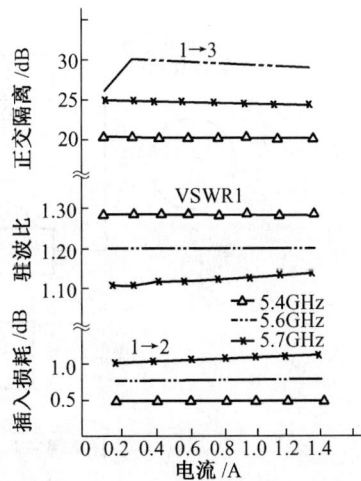

图 8.3-4 双模单通道双工器性能

2. 高功率

为改善高功率性能,结构配置有部分散热片,器件能承受峰值功率容量为 1.2MW,平均功率容量为 1kW(自然冷却),器件的表面温度为 55℃(室温 25℃)。

8.4　双通道高功率变极化器

8.4-1　结构特性

双通道变极化组合的微波电路具有收发开关的功能。根据雷达系统设计要求,有时只要实现发射变极化的功能。正交模耦合器和模向磁化 H 面铁氧体非互易移相器是变极化的关键元件。用电磁铁供给它的偏磁场,每只铁氧体移相器有两种相位态,即 0°参考态和 90°相位态,均取决于磁化电流的极性及电磁波的传播方向,通过逻辑电路按指令改变磁化电流的极性,便改变电磁波的极化。图 8.4-1 为双通道高功率变极化器,其两路移相器分别用两个 ±45°移相段串接。控制每组移相器的电流方向("±"态表示 ±45°相移量),两路 4 个移相器经过"+"、"-"态的各种组合可形成 0°,±90°,±180° 等几种相位状态,如表 8.4-1 所列。由表可见,各种相位状态下的变极化器只有 4 种极化输出,即正负圆极化、水平极化和垂直极化。这种变极化器的稳定性较好,相移精度可控制到 ±1.5°。在 C 波段,它能承受峰值功率容量 1MW 和平均功率 1kW,但其极化转换速度较慢,因此,一般不宜作快速度极化之用。

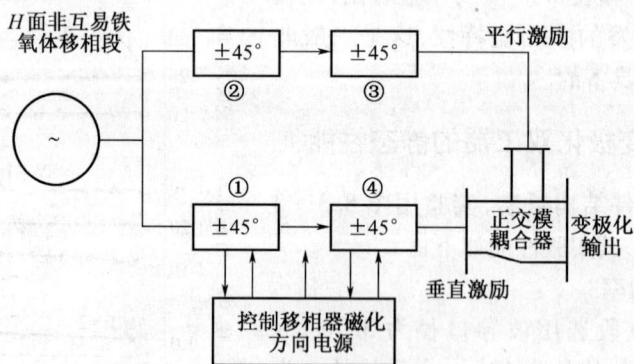

图 8.4-1　双通道高功率变极化器

表 8.4 - 1　相移配置表

状态		差相移/(°)	状态		差相移/(°)
1	0000	0	9	1000	+90
2	0001	-90	10	1001	0
3	0010	+90	11	1010	+180
4	0011	0	12	1011	+90
5	0100	-90	13	1100	0
6	0101	-180	14	1101	-90
7	0110	0	15	1111	0
8	0111	-90			

8.4 - 2　移相器的差相移计算

使用的 H 面非互易铁氧体移相器截面如图 8.4 - 2 所示,在矩形波导中传播的 TE_{10} 模的电磁场分量为

$$E_{10} = \begin{bmatrix} E_x \\ E_y \\ E_z \end{bmatrix} = \begin{bmatrix} 0 \\ A\sin\dfrac{\pi}{a}x \\ 0 \end{bmatrix} \tag{8.4 - 1}$$

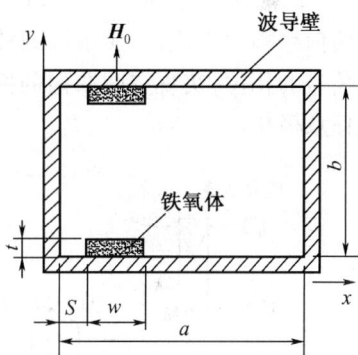

图 8.4 - 2　铁氧体移相器的截面结构

$$H_{10} = \begin{bmatrix} H_x \\ 0 \\ H_z \end{bmatrix} = \begin{bmatrix} \dfrac{B_{10}A}{\omega\mu_0}\sin\dfrac{\pi}{a}x \\ \\ B\cos\dfrac{\pi}{a}x \end{bmatrix} \tag{8.4 - 2}$$

式中:$A = -\sqrt{\dfrac{2}{ab}}V_{10}^*$;$B = -\mathrm{j}\dfrac{\lambda_0}{a}\cdot\dfrac{V_{10}^*}{\sqrt{2ab}}\cdot\dfrac{1}{n_0}$。

$$\Delta\mu = \begin{bmatrix} 0 & 0 & \mathrm{j}k \\ 0 & 0 & 0 \\ -\mathrm{j}k & 0 & 0 \end{bmatrix} \tag{8.4 - 3}$$

$$\Delta\varepsilon = \varepsilon_0(\varepsilon_f - 1)$$

由此可见,H_x 和 H_z 相位差90°,且在 $\pm a/4$ 构成圆极化场。所以,人们常把铁氧体放置在 $x = \pm a/4$ 处,在给定的铁氧体材料和波导,可以得到最大的差相

第 8 章　高功率锁式变极化器

移。由于铁氧体片很薄,我们可用微扰法来加以处理,把 E_{10},H_{10} 和 $\Delta\mu$ 代入微扰公式中,便计算得出非互易差相移。

若铁氧体片上下对称放置,则差相移加倍,故有

$$\Delta B = 2\Delta B_1 = \frac{4kt}{ab}\sin\frac{\pi(2d+w)}{a}\sin\frac{\pi w}{a} \qquad (8.4-4)$$

式(8.4-4)可用来近似地进行工程设计。

8.5 双通道组合高功率变极化器

8.5-1 结构特性

早期的双通道高功率变极化器是利用两个 3dB 波导裂缝电桥,调幅(调相)非互易移相器等组合而成的图 8.5-1,并联波导的输入端和输出端同时传输 TE_{10}。调幅移相器 ϕ_1 在 0～180°范围内变化时,也可实现任意功率分配,任意控制两信号幅度之比,以实现椭圆轴比和旋向的控制;调相移相器 ϕ_2 的变化控制两信号的相位,实现空间取向的控制,当 ϕ_1、ϕ_2 均在 0～180°范围变化时就能实现任意极化。

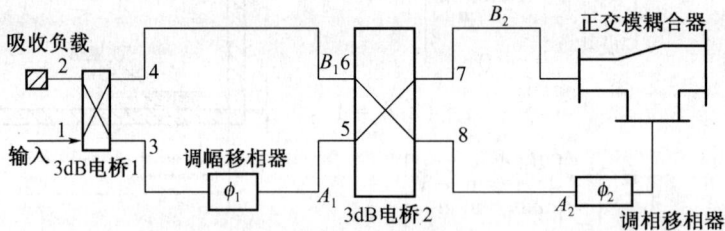

图 8.5-1 高功率双通道变极化器原理示意图

8.5-2 原理分析

根据 3dB 电桥原理,若从 1 端口输入信号,则电桥输出 4 端口信号相位落后于 3 端口 90°,即有 $B_1 = (1/\sqrt{2})e^{-j\pi/2}$,$A_1 = (1/\sqrt{2})e^{-j\phi_1}$;若从 5 端口输入,则 $B_2 = (1/\sqrt{2})e^{-j\left(\phi_1+\frac{\pi}{2}\right)}$ 若 B_1 从 6 端口直接传输 7 端口则不移相,所以

$$B_2 = \frac{1}{\sqrt{2}}\left[e^{-j\left(\phi_1+\frac{\pi}{2}\right)} + e^{-j\frac{\pi}{2}}\right] \qquad (8.5-1)$$

$$A_2 = \frac{1}{\sqrt{2}}\left(e^{-j\phi_1} - e^{-\frac{j\pi}{2}}\right) \qquad (8.5-2)$$

展开整理后得到

$$B_2 = \frac{1}{\sqrt{2}}[-\sin\phi_1 - j(1 + \cos\phi_1)] \qquad (8.5-3)$$

$$A_2 = \frac{1}{\sqrt{2}}[\cos\phi_1 - j\sin\phi_1 - 1] \qquad (8.5-4)$$

从而得到第二个电桥输出信号的幅度与相位关系为

$$\left|\frac{A_2}{B_2}\right| = \tan\frac{\phi_1}{2} \qquad (8.5-5)$$

$$\psi_{A_2} = \begin{cases} \psi_{B_2} & (0° \leqslant \phi_1 \leqslant 180°) \\ \psi_{B_2} + \pi & (180° < \phi_1 \leqslant 360°) \end{cases} \qquad (8.5-6)$$

式中：ϕ_1 是调幅移相器值；ψ_{A_2} 和 ψ_{B_2} 分别为信号 A_2 和信号 B_2 的相角。

式(8.5-5)说明，电桥 1,2 与移相器 ϕ_1 组成了一个可变功率分配器，其输出 A_2,B_2 的分配比和相角均由 ϕ_1 控制,A_2 和 B_2 与 ϕ_1 的关系如表 8.5-1 所列。

表 8.5-1 A_2 和 B_2 与 ϕ_1 的关系

$\phi_1/(°)$	0	90	180	270	360
$\lvert A_2 \rvert^2$	0	$\frac{1}{2}$	1	$\frac{1}{2}$	0
$\lvert B_2 \rvert^2$	1	$\frac{1}{2}$	0	$\frac{1}{2}$	1

利用调相移相器 ϕ_2，在正交模耦合器中就能合成输出各种极化波(表 8.5-2)。

表 8.5-2 变极化器输出变极化与 ϕ_2 和 ϕ_1 的关系

$\phi_2/(°)$ ＼ $\phi_1/(°)$	0	180	90	270	其他值
0	水平极化	垂直极化	135°线极化	45°线极化	其他方向线极化
90	水平极化	垂直极化	45°线极化	135°线极化	其他方向线极化
180	水平极化	垂直极化	右圆极化	左圆极化	其他方向线极化
270	水平极化	垂直极化	右圆极化	左圆极化	其他方向线极化
其他值			椭圆方向由 ϕ_1,ϕ_2 决定		

实验表明,这种变极化器件能在 10%～15% 的工作频带内获得较为满意的性能,驻波比小于 1.2,圆极化椭圆度小于 1.5dB,在 C 波段工作时,峰值功率容量可达到 1MW。

8.6 双通道高功率快速变极化器

雷达脉冲极化捷变技术可用于探测空中飞行目标,并获得空中目标的极化回波特性,以组成空域防御拦截网。近代,国外研制成脉内极化捷变的新一代雷达,是利用极化编码实现脉冲压缩,利用极化滤波提高抗干扰能力,并取得了满意的结果。

实现高功率锁式变极化电路已在 8.1 节讨论,本节所介绍的双通道高功率快速变极化器,由采用单模(TE$_{10}$模)形成的铁氧体器件构成,其极化转换速度快,激励控制功率低,用于脉间变极化及需要快速变极化的领域。

8.6-1 工作原理

双通道高功率快速变极化器利用双 T 或 3dB 电桥将信号平分,并在支路加入锁式铁氧体移相器进行移相,然后组合成各种极化方式的信号输出。高功率锁式移相器是其中的关键元件之一,是一种非互易锁式器件,只要加入宽度为几微秒的脉冲电流,也可改变相位状态,使系统变极化。

双通道高功率快速变极化器有多种结构形式,其典型结构形式如图 8.6-1所示。

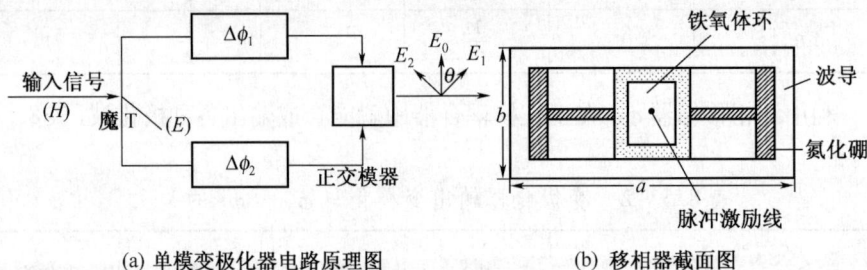

(a) 单模变极化器电路原理图   (b) 移相器截面图

图 8.6-1 双通道高功率变极化器结构示意图

当垂直极化波输入时,由 ϕ_1,ϕ_2 不同相位状态时,正交模耦合器合成输出极化状态见表8.6-1。

表 8.6-1 不同移相情况的变极化状态

$\phi_1/(°)$	$\phi_2/(°)$	输出极化	$\phi_1/(°)$	$\phi_2/(°)$	输出极化
0	0	垂直极化	-90	0	右圆极化
-90	-90	水平极化	0	-90	左圆极化

由于移相器是非互易的，如果不改变磁化状态，接收时线极化的回波由原来的输入端（H 臂）输出，而圆极化的回波则由 E 臂输出。因此，为了使各种极化波由相同端口输出，发射之后，必须重新对移相器进行反磁化，磁化方式取决于信号是从 H 臂或 E 臂输出而不同。

8.6 – 2　快速变极化电性能

快速变极化器是由高功率锁式移相器和其他微波元件组成的系统，锁式铁氧体 90°移相是在矩形波导中间放置一块铁氧体矩形环而构成。

如图 8.6 – 1(b)所示，环中间穿两根导线以便使移相器相位置成 ± 90°，因此它的开关速度快，激励脉冲能量低，这种移相器，通常承受峰值功率容量和平均功率容量比较低，在 X 波段，峰值功率为 10kW ~ 20kW，平均功率 10W ~ 20W，难于在高功率系统中应用。为了提高锁式移相器承受功率容量，在自然冷却的条件下，在矩形波导中的铁氧体矩形环进行加载技术，增加铁氧体热传导特性。这一技术已成功应用，使 S 波段铁氧体快速变极化器承受峰值功率 1MW，平均功率 2kW，极化转换时间 200μs，在特定环境下，承受峰值功率 10kW 使 X 波段移相器承受的峰值功率提高到 80kW，平均功率提高到 80W。双通道高功率快速变极化器组合体积大，设计成本高，制造安装复杂，对于各种组合元件加以合理改进仍是今后在高功率快速变极化系统中应用的关键技术。

第9章　低功率铁氧体变极化技术

9.1　低功率锁式变极化器

前面阐述的低功率变极化器的开关时间均为毫秒级,属于中等的极化转换速度。为使雷达具有脉间变极化特性,其极化转换速度必须达到微秒量级,极化编码还要求纳秒量级。接收系统用的低功率锁式变极化器的极化速度可达到微秒量级。

9.1-1　圆波导锁式变极化器

圆波导由金属化铁氧体圆棒做成,其周围有 4 块扇形铁氧体锁式磁轭或铁氧体圆环锁式磁轭,并与铁氧体圆棒紧密吻合,以保持锁式工作。环上 4 个小孔用于穿激励导线。调节激励线上的激励电流大小可得到不同的剩磁态,从而获得不同的极化输出。在 C 波段,圆波导直径为 1cm,长度为 3cm,磁轭用铁氧体材料做成,厚度为 0.25cm,外加激励脉冲电流振幅值为 5A 可获得垂直、水平、左圆、右圆及任意极化波输出,其极化转换速度小于 10μs。圆波导锁式变极化器如图 9.1-1 所示。

第 3 编　铁氧体变极化技术及应用

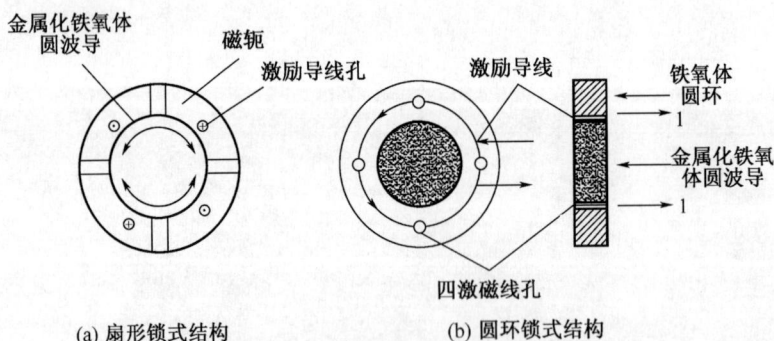

图 9.1-1　圆波导锁式变极化器

9.1-2　方波导锁式变极化器

方波导锁式变极化器的结构截面如图 9.1-2 所示。图 9.1-2(a)在铁氧体锁式磁轭上绕有激励线圈 3 匝。当输入垂直或水平极化时,可输出多种极化波,其开关速度为 20μs。波形差相移 Δφ 和磁化电流 I 的关系如图 9.1－3 所示。这种器件体积小,磁轭和方波导加工比较容易。图 9.1－2(b),对于器件输入极化波为 ±45° 的线极化波,输出多种极化波,若激励线圈为一匝,则极化转换速度可小于 10μs。

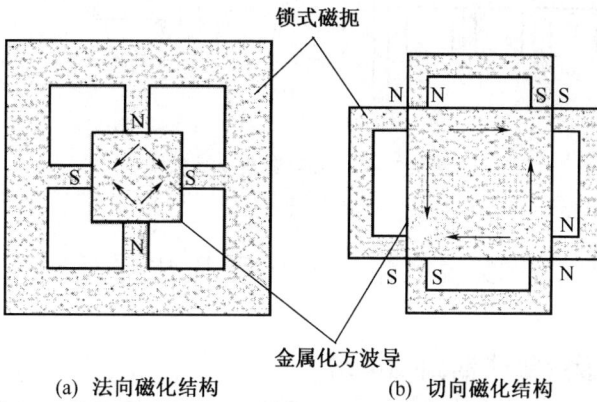

锁式磁扼

N N   S S

N

S S   N N

金属化方波导

(a) 法向磁化结构   (b) 切向磁化结构

图 9.1－2   方波导锁式变极化器的结构截面

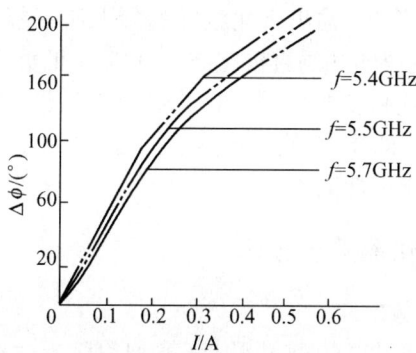

f=5.4GHz
f=5.5GHz
f=5.7GHz

I/A

图 9.1－3   波型差相移 Δφ 和磁化电流 I 的关系

锁式变极化器可采用通量激励的方式工作,用以改善器件的温度稳定性,这是目前普遍采用的驱动电路。

9.1－3   数字锁式变极化器

数字锁式变极化器是用外磁路的磁化方式工作,它由 3 节组成,其波型差相移分别是 ±45°、±90° 和 ±45°,如图 9.1－4 所示。只要控制 3 节波型差相移的组合即可获得各种不同极化波输出。

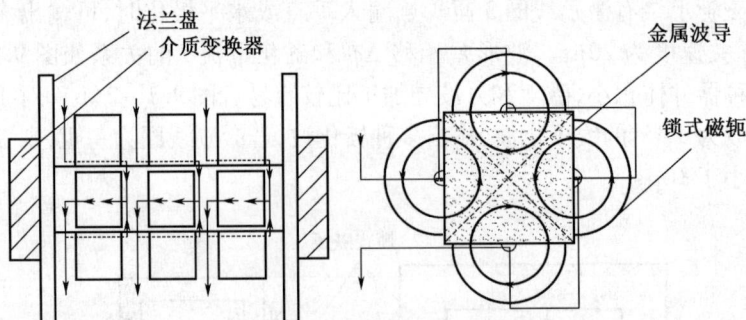

图 9.1 - 4　数字锁式变极化器

9.2　双模宽带铁氧体变极化器及应用

9.2 - 1　宽带变极化器结构原理

双模宽带多波段变极化器分为方波导和圆波导两种结构,其应用原理是一样的,均采用横向磁化形式。当输入垂直极化波或水平极化波时,经变极化器后,就变成多种极化波输出,输出极化波的选择取决于极化控制电流大小和方向。可调节波形差相移为 0°(垂直极化波)、±90°(正负极化波)、±180°(水平极化波)等极化状态,这种变极化器对极化具有互易性,因此,宽带多波段变极化器也具有抗自然干扰的能力,能把自然干扰信号和雷达信号分开,使雷达接收系统在恶劣环境中仍能正常工作。

9.2 - 2　宽带变极化器关键技术

1. 铁氧体材料参数确定

因为 L、S、X 波段为宽带变极化特性,差相移段为铁氧体石榴石材料,其静态基本参数如表 9.2 - 1 所列。

表 9.2 - 1　铁氧体材料静态参数

型号	$4\pi M_S \times 10^{-4}/T$	ε	$\tan\delta_\varepsilon$	$T_c/℃$
YCaVIG	300	14.2	6.5×10^{-4}	156
	400	14.5	6×10^{-4}	160
	550	14.5	6.2×10^{-4}	180
	1800	14.2	6.4×10^{-4}	180

2. 差相移段长度确定

设金属化方波导尺寸为 $a \times a = 5.4\text{cm} \times 5.4\text{cm}, 3\text{cm} \times 3\text{cm}, 2.5\text{cm} \times 2.5\text{cm}, \phi 0.8\text{cm}$。

经计算,可得到铁氧体方波导长度估算值(表9.2-2)。考虑到移相段两端连接法兰盘厚度支撑,器件的实际长度要稍长一些。

表9.2-2 铁氧体方波导长度估算值

波段	频率/GHz	移相长度/cm	实际长度/cm
1	1.35~1.80	45	55
2	2~2.4	36	42
3	2.5~3.3	35	42
4	3.7~4.2	3	36
5	8~9	25	3

9.2-3 宽带变极化器性能

这里着重测量各个频段静态驻波、插入损耗及静态插入相位一致性。变极化器性能如表9.2-3所列,其中典型性能如图9.2-1所示。

表9.2-3 宽带多波段变极化器性能

频率范围/GHz	1.4~1.8	2~2.4	2.6~3.4	3.6~4.2	8~9
驻波比	<1.35	<1.3	<1.3	<1.3	<1.2
插入损耗/dB	<0.5	<0.5	<0.5	<0.5	<0.5
圆极化轴比/dB	<1.5	<1.5	<1.5	<1.5	<1.5
插入相位一致性/(°)	±7.5	±10	±18	±7	±5

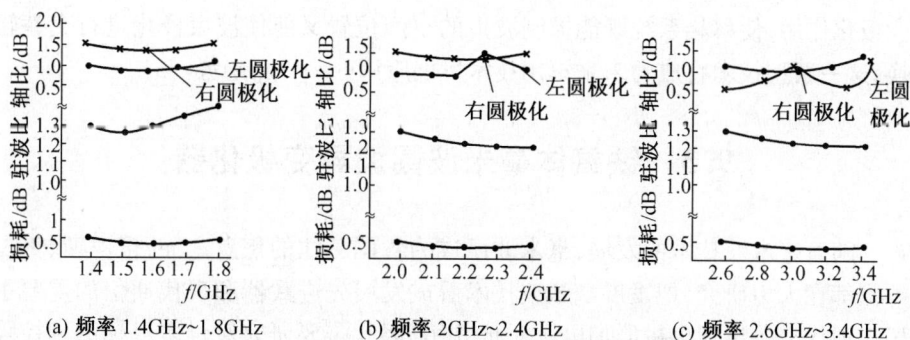

(a) 频率 1.4GHz~1.8GHz   (b) 频率 2GHz~2.4GHz   (c) 频率 2.6GHz~3.4GHz

图9.2-1 静态驻波比、插入损耗、圆极化轴比与频率的关系

9.2－4　宽带变极化器新应用

我们开发研制双模变极化器的试验工作始于 20 世纪 70 年代初,在近 30 年来,对于铁氧体变极化的理论和实用设计工作进行了大量深入探讨,此次研发设计组合型宽带多波段变极化系列器件,对于微波电路又拓宽了新应用,除已成功用于低轨卫星宽带侦察雷达馈线系统外,还有下列几种潜在的新应用。

1. 双极化雷达系统

现有的军用(或民用)气象雷达均是采用单一线极化波工作,为有效地测量暴雨、雪或冰雹,用以减轻或避免自然灾害,可将线极化改成双极化的工作方式。目前气象研究部门正在实现这一双极化的方案,逐渐形成了一种所谓的极化热。双极化雷达系统如图 9.2－2 所示。

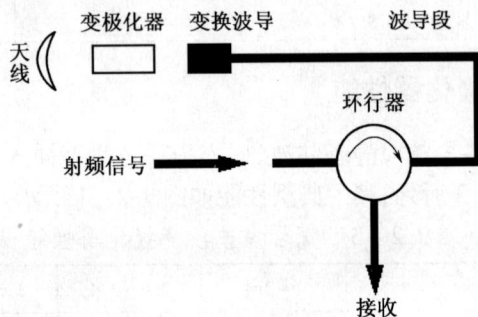

图 9.2－2　双极化雷达系统

2. 组成新型移相元件

目前,相控阵雷达天线对铁氧体移相器的需求量较大,少则几十、几百只,多则上千万只,这样就极大地促进了无源相控阵雷达天线所用铁氧体移相器的发展。双模宽带变极化器和法拉第旋转移相器组合在一根铁氧体棒上,起到移相变极化作用,使移相系统既能控制波束的空间位置又能使波束极化进行交替转换,这一新型技术将成为未来军用技术发展应用的一种新趋势。

9.3　铁氧体毫米波圆波导变极化器

随着毫米波技术的发展,毫米波已成为各国关注的焦点之一,俄罗斯、美国等国都在大力研究,把发展毫米波技术看成发展先进武器和现代通信的重要手段。现代战争出现多机群加电子对抗并用,因此需要研究对付多目标的相控阵技术,并提高雷达的识别能力,多种形式的铁氧体毫米波器件均已研制成功。目前,俄罗斯、美国等国毫米波铁氧体器件的生产已相当成熟,中国也已陆续开展毫米波雷达的研究,所需的毫米波铁氧体器件也逐年增多。

为使雷达能以多种极化方式工作,在微波馈线系统中,必须有改变电磁波的极化装置——变极化器,其功能是在发射时能把线极化波变成圆极化波或其他任意极化波馈给天线;而在接收时,又能把天线接收到的圆极化波或其他任意极化波变成固定取向的线极化波。

9.3 - 1 结构组成特点

根据微波铁氧体的特点,变极化器主要有单模波导变极化器和双模波导变极化器两种(图9.3-1)。单模波导变极化器是靠控制两路移相器的相移量(图9.3-1(a)),再把两路信号分别加到正交模耦合器的水平端口和垂直端口输出,即正负圆极化波、水平极化波和垂直极化段。这种极化器电控移相精度高,能承受较高的峰值功率和平均功率,但它的设计和制造成本高,体积大,且重量重。双模波导变极化器(图9.3-1(b))则是利用铁氧体双模波导的双折射效应,控制变极化移相段的磁化场来实现圆极化波、水平极化和垂直极化波,显然,它和单模波导变极化器相比,具有结构简单、紧凑且制造成本低等优点。它已成功地应用在毫米波低仰角测量雷达系统中,大大简化了微波电路,在经济上有着重要的意义。

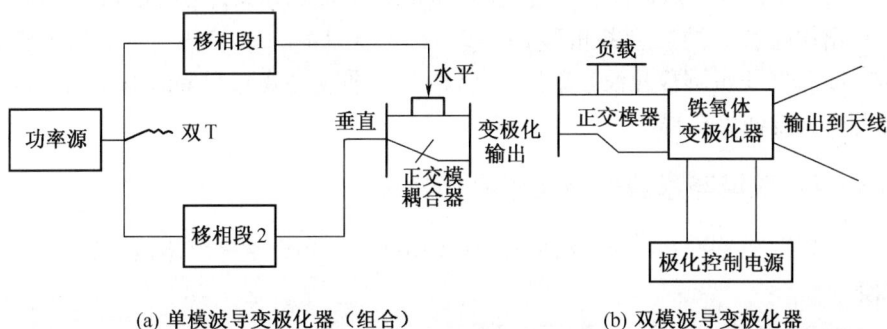

图 9.3 - 1 变极化器示意图

9.3 - 2 双模毫米波变极化器原理分析

双模毫米波导变极化器分高功率和低功率两种,其原理则是一样的,均采用横向四磁极形式,当功率源输出至极化器后,则变换成各种极化波输出。其极化波的选择取决于极化器电流的大小和方向,根据图9.3-2可调节波形差相移位180°(水平极化波)、±90°(正负圆极化波)和0°(垂直极化波)4种状态。这种变极化器对极化变换是互易的,具有抗自然干扰的能力。

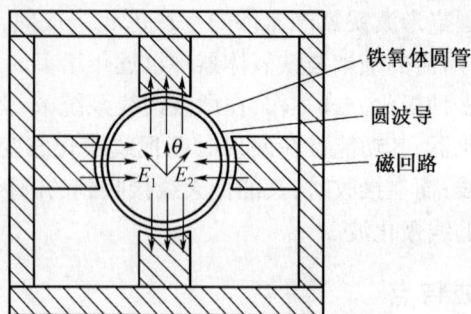

图 9.3 – 2　变极化器原理图

9.3 – 3　变极化器设计

根据耦合传输线的理论,变极化器(图 9.3 – 2)波型差相移的表达式采用前述式(8.1 – 5)进行计算,其参数如下:

a 为铁氧体半径,$a = 0.4$cm;b 为铁氧体内半径,$b = 0.25$cm;$f = 34.5$GHz;

$x_{11} = \dfrac{1.84}{a} = 4.6$cm($\mu_{11} = 1.841$,是 $J_1'(x) = 0$ 的第一个根);k 为铁氧体张量磁导率的非对角分量,$k = p = 0.37 \sim 0.4$。

选用不同的铁氧体圆管厚度,如 0.3cm,0.4cm,0.5cm,代入式(8.1 – 5),则可得出单位长度的波型差相移 $\Delta\theta = 21°/$cm,$26.84°/$cm,$37.9°/$cm。若要得到 $\Delta\theta = \pm 90°$(正负圆极化波)或 $\Delta\theta = \pm 180°$(水平极化波),只要选取适当的铁氧体圆管长度便可获得。

9.3 – 4　双模毫米波变极化器极化特性

采用图 9.3 – 1(b)的结构形式,铁氧体圆管选用锂钛铁氧体,它的动态性能如下:

低功率特性(表 9.3 – 1,表 9.3 – 2)。

表 9.3 – 1　双模高功率变极化器电性能

项目	$f/$GHz	轴比/dB			损耗/dB			驻波比		
极化	I_{max}	34.2	34.75	35	34.2	34.75	35	34.2	34.75	3.5
垂直	0				0.55	0.5	0.58	<1.2	<1.2	<1.2
左旋	115	0.61	0.51	0.8						
右旋	−115	0.9	0.62	0.84						
水平	360	25	25.7	16						

表 9.3 – 2　椭圆度及极化损耗数据表

项目	极化方式	极化电流/mA	频率/GHz				
			34.2	34.3	34.5	34.7	34.8
椭圆度/dB	右旋圆极化	–190	0.27	0.12	1.95	1.44	0.54
	左旋圆极化	140	0.88	0.904	0.336	0.436	1.858
	水平极化	340	25.3	25.5	25.2	25.1	24.8
极化损耗/dB	垂直极化	0	0.475	0.6	0.62	0.565	0.574
	右圆极化	–190	0.48	0.64	1.05	1.62	1.19
	左圆极化	140	0.27	0.96	0.76	0.95	1.4
	水平极化	340	0.61	0.64	0.45	0.57	0.73

9.4　铁氧体毫米波方波导变极化器

9.4 – 1　方波导变极化器原理

图 9.4 – 1 为四磁极磁化的方波导变极化器结构,它采用横向磁化形式,当输入垂直或水平线极化波时,经变极化器后,则变成各种极化波输出,其极化波的选择取决于极化电流的大小和方向,可调节波形差相移为 0°(垂直极化波)、± 90°(右旋、左旋圆极化波)、180°(水平极化波)等 4 种极化波,这种变极化器,对极化具有互易特性,因此,它具有抗自然干扰的能力,能把自然干扰信号和雷达信号分离开,使雷达在恶劣环境中仍能

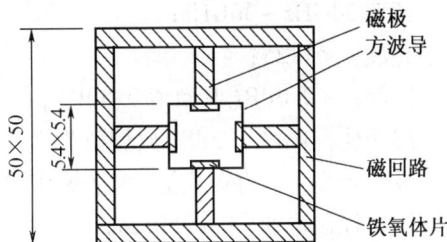

图 9.4 – 1　方波导变极化器结构

正常工作,这种方波导移相段尺寸为 5.4mm × 5.4mm × 40mm,磁回路尺寸为 50mm × 50mm × 40mm,结构能承受 100W ~ 200W 功率容量。

9.4 – 2　器件设计分析

新设计的毫米波变极化器是今后毫米波技术领域中具有独特功能的新器件之一,其设计的关键技术有以下几个方面。

(1)低损耗、高优值、高温度稳定性的铁氧体材料是实现变极化器的重要基础。铁氧体变极化器选用两种微波材料,第一种是锂锌铁氧体,这种材料饱和磁化强度可到 0.5T,但也带来器件匹配尺寸较敏感。第二种是镍锌铁氧体,这种材料的饱和磁化强度也同样达到 0.5T,介电常数 ε 为 12 左右,其他技术指标也

可满足器件要求,其中 ε 比锂锌铁氧体低,对器件匹配比较容易,经过综合比较,选择镍锌铁氧体作为变极化器材料较适宜;

(2)正确设计变极化器磁回路。横向磁化四磁极头尺寸太小,加工精度,装配公差等是决定左旋、右旋圆极化椭圆度优劣的重要因素。

(3)正确设计极化控制电路。由于铁氧体薄片加工公差、微波结构公差以及装配对称性等,要在同一磁化电流条件下,同时满足左旋、右旋圆极化椭圆度大致相同,这是较困难的。采用分别控制的方法,以微调各极化间的功能关系,使左旋、右旋圆极化椭圆度均满足应用的要求。

9.4-3 器件设计计算

如图 9.4-1 所示,根据耦合传输线理论,其波形差相移的表达式利用公式进行计算方波导口径,$a = 5.4\text{mm}$,$k/\mu \approx 0.4$,铁氧体样品宽度,$w = 3\text{mm}$,铁氧体片厚度 $t = 0.3\text{mm}$。将上述诸参数代入计算式后,得 $\Delta\phi = 47°/\text{cm}$。计算值和试验值相一致。

9.4-4 试验结果

由图 9.4-1 所示的结构,它的基本测试性能如下:

频率 34GHz ~ 36GHz;

驻波:<1.25;

插耗:<0.6dB(典型值 0.5dB);

圆极化椭圆度 1.5dB(典型值为 0.8dB);

极化类型:垂直极化波、水平极化波、左旋圆极化波、右旋圆极化波;

极化控制电流:0 ~ 350mA;

环境温度: -20℃ ~ +50℃。

第3编参考文献

[1] 蒋仁培,魏克珠. 微波铁氧体理论与技术,北京:科学出版社,1984.

[2] 魏克珠. 微波铁氧体双模高功率变极化器. 电子学报,1988(2):122-128.

[3] 温俊鼎. H 面移相器的 H 面介质加载理论. 电子学报,1984(12):116-118.

[4] 冯忠华. 微波信号的极化转换. 雷达技术,1979(2):55-56.

[5] 蒋仁培,魏克珠,李士根. 锁式变极化器的耦合波理论. 电子学报,1983(1):65-72.

[6] 黄宏嘉. 微波工程原理(卷I). 北京:科学出版社,1963.

[7] 黄宏嘉. 微波工程原理(卷II). 北京:科学出版社,1964.

[8] 魏克珠. 方波导毫米波变极化器. 电子工程信息,1996(6):24-26.

[9] 魏克珠,李士根. 双模铁氧体器件发展及应用. 现代雷达,2001(3): 71-74.

[10] 蔡群峰,蒋仁培.铁氧体全极化研究.十二届全国微波磁学会议论文集,2004,135 – 140.

[11] 蒋仁培,苏丽萍.雷达极化问题和铁氧体变极化技术.现代雷达,2001,(1):66 – 70.

[12] 王勤诚.复合型铁氧体全极化器.宁波大学报,2003,16(3):278 – 280.

[13] 承德保.现代雷达反对抗技术.北京:航空工业出版社,2002.

[14] 戴杰.宽频带微波铁氧体双模变极化器.现代雷达,2000(2):58 – 61.

[15] 郭亨远,曾清平,魏克珠.极化识别器实现方法研究.现代雷达,2001(2):40 – 49.

[16] 苏丽萍.多波段铁氧体极化器控制系统.第九届全国微波磁学会议,1998.3,158 – 159.

[17] 陈清河.X 波段高功率铁氧体圆极化器.电子工程信息,1995(10 – 11):14 – 15.

[18] 钱雯.高功率铁氧体快速变极化器.电子工程信息,1995(10 – 11):16 – 18.

[19] 周永林.双模毫米波变极化器及应用.电子工程信息,1995(10 – 11):12 – 13.

[20] Variable Porarizer May 1967. AD – 815483.

[21] Xu Yansheng,Jiang Zheng chang. Dual-mode latching ferrite de-vices. Microwave Journal,May,1986,277 – 285.

[22] Xi Yiwei,Jiang Renpei,Li Shigen. Microwace ferrite Dual-mode Polarization Technology 1987 IEEE MTTS International Microwave Sympo-sium 415 – 418 1987 Las veges.

[23] Wei kezhu,Wang Dejiang. High Power Dual-mode Variable Polar-izer and Applications. The 3rd Asia-Pacific Microwave Conference (APMC'90)T okyoJapan,1990,879 – 882.

[24] ADA1111583 1982. Radar Systems,39 – 44.

[25] Wang Dejiang, Wei kezhu. Design of Dualmode Ferrite Hogh Power Program Controller and Application. International Coference on Microwave and Communications,ICMC'92,595 – 597.

[26] Jiang Renpei, Wei kezhu. A Nonreciprocal Brief-ringence Effect in Microwave Ferrite and its Application. IEEE Trans. Vol MAG – 16. 1171 – 1173,1980.

[27] Wei kezhu. Milimeter Wave Dual-mode Variable Polarize and Application. ICMM-T'98,Beijing China. 480 – 482.

第4编 铁氧体移相器技术

第10章 微波铁氧体多极化移相器

电扫描雷达要具有独特的多极化工作能力及兼有多种任务,其作用简述如下:

(1) 最佳信号接收。因不同形状的目标对各种极化的反射是不同的,为了接收最大信号,要求收发天线能同时或改变其中之一极化,以得到最佳接收。例如,为了克服云雾及目标姿态的影响,希望工作圆极化或双极化,利用多极化天线可以选择与回波极化相"匹配"的接收。

(2) 目标识别。由于目标形状和姿态不同,它对不同极化的反射也不同,这一特性可以用来对目标进行识别。目标对极化的反射特性可用一散射矩阵来表示

$$\begin{bmatrix} E_{反}^{H} \\ E_{反}^{V} \end{bmatrix} = \begin{bmatrix} S_{11} & S_{12} \\ S_{21} & S_{22} \end{bmatrix} \begin{bmatrix} E_{入}^{H} \\ E_{入}^{V} \end{bmatrix}$$

其中,H 和 V 分别表示水平和垂直极化波。$[S]$ 中各元素与目标的形状、大小、表面材料及结构等因素有关。

另外,为提高抗干扰能力,精密多功能雷达系统需要具有同时发射或接收两个正交极化的相控阵天线,消除或减弱雨雪干扰。

因为上述铁氧体移相器有多极化特性,所以,可作为解决多极化相控阵天线单元之一。

铁氧体多极化移相器本身结构形式有两种,即纵向极化不灵敏移相器及横场多极化移相器。本章就其原理、设计及性能分别予以叙述。

10.1 纵场多极化移相器

10.1-1 器件的基本原理及结构

所谓互易多极化移相器,就是说这种移相器能同时传播水平极化、垂直极化和正负圆极化波,而且对各种极化产生的相移都一样。

实现多极化移相器的结构形式有闭锁数字式、闭锁模拟式、非锁式等;从波导结构来说,有圆波导、方波导等。不论采用哪种波导,其结构不外乎有下列几种形式,现在作一定性描述。

多极化移相器是由非互易圆极化移相器发展而来的。图10.1－1(a)为传输型多极化移相器。它由两只相同移相器反相串联而成。当输入右圆极化波时,经第一个移相器超前相移 ϕ_1,第二个滞后 ϕ_2,总滞后 $\phi = \phi_2 - \phi_1$;当输入左圆极化波时,经过第一个移相器滞后相移 ϕ_2,第二个超前 ϕ_1,总滞后 $\phi = \phi_2 - \phi_1$;当输入线极化时,经第一个移相器滞后相移 $(\phi_1 - \phi_2)/2$,第二个滞后 $(\phi_2 - \phi_1)/2$,总滞后 $\phi = \phi_2 - \phi_1$,且极化面旋转 $(+\theta) + (-\theta) = 0$。

图10.1－1(b)为传输型加 $\lambda/2$ 波片移相器,它由两只相同移相器同相串联而成。中间加一 $\lambda/2$ 波片, $\lambda/2$ 波片的作用是使输入的右、左圆极化波经半波片后成为左右圆极化输出。所以经过移相后总相移为 $\phi = \phi_2 - \phi_1$。

图10.1－1(c)是加 $\lambda/4$ 波片的反射型多极化移相器,它是一只圆极化移相器经 $\lambda/4$ 波片后短路。 $\lambda/4$ 波片的作用是使右(左)圆极化波经过波片短路再经过波片后为左(右)圆极化输出。故经反射后总相移为 $\phi = \phi_2 - \phi_1$。上述各类结构,其圆极化方向是针对外加磁场方向而言的,输入状态和输出极化状态是相反的。

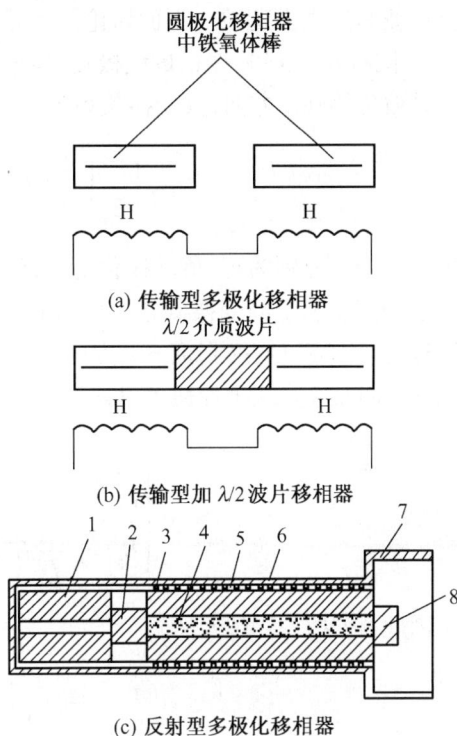

图10.1－1　多极化移相器
1—$\lambda/4$ 介质波片;2,8—介质阻抗变换器;
3—激励磁化线圈;4—铁氧体圆棒 $\phi = 1\text{cm}$;
5—金属薄膜波导;6—金属屏蔽外壳;7—法兰盘。

10.1－2　多极化移相器基本元件的极化变换矩阵

在未分析多极化移相器的极化与相移问题之前,对组成移相器基本元件的极化变换关系作一讨论。首先说明,这些讨论是建立在两个简化概念:第一,各个元件连接是匹配的,不考虑不连续处的反射;第二,应用极化变换矩阵时,必须选择两个独立的极化振荡方向作为坐标(或空间),极化矩阵对应于空间变换。

也就是说，每个独立的极化波在基本元件中传播时，被看作独立振荡波的传播。例如，在法拉第旋转器中，取正、负圆极化波为独立振荡波，而不取线极化波为独立振荡波。又如，在分析波片时，取平行及垂直于波片方向（慢轴及快轴方向）的振荡波为独立振荡波。下面讨论每个元件的极化变换矩阵及其"空间"变换。

1. 圆极化"空间"变换成线极化"空间"

设波传输在 z 方向，其变换关系为

$$\begin{bmatrix} E_x \\ E_y \end{bmatrix} = \begin{bmatrix} T_{c\text{-}L} \end{bmatrix} \begin{bmatrix} E^+ \\ E^- \end{bmatrix} \tag{10.1-1}$$

式中：E^+、E^- 分别为正、负圆极化电场；E_x，E_y 分别为 x，y 方向振荡的线极化电场。这种变换和空间变换概念一样，相当于把圆极化场作为基底的"空间"（称为圆极化"空间"）变换到把 x，y 方向振荡的线极化场作为基底的"空间"（称为线极化"空间"）。这个变换可以通过关系得到

$$\begin{cases} E_x = \dfrac{1}{\sqrt{2}}E^+ + \dfrac{1}{\sqrt{2}}E^- \\[3mm] E_y = \dfrac{j}{\sqrt{2}}E^+ + \dfrac{j}{\sqrt{2}}E^- \end{cases} \tag{10.1-2}$$

因此，极化变换矩阵为

$$\boldsymbol{T}_{c\text{-}L} = \frac{1}{\sqrt{2}} \begin{bmatrix} 1 & 1 \\ j & -j \end{bmatrix} \tag{10.1-3}$$

2. 线极化"空间"变换为圆极化"空间"

这种变换应该是 $\boldsymbol{T}_{c\text{-}L}$ 的逆变换 $\boldsymbol{T}_{c\text{-}L}^{-1}$，即

$$\boldsymbol{T}_{L\text{-}C} = \boldsymbol{T}_{c\text{-}L}^{-1} = \frac{1}{\sqrt{2}} \begin{bmatrix} 1 & -j \\ 1 & j \end{bmatrix} \tag{10.1-4}$$

式（10.1-4）的物理意义是 x 方向输入单位振幅的线极化波，可以分解成等幅的一对圆极化波，即

$$\begin{bmatrix} E^+ \\ E^- \end{bmatrix} = \frac{1}{\sqrt{2}} \begin{bmatrix} 1 & -j \\ 1 & j \end{bmatrix} \begin{bmatrix} 1 \\ 0 \end{bmatrix} = \frac{1}{\sqrt{2}} \begin{bmatrix} 1 \\ 1 \end{bmatrix}$$

又在 y 轴输入单位振幅的线极化振荡波，可以分成振幅相同，相位滞后或超前 $\pi/2$ 的圆极化振荡：

$$\begin{bmatrix} E^+ \\ E^- \end{bmatrix} = \frac{1}{\sqrt{2}} \begin{bmatrix} 1 & -j \\ 1 & j \end{bmatrix} \begin{bmatrix} 1 \\ 0 \end{bmatrix} = \frac{1}{\sqrt{2}} \begin{bmatrix} -j \\ j \end{bmatrix}$$

3. 法拉第旋转的极化变换矩阵

现在选取如图 10.1 - 2 所示的移相段,图中 E_1^+, E_1^- 和前面一样,分别表示输入的正、负圆极化电场。这里规定的右旋和左旋是对外加直流磁场方向而言。在以前讨论这类问题时,没有把左、右旋的概念和正、负旋的概念分开,在此必须加以区分。磁化方向和传输方向一致

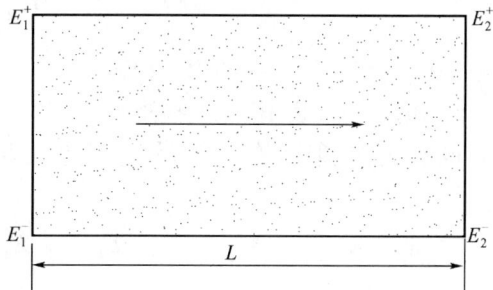

图 10.1 - 2 法拉第旋转器的移相段

时,右旋就是正旋,左旋就是负旋;若磁化方向和传播方向相反,则两者关系要反过来。因此,当 H_0 和传输方向一致时

$$\begin{bmatrix} E_2^+ \\ E_2^- \end{bmatrix} = \boldsymbol{T}_{\text{FR}} \begin{bmatrix} E_1^+ \\ E_1^- \end{bmatrix}$$

$$\boldsymbol{T}_{\text{FR}} = \begin{bmatrix} \mathrm{e}^{-\mathrm{j}\beta_+ \text{L}} & 0 \\ 0 & \mathrm{e}^{-\mathrm{j}\beta_- \text{L}} \end{bmatrix} = \begin{bmatrix} \mathrm{e}^{-\mathrm{j}\theta_\text{R}} & 0 \\ 0 & \mathrm{e}^{-\mathrm{j}\theta_\text{L}} \end{bmatrix} \qquad (10.1 - 5)$$

当 H_0 和传输方向相反时

$$\boldsymbol{T}_{\text{FR}} = \begin{bmatrix} \mathrm{e}^{-\mathrm{j}\theta_\text{L}} & 0 \\ 0 & \mathrm{e}^{-\mathrm{j}\theta_\text{R}} \end{bmatrix} \qquad (10.1 - 6)$$

式中: θ_R, θ_L 为右、左圆极化相位。显然,对小的外加磁场来说有 $\theta_\text{L} > \theta_\text{R}$。

4. $\lambda/4$ 波片极化变换矩阵

在圆波导中沿 x 轴放置 $\lambda/4$ 介质波片。当线极化方向与波片方向成 45° 入射时,电场垂直于介质片的分量传输得快,而平行于介质的分量传输得慢。一个叫快轴,一个叫慢轴。因此,通过介质以后,E_x 的相位滞后于 E_y 的相位。若相位差为 $\pi/2$,通过介质片的线极化波就变成圆极化波,其极化变换矩阵为

$$\boldsymbol{T}_{\lambda/4} = \mathrm{e}^{-\mathrm{j}\theta_{\lambda/4}} \begin{bmatrix} -\mathrm{j} & 0 \\ 0 & 1 \end{bmatrix} \qquad (10.1 - 7)$$

式中: $\theta_{\lambda/4}$ 为沿快轴传播的电场固有相移。

5. $\lambda/2$ 波片的极化变换矩阵

当输入电场矢量 $\boldsymbol{E}_1$ 与介质片成 45° 角时,$\boldsymbol{E}_1$ 平行介质片的分量为 E_{x1},垂直于介质的分量为 E_{y1}。通过 $\lambda/2$ 波片后,若两个方向振荡的相位差为 π 时,则输出的合成电场矢量转到 $\boldsymbol{E}_2$ 的方向。$\lambda/2$ 波片的极化变换矩阵为

$$T_{\lambda/2} = \mathrm{e}^{-\mathrm{j}\theta_{\lambda/2}}\begin{bmatrix} -1 & 0 \\ 0 & 1 \end{bmatrix} \qquad (10.1-8)$$

式中：$\theta_{\lambda/2}$ 为沿快轴传播的固有相移。

6. 短路反射面的极化变换矩阵

根据短路反射面的边界条件，入射波电场 E_{x1}，E_{y1} 和反射波电场 E_{xr}，E_{yr} 应满足以下关系

$$E_{xr} = -E_{x1}$$
$$E_{yr} = -E_{y1}$$

因此根据关系式

$$\begin{bmatrix} E_{xr} \\ E_{yr} \end{bmatrix} = T_r \begin{bmatrix} E_{x1} \\ E_{yr} \end{bmatrix}$$

可得到

$$T_r = \begin{bmatrix} -1 & 0 \\ 0 & -1 \end{bmatrix} \qquad (10.1-9)$$

7. 坐标旋转变换

在分析极化不灵敏移相器时经常碰到由 (x,y) 坐标系到 (x',y') 坐标系之间的变换。若 (x',y') 相对 (x,y) 坐标以原点为中心在 z 方向旋转 θ 角，以右旋方向为正角，则两个坐标轴之间的相互变换关系为

$$\begin{cases} T_{x-x'} = \begin{bmatrix} \cos\theta & \sin\theta \\ -\sin\theta & \cos\theta \end{bmatrix} \\ T_{x'-x} = \begin{bmatrix} \cos\theta & -\sin\theta \\ \sin\theta & \cos\theta \end{bmatrix} \end{cases} \qquad (10.1-10)$$

上述的各种极化变换矩阵满足 $\tilde{T}_i T_i = I$。上述各种变换矩阵，列于表10.1-1。

表 10.1-1　各种结构（或空间变换）的变换矩阵

结构（或空间变换）	变换矩阵
圆极化空间——→线极化空间	$T_{C-L} = \dfrac{1}{\sqrt{2}}\begin{bmatrix} 1 & 1 \\ \mathrm{j} & -\mathrm{j} \end{bmatrix}$
线极化空间——→圆极化空间	$T_{L-C} = \dfrac{1}{\sqrt{2}}\begin{bmatrix} 1 & -\mathrm{j} \\ 1 & \mathrm{j} \end{bmatrix}$

结构（或空间变换）	变换矩阵
$\lambda/4$ 波片	$\boldsymbol{T}_{\lambda/4} = \mathrm{e}^{-\mathrm{j}\theta_{\lambda/4}} \begin{bmatrix} -\mathrm{j} & 0 \\ 0 & 1 \end{bmatrix}$ $\boldsymbol{T}_{\lambda/4} = \mathrm{e}^{-\mathrm{j}\theta_{\lambda/4}} \begin{bmatrix} 1 & 0 \\ 0 & -1 \end{bmatrix}$
$\lambda/2$ 波片	$\boldsymbol{T}_{\lambda/2} = \mathrm{e}^{-\mathrm{j}\theta_{\lambda/2}} \begin{bmatrix} -1 & 0 \\ 0 & 1 \end{bmatrix}$ 及 $\boldsymbol{T}_{\lambda/2} = \mathrm{e}^{-\mathrm{j}\theta_{\lambda/2}} \begin{bmatrix} 1 & 0 \\ 0 & -1 \end{bmatrix}$
旋转变换	$\boldsymbol{T}_{x-x'} = \begin{bmatrix} \cos\theta & \sin\theta \\ -\sin\theta & \cos\theta \end{bmatrix}$ $\boldsymbol{T}_{x'-x} = \begin{bmatrix} \cos\theta & -\sin\theta \\ \sin\theta & \cos\theta \end{bmatrix}$
金属反射	$\boldsymbol{T}_{\mathrm{r}} = \begin{bmatrix} -1 & 0 \\ 0 & -1 \end{bmatrix}$
铁氧体	$\boldsymbol{T}_{\mathrm{FR}} = \begin{bmatrix} \mathrm{e}^{-\mathrm{j}\beta_{+\mathrm{L}}} & 0 \\ 0 & \mathrm{e}^{-\mathrm{j}\beta_{-\mathrm{L}}} \end{bmatrix} = \begin{bmatrix} \mathrm{e}^{-\mathrm{j}\theta_{\mathrm{R}}} & 0 \\ 0 & \mathrm{e}^{-\mathrm{j}\theta_{\mathrm{L}}} \end{bmatrix}$
铁氧体	$\boldsymbol{T}_{\mathrm{FR}} = \begin{bmatrix} \mathrm{e}^{-\mathrm{j}\beta_{-\mathrm{L}}} & 0 \\ 0 & \mathrm{e}^{-\mathrm{j}\beta_{+\mathrm{L}}} \end{bmatrix} = \begin{bmatrix} \mathrm{e}^{-\mathrm{j}\theta_{\mathrm{L}}} & 0 \\ 0 & \mathrm{e}^{-\mathrm{j}\theta_{\mathrm{R}}} \end{bmatrix}$

第10章　微波铁氧体多极化移相器

10.1-3 多极化移相器的矩阵分析

为了进一步搞清多极化移相器的工作原理,下面采用极化变换矩阵进行分析讨论。

1. $\lambda/4$ 波片反射式极化不灵敏移相器原理

图 10.1-3 为 $\lambda/4$ 波片反射式多极化移相器原理图。设 $\lambda/4$ 波片的快轴与 x 轴成角 θ,取波片的快、慢轴作固定坐标系 (x,y);波片部分是以 (x',y') 为坐标系;而在铁氧体处则以 (x,y) 为坐标系。所以在铁氧体和 $\lambda/4$ 波片交界处要进行坐标的旋转变换。考虑到这些关系以后,在线极化"空间"中,整个移相器的极化变换矩阵应满足下式:

$$\begin{bmatrix} E_{x2} \\ E_{y2} \end{bmatrix} = T \begin{bmatrix} E_{x1} \\ E_{y1} \end{bmatrix}$$

式中:T 为各部分的极化变换矩阵相乘。

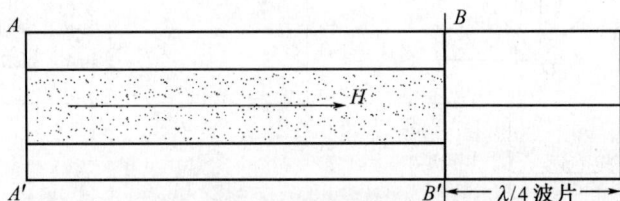

图 10.1-3 $\lambda/4$ 波片反射式多极化移相器原理图

$$T = T_{C-L} \cdot T_{FR} \cdot T_{L-C} \cdot T_{x-x'} \cdot T_{\lambda/4} \cdot T_r] \times$$
$$T_{\lambda/4} \cdot T_{x-x'} \cdot T_{C-L} \cdot T_{FR} \cdot T_{L-C} \qquad (10.1-11)$$

利用表 12.1-1 可以得到

$$T = \mathrm{e}^{-\mathrm{j}z\theta\frac{\lambda}{4}} \mathrm{e}^{-\mathrm{j}(\theta_R + \theta_L)} \begin{bmatrix} -\cos\theta & -\sin\theta \\ -\sin\theta & \cos\theta \end{bmatrix} \qquad (10.1-12)$$

$$T = A \begin{bmatrix} -\cos\theta & -\sin\theta \\ -\sin\theta & \cos\theta \end{bmatrix} \qquad (10.1-13)$$

其中 $A = \mathrm{e}^{-\mathrm{j}(z\theta_{\lambda/4} + \theta_R + \theta_L)}$

下面分析当 $\lambda/4$ 波片和坐标轴 (x,y) 夹角 θ 为各种值时,移相器输出波的各种极化特性。

第一种情况:当 $\theta = 0$ 时,即波片的快轴(波片的法向)平行 x 轴,那么式 (10.1-13) 变为

$$T = A \begin{bmatrix} -1 & 0 \\ 0 & 1 \end{bmatrix}$$

现在讨论上式的意义,即在器件的输入端的各种极化方式输入,求输出波极化的变化。

(1) 若输入水平极化波 $\begin{bmatrix} 1 \\ 0 \end{bmatrix}$,则输出的极化波应为

$$\begin{bmatrix} -1 & 0 \\ 0 & 1 \end{bmatrix} \begin{bmatrix} 1 \\ 0 \end{bmatrix} = \begin{bmatrix} -1 \\ 0 \end{bmatrix}$$

极化变换的物理图像如图 10.1 – 4 所示。

(2) 若输入为垂直极化波 $\begin{bmatrix} 0 \\ 1 \end{bmatrix}$,则输出的极化波仍为垂直极化波:

$$\begin{bmatrix} -1 & 0 \\ 0 & 1 \end{bmatrix} \begin{bmatrix} 0 \\ 1 \end{bmatrix} = \begin{bmatrix} 0 \\ 1 \end{bmatrix}$$

极化变换的物理图像如图 10.1 – 5 所示。

(3) 若输入右旋圆极化波 $\begin{bmatrix} 1 \\ j \end{bmatrix}$,则输出的极化波为左旋圆极化波:

$$\begin{bmatrix} -1 & 0 \\ 0 & 1 \end{bmatrix} \begin{bmatrix} 1 \\ j \end{bmatrix} = - \begin{bmatrix} 1 \\ -j \end{bmatrix}$$

(4) 若输入左旋圆极化波 $\begin{bmatrix} 1 \\ -j \end{bmatrix}$,输出的极化波为右旋圆极化波:

$$\begin{bmatrix} -1 & 0 \\ 0 & 1 \end{bmatrix} \begin{bmatrix} 1 \\ -j \end{bmatrix} = - \begin{bmatrix} 1 \\ j \end{bmatrix}$$

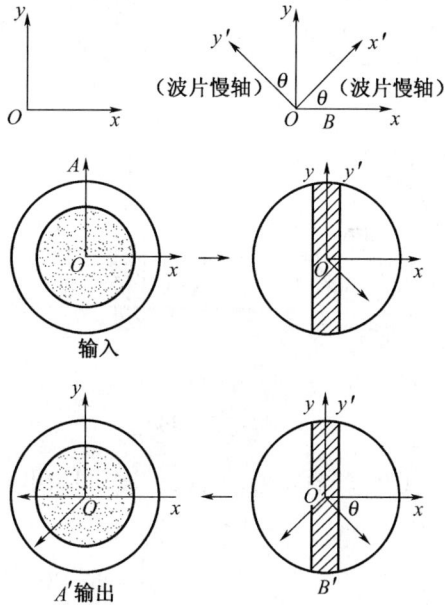

图 10.1 – 4　极化变换的物理图像

圆极化输出的物理图像不再一一图解。归纳起来,当 $\theta = 0$ 时,$\lambda/4$ 波片是反射移相器输入极化和输出极化的转换关系。

第二种情况:当 $\theta = 45°$ 时,从式(10.1 – 13)得

$$T = A \begin{bmatrix} 0 & -1 \\ -1 & 0 \end{bmatrix}$$

(1) 若输入为水平线极化波,则输出为

$$\begin{bmatrix} 0 & -1 \\ -1 & 0 \end{bmatrix}\begin{bmatrix} 1 \\ 0 \end{bmatrix} = \begin{bmatrix} 0 \\ -1 \end{bmatrix}$$

即输出仍为线极化波,但方向转为垂直方向(倒向)。图 10.1 – 6 为其极化变换的图像。

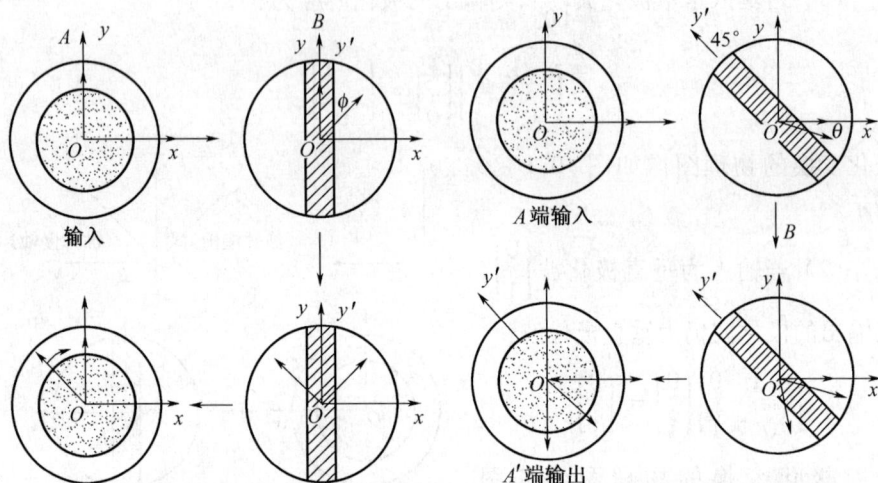

图 10.1 – 5　当 $\theta = 0$ 垂直极化输入,
　　　　　输出仍保持垂直极化

图 10.1 – 6　当 $\theta = 45°$ 时,水平输入,
　　　　　垂直输出倒相

(2) 若输入为垂直极化波,则输出变为水平极化波(倒向):

$$\begin{bmatrix} 0 & -1 \\ -1 & 0 \end{bmatrix}\begin{bmatrix} 0 \\ 1 \end{bmatrix} = \begin{bmatrix} -1 \\ 0 \end{bmatrix}$$

极化图像如图 10.1 – 7。

(3) 若左旋圆极化波输入,则右旋圆极化波输出:

$$\begin{bmatrix} 0 & -1 \\ -1 & 0 \end{bmatrix}\begin{bmatrix} j \\ 1 \end{bmatrix} = -1\begin{bmatrix} 1 \\ -j \end{bmatrix}$$

(4) 若右旋圆极化波输出,则必有左旋圆极化波输出:

$$\begin{bmatrix} 0 & -1 \\ -1 & 0 \end{bmatrix}\begin{bmatrix} 1 \\ j \end{bmatrix} = -\begin{bmatrix} j \\ 1 \end{bmatrix}$$

第三种情况: θ 为任意值,从式(10.1 – 13)得

(1) 输入垂直极化波 $\begin{bmatrix} 0 \\ 1 \end{bmatrix}$ 时,输出为

$$\begin{bmatrix} -\cos2\theta & -\sin2\theta \\ -\sin2\theta & \cos2\theta \end{bmatrix}\begin{bmatrix} 0 \\ 1 \end{bmatrix} = \begin{bmatrix} -\sin2\theta \\ \cos2\theta \end{bmatrix}$$

即右旋 2θ 的线极化波,其极化图像如图 10.1-8 所示。

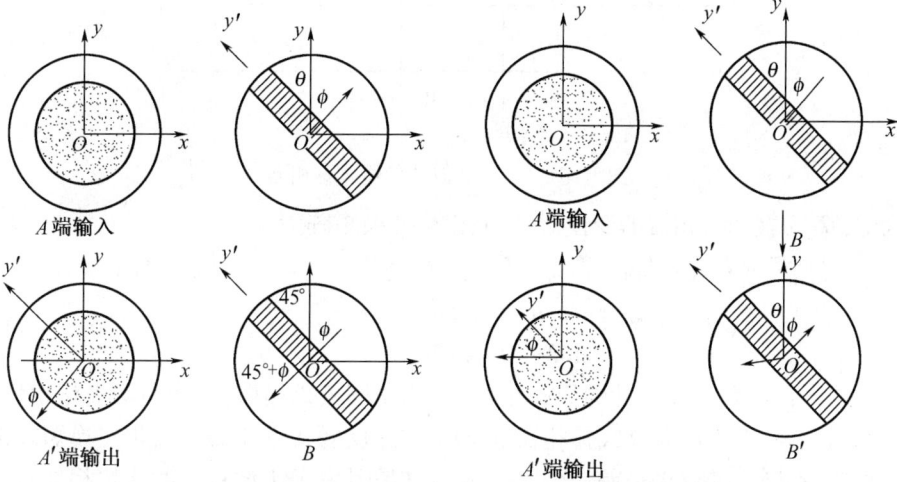

图 10.1-7 当 $\theta = 45°$ 时,垂直输入,
水平输出倒向

图 10.1-8 α 为任意角度,垂直输入,
则输出为右旋 2θ 角度的线极化。

（2）输入水平极化波 $\begin{bmatrix} 1 \\ 0 \end{bmatrix}$ 时,输出为 $\begin{bmatrix} -\cos2\theta \\ -\sin2\theta \end{bmatrix}$,即右旋 $\pi+2\theta$ 的线极化波,其图像略。

（3）输入右旋圆极化波 $\begin{bmatrix} 1 \\ j \end{bmatrix}$ 时,输出为左旋圆极化波 $\begin{bmatrix} -1 \\ j \end{bmatrix}$;反之,若输入左旋圆极化波 $\begin{bmatrix} j \\ 1 \end{bmatrix}$,则输出相应地变成右旋圆极化波 $\begin{bmatrix} -j \\ 1 \end{bmatrix}$。

2. $\lambda/2$ 波片传输型极化不灵敏移相器

它由同相串联的两只相同移相器,中间加一 $\lambda/2$ 波片构成。$\lambda/2$ 波片的作用是使输入的右(左)圆极化波经 $\lambda/2$ 波片后成左(右)圆极化波输出。

我们可采用 $\lambda/4$ 波片反射型极化不灵敏移相器同样的分析方法来建立,$\lambda/2$ 波片传输型移相器变换矩阵,其原理如图 10.1-8 所示。

2θ 角度的线极化如图 10.1-9 所示。

移相器的输入和输出关系为

$$\begin{bmatrix} E_{2x} \\ E_{2y} \end{bmatrix} = \boldsymbol{T}\begin{bmatrix} E_{1x} \\ E_{1y} \end{bmatrix}$$

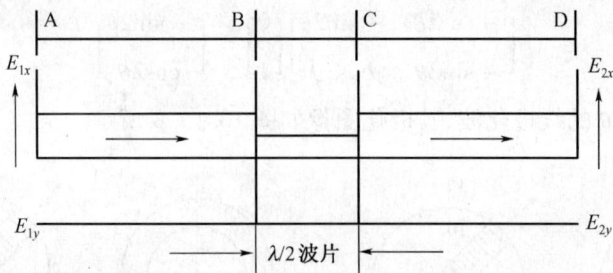

图 10.1-9 $\lambda/2$ 波片传输式移相器

式中：T 为整个移相器的变换矩阵，其极化变换矩阵为

$$T = T_{C-L} \cdot T_{FR} \cdot T_{L-C} \cdot T_{x'-x} \cdot T_{y2} \cdot T_{x-x'} \cdot T_{C-L} \cdot T_{FR} \cdot T_{L-C}$$

$$= e^{-j(\theta_{y2}+\theta_R+\theta_L)} \begin{bmatrix} \cos2\theta & \sin2\theta \\ \sin2\theta & -\sin2\theta \end{bmatrix} \tag{10.1-14}$$

式中：θ_{y2} 为 $\lambda/2$ 波片的固有相移；θ_R 为正圆极化相移；θ_L 为负圆极化相移。

因此，$\lambda/2$ 波片通过式移相器和 $\lambda/4$ 波片反射式移相器的极化变换矩阵形式类似，不同之处仅仅是差一个"负"号。这是因为 $\lambda/4$ 波片反射式移相器有一个反射面，使极化倒向。不难看出，$\lambda/2$ 波片通过式移相器的后半节是 $\lambda/4$ 波片反射式移相器的镜像部分。所以，它们的极化变换图像不再一一引出，仅把 $\theta = 0$ 时的变换结果画于图 10.1-10。

10.1-4 多极化移相器的设计

无论是 $\lambda/4$ 波片反射式移相器，还是 $\lambda/2$ 波片传输式移相器，它们均属多极化移相器。

这两种移相器的相移取决于 $\Delta\theta_R = \theta_R - \theta_0$ 和 $\Delta\theta_L = \theta_L - \theta_0$。其中，$\theta_0$ 为零场相位。显然，θ_L 为滞后相移，θ_R 为超前相移，因此，总滞后相移为 $\Delta\theta = \Delta\theta_L + \Delta\theta_R$。从图 10.1-11 可明显看出，要获得大的 $\Delta\theta$ 值，必须使 $|\Delta\theta_L|$ 及 $|\Delta\theta_R|$ 的差值要大些。这个差值正是通过传输线长度为 $2L$ 的法拉第旋转角。

设计移相器的原则：

1. 选取适当高的归一化饱和磁矩

在给定频率时，利用较大的归一化饱

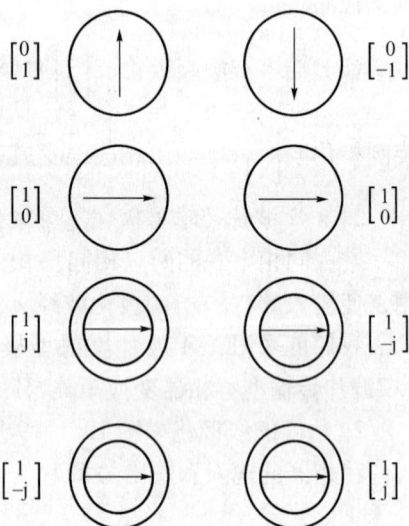

图 10.1-10 $\theta = 0$ 时，$\lambda/2$ 波片传输式移相器的极化变换关系

和磁矩,可以得到较大的差相移,图10.1-12为圆极化磁导率 μ 和归一化磁矩 P 的关系,说明 P 越大,ϕ 越大。

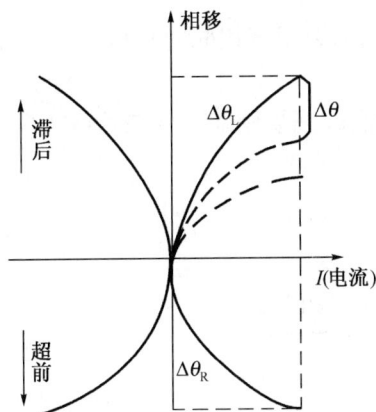

图10.1-11　相位电流特性

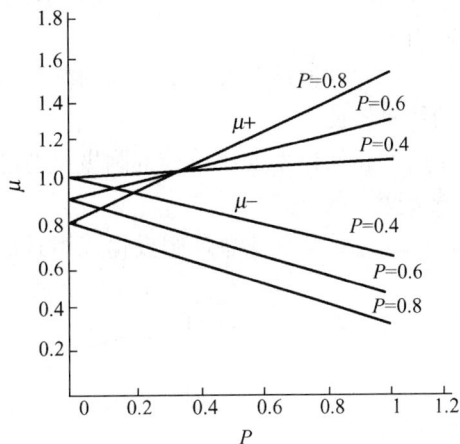

图10.1-12　圆极化磁导率和归一化磁矩关系

我们考虑 β_+ 和 β_- 各自为右圆极化波和左圆极化波相位常数,并有 $\beta_- < \beta_0 < \beta_+$,及 $\phi_0 = \beta_- L$,L 为传输线长度。加上直流磁场所产生的相对相移为

$$\Delta\phi_+ = \phi_+ - \phi_0 > 0 \quad 相位滞后$$

$$\Delta\phi_- = \phi_- - \phi_0 < 0 \quad 相位超前$$

$$\Delta\phi = \Delta\phi_+ + \Delta\phi_- = \frac{2\pi}{\lambda_0}\sqrt{\varepsilon}(\mu_+ + \mu_- - 2)L \qquad (10.1-15)$$

式中:$\mu_+ = \mu + K$;$\mu_- = \mu - K$;$\mu = 1$;$\kappa = p$(归一化磁矩)。

取 $\varepsilon_f = 13$,$p = 0.6$,$L = 8\text{cm}$,可以算出 $\Delta\phi = 240°$。另外,考虑到圆波导加载作用,所以,实际测得的 $\Delta\phi$ 要大些。如果是锁式多极化移相器,那么,还要考虑矩形比的影响,然后再代入式(10.1-15)进行计算。

2. 峰值功率的考虑

以临界功率 $p_c \sim \left|\dfrac{\Delta H_K}{P}\right|^2$ 关系式表示(ΔH_K 为自旋波线宽),如 P 增大,移相器承受的功率就要下降,一般 P 选取 $0.4 \sim 0.6$。

3. 介质片介电常数的选择

非锁式圆极化移相器的性能曲线(图10.1-13)表明,支撑介质的介电常数选 $2 \sim 5$,铁氧体和波导直径比值为 $0.3 \sim 0.7$ 最佳。若用稍低的介电常数介质加载,则使优值提高。通常选取介电常数为 2.2 的介质作为支撑介质,铁氧体和波导直径比值取0.5。对于充满铁氧体的金属化波导结构(无论是方的或是圆的)来说,以不出现高次模为原则来确定移相段的尺寸。

多极化移相器,对于相控阵天线单元来说,能满足各种极化收发功能,但是必须指出:

(1)它的损耗总大于单纯的圆极化器。因为要得到相同的相移,需要有较长的铁氧体长度。

(2)设计技术要比单纯的圆极化器麻烦得多,还要附加$\lambda/4$波片或$\lambda/2$波片波形变换器。

(3)总重量要比普通圆极化移相器重。

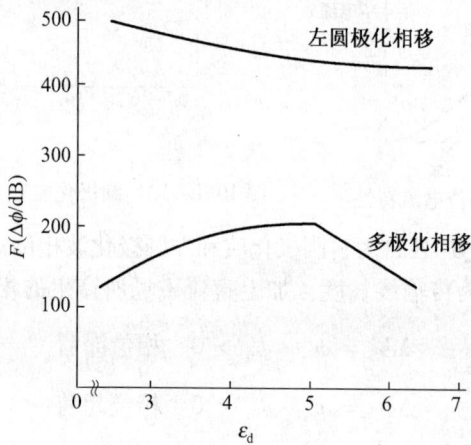

图 10.1 – 13 不同介质介电常数 ε_d 与 F 的关系

(C波段测量值,材料 YIG,$P=0.65$,$d/a=0.5$,$L=8\text{cm}$)

10.1 – 5 $\lambda/4$ 波片或 $\lambda/2$ 波片设计

实现纵场多极化移相器(反射式或传输式)的关键之一,就是如何设计所需要的$\lambda/4$波片或$\lambda/2$波片波型变换器,并且使移相器结构紧凑,重量轻,成本低,制造简单。现就圆波导波型变换器的结构形式讨论如下。

如图 10.1 – 14 所示,当圆波导中充有介电常数为 ε_d 及磁导率为 μ 的介质时,H_{11} 模的场分布为

$$\begin{cases} E_r = \dfrac{\omega\mu_0}{r}J_1\left(\dfrac{r\mu_{11}}{R}\right)\sin\phi \\[3mm] E_\phi = \dfrac{\omega\mu_0}{r}J_1\left(\dfrac{r\mu_{11}}{R}\right)\cos\phi \end{cases}$$

(10.1 – 16)

$$\mu_{11} = 1.84, \quad \text{即} \ J_1'(x) = 0 \text{ 的根}$$

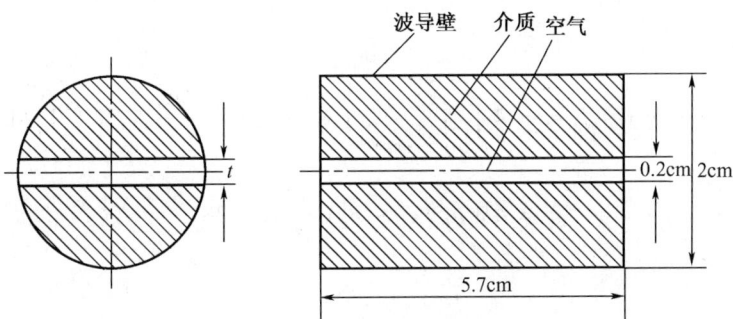

图 10.1 – 14 波片圆波导结构

在介质圆波导中间开槽,填充参数为 ε_r 和 μ_0 的介质,利用电场垂直于槽和平行于槽两个方向传输常数的不同,而产生 90°及 180°相移,可分别制成 $\lambda/4$ 波片和 $\lambda/2$ 波片的波形变换器。现采用微扰近似方法估算传播常数,作为设计波形变换器的依据。在分析中对于电场垂直于开槽的情况,因其传播常数的影响很小,故只考虑电场平行于槽的传播常数的变化,这时电场

$$E_\phi = 0$$

$$E_r^0 = \frac{\omega\mu_0}{r} J_1\left(\frac{r\mu_{11}}{R}\right), \text{微扰前} \tag{10.1 – 17a}$$

$$E_r' = \frac{\omega\mu_0}{r} J_1\left(\frac{r\mu_{11}}{R}\right), \text{微扰后} \tag{10.1 – 17b}$$

微扰前后传播常数变化

$$\Delta\beta = \frac{1}{N}\left[\int_{s_1}(\mid\mu\mid - \mu_0)H'H_0^* \, \mathrm{d}s + \int_s(\varepsilon - \varepsilon_d)E'E_0^* \, \mathrm{d}s\right] \tag{10.1 – 18}$$

式中

$$N = \frac{1}{\omega}\int_{s_0}(E_0^* \cdot H) + (E \cdot H_0^*) \, \mathrm{d}s = \frac{2\beta_0}{\omega^2\mu_0}\int_{s0}(E_T^0)^2 \mathrm{d}s \tag{10.1 – 19}$$

现在,先求出 N

$$N = \frac{2\beta_0}{\omega^2\mu_0}\int_{s0}\mid E_T^0\mid^2 \mathrm{d}s$$

$$N = \frac{2\beta_0}{\omega^2\mu_0}\int_{s0}\frac{\omega^2\mu_0^2}{r^2}J_1^2\left[\left(\frac{r\mu_{11}}{R}\right)\sin^2\phi + \omega^2\mu_0^2\mu_{11}^2 J_1'^2\left(\frac{r\mu_{11}}{R}\right)\cos^2\phi\right]\mathrm{d}s$$

$$= \int_0^{1.84} \left[J_1^2(x)/x + x J_1^{12}(x) \right] \mathrm{d}s = 2\beta_0 \pi\mu_0 \times 0.403$$

再求分子

$$\int_{s1} (\varepsilon_1 - \varepsilon_d) E' E_0^* \, \mathrm{d}s = 4 \int_0^R \int_{\frac{\pi}{2}-\arctan t/R}^{\frac{\pi}{2}+\arctan t/R} (\varepsilon_1 - \varepsilon_d) \cdot \frac{\omega^2 \mu_0^2}{\beta^2} \cdot J_1^2\left(\frac{r\mu_{11}}{R}\right) r \mathrm{d}r \mathrm{d}\phi$$

$$= 4\omega^2 \mu_0 (\varepsilon_1 - \varepsilon_d) \frac{t}{R} \times 0.28$$

所以

$$\Delta\beta = \frac{2.8t(\varepsilon_1 - \varepsilon_d)}{R\lambda_0 \sqrt{\varepsilon_d - \left(\dfrac{\lambda_0}{3.14R}\right)^2}} \qquad (10.1-20)$$

式(10.1-20)是所求的波形变换器的差相移(单位长度)。

根据式(10.1-20),在设计波形变换器时,要考虑到导热性能好,加工方便,直径要与非互易铁氧体移相器外径相同,同时,既要使 H_{11} 模不能截止,也必须避免激发高次模。

现对几种介质的波型变换器分别计算如下:

1. $\lambda/4$ 波片或 $\lambda/2$ 波片长度

波型变换器是与圆极化移相器相连接的,在连接处,出现两个阻抗不连续性,需用 $\lambda/4$ 波长阻抗变换,以清除不连续性。表10.1-2列出的介质材料特性,可作为设计参考。

如图10.1-14,圆波导介质中间开槽并充有空气,则 $\varepsilon_1 = 1$,$\varepsilon_d = 10$,当 $\Delta\beta L = \dfrac{\pi}{2}$ 时,波型变换器长度为 $L = \dfrac{\pi}{3.85t}$(cm),其他介质类似计算。如果用 $\lambda/2$ 波长波型变换器,则把表10.1-3中不同宽度 t 的条件下,所有长度 L 加长1倍即可。

表10.1-2　介质材料特性

名称	介电常数	热传导系数 cal/cm. s. ℃
氧化铝	10	0.054
氮化硼	4	0.023 ~ 0.145
滑石瓷	6	0.0025 ~ 0.0047

表10.1-3　t 和 L 的关系

开槽宽度 t/cm	$\lambda/4$ 波片长度 L/cm
0.10	9.20
0.15	6.15
0.20	4.60
0.30	3.10

2. $\lambda/4$、$\lambda/2$ 波片波型变换器特性

采用表 12 – 3 中参数 $t=0.2$ cm,我们设计了如图 10.1 – 15 的波型变换器,并测量了其电压驻波比,损耗,差相移与频率关系的曲线,如图 10.1 – 15 和图 10.1 – 16 所示。试验结果和计算基本一致。

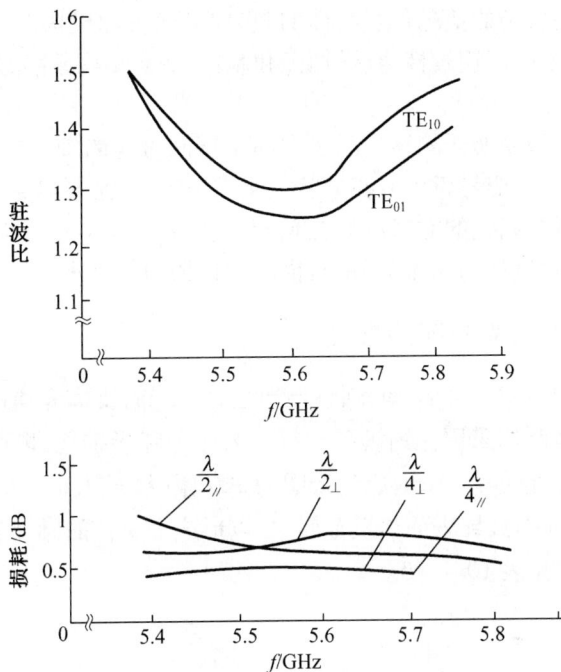

图 10.1 – 15 $\lambda/4$,$\lambda/2$ 波片驻波损耗特性

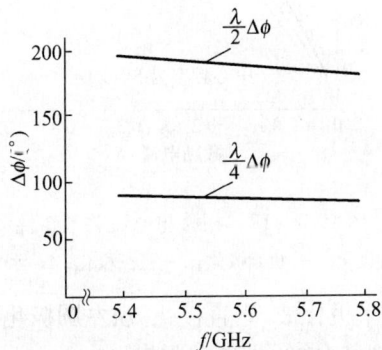

图 10.1 – 16 $\lambda/4$,$\lambda/2$ 波片相移特性

3. 偶极铁氧体波型变换器

介质波型变换器和铁氧体可变移相段组合时,在连接处产生不连续性,要进行阻抗变换,特别对充满铁氧体的波导移相段来说。要增大体积,增加成本,并给实际设计带来困难,在应用上受到限制。

现在设计横向偶极化磁化方波导(或圆波导)的铁氧体段,以构成 $\lambda/4$、$\lambda/2$ 波型变换器。偶极场的情况是互易性的,它和可变移相段构成一个金属化波导体,不存在连接处的不连续性,宜于加工和制作,而且结构紧凑,是较有应用价值的新器件之一。

偶极互易波型变换器的移相段选取易于横向磁化的细长方棒或圆棒,采用固定磁场进行磁化,应考虑到方棒形状退磁因子影响,又要避免高次模的谐振损耗。充满铁氧体金属化的方棒波导几何尺寸为 $a \times a = 1\text{cm}^2$。$\lambda/4$ 和 $\lambda/2$ 铁氧体波片,长度分别设计为 3cm 和 6cm,横向磁化场均采用永磁体。

10.1–6　多极化移相器的性能

现选图 10.1–1(c)的结构,圆波导半径 $R = 1\text{cm}$,支撑介质的 $\varepsilon = 2.2$(聚四氟乙烯),铁氧体圆棒采用钇钙钒系材料。为避免零场损耗,取归一化磁矩 $P = 0.6$,铁氧体圆棒直径 $\phi = 1\text{cm}$,磁化线圈为 500 匝(线径为 $\phi = 0.2\text{mm}$)。考虑到开关速度影响,介质波导表面蒸发金属层,以形成金属化的圆波导。$\lambda/4$ 波片变换器的几何尺寸见表 10.1–3。

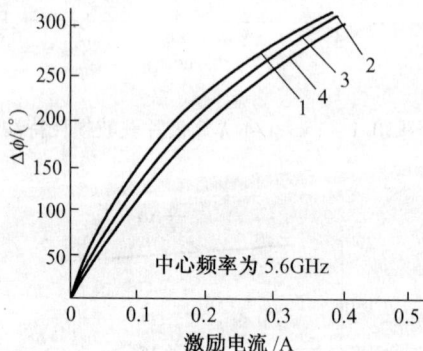

图 10.1–17　相移与电流关系特性
1—垂直极化;2—负圆极化;3—正圆极化;4—水平极化。

当器件分别馈入水平极化波、垂直极化波、左圆极化波、右圆极化波、左椭圆极化波、右椭圆极化波(椭圆度为 3dB),以及 45°方向的线极化波时,测得的移相器差相移与电流关系特性如图 10.1–17 所示。

从图 10.1–17 的特性曲线可以得到:

（1）各种极化状态的差相移均为迟后相移。

（2）在波型变换器、移相器段基本对称的条件下，馈入各种极化波时，所得到的差相移均一致，并且与磁化电流方向无关。

（3）圆波导支撑介质的介电常数不宜太大，一般选取 $\varepsilon = 2 \sim 4$，能提高移相器的质量因素。

（4）不论圆波导和铁氧体直径比值如何，结构尺寸要设计得适宜，以防止高次模产生。

10.2　横场多极化移相器

10.2 −1　横场铁氧体多极化移相器

本节着重描述横场多极化移相器（图 10.2 −1），其性能见表 10.2 −1。

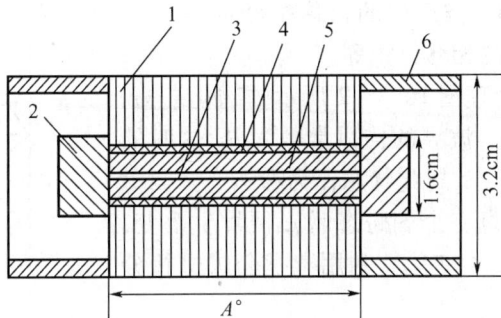

图 10.2 −1　横场多极化移相器剖面图

1—散热片；2—匹配介质变换器 $\varepsilon = 6$；3—开关激励线孔（$\phi 0.15\mathrm{cm}$）；
4—铁氧体方棒（表面涂厚度 $3\mu\mathrm{m}$ 的金属膜）；5—铁氧体金属方波导（$1.1\mathrm{cm} \times 1.1\mathrm{cm}$）；
6—移相器输入，输出连接法兰，其波导口径为 $3.2\mathrm{cm} \times 3.2\mathrm{cm}$。

表 10.2 −1　横场铁氧体多极化移相器性能

频率范围/GHz	5.4 ~ 5.8	置位电流/A	+6
驻波比	<1.3	恢复电流/A	−8
锁式相移/(°)	300	铁氧体材料	锂钛铁氧体
插入损耗/dB	<1	激励线圈	1 匝（$\phi 0.1\mathrm{mm}$）
峰值功率/kW	3	开关时间/μs	<10
平均功率/W	30	结构实际尺寸/cm	$7 \times 1.1 \times 1.1$

这种移相器具有下述优点：

（1）能承受较高的功率。

（2）单位长度有较大的差相移。如同波段，同类型铁氧体材料，矩形波导数字移相器一般 $\Delta\phi = 20°/cm$，而金属化横场移相器的 $\Delta\phi = 35°/cm$。

（3）开关时间短（只有一根激励线）及开关能量低。

（4）结构简单，无外磁回路。

（5）结构形状有利于散热。

但此结构对激励线装配要求较严格，穿线孔不对称和胶结介质变换器不适宜时，容易引起高功率打火。

10.2－2 横场多极化移相器的工作原理

如图 10.2－2 所示，这种通过式多极化移相器是由充满铁氧体的方波导组成，它能传输 TE_{10} 波和 TE_{01} 波并对这两种波均产生相同的相移。即磁化状态一定，对 TE_{10} 波和 TE_{01} 波产生的相移相等 $\phi^{10} = \phi^{01}$，那么，任意极化波的相移也相等。

用微扰法来处理图 10.2－2 所示的磁化结构。在未磁化时，$\mu = \mu_f$，波导的传播常数为 β_f，这时的系统称为未微扰状态，把此状态作为参考态。当磁化到 $A_1, \cdots, A_i$ 任意一个剩磁态后 μ 便发生改变，使得传播常数 β 发生变化。利用微扰公式进行分析如下：

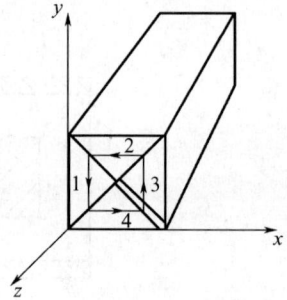

图 10.2－2 模拟锁式移相器工作方式

式中 $\Delta\mu$ 为磁化以后与未磁化时磁导率之差。根据图 10.2－2，若把铁氧体金属化截面分成 4 个区，则 4 个区的 $\Delta\mu$ 均不一样：

在 1 区、3 区：
$$\Delta\mu_{1,3} = \begin{bmatrix} \mu - \mu_f & 0 & \pm jk \\ 0 & \mu - \mu_f & 0 \\ \mp jk & 0 & \mu - \mu_f \end{bmatrix} \mu_0 \qquad (10.2-1)$$

在 2 区、4 区：
$$\Delta\mu_{2,4} = \begin{bmatrix} \mu - \mu_f & 0 & 0 \\ 0 & \mu - \mu_f & \pm jk \\ 0 & \mp jk & \mu - \mu_f \end{bmatrix} \mu_0 \qquad (10.2-2)$$

把式（10.2－1），式（10.2－2）分别代入微扰公式进行积分运算，则得到入射波及反射波的传播常数为

$$\Delta\beta_{\curlywedge} = \beta_{\curlywedge} - \beta_{\mathrm{f}} = (\mu - \mu_{\mathrm{f}})\left(\frac{\beta_{\mathrm{f}}}{2} + \frac{\pi^2}{2\beta_{\mathrm{f}}a^2}\right) + \frac{k}{a} \qquad (10.2-3)$$

$$\Delta\beta_{\boxtimes} = \beta_{\curlywedge} - \beta_{\mathrm{f}} = (\mu - \mu_{\mathrm{f}})\left(\frac{\beta_{\mathrm{f}}}{2} + \frac{\pi^2}{2\beta_{\mathrm{f}}a^2}\right) - \frac{k}{a} \qquad (10.2-4)$$

对式(10.2-3),式(10.2-4)作两种讨论:

(1)对于长度为 L 的反射式横场多极化移相器其相移量为

$$\Delta\phi_{\boxtimes} = (\Delta\beta_{\curlywedge} + \Delta\beta_{\boxtimes})L = (\mu - \mu_{\mathrm{f}})\beta_{\mathrm{f}}\left(1 + \frac{\pi^2}{\beta_{\mathrm{f}}^2 a^2}\right)L \qquad (10.2-5)$$

(2)对于长度为 L 的通过式横场多极化移相器,其非互易相移量为

$$\phi_{\text{通过式}} = (\Delta\beta_{\curlywedge} - \Delta\beta_{\boxtimes})L = \frac{2kL}{a} \qquad (10.2-6)$$

式(10.2-5),式(10.2-6)中: $\beta^2 = k_{\mathrm{f}}^2 - \left(\frac{\pi}{a}\right)^2$; $k_{\mathrm{f}}^2 = \omega^2\mu_{\mathrm{f}}\varepsilon_{\mathrm{f}}\mu_0\varepsilon_0$; ε_{f} 为铁氧体的介电常数; L 为移相器长度(cm); $k = p\dfrac{M_{\mathrm{r}}}{M_{\mathrm{s}}}$; p 为归一化磁矩。

式(10.2-5)的相移非互易部分在往返过程中相互抵消,互易部分却相加。因此,尽管横向磁化移相器的结构是非互易的,但做成反射式移相器时,其相移特性却是互易的。但是,由于 $(\mu - \mu_{\mathrm{f}})$ 量值很小,所以实现反射式多极化移相器较困难。

10.2-3 设计与试验结果

对于横场锁式多极化移相器移相段的设计,采用了 Li 系和 MgMn 系两种铁氧体材料。Li 系具有高的居里温度及良好的矩形磁滞回线,剩磁比对应力敏感性小,同时,还具有高介电常数和温度稳定性好的特点。在工艺制备方面,成本低,适用于大批量应用。近年来,MgMn 铁氧体受到人们的重视,这种材料具有较低的磁损耗和介电损耗。MgMn 类器件温度稳定性比锂钛材料差,若对器件采用其他冷却方法,仍能制成低损耗及较高功率的器件。考虑了耐峰值功率和平均功率对设计的要求,分别取归一化磁矩 $P = 0.5(\mathrm{Li})$, $P = 0.65(\mathrm{MgMn})$,金属化的方波导口径分别取 $\alpha_{\mathrm{Li}} = 1.15\mathrm{cm}$, $\alpha_{\mathrm{Mg}} = 1.2\mathrm{cm}$ 。把上述诸参数分别代入式(10.2-6)中,则单位长度的相移为 $\Delta\phi_{\mathrm{Li}} = 39.8°/\mathrm{cm}$, $\Delta\phi_{\mathrm{Mg}} = 40°/\mathrm{cm}$ 。而实验得 $\Delta\phi = 41°/\mathrm{cm}$ 。可见,计算和试验结果较一致。它们的性能简述如下:

1. 低功率特性

根据图 10.2-1,移相段两端分别载有介质阻抗变换器,并以硅胶胶接,激

励开关线使用高强度低损耗的导线，线径 $\phi = 0.1\text{mm}$，引线从介质阻抗变换器和移相器界面上对角引出。当器件分别馈入水平极化波、垂直极化波、左圆极化波、右圆极化波时，得到相移 $\Delta\phi$ 和脉冲磁化电流之间的关系曲线如图 10.2-3 和图 10.2-4 所示。

2. 高功率特性

为适应相控阵天线的应用，要求移相器能承受较高的平均功率。这就需要铁氧体有高居里温度，小的温度系数及结构上的良好散热。移相器承受较高峰值功率的能力，取决于铁氧体材料参数，工作频率和波导截面的形状尺寸。由于上述原因，把铁氧体移相段方棒表面先蒸发上一层黄金，然后再电镀一定厚度的金属薄膜，且厚度约为 3 倍的趋肤厚度，以提高峰值功率。

考虑到在各种射频功率状态下，差相移特性不致降低，在锁式移相段四周设计有散热器，如图 10.2-1 所示。

从图 10.2-4 可以看出 4 种极化在中心频率处的相移与电流特性基本一致。所以，它既能应用于线极化波，也能应用于圆极化波。但是，由于磁化激励线影响，使耐功率降低，为提高功率容量，需要对微波结构加以改进。

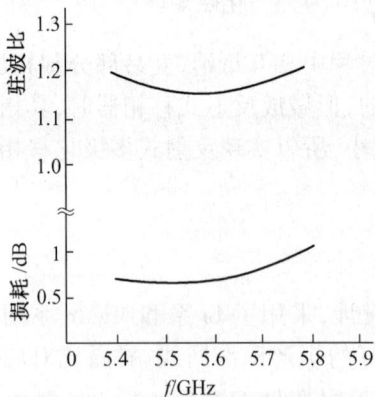

图 10.2-3　驻波比、损耗
与频率的关系

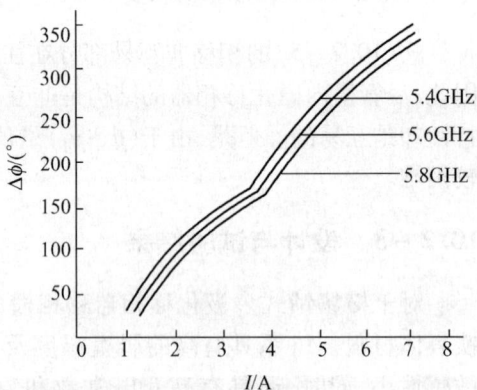

图 10.2-4　在 5.4GHz ~ 5.8GHz 范围内
输入水平、垂直、左、右旋圆极化波时测得差
相移 $\Delta\phi$ 与电流的关系

第11章 双模互易移相器

11.1 双模互易锁式铁氧体移相器

11.1-1 基本特性

以往一些相控阵天线,大多采用矩形波导非互易数字式移相器(或矩形波导非互易模拟式移相器)。近代发展了一种新型的纵场磁化和横场磁化相组合的互易移相器,简称为双模移相器。在性能和造价方面,均可以同矩形波导数字式移相器相比。对电扫描相控阵天线来说,互易式铁氧体移相器具有许多潜在优点。特别是移相器的互易特性可使收、发在同一特定波束位置上工作,这对雷达需要近距离工作时,是一个十分显著的优点。

然而,在传播微波场中,对铁氧体磁矩的主要影响是非互易法第旋转效应,因此,能有效地利用铁氧体材料的微波电路则呈现非互易特性。但是,把非互易电路串联起来,便可获得互易特性。双通道移相器原理如图11.1-1所示。在图中,信号从左至右通过下非互易铁氧体移相器,同时,从右至左通过上非互易铁氧体移相器,如果能同时开启这两个移相器,在两个传播方向就可以得到相等可变插入相位。采用一个双模波导可以将图11.1-1中的两个通道结合起来。

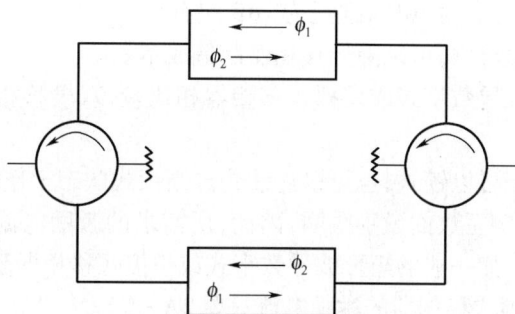

图11.1-1 双通道移相器原理

当前的双模互易锁式铁氧体移相器采用两种结构形式,如图11.1-2所示。这两种移相器结构其本质是一样的,差别仅仅在于图11.1-2(b)用45°法拉第

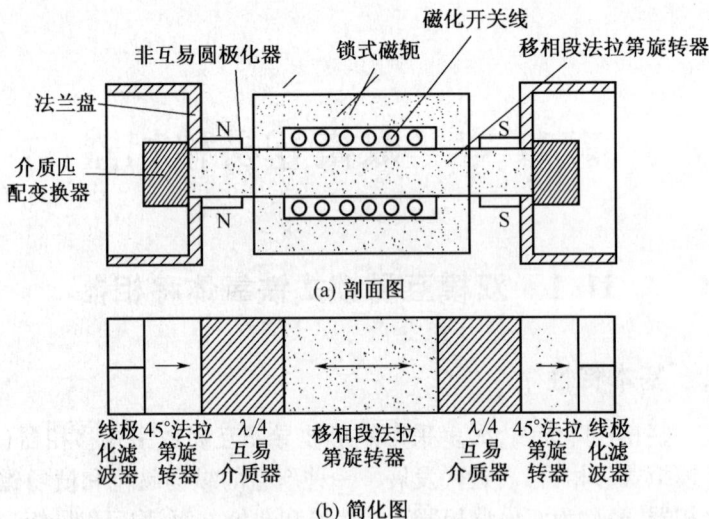

图 11.1 – 2 双模移相器

旋转器和 $\lambda/4$ 介质互易圆极化器代替图 11.1 – 2(a)的非互易圆极化器。为了使结构紧凑,移相段和非互易圆极化器做在一根铁氧体方棒(或圆棒)上。由电阻膜片组成的线极化器置于两块介质中间。铁氧体方棒(或圆棒)表面直接进行金属化处理,形成了一个全部充满铁氧体的波导结构,这就使闭锁磁轭与微波铁氧体波导装置后,具有最小气隙和最大剩磁通。它们的基本特点归结如下:

(1)选用适当的铁氧体材料,并将在结构中附有金属散热片或浸在液体中冷却,使承受较高的峰值和平均功率。

(2)这种双模互易式移相器的形式从 S 波段到 Ku 波段,特别在 5GHz ~ 20GHz 尤为有利,带宽为 10%,损耗为 1dB 左右。

(3)在批量生产中,可以降低移相器制造成本。

(4)与矩形波导数字式或模拟式移相器相比较,双模移相器具有结构小和重量轻的特点。

(5)工作状态可以锁式,也可以连续式。当锁式状态工作时,属于外磁路方式工作,允许用较多匝数的激励线圈,因而,所需求的激励电流比矩形波导数字式或模拟式要小。如一般的矩形波导数字式或模拟式移相器激励电流为 10A ~ 15A,而双模互易锁式移相器的激励电流只要 2A ~ 5A。

(6)锁式铁氧体磁轭具有温度补偿特性,铁氧体磁轭材料居里温度高,稳定性好,不受损耗的限制。

但双模锁式互易移相器也存在一些不利因素:

(1)由于铁氧体棒表面的金属膜的屏蔽效应,激励线及圈匝数较多,所以开

关时间限制在 $10\mu s \sim 20\mu s$,而矩形波导数字式或模拟式移相器开关时间仅 $5\mu s \sim 10\mu s$,双膜波导要采用新的开纵向槽镀膜新工艺来消除。

（2）双模移相器和其他互易移相器一样,各种相位状态会引起插入损耗调制,这种调制目前设计为 $\pm 0.2\text{dB}$ 之下。

从上述特点可知,如果允许相控阵天线开关时间大于 $10\mu s$,这种移相器就具有相当大的优越性。但矩形波导数字式或模拟式移相器,由于它们的开关速度快,仍然是一个重要的器件。

新型的双模互易锁式移相器至今仍致力于克服表面屏蔽效应而开发新工艺,近期又组合多种新器件,将在下面各章节讨论。

双模互易锁式铁氧体移相器的特性见表 11.1 - 1。

表 11.1 - 1 双模互易锁式铁氧体移相器的特性

波段	C	波段	C
相移范围/(°)	$0 \sim 360$	锁式置位电流/A	$1.5 \sim 3$
插入损耗/dB	<0.8	恢复电流/A	$7 \sim 8$
带宽	6%	开关能量/μJ	2400
驻波比	<1.3	冷却方式	金属散热器
峰值功率/kW	$7 \sim 10$	铁氧体充满波导截面/cm	1.1×1.1
平均功率/W	$20 \sim 60$	铁氧体材料	YCaV
开关时间/μs	$20 \sim 90$	磁化线圈匝数/n	$20 \sim 30(\phi0.2\text{mm})$
零态温度灵敏度/(°/℃)	$(20℃ \sim 80℃)0.5 \sim 0.7$		

11.1 - 2 工作原理

从图 11.1 - 2 可知,当线极化波输入时,只允许垂直极化波通过,而水平极化波被反射。线极化波通过非互易圆极化器便转换成正(或负)圆极化波,再通过法拉第移相段产生一定的相移,最后通过第二个非互易圆极化器又把圆极化波变回线极化波输出。

在未分析双模移相器之前,先分析组成双模移相器的有关元件,求出其极化变化矩阵。

1. 45°法拉第旋转器

45°法拉第旋转器实际上是一段填充纵向磁化铁氧体的方(或圆)波导,线极化波通过它以后产生 45°法拉第旋转角,输入端 1 到输出端 2 的极化变换矩阵为

$$\begin{bmatrix} E_2^+ \\ E_2^- \end{bmatrix} = \boldsymbol{T}_{\text{F45°}} \begin{bmatrix} E_1^+ \\ E_1^- \end{bmatrix}$$

（11.1 - 1）

式中:$T_{F45°}$为45°法拉第旋转器的极化变换矩阵,根据其功能,则有

$$T_{F45°} = e^{-j\theta_{45°}}\begin{bmatrix} 1 & 0 \\ 0 & -j \end{bmatrix} \qquad (11.1-2a)$$

(当H_0平行传播方向)

式中:$\theta_{45°}$为正旋波(即右旋波)通过法拉第旋转器时相位变化(低场时,$\mu_- > \mu_+$;左旋波为慢波,右旋波为快波)。若H_{10}和传输方向相反时,则

$$T_{F45°} = e^{-j\theta_{45°}}\begin{bmatrix} -j & 0 \\ 0 & 1 \end{bmatrix} \qquad (11.1-2b)$$

式中:$\theta_{45°}$为负旋波(即左旋波)通过45°法拉第旋转器的相位变化。

2. 非互易圆极化器

非互易圆极化器由45°法拉第旋转器和$\lambda/4$波片互易圆极化器组成。因此,当波片与y轴平行时,其极化变换矩阵为

$$T_A = T_{\lambda/4} \cdot T_{c-2} \cdot T_{F45°} = \frac{1}{\sqrt{2}}e^{-j(\theta_{45°}+\theta_{\lambda/4})}\begin{bmatrix} 1 & -j \\ 1 & j \end{bmatrix} \qquad (11.1-3a)$$

同理

$$T_A = \frac{1}{\sqrt{2}}e^{-j(\theta_{45°}+\theta_{\lambda/4})}\begin{bmatrix} 1 & -1 \\ -j & -j \end{bmatrix} \qquad (11.1-3b)$$

式(11.1-3a)为传播方向与磁场方向相同时的情况。另外,必须注意T_A的左侧为线极化波输入,右侧为圆极化波输出,而T_A恰相反。

3. 固定四磁极形式的非互易圆极化器

非互易圆极化器由四极磁化场加到充满铁氧体的方(圆)波导组成,其原理x'轴(与x轴交45°)方向的电场传播速度和y'传播方向不同,如果通过极化器以后相位差$\pi/2$,则线极化波形成圆极化波输出。这种圆极化器利用了铁氧体的非互易波型差相移特性,因此,叫非互易圆极化器。

在图11.1-3(a)中,根据磁化方向,x为快轴,y为慢轴

$$E_{x'2} = e^{-\theta_{ss}}E_{x'1} \qquad (11.1-4a)$$

$$E_{y'2} = e^{-j(\theta_{ss}+\pi/2)}E_{y1} \qquad (11.1-4b)$$

式中:θ_{ss}为电场沿x'轴(快轴)传播时通过器件的固有相移,其极化变换矩阵为

$$T_S^S = e^{-j\theta_{ss}}\begin{bmatrix} 1 & 0 \\ 0 & j \end{bmatrix} \qquad (11.1-5)$$

同理,在式11.1-3(b)中,其极化变换矩阵为

$$T_N^N = e^{-j\theta_{NN}}\begin{bmatrix} -j & 0 \\ 0 & 1 \end{bmatrix} \qquad (11.1-6)$$

式中：θ_{NN} 为电场沿 y' 轴（快轴）传播时通过器件的固有相移，一般说来，$\theta_{NN} = \theta_{ss}$。

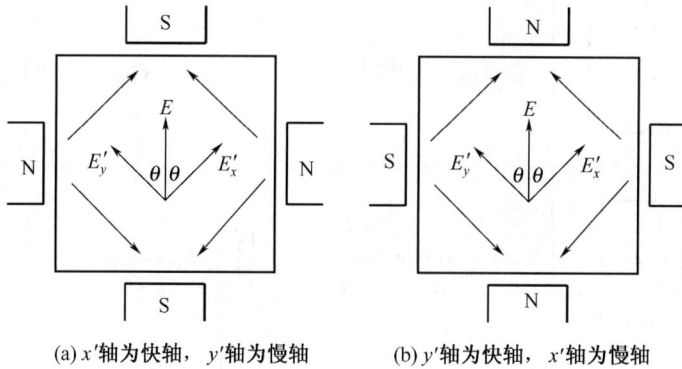

(a) x' 轴为快轴，y' 轴为慢轴　　　　(b) y' 轴为快轴，x' 轴为慢轴

图 11.1-3　固定式非互易圆极化器原理图

4. 线极化器

线极化器（又称极化滤波器）的功能是水平方向的极化波不能通过，即吸收掉，而对垂直方向的极化波则能无损耗地通过。根据这一特点可写出极化变换矩阵 $\boldsymbol{T}_L$ 为

$$\boldsymbol{T}_L = \begin{bmatrix} 0 & 0 \\ 0 & 1 \end{bmatrix} \tag{11.1-7}$$

上述有关器件的极化变换矩阵列表于 11.1-2

表 11.1-2　极化变换矩阵

结构图	正向传输	反向传输
	$\boldsymbol{T}_N^N = e^{-j\theta_{NN}} \begin{bmatrix} -j & 0 \\ 0 & 1 \end{bmatrix}$	$\boldsymbol{T}_N^N = e^{-j\theta_{NN}} \begin{bmatrix} 1 & 0 \\ 0 & -j \end{bmatrix}$
	$\boldsymbol{T}_S^S = e^{-j\theta_{ss}} \begin{bmatrix} 1 & 0 \\ 0 & j \end{bmatrix}$	$\boldsymbol{T}_S^S = e^{-j\theta_{ss}} \begin{bmatrix} -j & 0 \\ 0 & 1 \end{bmatrix}$

结构图	正向传输	反向传输
	$T_{F45°} = e^{-j\theta_{45°}}\begin{bmatrix} 1 & 0 \\ 0 & -j \end{bmatrix}$	$T_{F45°} = e^{-j\theta_{45°}}\begin{bmatrix} -j & 0 \\ 0 & 1 \end{bmatrix}$
	$T_{A'} = \dfrac{1}{\sqrt{2}}e^{-j(\theta_{45°}+\theta_{\lambda/4})}\begin{bmatrix} 1 & -1 \\ -j & -j \end{bmatrix}$	$T_{A'} = \dfrac{1}{\sqrt{2}}e^{-j(\theta_{45°}+\theta_{\lambda/4})}\begin{bmatrix} -j & -1 \\ -j & -1 \end{bmatrix}$
	$T_{A} = \dfrac{1}{\sqrt{2}}e^{-j(\theta_{\lambda/4}+\theta_{45°})}\begin{bmatrix} 1 & -j \\ 1 & j \end{bmatrix}$	$T_{A} = \dfrac{1}{\sqrt{2}}e^{-j(\theta_{\lambda/4}+\theta_{45°})}\begin{bmatrix} 1 & -1 \\ -j & j \end{bmatrix}$
	$T_{L} = \begin{bmatrix} 0 & 0 \\ 0 & 1 \end{bmatrix}$	$T_{L} = \begin{bmatrix} 0 & 0 \\ 0 & 1 \end{bmatrix}$
	$T_{x-x'} = \dfrac{1}{\sqrt{2}}\begin{bmatrix} 1 & 1 \\ -1 & 1 \end{bmatrix}$	$T_{x-x'} = \dfrac{1}{\sqrt{2}}\begin{bmatrix} 1 & -1 \\ 1 & 1 \end{bmatrix}$

11.1-3 极化变换矩阵

这里应用表 11.1-2 的一些矩阵结果,分别对两种双模移相器的极化变换矩阵进行计算。

1. 第一种双模移相器(图 11.1-2(a))

设输入端在左边,输出端在右边,则输入和输出的关系为

$$\begin{bmatrix} E_{x2} \\ E_{y2} \end{bmatrix} = T \begin{bmatrix} E_{x1} \\ E_{y1} \end{bmatrix} \tag{11.1-8}$$

第4编 铁氧体移相器技术

假定磁化方向和传播方向一致,即磁场方向从左到右(指法拉第旋转相移段部分),那么整个移相器的极化变换矩阵为

$$T = T_{x'-x} \cdot T_N^S \cdot T_{C-L} \cdot T_{SP}^+ \cdot T_{L-C} \cdot T_N^N \cdot T_{x-x'} \qquad (11.1-9)$$

把表 11.1 - 2 中的有关矩阵代入式(11.1 - 9),得

$$T = e^{-j(\theta_{SS}+\theta_{NN}+\pi/2)} \begin{bmatrix} e^{-j\theta_{SPL}} & 0 \\ 0 & e^{-j\theta_{SPR}} \end{bmatrix} \qquad (11.1-10)$$

当输入为 y 方向的线极化波时,则输出极化波仍是 y 方向的,因为

$$\begin{bmatrix} E_{x2} \\ E_{y2} \end{bmatrix} = T \begin{bmatrix} 0 \\ 1 \end{bmatrix} = e^{-j(\theta_{SS}+\theta_{NN}+\pi/2+\theta_{SPR})} \begin{bmatrix} 0 \\ 1 \end{bmatrix} \qquad (11.1-11)$$

θ_{SPR} 随磁场而变,所以这时移相器的相移变化取决于右旋磁导率。水平极化波输入相移与 θ_{SPL} 无关,因为两头接有极化滤波器,水平极化波根本不能通过移相器、在式(11.1 - 10)中没有考虑到极化滤波器的作用,若考虑极化滤波器的作用,则式(11.1 - 10)变为

$$T = e^{-j(\theta_{SS}+\theta_{NN}+\pi/2)} \begin{bmatrix} 0 & 0 \\ 0 & e^{-j\theta_{SPR}} \end{bmatrix} \qquad (11.1-12)$$

下面证明这种移相器是互易的。假定移相器磁化方向仍从左到右,且右端输入,左端输出,这时,整个移相器的极化变换矩阵为

$$T = T_{x'-x} \cdot T_N^N \cdot T_{C-L} \cdot T_{SP}^- \cdot T_{L-C} \cdot T_S^S \cdot T_{x-x'} \qquad (11.1-13)$$

因为相移段的磁化方向和传播方向相反,故取

$$T_{SP} = \begin{bmatrix} e^{-j\theta_{SPL}} & 0 \\ 0 & e^{-j\theta_{SPR}} \end{bmatrix}$$

$$T = e^{-j(\theta_{SS}+\theta_{NN}+\pi/2)} \begin{bmatrix} e^{j\theta_{SPL}} & 0 \\ 0 & e^{-j\theta_{SPR}} \end{bmatrix} \qquad (11.1-14)$$

式(11.1 - 14)和式(11.1 - 10)完全一致,它们的相移等于右旋圆极化波通过相移段的相移 θ_{SPR}。

这里值得提及的是,这种双模互易相移器和一般的互易移相器有显著不同,即其相移和磁场方向有关,和传播方向无关,而一般的互易移相器的相移和磁化方向及传播方向均无关。

若图 11.1 - 2(a)中磁化从右到左,传播方向是从左到右,其极化变换为

$$T = e^{-j(\theta_{NN}+\theta_{SS}+\pi/2)} \begin{bmatrix} e^{-j\theta_{SPR}} & 0 \\ 0 & e^{-j\theta_{SPL}} \end{bmatrix} \qquad (11.1-15)$$

2. 第二种双模移相器

采用同样的方法,可求出图 $11.1-2(\mathrm{b})$ 整个移相器的极化矩阵在 (x,y) 坐标系中的表示式为

$$T = T_{\mathrm{C-L}} \cdot T_{\mathrm{F45°}} \cdot T_{\mathrm{L-C}} \cdot T_{\lambda/4} \cdot T_{\mathrm{C-L}} \cdot T_{\mathrm{SP}} \cdot T_{\mathrm{L-C}} \cdot T_{\lambda/4} \cdot T_{\mathrm{C-L}} \cdot T_{\mathrm{F45°}} \cdot T_{\mathrm{L-C}}$$

$$= \mathrm{e}^{-\mathrm{j}(2\theta_{\lambda/4}+2\theta_{45°}+\pi/2)} \begin{bmatrix} \mathrm{e}^{-\mathrm{j}\theta_{\mathrm{SPR}}} & 0 \\ 0 & \mathrm{e}^{-\mathrm{j}\theta_{\mathrm{SPL}}} \end{bmatrix} \tag{11.1-16}$$

若输入为 y 方向的线极化波,则输出为

$$\begin{bmatrix} E_{x2} \\ E_{y2} \end{bmatrix} = \mathrm{e}^{-\mathrm{j}(2\theta_{\lambda/4}+2\theta_{45°}-\pi/2)} \cdot \mathrm{e}^{-\mathrm{j}\theta\mathrm{SPL}} \begin{bmatrix} 0 \\ 1 \end{bmatrix} \tag{11.1-17}$$

这种移相器和第一种双模移相器一样,除固定相移部分有差别外,变动相移部分取决于 θ_{SPL}。它属于与磁化方向有关的互易移相器,即若左端输入,右端输出,法拉第旋转移相器的磁化方向朝右,其相移大小取决于 θ_{SPL},反方向传播时相移大小仍取决于 θ_{SPL}。图 $11.1-4$ 表示上述两种双模移相器的极化变化图

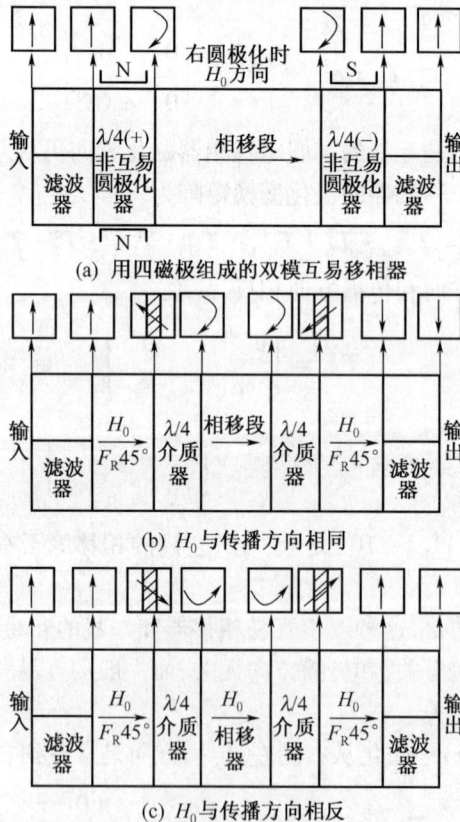

(a) 用四磁极组成的双模互易移相器

(b) H_0 与传播方向相同

(c) H_0 与传播方向相反

图 $11.1-4$ 双模移相器的极化变化图像

像。图 11.1 – 4(b)、(c)分别表示第二种双模移相器的正向(朝右传输)和反向(朝左传输)的极化图像的变化过程,它的法拉第旋转相移段部分,极化方向相对磁场方向是左圆极化的,所以正、反向传播的相移均取决于 θ_{SPL}。而图 11.1 – 4(a)的极化方向相对磁场方向是右圆极化的,所以相移取决于 θ_{SPR}。

11.1 – 4 射频电路设计

设计双模移相器的微波电路,必须从选择材料和铁氧体棒的几何形状着手。实际上已成功地生产出双模移相器的材料有镁锰铁氧体,钇铁石榴石铁氧体和锂钛铁氧体。镁锰铁氧体价格便宜,但温度稳定性差;钇铁石榴石系列中掺入铝、钆及其他稀土元素,性能在很大范围内得以改进,使其具有良好的温度稳定性和高功率特性,但它的成本最高;锂钛铁氧体的优点比其他两种多,温度稳定性比镁锰铁氧体大大改进了,饱和磁矩值高,对高于 X 波段的频域来说,这是一个明显的优点,介电常数也比其他两种大,这样可以做到体积小、重量轻。锂钛铁氧体的成本大约比镁锰铁氧体高 20% ~ 40%,但却是钇铁石榴石成本的 1/3。

如果需要设计物理长度稍短一些的移相器,材料的饱和磁矩可以增加到工作频率的 1/4,超过这一数值,移相器的总插入损耗将迅速增加,因而,应当避免这一数值过高。为了提高移相器的峰值功率,可以将饱和磁矩的值降到工作频率的 1/8,这样,移相器插入损耗也不会明显地增加。

设计圆形截面的或方形截面的双模移相器是大家关心的。要使闭锁磁轭与铁氧体棒间吻合,气隙最小,采用方形截面要比圆形来得容易,这是方形截面的主要优点,但这被许多缺点大大抵消了。圆棒的公差容易做得小,喷涂金属容易,形状与开关线圈一致,匹配变换器的加工可以简化,尤其是对多阶变换更为理想。对圆形波导所采用的电测试设备也简单,在射频测试时,可以对极化器磁体仅在支架内旋转,随机就可在正确的位置上固定下来,另外一点是非互易插入相位分量减少到最小也是很重要的。

然而,圆截面波导最大的优点是工作在较大截面情况下,而不引入寄生模响应。双模移相器工作的低频端因波导的截止效应而受到限制,高频端则因为要开始产生高阶模谐振也受到限制。调整横截面尺寸,就可以使实际工作频率置于此范围之内。表面喷涂了金属的铁氧体棒的传导损耗通常是移相器损耗的最大来源。尽可能地增大棒的截面可以减少壁的损耗,从而减少了移相器总的损耗,如果重量的减少不是头等重要的问题,这样做将是理想的。

本质上说,金属涂层的理想厚度是刚好能容纳射频能量,不能超过这一厚度,也就是说高导电率涂层厚度大约为 $3\mu m$。一旦超过这一厚度,就会增加开关能量而对射频损耗并没有什么改进。铁氧体棒的表面金属喷涂主要是控制涂层厚度和对铁氧体的附着力。

下面就具体设计方法及参数讨论如下：

1. 法拉第旋转移相段的设计

1）铁氧体材料的考虑

选择铁氧体材料，对于改善铁氧体的温度稳定性和功率容量是重要的。我们选择 YCaV 铁氧体材料，M_s 范围为 $0.4 \leqslant \dfrac{\omega_m}{\omega} \leqslant 0.7$。

（1）$\omega_m = P\pi 4 M_s$ 对于低功率情况，$\dfrac{\omega_m}{\omega} \approx 0.7$，对于大功率情况，$\dfrac{\omega_m}{\omega} \approx 0.4$，一般取 $\dfrac{\omega_m}{\omega} \approx 0.5 \sim 0.7$。

（2）对于能承受峰值功率高的材料，除适当选择 M_s 之外，可采用细晶粒工艺，以改善耐功率特性。

2）移相段的计算

圆极化波通过移相段时，传播常数依赖于波导结构及材料参数。移相段采用铁氧体圆棒，当考虑其工作状态从 $-M_r$ 到 M_s 时，在完全充满铁氧体截面波导中，由耦合波理论导出法拉第旋转移相段计算公式，则有

$$\Delta\beta = 2\beta_{11} \frac{k}{\mu} \frac{1}{1.84^2 - 1}$$

$$\beta_{11} = \frac{2\pi}{\lambda_0} \sqrt{\varepsilon\mu - (\lambda_0/3.41R)^2}$$

当铁氧体棒半径 $R = 0.502\text{cm}$，$\varepsilon_f = 14$，$\lambda_0 = 5.5\text{cm}$，$P = 0.6$，剩磁比 $R_r = 0.8 \sim 0.9$，这些参数代入上式计算后，得到 $\Delta\beta = 49°/\text{cm}$，由此确定了移相段的长度。当我们取最大差相移为 $420°$ 时，得到的移相段长度为 8.5cm，实验值为 8.7cm，计算值与实验结果基本一致。

3）非互易圆极化器计算

根据圆柱样品中奇模和偶模之间的波型差相移公式计算，$90°$ 非互易圆极化器采用固定四磁极的永磁环来实现，其尺寸为 $\phi 1.3\text{cm}$（外径）$\times 1.1\text{cm}$（内径）$\times 1.0\text{cm}$（长度），表面磁场为 $H = 24\text{kA/m}$。

2. 锁式磁路设计

1）设计参数

双模移相器的外磁路 4 个臂采用锂钛铁氧体材料，要求温度稳定性较好，其参数如下：

初始磁导率 $\mu_R = 16 \times 4\pi \times 10^{-7}\text{H/m}$。$H_c = 48\text{A/m}$，因 $B_m = H_M + M_s$，而 $H_M = 5H_c$，所以 $B_M = M_s$。

$$G = 84 \times 10^{-6} \text{m}^2(\text{空气截面积}) \qquad l = 6.7 \times 10^{-2} \text{m}(\text{磁回路长度})$$

$$g = 0.2 \times 10^{-3} \text{m}^2(\text{空气厚度}) \qquad L = 6.7 \times 10^{-2} \text{m}(\text{铁氧体棒磁路长度})$$

$$A_0 = 72 \times 10^{-6} \text{m}^2(\text{磁回路截面积}) \qquad A = 144 \times 10^{-6} \text{m}^2(\text{铁氧体棒截面积})$$

把上述号数代入铁氧体饱和磁动势表示式中,

$$NI = 5H_c L + \frac{5AlH_C}{4A_0} - \frac{AB_m g}{4G} \qquad (11.1-18)$$

从式(11.1-18)中得到 $NI = 31\text{A} \cdot \text{匝}$。实际上,当 $N = 20$ 匝, $i = 1.5\text{A}$ 时,则 $NI = 30\text{A} \cdot \text{匝}$。理论和实验相近。

2）剩磁比 R_r 计算

剩磁比公式为

$$R_r\left(\frac{M_r}{M_s}\right) = \frac{\Phi_{Rl}}{\Phi_l} \qquad (11.1-19)$$

式中
$$\Phi_{Rl} = \Phi_l - (1/R_m)(5H_c L + 5H_c l + H_G g) \qquad (11.1-20)$$

$$R_m = \frac{4L}{M_R A} + \frac{1}{\mu_R A} + \frac{g}{H} \qquad (11.1-21)$$

$$\Phi_l = \frac{B_M A}{4} \qquad (11.1-22)$$

把设计参数代入式(11.1-18),式(11.1-21),式(11.1-22),然后再代入式(11.1-19),则得 $R_r = 0.94$。实验测量值比理论要小,一般 $R_r = 0.75 \sim 0.8$。因此,为了增加双模移相器的相移值,提高 R_r 是个重要途径。

3. 几点设计原则

（1）磁回路材料选择。最初的磁回路采用镍锌软磁铁氧体,所测量的剩磁比 $R_r = 0.5 \sim 0.6$,而后采用与移相器相同的微波铁氧体材料作外磁路,则 R_r 可提高到 $0.6 \sim 0.7$,若表面磨平,间隙减小,则 $R_r = 0.8$ 左右。

（2）采用高居里点的材料。锁式磁回路不考虑电磁损耗,要得到温度稳定性好,剩磁比大,可用铁氧体作为磁回路。

（3）减小外电路激励功率。为了降低外电路开关功率,同时又要保持剩磁比大,要 H_c 尽量小,在选磁回路材料 M_s 时,实际有矛盾,因此,要作折中考虑。

（4）磁回路尺寸考虑。双模移相器的 4 个外磁路臂与移相段尽量吻合,而臂的截面不小于铁氧体移相段截面。

（5）空隙厚度。为了提高剩磁比,必须控制空隙厚度。因此,移相段四面要平直,同时磁回路 4 个臂和移相段平面加工精度要求一样,不然,剩磁比大大降低,导致差相移大大地降低。所以双模互易移相器表面加工、镀膜好坏,对制造优质的移相器极为重要。

4. 磁轭尺寸参数计算

铁氧体表面喷涂上金属便构成一个射频波导。将闭锁磁轭置于棒外,磁轭的作用是在棒内提供一个闭合磁回路。在任一静止的锁式状态时,磁场沿这一途径的积分应满足

$$\oint H \mathrm{d}l = 0 \qquad (11.1-23)$$

假定棒中的场强为 H,磁参数、棒及磁轭间的气隙均为常量,那么,这一积分可以简化成为一个求和式。现定义下列有关参数:

H_r 为棒的场强(T); L_y 为磁轭的总长度(cm);

H_y 为磁轭的场强(T); L_g 为有效间隙长度(cm);

H_g 为气隙场强(T);   d 为铁氧体棒的直径(cm)。

L_ω 为有效磁轭窗口长度(cm);

那么

$$(H_r + H_y)L_\omega + 2H_y L_y = 0 \qquad (11.1-24)$$

方程(11.1-23)就是方程(11.1-24)的等价求和式,而 H_y 的值必须先用棒的磁通密度来表示,则有

$$\Phi_{棒} = B_r A_r = B_r \frac{\pi}{4} d^2 \qquad (11.1-25)$$

这里 B_r 是靠近窗口中心的最大剩余纵向磁通密度,在窗口两端的磁通密度 B_g 近似等于

$$B_g = \frac{\Phi_{气隙}}{A_{气隙}} = \frac{\Phi_{棒}}{A_{气隙}} \qquad (11.1-26)$$

但 B_g 不能超过剩余值 B_r,现在

$$A_{气隙} = \left(\frac{L_y - L_\omega}{2}\right)\pi d\alpha \,(\mathrm{cm}^2) \qquad (11.1-27)$$

这里 α 是磁轭与铁氧体棒周围相接触的部分,它遵照

$$B_y = \frac{B_r d}{2(L_y - L_\omega)\alpha} \qquad (11.1-28)$$

$B_y = H_y$,现在定义

$$S = L_y - L_\omega \qquad (11.1-29)$$

并得到

$$H_y = \frac{B_r}{4} \cdot \frac{d}{s\alpha} \qquad (11.1-30)$$

受到表面饱和制约条件 $H_y \leqslant B_r$ 的限制。对于一般情况,将式(11.1-30)代入式(11.1-24)得到

$$(H_r + H_y)L_\omega + \frac{B_r}{2} \cdot \frac{d}{s\alpha}L_g = 0 \qquad (11.1-31)$$

只要 B_r 不为零,式(11.1-31)能成立,因为 H_r, H_y 的符合与 B_r 相反。其次,要注意到窗口长度与最大剩余磁通密度 B_r 及所希望的相移范围 $\Delta\phi_{max}$ 有关,这一关系可表示为

$$L_\omega = K_1 \frac{\Delta\phi_{max}}{B_r} \qquad (11.1-32)$$

其中,K_1 是常数,它主要取决于材料性能,而与移相器横截面关系不大。将式(11.1-32)代入式(11.1-31),则有

$$(H_r + H_y) + \frac{B_r^2}{2K_1\phi_{max}\alpha}\left(\frac{d}{s\alpha}\right)L_g = 0 \qquad (11.1-33)$$

从这一关系式可解出磁轭的接触长度 S 为

$$S = \frac{B_r^2 dL_g}{2K_1\phi_{max}\alpha\beta H_c} \quad \text{其} \ S \geqslant \frac{d}{4\alpha} \qquad (11.1-34)$$

S 值的下限是由于 $H_y \leqslant B_r$,β 是一个系数。现在,磁轭的总长度是

$$L_y = L_\omega + 2S \qquad (11.1-35)$$

在未饱和情况下,L_ω 和 S 分别用式(11.1-32),式(11.1-34)代入,可得到

$$L_y = \frac{K_1\phi_{max}}{B_r} + \frac{B_r^2 dL_g}{K_1\phi_{max}\alpha\beta H_c} \qquad (11.1-36)$$

式(11.1-36)意味着 B_r 值大,将使磁轭总长度 L_y 减小。为了确定这一值,将方程(11.1-36)对 B_r 求导,并使其等于零,解出 B_{r0} 使 L_y 为最小的值,其结果是

$$B_{r0} = \sqrt{\frac{(K_1\phi_{max})^2\alpha\beta H_c}{2dL_g}} \qquad (11.1-37)$$

这一结果表明,为了减少磁轭的长度而增加材料的饱和磁矩只有在 β 小于或等于由式(11.1-37)给定的 B_{r0} 值时才是可行的,超过这一电平,窗口长度虽减小,但由于所需长度的增加,结果得不偿失。

磁轭的总横截面应大到足以承受中心棒的全部磁通量,而又不使磁轭材料达到饱和,磁轭横截面的增加一旦超过这一定值,便不能增加有效相移。

图 11.1－5 示出铁氧体移相器主回路相移与磁轭截面积的关系。对磁轭与微波棒间的窗口高度及线圈位置的影响也作了试验,窗口高度最小间隔是0.065cm,最大的间隔为 0.25cm。如果开关线圈沿整个窗口高度是均匀分布,总相移与间隔无关。然而,如果线圈在窗口高度的某一小部分绕得密些,则会产生泄露磁通,这便引起相移的减少。不过,这可以通过增加窗口高度来修正,作为一般原则,开关线圈应该沿磁轭窗口的整个高度上均匀分布。

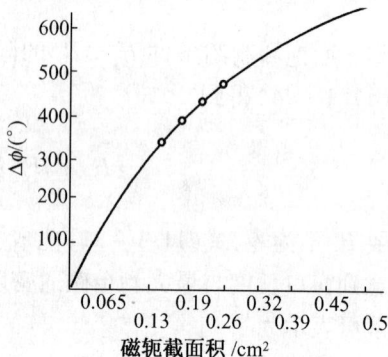

图 11.1－5　锁式相移
与磁轭截面积的关系

5. 激励器设计

激励器的功能是把电扫描控制单元输出的低电压、电流进行放大,然后对移相器工作状态进行控制;同时,还可以克服铁氧体某些材料的缺陷,或者至少选择合适的控制电路来弥补,以改善其微波特性。

这里所讲的激励器电路是以磁通激励原理为基础,这种线路能够适应与移相器设计有关的铁氧体材料有较大范围的公差,而对移相器参数的变化不敏感。此激励器能提供一精确的相移置位,并降低了由于移相器温度灵敏度造成的误差。激励器的性能直接影响雷达系统的技战术性能,因此,激励器和移相器的设计同等重要。假若激励器的性能不好,那么花巨大的努力去得到最佳的移相器也是无意义的。因此,激励器和移相器应作为一整体来研究。激励器的另一功能,可选择适当的控制电路补偿技术,进一步改善移相器本身的性能。

铁氧体移相器的激励器可分为数字式与模拟式两大类。数字式移相器是把铁氧体分成几段,其激励要求有足够大的电流脉冲,使磁芯磁化由某一状态变为另一状态。通常移相器工作在 $B-H$ 回线的剩磁态上。激励磁场约为铁氧体材料矫顽场 H_c 的 5 倍。

模拟式激励器清除电路的功能是使磁通的基点固定。利用相当于 $5H_c \sim 10H_c$ 的电流脉冲达到。用控制磁通量的办法来调整相移大小,而磁通量是电压的时间积分。激励器的输出是电压脉冲,如果利用恒定的脉冲宽度,则激励器磁通与脉冲幅度成正比。这由以下关系表示:

$$\Phi = \frac{1}{N} \int_0^T edt = \frac{eT}{N}$$

式中:Φ 为激励磁通增量;e 为加在环内的 N 匝控制线上的电压。因此,以不同的磁化电流或电流脉冲宽度使铁氧体材料工作在各种不同的磁滞回线上。也就是说,不同的剩磁态有不同的磁通量,从而反应出不同的相移。

图 11.1 -6 是激励装置原理图,它有两种工作状态,第一种是磁化状态,激励电路在铁氧体中产生磁场;第二种是清除状态,即使铁氧体回到参考状态。励磁电流在铁氧体的两个外磁臂上产生相反方向的磁场。

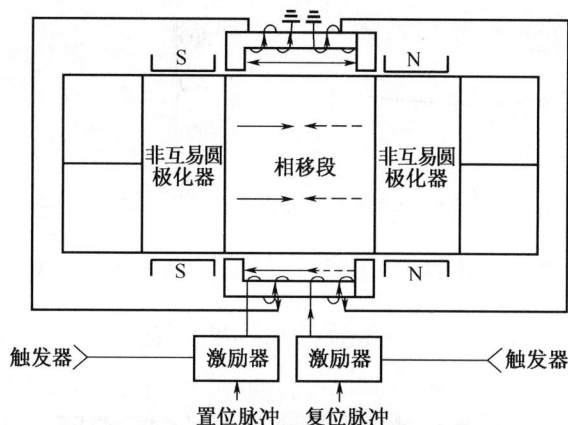

图 11.1 -6 激励装置原理图

从以上分析中明显看出,移相器通常有两种状态工作,即复位态和置位态(或称 0 态和 1 态)。复位脉冲电流把移相器激励到饱和,然后再回到移相器的剩磁态上。对于四位数字式移相器必须在 0 - 1 态中建立 14 种子态,满足各种相移值。

6. 双模移相器性能

在研制双模移相器工作中,最困难的工作是如何使器件的插入损耗减至最小,所以选择合适的铁氧体材料和终端匹配组合。由于加工和匹配误差,使器件存有相位一损耗调制,以致在某频率出现损耗谐振峰。

双模移相器在实际应用中,要承受高峰值功率和高平均功率。要选择适宜的铁氧体材料,用真空镀膜方法把铁氧体方棒表面镀一定厚度的金属。

双模移相器四臂磁回路和铁氧体方棒紧凑吻合,并采用散热片来改善耐功率。另外,要使铁氧体截面尺寸较小,以保证应用中,在辐射单元与移相器间可利用很小空间。同时,要尽量增大铁氧体散热面积,使铁氧体棒均匀散热。随着射频功率增大,M_s 随温度变化而引起移相器性能变差。这样,在一定功率容量要求、在铁氧体方棒周围附有散热器的情况下,能获得稳定的功率特性。例如,在 S 波段自然冷却时,它能承受最大峰值功率 10kW,平均功率 40W ~ 60W。

图 11.1 -7 为双模移相器驻波、插入损耗及相移与频率的关系。工作频率

在 S 到 Ku 波段范围,在保证优质的情况下,铁氧体截面尺寸选择适中,则能设计出较好性能的双模移相器。它是地面相控阵天线、机载火控天线等应用的关键器件之一。

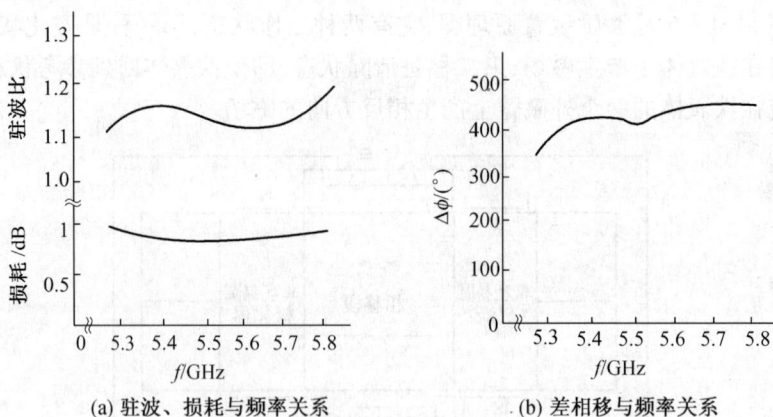

(a) 驻波、损耗与频率关系　　　　(b) 差相移与频率关系

图 11.1 - 7　双模移相器性能

11.2　高精度的旋转场移相器

11.2 - 1　基本结构比较

铁氧体旋转场移相器类似于福克斯(FOX)在 1947 年所描述过的旋转翼机械移相器。旋转场移相器由中间部位的机械半波片、与半波片两端相连的固定 1/4 波片,以及与原矩形波导匹配的阻抗变换器三部分组成,如图 11.2 - 1 所示。在阻抗变换器中加有薄膜吸收器,以抑制不希望的模式。完全充满铁氧体的圆波导直径较小,由于铁氧体介电常数较高,像电动机定子那样,横向的四极场安装在铁氧体棒上使其产生半波片特性。定子上绕有一对线圈,其排列保证四极场能平滑地旋转到任何希望的角度上。

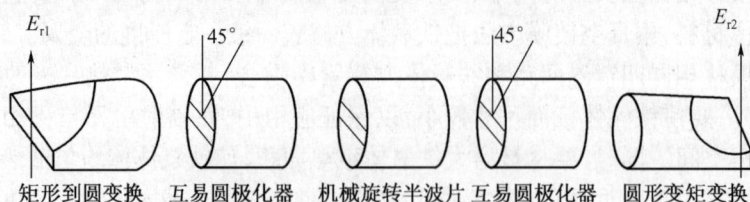

图 11.2 - 1　手控旋转场移相器结构

高精度旋转场移相器问世至今已近 40 年,但国外仍不断地深入发展和研究其基本结构和技术性能,旋转场移相器是机载雷达天线中最关键电扫描单元之

一,美国早期的 AWACS 预警雷达就采用了 28 只铁氧体旋转场移相器进行一维扫描而得到了 -50dB 的低副瓣电平。

目前,各个国家都很重视发展机载预警雷达,因为它能够完成战略侦察、敌我识别、指挥控制等重要功能,将来还能进一步完成空中防御和战略管理等。据报道,日本已研制类似的机载预警雷达 E-767,并于 1988 年 3 月执行巡逻任务;印度也研制机载预警雷达系统;中国空军在 20 世纪 80 年代初就提出了要研制类似机载预警雷达,因此就必须开发研制铁氧体旋转场移相器,已得到机载预警雷达应用。

20 世纪 50 年代后期到 70 年代初,REGGIA-SPENCER 移相器、法拉第移相器和双模互易移相器先后研制出来,这些移相器均可应用于相控阵雷达天线,但相移误差大,温度稳定性差。在 70 年代初,美国微波应用集团总裁 C. R. BOYD. JR(Microwave Applications Group, Santa Maria)在双模互易移相器的基础上研制出了新型的移相器——铁氧体旋转场移相器和双工旋转场移相器,这类移相器是一种全新的器件,它实际上是 FOX 移相器的磁控形式,如图 11.2-2 所示。它是现代机载预警雷达天线应用的重要元件之一,与其他类型的移相器相比,其最大特点是移相精度高(均方根误差可小于 1°),温度稳定性好,与铁氧体材料的温度稳定性没有直接的关系,频散特性小,相移大小只与旋转场角有关,随频率变化小;具有互易特性,近距离盲区小;能承受较大的峰值功率和平均功率,频域宽,在 L、S、C、X、Ku 波段均可设计制作。

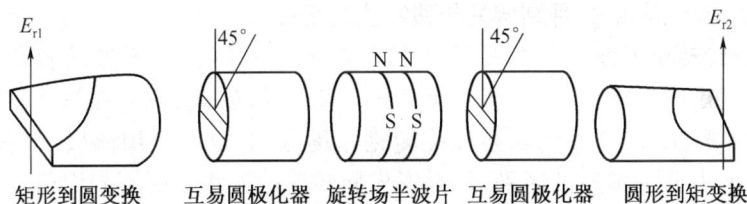

图 11.2-2 电控旋转场移相器结构示意图

旋转场移相器设计的早期工作是 C. R. BOYD. JR 于 1971 年在 S 波段完成的,为一个高功率液冷器件,能承受 90kW 峰值射频功率,3kW 平均功率,最大相位误差 1.5°。这个器件的开关时间比较慢,其定子线圈要求 16W 的连续驱动功率。后来移向高频工作,加快开关速度和降低驱动功率方面的工作进展很慢,因为对它的外磁场几何形状还没有一个简单的可利用的计算机模型。

最近几年,人们完成旋转场移相器简单的计算机模型,模型考虑了磁动势和磁偏场的磁阻以及铁氧体材料的非线性饱和效应。这一模型还考虑了在弱场、强场以及过渡区情况下的磁偏场和射频传播特性之间的关系。利用计算机分析方法,终于制成一个性能得到改进的高频工作的旋转场移相器,即 X 波段移相器,其器件的插入损耗在 0.5dB 左右,在整个设计频带内,器件的最大驻波系数为 1.15。在表明相移与指令角偏离的图形中,最大相位误差在 ±2° 之内,其均方根误差小于 1°,输入到定子线圈的控制功率小于 0.5W,插入相位随温度的变化,呈线性关系,温度变化 1℃时,插入相位大约变 1/3°,这比其他类型铁氧体移相器要低一些。由于有关结构设计的改进,使 X 波段的开关时间达到 $50\mu s$,S 波段达到 $80\mu s$。这些特性应用到实用的扫描天线中,能实现非常精确的相位控制,从而可获得非常低的旁瓣电平。

旋转场移相器结构形式分为两种,一种由两个非互易圆极化器和一个非互易半波片组成,移相器为非互易型;另一种由两个互易圆极化器(即互易 $\lambda/2$ 片)和一个非互易旋转半波片组成,移相器为互易型。

关于互易旋转场移相器的原理,可从物理图像来说明这个问题,如图 11.2 - 2 所示。若垂直极化波从左面输入,通过第一个 $\lambda/4$ 波片便变成了圆极化波,根据图中所示的波片方向,假定对传输方向而言是右圆极化波,此方向和旋转场的方向是一致的。旋转磁场的作用好像对右旋圆极化波的频率有一种“牵引”作用,频移量为旋转场频率 Ω 的 2 倍,使右圆极化波的旋转速度增大。因此,可以认为在时间 t 内产生了一个正的附加相移量 $2\Omega t$。第二个 $\lambda/4$ 波片的作用是使右旋圆极化波复原成垂直极化波输出。反之,若垂直极化波从图 11.2 - 2 的右端输入,当通过右面的 $\lambda/4$ 波时,它相对于传输方向形成左旋圆极化波。实际上,极化旋转方向仍和旋转场的方向相同(因为传输反向了),故仍形成正的附加相移量 $2\theta = 2\Omega t$,因此,这种结构的相移特性是互易的。

关于旋转场半波片和机械半波片其作用是一样的,只不过前者是波片不旋转,而用旋转场来实现;后者靠机械转动波片旋转来实现。铁氧体旋转半波片可以用图 11.2 - 2 中的四磁极旋转磁化场方向,也可以用偶极旋转磁化场方向,这两者并无本质的区别,只是形成旋转场的方法有所不同而已。旋转场半波片除对圆极化导致附加相移外,还有一个功能就是半波片补偿作用,由于两个互易 $\lambda/4$ 波片的存在,使两个相垂直的极化分量通过波片时相位相差 π,因而旋转场半波片就对这相互垂直的极化分量起到相位的补偿。当波片的快轴方向和 $\lambda/4$ 波片的快轴方向相互平行时,这两个极化分量通过整个器件时相位差为 2π。当这两种波片的快轴互相垂直时,这两种极化分量相差 0°。这样就保证使输入端和输出端的极化方向一致。图 11.2 - 2 中的两个互易 $\lambda/4$ 波片,可以不用介质波片,而用铁氧体互易 $\lambda/4$ 波片代替。它和铁氧体旋转场半波片可以做在一根铁氧体棒上,使器件做得更加紧凑。旋转场移相器的一个显著特点是它的相移量取决于四磁极场和输入极化方向之间的夹角,而和磁化矩大小、磁化场大小无直接关系,受这些量的变化比较小,因而移相器精度高,线性度较好。

11.2－2　旋转场移相器组成

旋转场移相器组成如图 11.2－3 所示,它由两个互易固定圆极化器($\lambda/4$ 波片)或两头是非互易圆极化器组成,用以在旋转 $\lambda/2$ 波片(180°段)中产生圆极化磁场。由全填充铁氧体金属化圆波导或部分填充的铁氧体管组成,滤波片是保证垂直方向的电矢量通过,保证圆波导中有主模(TE_{11}),对 TM_{01} 模起到抑制作用。图 11.2－3 为旋转场移相器多种组合形式,其中图 11.2－3(a) 为互易介质圆极化器和铁氧体旋转场半波片组合;图(b) 为四磁极磁化非互易圆极化器和铁氧体旋转场半波片组合;图(c) 为偶极磁化互易圆极化器和铁氧体旋转场半波片组合;还有其他形式的组合,不一一叙述。

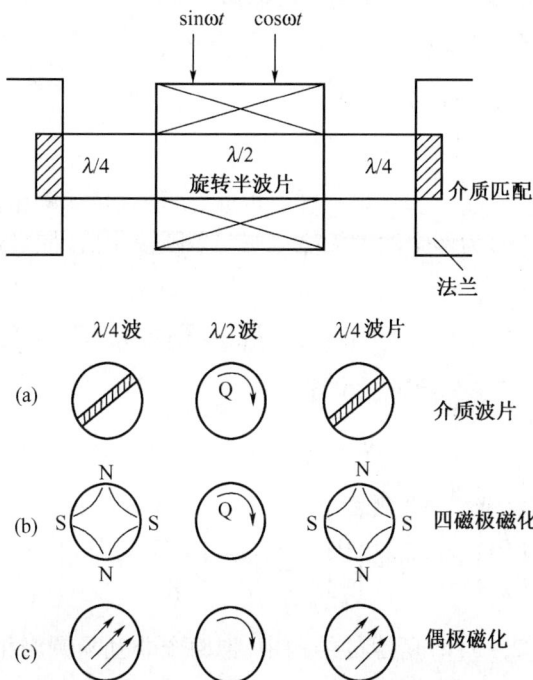

图 11.2－3　旋转场移相器组成

11.2－3　旋转场移相器工作原理

以上已简述了旋转场移相器的工作过程,下面采用分析双模互易移相器工作原理的类似方法来分析旋转场移相器的工作原理。

(1) 如图 11.2－3 所示,设输入端在左边,右边为输出端,其极化变换矩阵关系为

$$T = T_{\substack{x'-x \\ \theta=45°}} \cdot T_{\lambda/4} \cdot T_{旋转(反)} \cdot T_{\lambda/2} \cdot T_{旋转(正)} \cdot T_{\lambda/4} \cdot T_{\substack{x-x' \\ \theta=45°}} \qquad (11.2-1)$$

把表 11.1-2 所示的结果代入式(11.2-1)中得到

$$T = e^{-j2\theta_{\lambda/4}} \begin{bmatrix} e^{-j2\Omega t} & 0 \\ 0 & e^{-j2\Omega t} \end{bmatrix} \qquad (11.2-2)$$

根据式(11.2-2),当输入线极化波时,则输出仍为 y 方向的线极化波,其关系为

$$\begin{bmatrix} E_x \\ E_y \end{bmatrix} = T \cdot \begin{bmatrix} 0 \\ 1 \end{bmatrix} = e^{-j2\theta_{\lambda/4}} \begin{bmatrix} e^{-j2\Omega t} & 0 \\ 0 & e^{-j2\Omega t} \end{bmatrix} \begin{bmatrix} 0 \\ 1 \end{bmatrix} \qquad (11.2-3)$$

如果输入线极化波从右至左反向传输,其关系为

$$T = T_{x'-x} \cdot T_{\lambda/4} \cdot T_{旋转(正)} \cdot T_{\lambda/2} \cdot T_{旋转(反)} \cdot T_{\lambda/4} \cdot T_{x-x'}$$

$$= e^{-j2\theta_{\lambda/4}} \begin{bmatrix} e^{-j2\Omega t} & 0 \\ 0 & e^{j2\Omega t} \end{bmatrix} \qquad (11.2-4)$$

式(11.2-4)和式(11.2-2)一样。因此,这种旋转场移相器是互易的。

(2) 11.2-3(b)为两个四磁极磁化非互易圆极化器(同极性排列),其极化变换矩阵为

$$T = T_{x'-x} \cdot T_{ss} \cdot T_{旋转(反)} \cdot T_{\lambda/2} \cdot T_{旋转(正)} \cdot T_{ss} \cdot T_{x-x'}$$

$$= e^{-j2\theta_{ss}} \begin{bmatrix} e^{j2\Omega t} & 0 \\ 0 & e^{-j2\Omega t} \end{bmatrix} \qquad (11.2-5)$$

当输入垂直极化波时,则输出为

$$\begin{bmatrix} E_x \\ E_y \end{bmatrix}_{out} = T \cdot \begin{bmatrix} 0 \\ 1 \end{bmatrix}_{in} = e^{-j2\theta_{ss}} \begin{bmatrix} e^{j2\Omega t} & 0 \\ 0 & e^{-j2\Omega t} \end{bmatrix} \begin{bmatrix} 0 \\ 1 \end{bmatrix} \qquad (11.2-6)$$

如果在图 11.2-3(c)所示的结构中,把两个非互易圆极化器反极性排列,其变换矩阵为

$$T = T_{x'-x} \cdot T_{NN} \cdot T_{旋转(反)} \cdot T_{\lambda/2} \cdot T_{旋转(正)} \cdot T_{ss} \cdot T_{x-x'}$$

$$= e^{-j(\theta_{NN}+\theta_{ss}+\pi/2)} \begin{bmatrix} 0 & e^{j2\Omega t} \\ e^{-j2\Omega t} & 0 \end{bmatrix} \qquad (11.2-7)$$

当输入垂直极化波时,则关系为

$$\begin{bmatrix} E_x \\ E_y \end{bmatrix} = T \cdot \begin{bmatrix} 0 \\ 1 \end{bmatrix} = e^{-j(\theta_{NN}+\theta_{ss}+\pi/2)} \begin{bmatrix} 0 & e^{j2\Omega t} \\ e^{-j2\Omega t} & 0 \end{bmatrix} \begin{bmatrix} 0 \\ 1 \end{bmatrix} \qquad (11.2-8)$$

第 4 编　铁氧体移相器技术

上述两种极化变换矩阵,前者若采用四磁极场构成的非互易圆极化器,当输入垂直极化波变换为圆极化波时,最后输出为垂直极化波,而两个非互易圆极化器的磁化方向必须为同极性,它为非互易旋转场移相器。后者若两个非互易圆极化器的磁化方向为反极性,它为互易旋转场移相器,输出线极化波在 x 方向上。这是它和双模互易移相器在结构形式上的一个重要区别。

旋转场移相器的半波片和两端圆极化器可以设计成一体化,由全填充铁氧体金属化圆波导或部分填充铁氧体管组成,且体积小,易于小型化。两个圆极化器可采用开槽形式或偶极磁化场。显然,图 11.2－3(c)比图 11.2－3(a)、(b)的结构更加紧凑,在实际中较有应用价值。

11.2－4 铁氧体旋转场移相器设计及性能

旋转场移相器的设计包括波导直径、铁氧体材料、铁氧体移相段的长度、1/4波片圆极化器、阻抗匹配变换器和驱动磁轭等。现在,就主要的 $\lambda/2$ 波片设计及性能简述如下。

1. 旋转场 $\lambda/2$ 波片的设计

根据全充满横向磁化铁氧体圆波导中的奇模和偶模之间的波型差相移公式

$$\Delta\beta = 2.11 \frac{k}{a\mu}$$

式中: a 为波导半径;若考虑到样品形状退磁因子和不饱和磁化的影响, k,μ 值可表示为

$$\begin{cases} k = -\dfrac{M}{M_s}\left(\dfrac{\omega\omega_m}{\omega_r^2 - \omega^2}\right) \\ \mu = 1 + \dfrac{\omega_r\omega_m}{\omega_r^2 - \omega^2} \end{cases} \qquad (11.2-9)$$

其中, M 为工作态的磁矩; ω_r 为铁磁共振频率。

$$\omega_r = \sqrt{[rH_0 + (N_s - N_x)\omega_m][rH_0 + (N_y - N_z)\omega_m]} \qquad (11.2-10)$$

$$rH_0 = \frac{M}{M_s}\omega_m$$

在横向磁化情况下,退磁因子设为 $N_x = 0$, $N_y = \dfrac{1}{2}$,代入式(11.2－10),则有

$\dfrac{\omega_r}{\omega} = \sqrt{\dfrac{M}{M_s}\left(\dfrac{M}{M_s} - \dfrac{1}{2}\right)}$,令 $\dfrac{\omega_r}{\omega_m} = S$,经过变换后,便得

$$\frac{k}{\mu} = \frac{M}{M_s} \frac{P}{[1 - P^2 S(S+1)]} \qquad (11.2-11)$$

这里 $P = \dfrac{\omega_r}{\omega}$，把式（11.2-11）代入式（11.2-10）后，便得长度为 L 的铁氧体圆柱体能达到的波型差相移公式：

$$\Delta\phi = 2.11 \frac{L}{a} \frac{M}{M_s} \frac{P}{[1 - P^2 S(S+1)]} \qquad (11.2-12)$$

若取 $M/M_s = 0.75$，便得 $S = 0.433$，当 $f = 5.6\,\text{GHz}$，$P = 0.55$，并算出 $\Delta\phi = 0.94 L/a$。为了得到 $\lambda/2$ 波片，必须使长度和直径比值 $L/a = 3.34$。利用上述 $\Delta\phi$ 的表示式，可以作出归一化差相移曲线，如图 11.2-4 所示。利用此图可估算旋转半波片的有关参数。

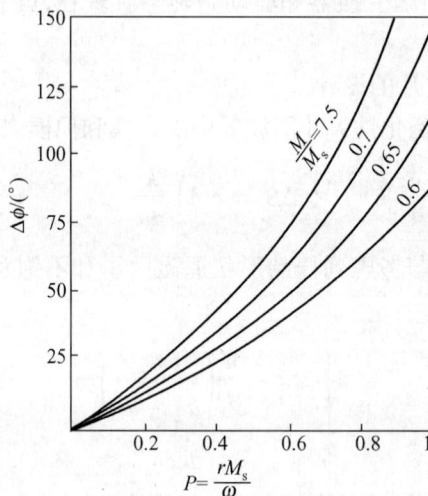

图 11.2-4　旋转 $\lambda/2$ 波片的归一化差相移

2. 半波片的静态性能

旋转场移相器具有好的频率特性及线性度。图 11.2-5 为 S 波段 $\lambda/2$ 波片差相移与旋转角的关系，不论 $\lambda/2$ 波片的波形差相移值 $\Delta\phi$ 如何，旋转相移值和旋转角度变化保持线性关系，而且对不同的 $\Delta\phi$ 直线互相平行。但必须指出，这个结果不等于 $\Delta\phi$ 可取任何值。从相移角度看，它与 $\Delta\phi$ 值关系不大，但从传输极化特性来看，必须保持 $\Delta\phi = 180°$ 才能使输入、输出极化保持不变。

由设计参数，测试了 $\lambda/2$ 波片静态驻波、插入损耗、差相移，如图 11.2-6 所示。

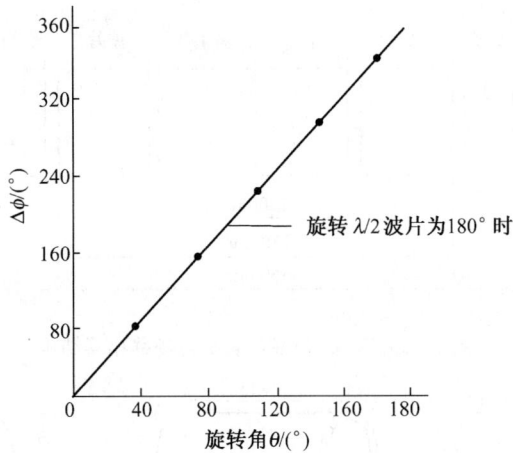

图 11.2 −5　S 波段旋转 $\lambda/2$ 波片差相移与旋转角的关系（测量值）

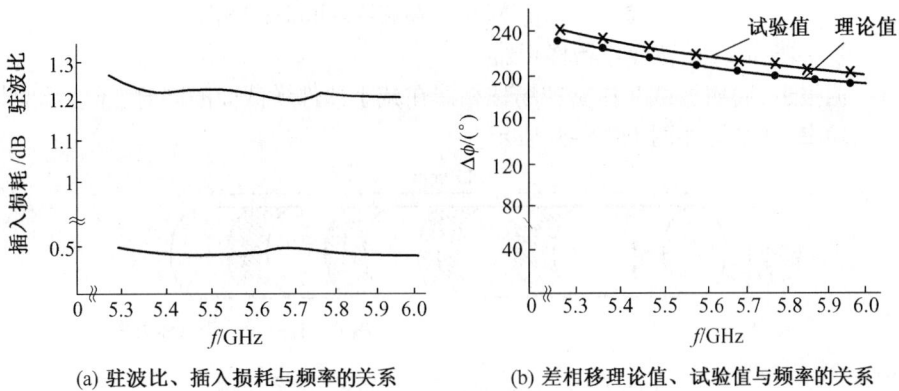

(a) 驻波比、插入损耗与频率的关系

(b) 差相移理论值、试验值与频率的关系

图 11.2 −6　$\lambda/2$ 波片静态特性

11.2 −5　高功率旋转场移相器设计

1. 铁氧休管和 $\lambda/4$ 波片组合

该结构为自然冷却,它能承受较大的峰值功率和平均功率,通过"ANSOFT"的模拟计算和实验比较,能设计出体积小、重量轻、转换速度快的器件,这类快速器件有广泛的应用价值,其结构如图 11.2 −7 所示。

2. 缩小的铁氧体圆管和 $\lambda/4$ 波片组合

为了尽量减小体积,又能承受所要求的较大功率采用如图 11.2 −8 所示的旋转场移相器。

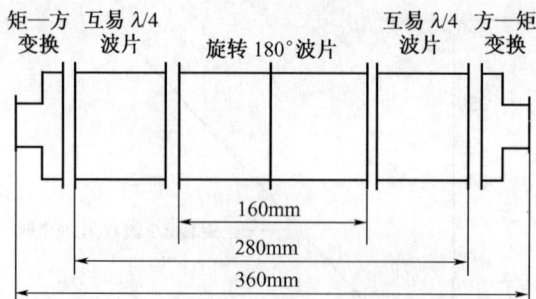

图 11.2 - 7　高功率互易旋转场移相器结构

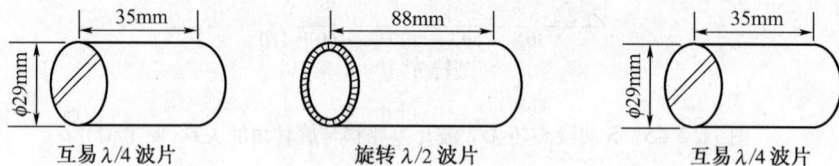

图 11.2 - 8　缩小体积的互易旋转场移相器结构图

3. 周期加载互易旋转场移相器

据报道,周期加载互易旋转场移相器在减小器件横截面的同时,还能承受较大的功率,其结构如图 11.2 - 9 所示。

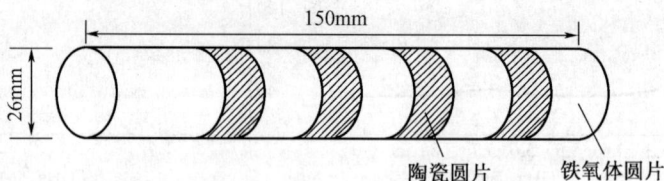

图 11.2 - 9　周期加载互易旋转场移相器结构

4. 铁氧体材料的选用

铁氧体材料对于改善移相器的温度稳定性和功率容量是十分重要的。我们选用石榴石材料,其磁矩的选择决定于工作频率和功率容量,一般 M_s 选取范围为 $\omega_m/\omega = 0.4 \sim 0.7$,为满足高功率容量要求,我们选择下限即 $\omega_m/\omega = 0.4 \sim 0.45$。

5. 非互易波片计算

根据图 11.2 - 7,铁氧体圆管波形差相移表达式为

$$\Delta\beta = 4(k/\mu)\Lambda_{11}X_{11}R_{5(b,a)}$$

铁氧体归一化磁矩 $P = r4\pi M_s/\omega = 0.47$

$$\Lambda_{11}^2 = 0.888, X_{11} = \frac{1.84}{a} = 0.8, R_{5(b,a)} = R_{5(1.75/2.3)} = R_{5(0.76)} = 0.15$$

把这些参数代入表达式中,得 $\Delta\beta = 0.18$ rad/cm。归一化磁矩 $P = 0.52$ 时,$\lambda/2$

波片长度约为15cm。

根据图11.2-9,非互易波型差相移表达式为

$$\Delta\beta = 4\sqrt{2}/3(k/\mu)\Lambda_{11}^2 X_{11} R_{4(b,a)} + 2R_{5(b,a)}$$

其中,$a=1.45cm$,$b=0.725cm$,$k/\mu=0.5$,$R_{4(b,a)}=0.14$,$R_{5(b,a)}=0.34$,把这些参数代入 $\Delta\beta$ 表达式后,得 $\Delta\beta=0.85rad/cm$,$\Delta\phi=45.45°/cm$,非互易 $\lambda/2$ 波片长度约4.3cm,而周期加载波片长度约7.5cm。计算结果表明,波型差相移与波导半径 a、铁氧体管内外半径有关。

11.2-6　缩小体积、减轻重量和提高开关速度的措施

1. 矩→圆(方)过渡的设计

由于S波段移相器所要求的频段内驻波要小,一般的矩→圆(方)过渡变换较长,现采用圆波导截顶技术,经"ANSOFT"计算,其长度为3cm。

2. 磁回路设计

磁回路和控制绕组的设计是获得良好相位精度控制的关键。磁轭内槽的数目与各槽中线圈的匝数均可调节,以提供适当的四磁极场型,该四磁极场型随线圈电流的变化平滑地旋转。

3. 提高开关速度的措施

为保证较快的开关速度,磁回路的线圈匝数应尽可能的少;铁氧体圆管(棒)的表面金属化,但金属镀膜要求均匀牢固,防止微波功率泄露。在电路控制系统设计中,由于 R-L 电路的开关速度在开关瞬间受电流的斜率支配,因此须增大驱动电压。

11.3　高功率旋转场双工移相器

11.3-1　基本结构

铁氧体环行器用作微波系统的收发开关时,一般叫作双工器。这里介绍的双工器,是利用双模元件可以组成环行/移相双工器,它是一种多功能的非互易器件,既有环行器的特征,又有可控相移的能力,所以又可做电扫移相元件,其结构紧凑,原理新颖。同时,相移精度高,也适用于机载相控阵雷达。

本节主要介绍高功率双工移相器,其组成及等效方框图如图11.3-1所示。环行/移相双工器由两段正交模耦合器、一段非互易的铁氧体 $\lambda/4$ 波片代替了介质极化器,一段 $\lambda/2$ 旋转波片和互易 $\lambda/4$ 波片组成。正交模耦合器的作用是把水平或垂直极化波分别从正交模耦合器的水平端及垂直端引出。非互易 $\lambda/4$

波片和互易 $\lambda/4$ 波片的作用为一方面把输入的线极化波变成左、右旋圆极化波,或把左、右旋圆极化波复原成线极化波输出;另一方面和非互易波片配合起来可以起到环行器的作用。中间部分是 $\lambda/2$ 旋转波片起旋转移相的作用。相移角是旋转移相器旋转角的 2 倍。这类双工器实际上就是变极化环行器和旋转移相器组成的复合器件。三段波片可以设计在一根铁氧体杆上实现,也可以分段实现,而且互易 $\lambda/4$ 波片可用介质来完成。

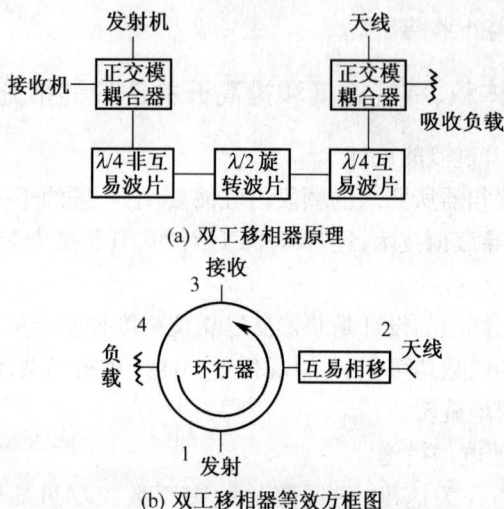

(a) 双工移相器原理

(b) 双工移相器等效方框图

图 11.3 - 1　双工移相器

11.3 - 2　工作原理

环行/移相双工器是较复杂的微波器件,如图 11.3 - 2 所示,左→右传输时,非互易 $\lambda/4$ 波片的 $A - A$ 轴为慢轴;而互易 $\lambda/4$ 波片的 $A - A$ 轴为快轴(注意:是沿传输方向观察的)。但从右→左传输时,互易和非互易波片的 $A - A$ 轴均为慢轴,$B - B$ 轴为快轴(右→左方向观察的)。对 $\lambda/2$ 旋转波片而言,其四磁极场是按角频率 Ω 旋转的,所以 $\lambda/2$ 波片部分没有固定的快轴或慢轴。旋转场的产生有两种方式:一种是四磁极相对于波导作机械转动,线圈中通过直流电场;另一种方式也是移相器中关键的元件,是提供旋转的横向四磁极的磁轭,在此磁轭的两组交错绕组是按正弦和余弦设计的,磁场是由它们各自激励而产生。

图 11.3 - 2 若从左向右看,旋转磁场是顺时针方向的;从右向左看,旋转场则是逆时针方向的。对这种复杂的系统,用流图方法来处理比较方便。如图 11.3 - 3 所示,图(a)为左→右传输(1、3 端→2、4 端),图(b)为右→左传输(2 、

旋转器磁极

3		N	N				4
正交模器 1	非互易 λ/4			λ/2 旋转波片	互易 λ/4	正交模器 2	

慢 A　N　B 快

θ

A 快　B 慢

输入 →　S　　S　输出

B　N　A

慢 A　N　B 快

θ

A 慢　B 快

输出 ←　S　　S　输入

B　N　A

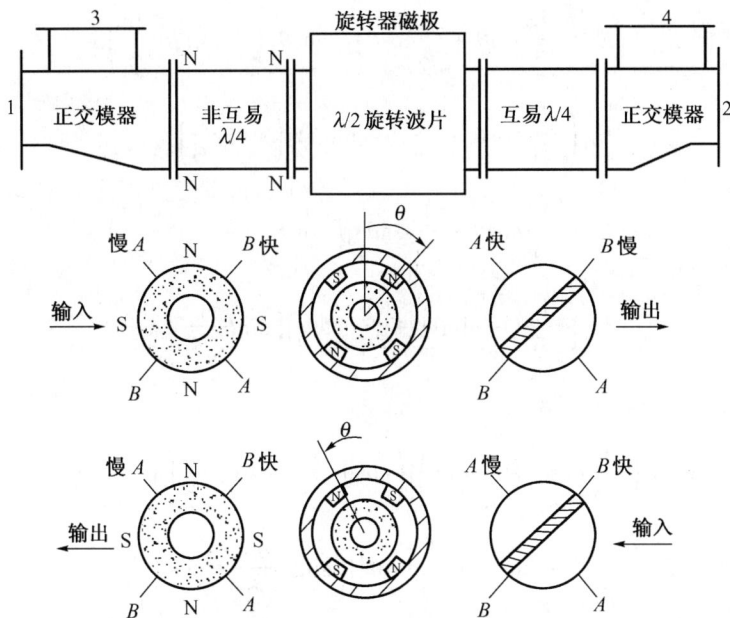

图 11.3 - 2　双工器结构示意图

1—输入口；2—输出口（到天线）；3—接收端口；4—接口吸收负载。

4 端→1、3 端）。它们之间是有一些差异的,对互易 $\lambda/2$ 的流图,除方向倒转外,交叉支路差个"—"号;另外,对坐标旋转流图而言,交叉支路也随传输方向而改变符号。其余的支路只要改变箭头方向就行了。图中的 E_{3x} 及 E_{4x} 分别表示 3 端和 4 端只允许水平极化输入或输出;E_{1y} 和 E_{2y} 表示 1 端和 2 端只允许垂直极化波输入或输出。

根据图 11.3 - 3(a)可以直观地写出左→右传输特性。

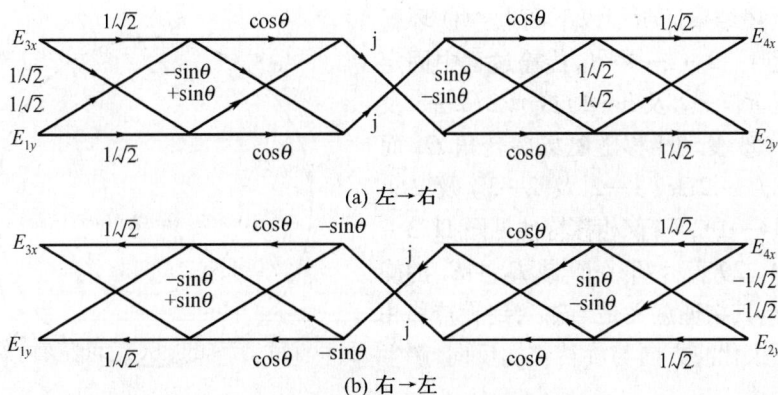

E_{3x}　$1/\sqrt{2}$　$\cos\theta$　j　$\cos\theta$　$1/\sqrt{2}$　E_{4x}

$1/\sqrt{2}$　$-\sin\theta$　$+\sin\theta$　$\sin\theta$　$-\sin\theta$　$1/\sqrt{2}$

E_{1y}　$1/\sqrt{2}$　$\cos\theta$　j　$\cos\theta$　$1/\sqrt{2}$　E_{2y}

(a) 左→右

E_{3x}　$1/\sqrt{2}$　$\cos\theta$　$-\sin\theta$　j　$\cos\theta$　$1/\sqrt{2}$　E_{4x}

$-\sin\theta$　$+\sin\theta$　$\sin\theta$　$-\sin\theta$　$-1/\sqrt{2}$

E_{1y}　$1/\sqrt{2}$　$\cos\theta$　$-\sin\theta$　j　$\cos\theta$　$1/\sqrt{2}$　E_{2y}

(b) 右→左

图 11.3 - 3　双工器流图表示

$$E_{4x} = E_{1y}\left(\frac{1}{\sqrt{2}}\sin\theta + \frac{j}{\sqrt{2}}\cos\theta\right)j\left(\cos\theta\frac{j}{\sqrt{2}} - \sin\theta\frac{1}{\sqrt{2}}\right) +$$

$$E_{1y}\left(\frac{1}{\sqrt{2}}\cos\theta + \frac{1}{\sqrt{2}}(-\sin\theta)\right)j\left(\sin\theta\frac{j}{\sqrt{2}}\right)$$

$$E_{3x}\left(\frac{1}{\sqrt{2}}\cos\theta + \frac{j}{\sqrt{2}}\sin\theta\right)j\left(\cos\theta\frac{j}{\sqrt{2}} - \sin\theta\frac{1}{\sqrt{2}}\right) +$$

$$E_{3x}\left(\frac{1}{\sqrt{2}}(-\sin\theta) + \frac{j}{\sqrt{2}}\cos\theta\right)j\left(\sin\theta\frac{j}{\sqrt{2}} + \cos\theta\frac{1}{\sqrt{2}}\right)$$

$$= -e^{j2\theta}E_{3x} \qquad\qquad (11.3-1)$$

$$E_{2y} = E_{3x}\left(\frac{1}{\sqrt{2}}\cos\theta + \frac{j}{\sqrt{2}}\sin\theta\right)j\left(\cos\theta\frac{1}{\sqrt{2}} - \sin\theta\frac{j}{\sqrt{2}}\right) +$$

$$E_{3x}\left[\frac{1}{\sqrt{2}}(-\sin\theta) + \frac{j}{\sqrt{2}}\cos\theta\right]j\left(\sin\theta\frac{1}{\sqrt{2}} + \cos\theta\frac{j}{\sqrt{2}}\right) +$$

$$E_{1y}\left(\frac{1}{\sqrt{2}}\sin\theta + \frac{j}{\sqrt{2}}\cos\theta\right)j\left[-\sin\theta\frac{1}{\sqrt{2}} + \cos\theta\frac{j}{\sqrt{2}}\right] +$$

$$E_{1y}\left[\frac{1}{\sqrt{2}}\cos\theta + \frac{j}{\sqrt{2}}(-\sin\theta)\right]j\left(\sin\theta\frac{1}{\sqrt{2}} + \cos\theta\frac{j}{\sqrt{2}}\right) = -e^{j2\theta}E_{1y}$$

$$(11.3-2)$$

同理,根据图 11.3-3(b),求出从右→左的传输特性。

$$E_{3x} = -je^{j2\theta}E_{2y} \qquad\qquad (11.3-3)$$

$$E_{1y} = je^{j2\theta}E_{4x} \qquad\qquad (11.3-4)$$

第 4 编 铁氧体移相器技术

上述结果证明了以下两点: ① 环行特征是 1—2—3—4—1, 传输过程中固定相移是 π(1—2 及 3—4) 或 π/2(2—3 及 4—1);② 变动相移随磁场旋转角 Ωt 而变,它为 $-2\Omega t$(1—2 及 2—3) 及 $2\Omega t$(3—4,4—1),环行/相移特性见图 11.3-4,图中 -2θ 表示 $E_{1y}\to E_{2y}$ 或 $E_{2y}\to E_{3y}$ 的旋转相移,其物理意义是当输入到旋转移相器的圆极化波方向与旋转磁场反向,产生迟后相移 -2θ。

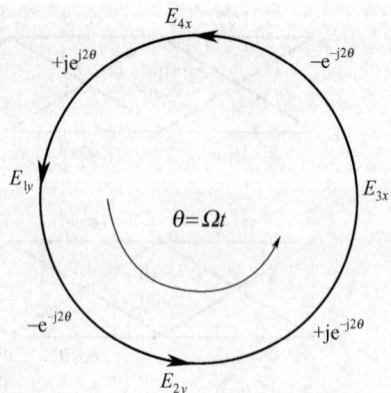

图 11.3-4 环行/相移特性图

11.3-3　磁回路控制电源及互易、非互易波片、阻抗变换设计

旋转场移相器由一段铁氧体填充波导和横向四磁极磁化回路组成,旋转磁场由横向四磁极磁化回路提供,磁轭上两组交错绕制的线包分别接入正弦和余弦激励信号,产生旋转的四磁极磁化场,类似于发电机的定子。理论上磁头越多,四磁极磁化场的旋转越平滑,但线圈绕制困难大。实验证明 16 个磁头就可以得到比较理想的结果。两组激励线圈产生的磁场分别为

$$B_1 = B_{s0}\sin2\phi \quad B_2 = B_{co}\cos2\varphi$$

忽略非线性磁化效应,整个场是叠加的。

$$B = B_{s0}\sin2\phi + B_{co}\cos2\phi$$

并令

$$B_{s0} = B_0\sin\theta \quad B_{c0} = B_0\cos\theta$$

故

$$B = B_0\cos2(\phi - \theta/2)$$

B_0 的幅度使铁氧体棒磁化到接近饱和即可,如果铁氧体棒的长度恰当,其变极化效应相当于半波片。θ 是激励信号的控制角度,对应磁场选择 $\theta/2$,此时射频信号将产生相移量 θ。对射频信号所产生的相移量及相移精度取决于激励信号的相位角和相位精度,而对激励信号的相位角和相位精度的控制更容易实现。实验证明,这种移相器精度高,线性度好,相移重复性好。在低副瓣、高增益相控阵雷达天线中均可采用这种移相器,它所产生的相移是可连续变化的,不会引起相移的量化误差。

图 11.3-5 为旋转场移相器控制系统框图,系统由 CPU 接收雷达主机发出

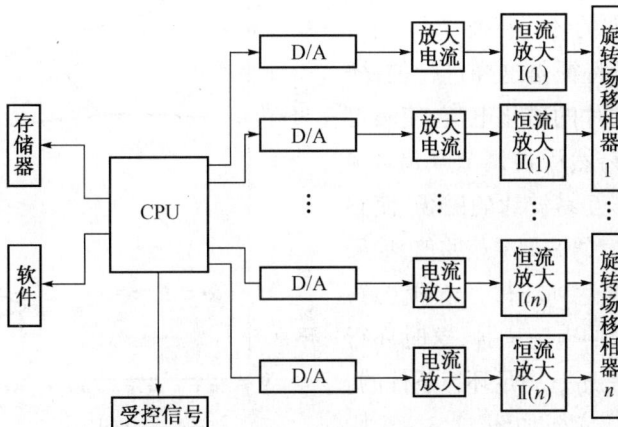

图 11.3-5　旋转场移相器控制系统框图

的旋转控制信号,到相应的存储单元读取数据,送相应 D/A 转换器,经恒流放大电路,驱动铁氧体旋转场移相器。

如果控制 NS 极的线圈电流为 $I_v\sin\Omega t$,控制 N′S′ 极的线圈电流为 $I_\Phi\cos\Omega t$,调整 I_V,I_Φ 值 $I_V=I_\Phi=I$,则线极化旋转角随 Ωt 而变,旋转角频率为 Ω。该控制系统中,Ⅰ,Ⅱ 两路可分别控制输出电流 $I_v\sin\Omega t$,$I_\Phi\cos\Omega t$,实现铁氧体旋转场移相器角度控制。

该控制系统的设计关键为

(1)微机控制系统及相应的控制软件设计。

(2)恒流放大电路的设计,其中减小电路自身功耗及驱动功耗尤为重要。

(3)高保真放大电路的设计,保证输出的正弦、余弦电流失真度小,满足旋转场精度要求。

(4)结构尺寸的限制,要求电路小型化设计。后级放大电路要缩小体积,必须将其集成,才能满足实际应用要求。

(5)$\lambda/4$ 非互易波片采用了与非互易的 $\lambda/2$ 波片相同的铁氧体材料,磁激励场是由固定在铁氧体周围的永磁体产生。

(6)$\lambda/4$ 互易介质波片采用陶瓷的 $\lambda/4$ 介质波片,其设计是用宽带介质波片的方法,在整个设计频带中差相移为 $90°\pm2°$。

(7)阻抗匹配。利用陶瓷介质变换器将移相器变换到标准波导中,使其驻波系数小于 1.3。

11.3－4　双工移相器分析

1. 双工器的环行特征

调整环行特征是这样进行的,先置 $\lambda/2$ 旋转波片的磁化电流,使满足 180°的差相移,然后再调节互易 $\lambda/4$ 波片尺寸和非互易波片的磁场,使它们分别得到 90°的波型差相移值,如果满足这条件,便达到环行。必须注意,若 $\lambda/2$ 旋转段的电流去掉,这时环行方向倒向,但是还是满足环行条件的。双工器的环行特征如图 11.3－6 所示。正向 1dB,带宽 5%。

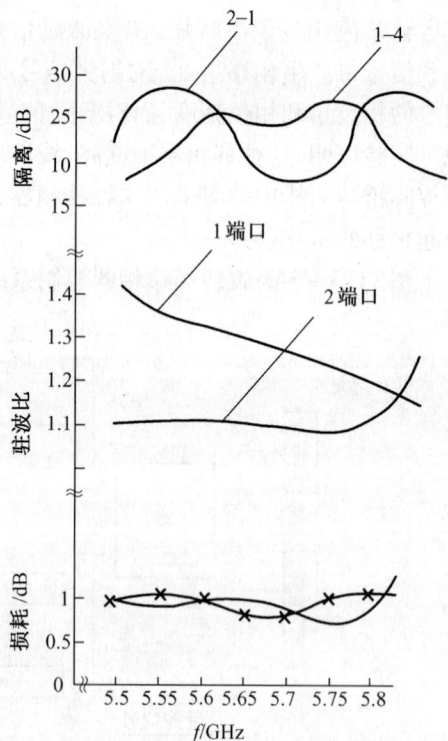

图 11.3－6　双工器的环行特征

2. 旋转角 θ 和环行特性

在实际使用中,$\lambda/2$ 波片的两组线包上分别通过正弦及余弦励磁电流,以形成旋转磁场,旋转磁场的方向 θ 如图 11.3 –7 所示。

根据图 11.3 –2 的理论分析,传输振幅、传输系数与旋转角无关,只有传输相位与 θ 有关,其结果如表 11.3 –1 所列。表中 α 为正向传输系数,$f = 5.55\text{GHz}$,$\Delta\phi = 180°$。

从表 11.3 –1 可见,无论旋转角在何处,其环行特性基本保持不变。

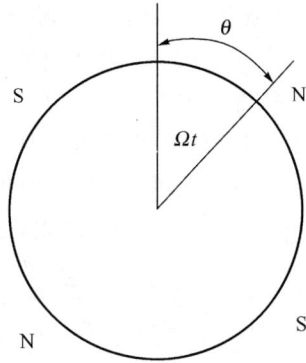

图 11.3 –7　旋转角图

表 11.3 –1　$\alpha - \theta$ 测量结果

$\theta/(°)$	$\alpha(1{\to}2)/\text{dB}$	$\alpha(2{\to}3)/\text{dB}$	$\alpha(2{\to}1)/\text{dB}$	$\alpha(1{\to}3)/\text{dB}$
0	1.3	0.8	20	26.7
45	1.1	1.3	28	36
90	0.9	1	28	39
135	1	1.1	17	26
180	1.2	0.9	22	39

3. 双工器的互易相移特性

所谓互易相移是指 1→2 的相移等于 2→3 的相移,这就保证了发射→天线;天线→接收的相移量相等。但作为整个器件而言,不是所有端口的传输都保证同样的相移量。如图 11.3 –8 中 3→4 及 4→1 的正向传输的相移彼此相反,即

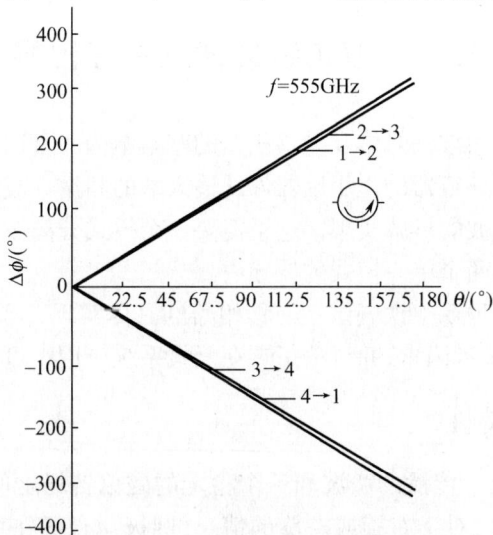

图 11.3 –8　双工器的互易相移特性

1→2(或2→3)是超前相移,3→4(或4→1)则为迟后相移,它们的绝对值是相等的。另外。从图中看到,相移角 ϕ 为旋转角 θ 的1倍,它们之间互成线性关系。

4. 插入相位特性

除差相移特性有部分保持互易特性以外,还存在一个固定的插入相位的问题。它不随旋转角而变,但随各端口而不同,在图11.3-8中从理论上已作了证明。表11.3-2对理论和实验结果作了比较,两者之间基本一致。

表 11.3-2　固定插入相移的理论值和实验值

端口	理论值/(°)	实验值/(°)	端口	理论值/(°)	实验值/(°)
1→2	180	182	3→4	180	176
2→3	90	93	4→1	90	87

5. 高功率双工移相器特性

频率/GHz	3.2~3.8	相移精度/(°)	±1.5
驻波比	<1.35	开关速度/μs	<600
插入损耗 1→2/dB	<1	峰值功率/kW	100
2→3/dB	<1	平均功率/kW	1(自然冷却)
隔离 2→1/dB	≥20	重量/kg	3
1→3/dB	25	外形尺寸/cm	$\phi 8 \times 45$
相移范围 $\Delta\phi$/(°)	0~360		

11.4　双工铁氧体互易移相器

双模旋转场型微波铁氧体互易移相器的基本结构非常适于在移相区域外集成环行器的功能。环行器的作用以器件的输入端的圆波导或方波导内两个传输方向上的正交极化波的形式实现。这里需要一个模式分离波导连接件用以将这些正交模式分解成两个单一模式的波导内。

本文给出了这种双工铁氧体互易移相器的具体实现,论述了影响等效电路环行器/隔离度的多种因素,并讨论了它在天线系统应用中可能的优势。

11.4-1　基本特性

在铁氧体介质中传播的微波和一个稳定的磁偏转场之间的基本作用是非互易的。也就是说,对于右旋或左旋的情况,圆极化磁场在垂直于稳定偏转场的面上和铁氧体媒质的相互作用是不同的。最有效地铁氧体控制器件是那些最大利用这一现象优势的器件,当然它们必然是非互易的。双模旋转场的移相器也不例外,它们实际上是结构被特别安排用以在器件终端产生互易相移的简单的非互易器件。这些移相器自身的非互易特性使其更加适于制作双工器件。

对于通常双模情况,相移在一个铁氧体填充的圆波导内和一个幅度及方向均能设置的纵向磁偏场一起出现。这个圆波导可以在任一纵向方向传播右旋和左旋圆极化波。相移区两端口之外都有固定的非互易的$\lambda/4$波片。这些单元用几个横向的四端子磁片场来产生一个大约90°于频率相关的相差,并实现器件终端的线极化波可移相区域所需的圆极化波之间转换。非互易的$\lambda/4$波片在移相区域内对两个传播方向产生相反的圆极化方向,因此,相对于稳态的纵向磁偏转场,R – F磁场是存在相同方向的横向面旋转的,并且插入相位的改变将独立于传播方向。

本文讨论了双模旋转场铁氧体移相器的双工器。从理论观点看,双工性可以由图11.3 – 1给出的功能模块图来表示,它由一个四端口环行器(其中一个端口负载)和与之分离的移相器组成。在实际实现中,环行器和移相器是交迭的,因此这个组合器件作为双工器的功能可能被移相器特性以及实现环行器作用的非互易单元同时影响。

11.4 – 2　双模双工移相器

使铁氧体双模移相器双工的一个方法是在器件所谓的输入端用一个互易的$\lambda/4$波片代替非互易的。这样一来,如在发射方向上一个水平线极化波入射到(现假设为互易的)$\lambda/4$波片,那么在接收方向出现在相同的$\lambda/4$波片上的将是垂直极化波。器件的输入端可以和方波导匹配,并耦合到一个纵向模变换器来隔离发射和接收波。然而,一个更有意思的方法是完全删掉输入$\lambda/4$波片,将输入和方波导匹配,并耦合到一个隔膜极化器。该隔膜极化器将模式隔离器和互易圆极化器/去极化器的功能组合到一个单一的结构。而且,这个隔膜极化器输入端的两个单一模式波导是相邻的,这一点从包装的角度来看也是一种优势。图11.4 – 1(a)给出了草图。

显然,四端口环行器运作是由器件输出端的非互易$\lambda/4$波片提供的,图11.4 – 1(b)相比图11.3 – 1来说更适合作为其功能模块图。在缺少隔膜极化器有限隔离的任何作用下,环行器的隔离I以 dB 表示将取决于和非互易$\lambda/4$波片差相移的理想值90°的偏离角$\Delta\phi$的幅度,表示如下:

$$I = -20\log10(\sin(\Delta\phi)/2)$$

这个关系在图11.4 – 2 中给出了$\Delta\phi$到30°的结果。一个设计良好的非

(a) 结构草图

(b) 方块图

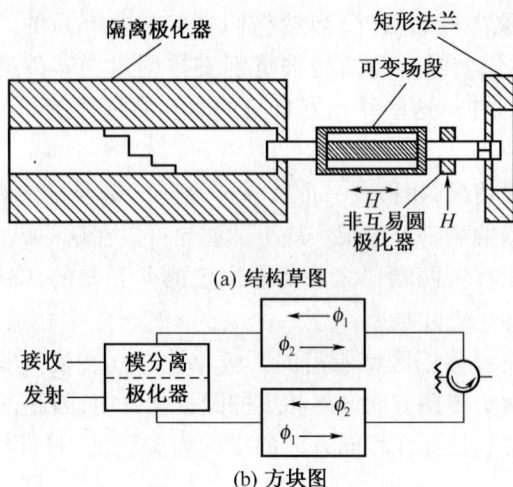

图 11.4 – 1　双工双模移相器概念

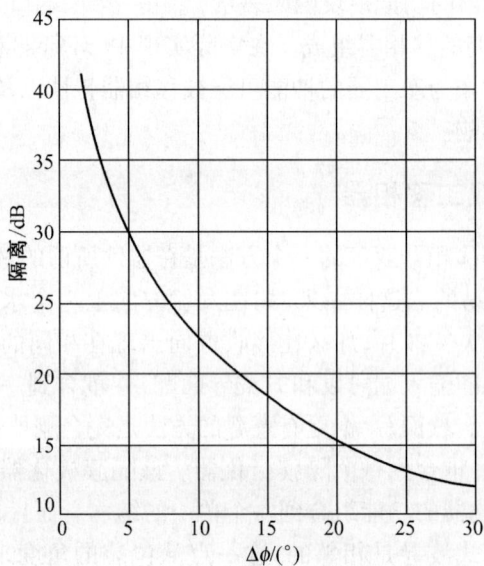

图 11.4 – 2　隔离与不同相位差/(°)

互易 $\lambda/4$ 波片应当提供大于 8% 的带宽内高于 25dB 的隔离,以及大于 16% 的带宽内高于 20dB 的隔离。更差的性能可能是由隔膜极化器的有限隔离或者移相区内模式转换引起的。净隔离度由器件终端的各种误差向量的矢量决定,它可能取决于相移段的设置。同样的问题是用于采用互易 $\lambda/4$ 波片和正交模组合配置的情况。考虑到有限隔离引起的误差信号在发射方向上能在薄膜终端被吸收掉,在接收方向能出现发射端,那么图 11.4 – 1(b) 给出的框图仍然是正确的。

11.4-3 阵列天线应用

一个轴向的电扫相控阵天线通常每行或每列的辐射单元用一个移相器,而两轴电扫的平面阵列通常每个辐射单元用一个移相器。对于限定馈电的单轴情况,在移相器双工允许使用许多独立分配发射功率以及合成接收信号。如发射时采用均匀照射,从而获得最小的波束宽度和最高的辐射功率:而在接收方向,可以采用幅度加权来得到旁瓣抑制。另一种可能性是在接收许多增加低功率移相器来产生一个抵消波束指向,同时发射和接收波束通过双工移相器来进行扫描。

一般来说发射和接收需要独立的馈电,若不基于此,为一个双轴扫描的天线阵建一个限定的馈电已经是一个难题,特别是在较高的微波频段。然而,对于空馈移相透镜的情况则存在一个诱人的可能性。这样一个透镜可能会很受双工双模互易铁氧体移相器(忽略透镜馈电端附近的非互易 $\lambda/4$ 波片)的欢迎。这样的透镜在发射方向用某一方向的圆极化波照射,在接收方向,对于相同的波束指向将校准相反方向的圆极化波。一个隔膜极化器驱动馈电喇叭(或者串馈情况时每个喇叭内都有一个隔膜极化器)实现双工功能,也就是说,隔膜极化器的一个方波导端口用于发射,而接收信号则出现在另一个波导端口。

第12章 双模变极化移相器

12.1 基本结构及应用

在实用的雷达系统中,过去大多数相控阵雷达体制是不能变极化的,即单一线极化波工作,这种不变极化的相控阵体制在电子战中受到了限制。

前所讨论的多极化移相器,其本身是不能变极化的,在相控阵系统馈电为透镜式。如图12.1-1所示,高功率变极化电路在馈源后面,这种变极化与一般单脉冲天线变极化相同,所需要设备元件较简单,是一种实用的好形式。但多极化移相器设计成本要比一般移相器成本高,其转换速度一般为 $50\mu s \sim 90\mu s$,同时,它的优值较低,一般在 X 和 Ku 波段应用于机载相控阵较有利。

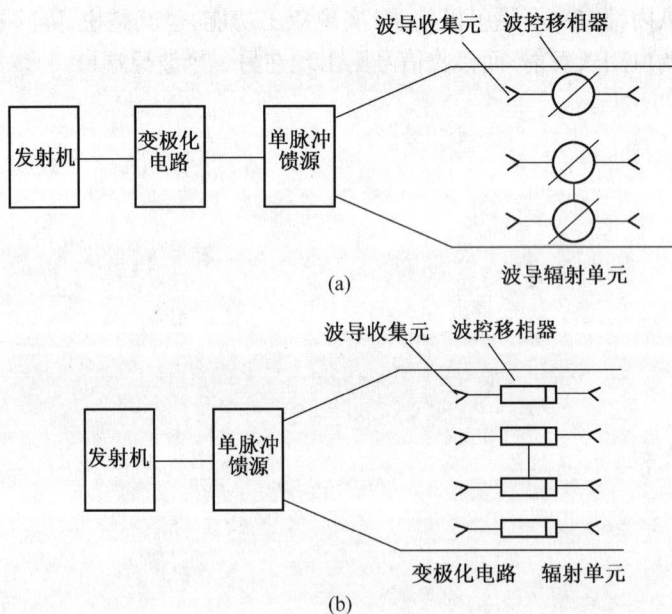

图 12.1 - 1 透镜式馈电极化阵

20 世纪 80 年代初,雷达采用脉间极化捷变技术,美国西屋电气公司为空军主力战斗轰炸机研制了极化捷变雷达(EAR),装备轰炸机 B - 1B 和 B - 52,可完成突防轰炸机所要求的各种功能,包括自动地形跟踪和低飞行障碍回避,多普勒测速等。EAR 机载相控阵天线应用了 1818 个铁氧体移相器辐射单元。这种移相器就有多功能特性,即由移相段产生相移,由铁氧体变极化器来实现极化控制。它们均可设计在一根金属化薄膜的铁氧体圆棒或方棒上。因此,它的结构紧凑,重量轻,制造成本低,具有互易性。

这种新发展的移相变极化技术对于现代相控阵雷达应用开辟了新途径,其移相变极化电路应用如图 12.1 − 1 所示,但它的馈源部分可利用线极化阵的馈源。

由上述应用分析得出,移相变极化能够控制波束位置和相控阵天线极化。为适应这一新的相控阵雷达设计要求,下面较详细地分析,比较各类移相变极化结构原理,从而选择有用的新单元。

12.2　双模变极化移相器种类及结构

双模变极化移相器结构种类较多,这里对有代表性的加以分析。

12.2 −1　双模移相器和变极化移相器组合

20 世纪 80 年代初,在原来的双模移相器的基础上和变极化器组合一起,称为新型的电扫描元件,如图 12.2 − 1 所示。铁氧体移相受激励线圈的控制,其激励电流大小直接控制纵向剩磁相移。图 12.2 − 1 中的左半段双模移相器,其 1 处为垂直极化波,2 处为圆极化,3 处复原为垂直线极化波。图 12.2 − 1 中的右半段,有 45°法拉第旋转器,它也能使垂直线极化旋转 45°,故 4 处为 +45°或 −45°线极化波。第三个固定圆极化器,它的四磁极磁化场相对前面两个圆极化

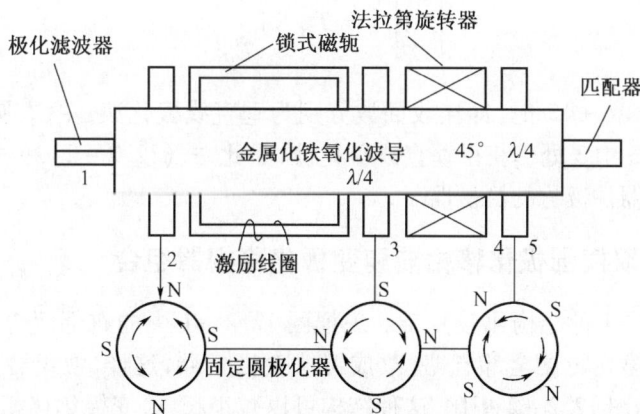

图 12.2 − 1　双模变极化移相器(一)

器旋转了 45°,所以具有变极化的功能。如果 45°旋转场的电源为零,便使 5 处分别得到垂直极化波,左、右圆极化波输出。

为了把图 12.2 - 1 的原理分析得更加清晰,现采用极化变换矩阵进行分析。图12.2 - 1中的 3 处之前始终工作为垂直极化波,所以着重分析 4、5 处如何起到变极化功能的。

图 12.2 - 1 中的 3、4、5 处极化变换矩阵为

$$T = T_{x'-x} \cdot T_N \cdot T_{x'-x} \cdot T_{FR} = \begin{bmatrix} \exp(-j45°)\cos\theta & \exp(-j45°)\sin\theta \\ -\exp(j45°)\sin\theta & \exp(j45°)\cos\theta \end{bmatrix}$$

$$(12.2 - 1)$$

当图 12.2 - 1 中的 3 处输入垂直极化波时,整个变极化输出为

$$\begin{bmatrix} E_x \\ E_y \end{bmatrix} = T \cdot \begin{bmatrix} 0 \\ 1 \end{bmatrix} = \begin{bmatrix} \exp(-j45°)\sin\theta \\ \exp(j45°)\cos\theta \end{bmatrix} \qquad (12.2 - 2)$$

从式(12.2 - 2)得出,当法拉第旋转角 $\theta = 0°$、$\pm45°$时,分别获得垂直极化波,左、右圆极化波输出。同样,图 12.2 - 1 中的 5 处接收返回波的反向传输极化变换矩阵为

$$T_{接} = T_{FR} \cdot T_{x-x'} \cdot T_N \cdot T_{x-x'} = \begin{bmatrix} \exp(j45°)\cos\theta & \exp(-j45°)\sin\theta \\ \exp(j45°)\sin\theta & \exp(-j45°)\cos\theta \end{bmatrix}$$

$$(12.2 - 3)$$

根据式(12.2 - 3),则有

$$\begin{bmatrix} E_x \\ E_y \end{bmatrix}_{接} = T_{接} \cdot \begin{bmatrix} E_x \\ E_y \end{bmatrix}_{入} \qquad (12.2 - 4)$$

因此,当 $\theta = 0°$、$\pm45°$时,即接收回波分别为垂直线极化波,左、右圆极化波时,在图 12.2 - 3 中 3 处仍获得垂直线极化波,因此,式(12.2 - 2)和式(12.2 - 4)均证明了此器件极化的倒易性。

12.2 - 2 双模圆极化移相器和变极化移相器组合

图 12.2 - 1 的结构比较复杂。现把图 12.2 - 1 中的右部两个固定圆极化器,45°法拉第旋转器全部省略,改成锁式变极化器,这样,便组合成简单的图 12.2 - 1。与图 12.2 - 2 相比,这种结构可以减小长度,变极化移相器的移相量仍由移相段来控制,极化控制靠变极化器来实现,移相器仍在同一铁氧体方

（圆）棒上。

为了叙述清楚起见,对图 12.2－2 和图 12.2－1 中所示器件的功能是否一样,仍用极化变换矩阵来分析。

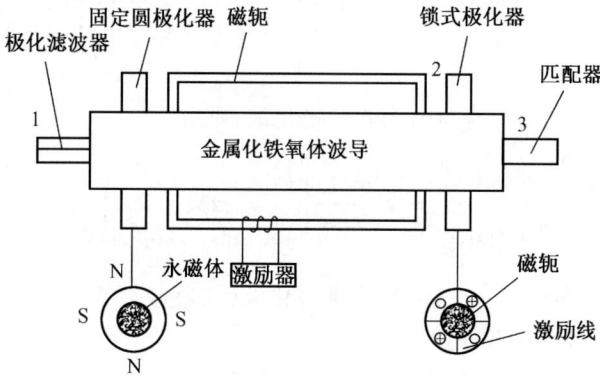

图 12.2－2　双模变极化移相器(二)

1. 发射波极化变换矩阵 $T_发$

$$T_发 = T_\phi T_N = \frac{1}{\sqrt{2}} \begin{bmatrix} \exp(j\phi) & j\exp(-j\phi) \\ j\exp(j\phi) & \exp(-j\phi) \end{bmatrix} \quad (12.2-5)$$

式中

$$T_\phi = \begin{bmatrix} \cos\phi & \sin\phi \\ -\sin\phi & \cos\phi \end{bmatrix}$$

根据式(12.2－5),若图 12.2－1 中 1 处输入 $\begin{bmatrix} 0 \\ 1 \end{bmatrix}$ 波,则有

$$\begin{bmatrix} E_x \\ E_y \end{bmatrix}_发 = T_发 \cdot \begin{bmatrix} 0 \\ 1 \end{bmatrix} = \frac{j\exp(-j\phi)}{\sqrt{2}} \begin{bmatrix} 1 \\ -j \end{bmatrix} \quad (12.2-6)$$

式(12.2－6)为发射输出左圆极化波。

2. 接收极化变换矩阵

$$T_接 = T_N \cdot T_\phi^{-1} = \frac{1}{\sqrt{2}} \begin{bmatrix} \exp(-j\phi) & -j\exp(-j\phi) \\ -j\exp(j\phi) & \exp(j\phi) \end{bmatrix} \quad (12.2-7)$$

式中

$$T^{-1} = \begin{bmatrix} \cos\phi & -\sin\phi \\ \sin\phi & \cos\phi \end{bmatrix}$$

若从图 12.2 − 1 中的右端处接收左圆极化波 $\begin{bmatrix} 0 \\ j \end{bmatrix}$ 则有

$$\begin{bmatrix} E_x \\ E_y \end{bmatrix}_{接} = \boldsymbol{T} \cdot \frac{1}{\sqrt{2}} \begin{bmatrix} 1 \\ j \end{bmatrix} = -\,\mathrm{jexp}(\mathrm{j}\phi)\begin{bmatrix} 0 \\ 1 \end{bmatrix} \qquad (12.2 - 8)$$

返回仍为垂直极化波。若返回为右圆极化波,则有

$$\begin{bmatrix} E_x \\ E_y \end{bmatrix}_{接收} = \boldsymbol{T} \cdot \frac{1}{\sqrt{2}} \begin{bmatrix} 1 \\ j \end{bmatrix} = \exp(-\,\mathrm{j}\phi)\begin{bmatrix} 1 \\ 0 \end{bmatrix} \qquad (12.2 - 9)$$

从式(12.2 − 9)中看出,接收返回水平极化波(被吸收掉)。

3. 快速变极化矩阵 $\boldsymbol{T}_变$

图 12.2 − 2 中的 2→3 处为变极化器,其极化变换矩阵为

$$\boldsymbol{T}_变 = \begin{bmatrix} \cos\theta_N & \mathrm{j}\sin\theta_N \\ \mathrm{j}\sin\theta_N & \cos\theta_N \end{bmatrix} \qquad (12.2 - 10)$$

当 $\theta_N = 0°$, $\pm 45°$, $90°$ 或任意值时,根据

$$\begin{bmatrix} E_x \\ E_y \end{bmatrix}_出 = \boldsymbol{T}_变 \cdot \begin{bmatrix} E_x \\ E_y \end{bmatrix}_入$$

那么就输出垂直,水平,左、右圆极化波或任意极化波。现假定图 12.2 − 2 中 2 处输出为左圆极化波,则移相—变极化过程如表 12.2 − 1 所示。

表 12.2 − 1　双模变极化移相器工作特性

输入极化性质	变极化差相移 $\theta_N/(°)$	变极化矩阵	发射输出极化性质	接收极化性质
$\begin{bmatrix} 1 \\ -j \end{bmatrix}$ 左圆极化波	0	$\begin{bmatrix} 1 & 0 \\ 0 & 1 \end{bmatrix}$	$\begin{bmatrix} 1 \\ -j \end{bmatrix}$ 左圆极化波	$\begin{bmatrix} 0 \\ 1 \end{bmatrix}$ 垂直极化波
$\begin{bmatrix} 1 \\ -j \end{bmatrix}$ 左圆极化波	45	$\begin{bmatrix} 1 & j \\ 0 & j \end{bmatrix}$	$\begin{bmatrix} 1 \\ 0 \end{bmatrix}$ 水平极化波	$\begin{bmatrix} 0 \\ 1 \end{bmatrix}$ 垂直极化波
$\begin{bmatrix} 1 \\ -j \end{bmatrix}$ 左圆极化波	− 45	$\begin{bmatrix} 1 & -j \\ -j & 1 \end{bmatrix}$	$\begin{bmatrix} 0 \\ 1 \end{bmatrix}$ 垂直极化波	$\begin{bmatrix} 0 \\ 1 \end{bmatrix}$ 垂直极化波
$\begin{bmatrix} 1 \\ -j \end{bmatrix}$ 左圆极化波	90	$\begin{bmatrix} 0 & j \\ j & 0 \end{bmatrix}$	$\begin{bmatrix} 1 \\ j \end{bmatrix}$ 右圆极化波	$\begin{bmatrix} 0 \\ 1 \end{bmatrix}$ 垂直极化波

12. 2 – 3　双模移相器和互易圆极化器组合

这种移相器是提供较近作用距离的雷达使用,移相器应为互易的。为使雷达具有抗暴风雨雪的功能,它和互易圆极化器组合如图 12.2 – 3 所示。1→2 为普通双模移相器,它通过互易圆极化器只能输出右圆极化波或左圆极化波。

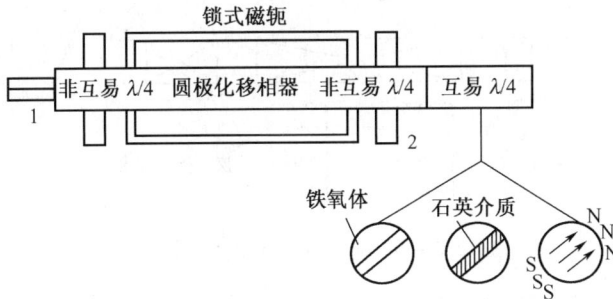

图 12.2 – 3　双模变极化移相器(三)

当互易圆极化器左端输入 $\begin{bmatrix} 0 \\ 1 \end{bmatrix}$ 时,则输出为

$$\begin{bmatrix} E_x \\ E_y \end{bmatrix}_{出} = T \cdot \begin{bmatrix} 0 \\ 1 \end{bmatrix}_{入} = A \begin{bmatrix} 1 \\ j \end{bmatrix} \qquad (12.2 – 11)$$

式(12.2 – 11)发射输出右圆极化波;当接收返回信号为右圆极化波时,则有

$$\begin{bmatrix} E_x \\ E_y \end{bmatrix}_{返回} = T \cdot \begin{bmatrix} 0 \\ j \end{bmatrix}_{返回} = A \begin{bmatrix} 1 \\ 0 \end{bmatrix} \qquad (12.2 – 12)$$

当接收返回信号为左圆极化波时,则

$$\begin{bmatrix} E_x \\ E_y \end{bmatrix}_{返回} = T \cdot \begin{bmatrix} 1 \\ j \end{bmatrix} = A \begin{bmatrix} 0 \\ 1 \end{bmatrix} \qquad (12.2 – 13)$$

式(12.2 – 12)和式(12.2 – 13)分别为互易圆极化器左端输出水平极化波、垂直极化波。这种结果和图 12.2 – 3 极化图一致。

12. 2 – 4　旋转场移相变极化移相器

这种移相器的结构如图 12.2 – 4 所示,它的特点是以旋转场高精度移相器和变极化器组合一起,形成一种多功能新器件。根据图 12.2 – 4,采用极化变换矩阵分析如下:

251

$$T = A \begin{bmatrix} \mathrm{e}^{-\mathrm{j}2\Omega t} - \mathrm{j}\mathrm{e}^{-\mathrm{j}2\Omega t} & \mathrm{e}^{\mathrm{j}2\Omega t} + \mathrm{j}\mathrm{e}^{\mathrm{j}2\Omega t} \\ \mathrm{e}^{-\mathrm{j}2\Omega t} + \mathrm{j}\mathrm{e}^{-\mathrm{j}2\Omega t} & \mathrm{e}^{\mathrm{j}2\Omega t} - \mathrm{j}\mathrm{e}^{\mathrm{j}2\Omega t} \end{bmatrix} \qquad (12.2-14)$$

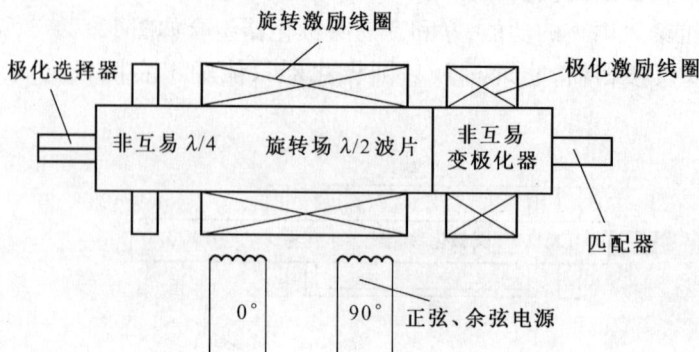

图 12.2 - 4　旋转场变极化移相器原理

式中：A 为常系数。从图 12.2 - 4 中左端输入 $\begin{bmatrix} 0 \\ 1 \end{bmatrix}$ 时，则有

$$\begin{bmatrix} E_x \\ E_y \end{bmatrix}_{\text{出}} = T \cdot \begin{bmatrix} 0 \\ 1 \end{bmatrix}_{\text{入}} = A \begin{bmatrix} \mathrm{e}^{\mathrm{j}2\Omega t} + \mathrm{j}\mathrm{e}^{\mathrm{j}2\Omega t} \\ \mathrm{e}^{\mathrm{j}2\Omega t} - \mathrm{j}\mathrm{e}^{\mathrm{j}2\Omega t} \end{bmatrix} \qquad (12.2-15)$$

当 $\Omega t = 45°, 90°, \cdots$ 时，分别代入式(12.2 - 15)中，则有

$$\begin{bmatrix} E_x \\ E_y \end{bmatrix}_{\text{出}} = T \cdot \begin{bmatrix} 0 \\ 1 \end{bmatrix}_{\text{入}} = A(\mathrm{j} - 1) \begin{bmatrix} 1 \\ -\mathrm{j} \end{bmatrix} \qquad (12.2-16)$$

式(12.2 - 16)为 $\lambda/2$ 波片输出是左圆极化波。若接收返回信号为左圆极化波 $\begin{bmatrix} 1 \\ \mathrm{j} \end{bmatrix}$ 时，则有

$$\begin{bmatrix} E_x \\ E_y \end{bmatrix}_{\text{返回}} = T \cdot \begin{bmatrix} 1 \\ -\mathrm{j} \end{bmatrix} = A \begin{bmatrix} 0 \\ 1 \end{bmatrix} \qquad (12.2-17)$$

式(12.2 - 17)为垂直极化波。输出变极化波的讨论同表 12.2 - 1 所示。从上述分析得出，发射左圆极化波，接收仍是左圆极化波，若回波信号是右圆极化波；则回波信号到水平端被吸收掉。

12.3　相控阵天线的极化控制组合类型

除上述所讨论的几种双模移相器和变极化器组合外，这里根据相控阵天线辐射单元的相位和辐度及极化角度的控制,再介绍几种移相变极化组合类型。

12.3－1 双模移相器和开关非互易圆极化器组合

由图12.3－1(a)所示,该器件由两个非互易圆极化器,一个法拉第旋转器,一个磁旋转非互易圆极化器等级联组成。其中法拉第旋转器和磁旋转非互易圆极化器的控制线圈由一个电驱动器激励。进入该器件的线极化波通过圆极化器后被转换为圆极化波。随着电磁波穿过该器件中的法拉第旋转器,电磁波相位被改变。而碰到下一个圆极化器则将圆极化波变回线极化波。辐射的线极化角度可以通过改变磁旋转非互易圆极化器主轴的指向来控制。产生互易相移的技术类似于双模移相器所采用的技术,而旋转则是通过旋转偏转场产生的,旋转偏转场的方式与旋转场移相器所采用的方法相似。相移和旋转由一个器件而不是多个器件完成,这正是它低插入损耗,尺寸小,重量轻的原因。可变的非互易圆极化器可用于控制圆极化指向(指左旋或右旋)和线极化的角度。这些器件可以组合构成一个输入极化可选择的阵列单元。12.3－1示意了这一种器件。它能由单一线极化输入获得水平、垂直和两种旋向的圆极化。图中没有标示模式抑制器和不想要的极化衰减器。输入极化通过串联的非互易圆极化器,法拉第旋转器,可变换的圆极化器,互易圆极化器和天线馈入。

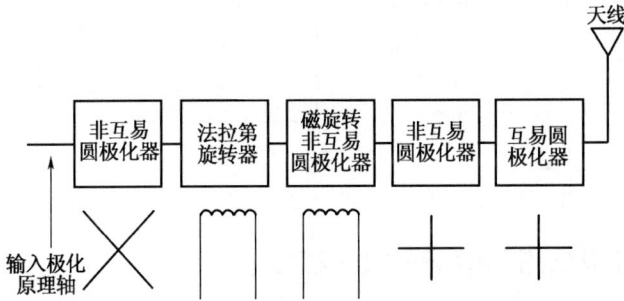

（a）可开关极化方向图

极化 选择	传播 方向	非互易圆 极化器	法拉第 旋转器	磁旋转非互 易圆极化器	非互易圆 极化器	互易圆 极化器	辐射极化
水平 极化波	→	↑ ⌒	⌒	→	→	→	→
	←	↑ ⌒	⌒	→	→	→	→
垂直 极化波	→	⌒	⌒	↑	↑	↑	↑
	←	⌒	⌒	↑	↑	↑	↑
圆极 化波	→	↑ ⌒	⌒	⌒	↗	⌒	⌒
	←	↑ ⌒	⌒	⌒	↙	⌒	⌒

（b）极化工作图

图12.3－1 组合型移相变极化工作示意图

12.3 – 2 双模移相器和旋转非互易圆极化器组合

旋转场器件由铁氧体材料完全填充的圆波导组成,横向四磁极场由上面开槽的定子提供。定子上交错缠绕两组线圈,磁极场以及器件主轴的指向由加在线圈上的电流幅度关系来确定。采用这一概念的可旋转类似于一个旋转场铁氧体移相器(是一个可旋转的 $\lambda/2$ 波片)的中间部分。可旋转非互易圆极化器可以和一个非互易圆极化器以及一个法拉第旋转器组合做成一个极化可控的双模移相器,移相原理就是双模移相器极化控制技术,即是可旋转场移相器的极化控制技术。可旋转非互易圆极化器为非互易圆极化器提供双模相移,而可旋转四磁极场可提供极化控制。12.3 – 2(a)为该器件示意图;12.3 – 2(b)为极化表。这种器件的优点包括:操作可互易,简单的微波结构,以及和非互易移相器组合法拉第旋转器相比更小的插入损耗。

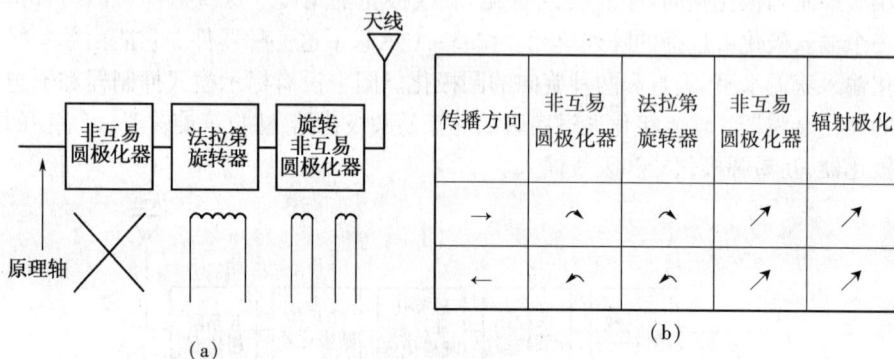

图 12.3 – 2 组合型移相器可旋转变极化工作示意图

12.3 – 3 变极化器和横场多极化移相器组合

图 12.3 – 3 为组合的结构图,这两种元件可设计在一根铁氧体棒上,其结构简单,速度快,并能多种极化工作,当阵列馈源输出线极化波时,通过变极化器后又转换至多极化移相器。这种组合的多功能元件在多极化阵列应用时是较好的方案,其输入馈源不需要高功率变极化器,简化了馈源元件。

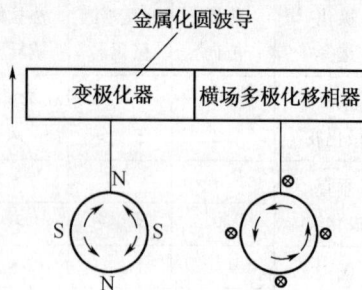

图 12.3 – 3 变极化器和横场多极化移相器组合结构

12.3 – 4 双通道双模移相器

双通道双模移相器如图 12.3 – 4 所示,它由左右两个膜片极化器和两个并联的双

模移相器(图中斜线部分)组成,这种移
相器可做成锁式,但不必加外磁路,只要
在双模移相器铁氧体内腔加上两片铁氧
体,就变成磁回路。

当水平(或垂直)极化波通过图
12.3 - 4 左边的膜片极化器时,能量分
成上下两路进入两个双模移相器,其两
头各有两个非互易 $\lambda/4$ 波片,由于上下
波片磁化方向相反,而中部纵向磁化的
方向也相反,所以上下移相器的相移量
相等,两路信号再通过右端的膜片极化

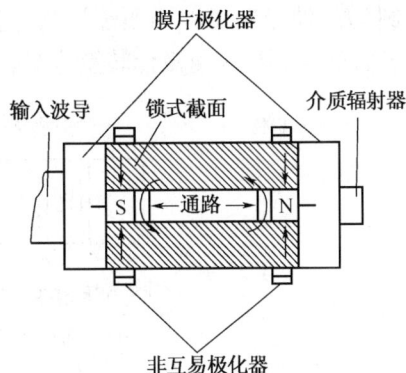

图 12.3 - 4　双通道双模移相器

器输出,输出端出现的是移相后的水平(或垂直)极化波,这种移相器对垂直和
水平极化呈现相同移相量,所以它是一种多极化移相器。它和所述的通过式移
相器结构不同,该种移相器由两个串联的正、负圆极化相移段构成,相移量为正、
负圆极化相移的差值,相移量较小,而双通道双模移相器的相移量的变化完全取
决于正、负圆极化相移之和,故相移量大于前者,优值也大。国外把这种移相器
称为双极化移相器。必须指出,每种极化(水平或垂直)在上下两个通道中都是
共同存在的,并没有把它们分离开来,仅在第二个膜片极化器输出端才把它们分
离开。

膜片极化器是一个四端口波导器件,阶梯隔片位于方波导正中,并将其分成
两个矩波导,如果在矩波导每个端口激励 TE_{10} 波,在方波导一端口将形成圆极
化信号;如果在矩波导另一端口同样激励 TE_{10} 波,方波导输出端将导致相反的
圆极化信号,膜片极化器的工作原理将进行解释,如果在方波导输入端口激励电
场平行隔片,在矩波导端口信号将变为偶模信号,其相位矢量为相反方向;若电
场垂直于隔片,矩波导两个端口将变为奇模信号,相位矢量在矩波导截面为相同
方向。如果上述两种电场分量信号同时激励,并振幅相同,相位差为 0° 或 180°,
那么,在矩波导一个端口均为双极化移相器,其工作原理是利用膜片极化器和铁
氧体棒与膜片极化器之间的介质变换器。

12.3 - 5　矩波导非互易移相器和变极化器组合

在实际应用中,矩波导非互易移相器具有优良的特性,即插入损耗小,开关
速度快,一般为 $10\mu s$ 左右,并能承受较高的峰值和平均功率容量,但它只能线极
化工作。

为适应电子战和抗自然气象干扰,扩大移相变极化器应用,将它与双模快速
变极化器组合,成为新型的多功能移相单元。两种元件组合关键解决充满铁氧

体圆（方）波导和矩波导匹配问题，图12.3－5为这3种形式的结构，其特点保持各自的优质和快速极化转换速度。

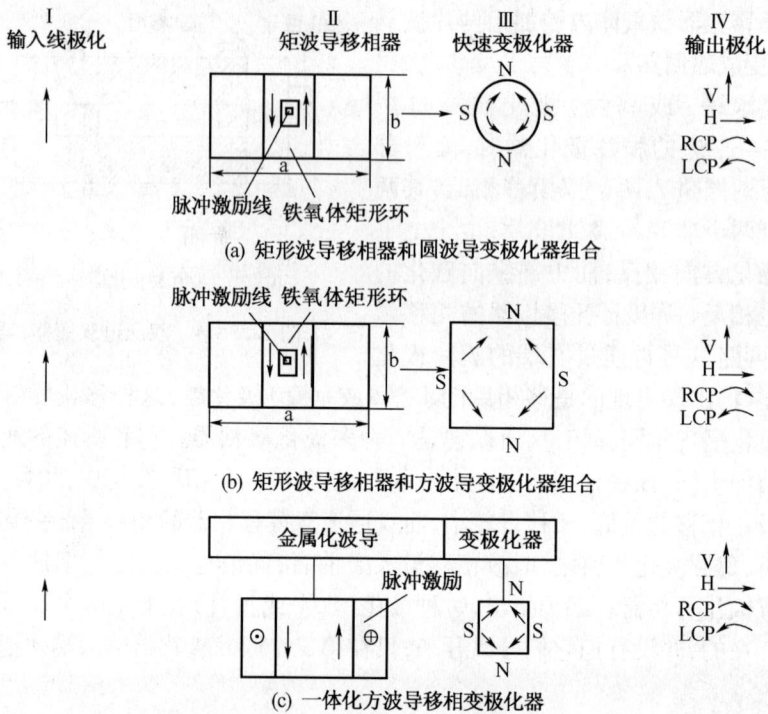

(a) 矩形波导移相器和圆波导变极化器组合

(b) 矩形波导移相器和方波导变极化器组合

(c) 一体化方波导移相变极化器

图 12.3－5　矩形波导移相变极化器

V—垂直极化波；H—水平极化波；RCP—右圆极化；LCP—左圆极化。

12.4　相控阵铁氧体移相极化器组件

　　如前所述对移相器的研发已有近40年历史，海湾战争以前，仅对非互易移相器和双模互易移相器进行研究工作，重点在器件的机理方面研究，真正向工程化应用发展还是在20世纪90年代初开始。爱国者相控阵雷达的威力，对快速目标的搜索、跟踪、检测和成功地拦截，铁氧体移相器在雷达中的应用起到不可估量的作用。此后，随着中国发展新型雷达设备战略方针的调整，大力发展自己相控雷达体制迫在眼前，各种用途的相控阵，包括陆、海、空的相控雷达应运而生。根据不同用途，不同波段，先后在S、C、X、Ku、Ka等波段研制了不同类型的铁氧体移相器，如矩波导非互易移相器，双模互易移相器，圆极化移相器等。从移相机理研究，结构，设计移相器电性能，相移性能一致性，可靠性和检测手段现代化，已达到国际水平，这些器件的研制成功意义十分重大。

12.4-1 铁氧体全极化移相器

从雷达发展的角度看,这种移相器很有希望。综上所述,相控阵雷达体制的发展,促进了铁氧体移相器的发展,在中国相控阵体制真正受到重视还是90年代开始。近20年来,铁氧体移相器的研制飞速发展,国际上对极化雷达的发展非常关注,它在极化识别目标技术中,起到了重要作用。在这一背景下,变极化的研究,最早仅是几种极化变化,这里所研究的移相变极化技术之一是全极化移相器,从天线扫描角度看,目前的二维电扫视方位、俯仰两维扫描,那么三维扫描的概念就是方位、俯仰、极化的三维扫描。可扫描技术将进一步扩大雷达波获得信息的能力。铁氧体全极化器必须是铁氧体移相器和全极化器的结合,图12.4-1为全极化移相器原理结构,它是一个简单、功能齐全、控制方便有效的方案。

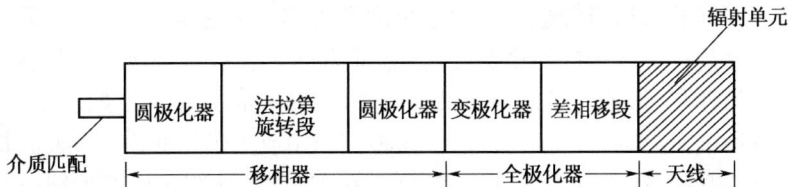

图 12.4-1 全极化移相器原理结构

12.4-2 铁氧体全极化器组件

图12.4-2为单通道铁氧体全极化器组件结构,变极化器(V),差相移器(φ),采用充满金属化铁氧体圆棒或方棒波导,快速转换磁回路,为方便前端放大链连接,输入/输出采用微带环行器,微带→矩波导过渡传输线,天线辐射单元(多层不同介电常数组合),锁式极化激励源及相移激励电源等组成。

如图12.4-2所示,当左端输入微带环行器,并变换矩波导垂直极化信号或水平极化信号,右端则可获得全极化波经天线辐射至空间,图12.4-2对极化具有互易特性,因此,可作收发共用。

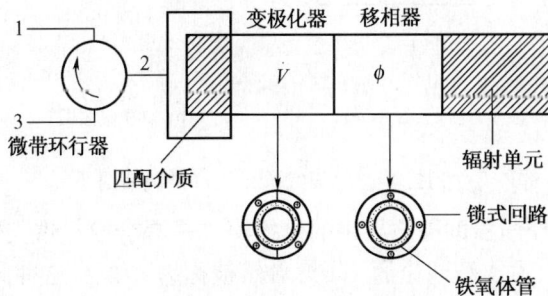

图 12.4-2 单通道铁氧体全极化器组件结构

图 12.4 - 2 与双通道组合的极化器比较,具有结构简单,设计制作成本低,体积小,重量轻,可任意极化功能。它在今后新型相控阵全波段(雷达和卫星通信)应用中,具有竞争的潜在优势。

12.4 - 3　组合天线单元

在相控阵系统中应用,移相器通常设计成组合的天线单元。在双模移相器中,天线口径的最自然的选择是圆波导的开口端,实用的双模移相器通常选用压缩尺寸的圆波导口径,其方法可用介质均匀填充或用小半径的介质杆进行中心加载。压缩口径尺寸使天线单元在 E 面和 H 面上产生宽波束方向图。此外,在相控阵单元之间的间距一般等于或小于 $\lambda_0/2$,以避免在视区内出现栅瓣。

在相控阵环境中,由每个辐射单元有源阻抗(辐射电阻)与紧靠地平面的单元是极不相同的。该有源阻抗与扫描角度和工作频率有关,带有组合天线单元的移相器必须接上匹配的转换器使这有源阻抗与填充铁氧体圆波导的移相段匹配。为设计匹配段,我们必须选择扫描条件,在频率范围内所希望的匹配是在整个扫描范围内具有最好的匹配性能。这种扫描角或更确切些说是在此扫描时由入射单元有功阻抗,必须由设计者来确定,在本节中,介绍这两类天线单元和相应匹配段的设计概况。

1. 带有匹配转换器的部分介质加载圆波导口径天线

图 12.4 - 3(a)画出了匹配转换器与相移段相联的天线单元。部分填充介质的圆波导段的开口端形成了天线口径(图 12.4 - 3(b))。

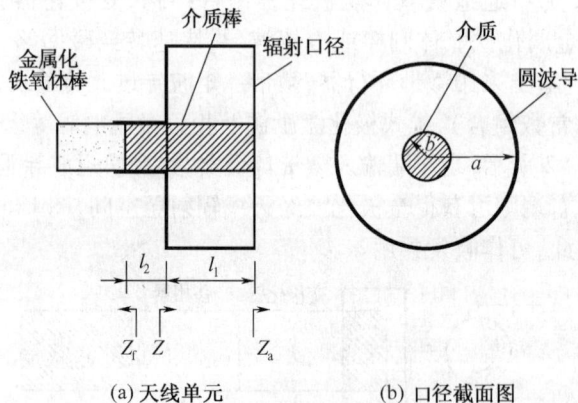

(a) 天线单元　　　　(b) 口径截面图

图 12.4 - 3　天线单元与口径截面图

中心负载有介质棒的圆波导中的传播模式是混合模。占支配地位的 TE 模自然被称为 H 模,占支配地位的 TM 模自然被称为 E 模。这种圆柱波导段的设计需有主模(H_{11}模)传播常数方面的知识。为确保在所希望的频率范围内仅有主模传播,选择直径 $2a$ 和 $2b$ 圆棒的相对介电常数 ε_{rd} 使得高次模处于截止状态。

在相控阵环境中,由天线口径有功阻抗 Z_a 一般是一个复量。为使此阻抗与填充铁氧体波导的实数波阻抗 Z_f 相匹配,可应用如图 12.4 – 3 所示的两级转换。转换器由天线单元部分(长为 l_1)和与填充铁氧体波导直径相同的全充满介质的圆波导部分(长为 l_2)组成。

图 12.4 – 4 画出了 C 波段天线单元的典型理论 E 面和 H 面辐射波瓣图。参数选为 $2a = 28\text{mm}$,$2b = 11\text{mm}$,$\varepsilon_{rd} = 10$。波瓣图十分宽,在 E 面波束宽度约为 $120°$,在 H 面波束宽度约为 $80°$。

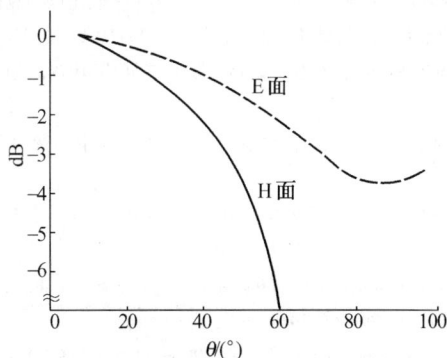

图 12.4 – 4　部分填有介质的圆波导口径的理论 E 面和 H 面辐射
波瓣图(天线口径)

2. 带有匹配转换器的介质填充圆口径天线

全填充介质圆波导口径天线与部分填充圆口径相比,优点在于对给定波束宽度,其天线口径能进一步减小。但口径尺寸的减小是以增大口径阻抗为代价的,这将会导致与移相段的阻抗匹配更加困难。如对于口径直径为 20mm 的 C 波段天线单元,其有功阻抗与直径为 11mm 铁氧体加载波导(相移段)的阻抗之比约为 15∶1。匹配这样大阻抗比的有效手段是利用具有双调谐带通滤波器响应的匹配网络。

第 4 编参考文献

[1] 魏克珠.双模变极化移相器.电子学报,1987(4):124 – 127.

[2] 魏克珠.李士根,蒋仁培.微波铁氧体新器件.北京:国防工业出版社.1995.

[3] 周天治.降低双模铁氧体移相器的激励功率.北京:雷达新技术(上),雷达论文集,1988,10,12 – 48.

[4] M I 斯科尔尼克.雷达手册第五分册.北京:国防工业出版社,1974:45 – 53.

第
4
编

铁
氧
体
移
相
器
技
术

[5] 魏克珠. 极化不灵敏移相器发展和应用. 电子工程信息,1996,6,21 - 23.

[6] 魏克珠,胡岚. C 波段多极化移相器. 第九届全国微波磁学会议论文,1998,3,30 - 32.

[7] 徐茂忠. X 波段移相器用微波铁氧体材料的制备. 现代雷达,1999,8(4):90 - 95.

[8] 魏克珠,翁浙巍. 双模变极化移相器. 现代雷达,1987(1):93 - 99.

[9] 王会宗. 微波铁氧体及器件现状与发展. 第九届全国微波磁学会议论文集,1998,3,6 - 11.

[10] 胡雪梅. 相控阵用铁氧体天线单元综合性能探讨. 第九届全国微波磁学会议论文集,1998,3. 120 - 125.

[11] 董亲森. 旋转场铁氧体模拟双工移相器理论分析. 第七届全国微波磁学会议论文集,1994,3, 209 - 221.

[12] 徐继东. 旋转场移相器耦合波分段及互易性能讨论. 现代雷达,1993,8(4):73 - 83.

[13] 罗会安,徐茂忠,魏克珠. 高功率旋转场双工移相器. 第十一届全国微波磁学会议论文集. 2002,5.

[14] 罗会安,朱兆麒. 高功率双工旋转场移相器. 现代雷达,2004,11 月(11):62 - 64.

[15] 邱菊,付红波,李小靖. 旋转场移相器研制. 第十三届全国微波磁学会议论文集. 2006,11, 151 - 153.

[16] 高昌杰. 圆极化铁氧体移相器微波性能仿真分析. 第十三届全国微波磁学会议论文集. 2006,11, 148 - 150.

[17] 蒋微波. 相控阵雷达中的多晶微波铁氧体材料及器件. 第十一届全国微波磁学会议论文集. 2002, 5,31 - 34.

[18] 微波和毫米波移相器(Microwave and millimeter wave pnase shifter-shibank. koul Bnarath Bnat. Artech House. Bost. London. isBNo - 89006 - 3919 - 2).

[19] C R Boyd. A Dual-mode latching reciprocal ferrite Phase Shifter. IEEE Trans. On Microwave Theory and Techniques 1970,MTT - 18,1119 - 1124.

[20] R G Roberts. An X-band Reciprocal Latching Farady-rotation Phase Shifter. G-MTT1970 International Microwave Symposium Digest,341 - 350.

[21] C R Boyd. An Accurate Analog Ferrite Phase Shifter. 1971 IEEE GMTT International Microwave Symposium,104 - 105.

[22] M C Mohr,S Monaghan. Circularly-polarized Phase Shifter for Use in Phased Array Antennas. TEEE Tans. on MTT 1966,672 - 683.

[23] D Davis Ecat. A New Type of Circulary Polarize Antenna Element. 1967 Internationpnal Antenna and Propag,Symposium,26 - 29.

[24] N B Sultan. Generalized Theory of Waveguide Differential Phase,Sections and Application Over Ferrite Devices. IEEE Trans. Microwave Theory Tech,MTT - 19,April 1971,348 - 357.

[25] J Greet. Microwwave Characterization of Partially Magnetized Ferrite. IEEE Trans. On Microwave Theory and Tech. ,MTT - 22,1974,641 - 644.

[26] C R Boyd. Microwave Reciprocal Lathing Ferrite Phase Shifter,ECOM-MTTS International Microwave Symoposium,338 - 340.

[27] E W Matthews. Variable Power Divederson Satellite Systems. 1976 IEEE MTT-S International Microwave Symposlum,338 - 340.

[28] C R Boyd. Progress in Ferrite Phase Shifter,IRSI 83 Proceedings.

[29] C R Boyd. Accuracy Study for a Moderate Production Quantity of Reciprocal Ferrite Phase Shifter. 1979 IEEE MTT-S International Microwaves Symposium Digest 370 - 372.

［30］ C R Boyd. Analog Rotary-Field Ferrite Phase Shifter. Microwave Journal, December 1977, 41 – 43.

［31］ ADA 111583, 1982, 39 – 42.

［32］ Poarization control element for phased array antennas, United States Patent 4. 443. 800, Apr. 17, 1989.

［33］ S P Williams, L E Corey. Polarization Characteristics of Phased Array Antennas Using Circulariy-Polarized Dual-Mode Ferrite Phase Shifter. Sixth International Conterencd on Antennas and Prooagation(ICAPBA), 1989, 4, 4 – 7.

［34］ Wei kezhu. A Dual-Mode Variable Polarization Phase Shifter. 1990 IEEE MTT-S Intermational Microwave Symposlum Dallsa, Texas, USA.

［35］ W E Hord, C R Boyd. Simutaneous Dual-Mode Latching Ferrite Phace Shifter. 1986IEEE MTT-S Digest, 729 – 730.

［36］ R Boyd Jr. Dnplexing Ferrite Reciprocal Phase Shifter. 2005 IEEE MTT-S International Microwave Symposium 348 – 350.

［37］ A Guspriand, C R Boyd. Microwave Reciprocal Latching Ferrite Phase Shifter AD744995 June 1972.

第5编 铁氧体其他器件及应用

第13章 双模调制器

13.1 旋转场调制器

现代单脉冲雷达系统中,需要3个接收通道、一个和通道、两个差通道(图 13.1-1)。在单通道、单脉冲系统中是通过旋转调制器,将方位误差信号 ΔA 和俯仰误差信号 ΔE 分别作为水平和垂直信号加到双模调制器中进行正弦、余弦调制,再同和信号相加。3路信号合并成两路,可省去一只高放,使电路稳定可靠。接收得到目标全部角误差信号,在和差分离网络中分出以后,通过解调装置,利用正弦、余弦解调制把它分离成 ΔA 和 ΔE。此误差信号 ΔA 和 ΔE 可分别控制天线的方位或俯仰运动。

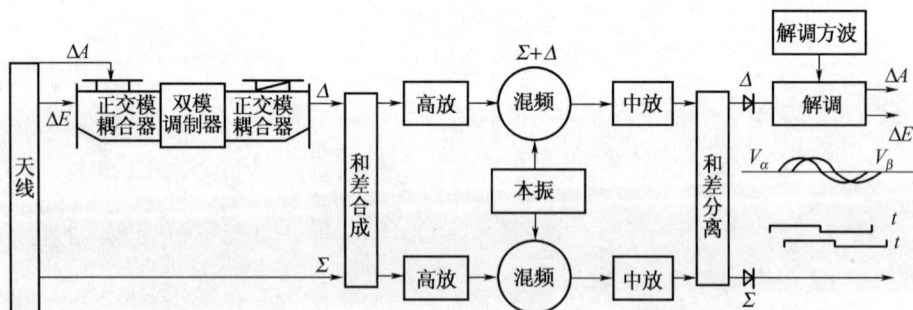

图 13.1-1 双模调制器在单脉冲测量雷达和差通道合并技术中的应用

高频馈线系统所用的单脉冲调制器,过去大都采用机械旋转式的方案,对单脉冲天线接收方位差信号和俯仰角差信号分别作正弦和余弦调制;也可用铁氧体锁式开关和开关调制器来实现。而用铁氧体旋转场调制器代替,其优点是体积小、重量轻、结构简单,并能得到快速连续调制的优点。

13.1 –1　四磁极旋转磁化场的形成

我们只描述双相四磁极旋转磁化场的激励原理,在实际设计中必须考虑到磁极的分布均匀,以便四磁极磁化场均匀旋转,图 13.1 –2 为四磁极旋转磁化场定子结构和绕组示意图。圆柱铁氧体放在定子中央,其周围有 16 穿线孔和 16 个磁极交错排列,如图 13.1 –2(a)所示。图 13.1 –2(b)为 A 绕组的布线方式,其中 1、5、9、13 号孔无绕线;2、4、6、8、10、12、14、16 号孔的匝数为 $\sqrt{2}$;3,7,11,15 号孔的匝数为 2($\sqrt{2}$ 和 2 是指相对数)。图 13.1 –2(c)为 B 绕组的布线方式,此处不再一一说明。图中箭头表示线圈的电流方向。当 A 绕组和 B 绕组分别通过电流

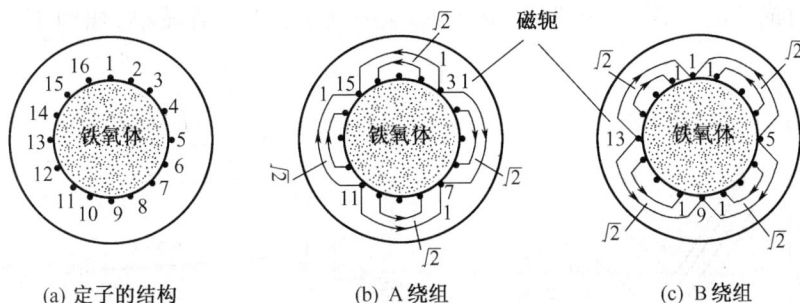

(a) 定子的结构　　　　(b) A 绕组　　　　(c) B 绕组

图 13.1 –2　定子结构和绕组

$$I_A = \frac{I_0}{2}\cos\Omega t, \ I_B = \frac{I_0}{2}\sin\Omega t$$

则第 k 个孔的电流 I_k 为 A、B 两绕组的电流叠加

$$I_k = I_0\sin[\Omega t - (k-1)\pi/4] \qquad (13.1-1)$$

从式(13.1 –1)可知,相邻两孔的电流相位差 π/4,空间方位差为 π/8,此时形成旋转频率为 $\Omega/2$ 的四磁极旋转磁化场。

13.1 –2　充满铁氧体圆波导 λ/2 波片设计

铁氧体圆波导在四磁极场型作用下奇模和偶模的耦合系数 k,其波型差相移为

$$\Delta\varphi = 2kL = 2.1\frac{k}{\mu}\frac{L}{a} \qquad (13.1-2)$$

式(13.1 –2)是理想的四磁极场型分布所得到的波型差相移公式。所谓理想的场型分布是指相当有无限多个激励点(图 13.1 –2 中只有 16 个激励点)产生的场型分布,实际情况只有 16 个点,甚至最少只有 8 个点,而且未必处在饱和磁化态。在部分磁化态下,8 个激励点和 16 个激励点的旋转半波片的长度为

$$L = 1.43a \frac{M_s}{M} \frac{1 - P^2 R(1 + k)}{P} (8\ \text{点}) \qquad (13.1 - 3a)$$

$$L = 1.5a \frac{M_s}{M} \frac{1 - P^2 R(1 + k)}{P} (16\ \text{点}) \qquad (13.1 - 3b)$$

式中:$P = rM_s/\omega$;$R = \sqrt{\dfrac{M}{M_s}\left(\dfrac{M}{M_s} - \dfrac{1}{2}\right)}$。

利用式(13.1 - 3b)可作出 16 个点源激励时旋转波片的长径比 L/a 与归一化磁化矩 P 的关系曲线,如图 13.1 - 3 所示,其饱和度 M/M_s 愈小,L/a 值愈大。

对饱和磁化而言,波型差相移 $\Delta\beta$ 随 P 值的减小而减小,如图 13.1 - 4 所示。

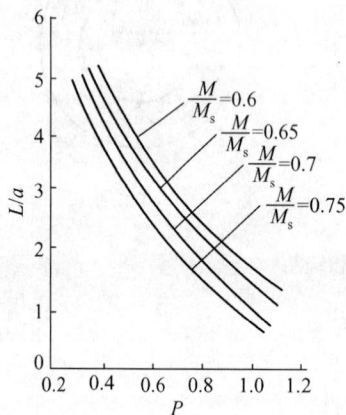

图 13.1 - 3　长径比 L/a 与
归一化磁化矩 P 的关系曲线

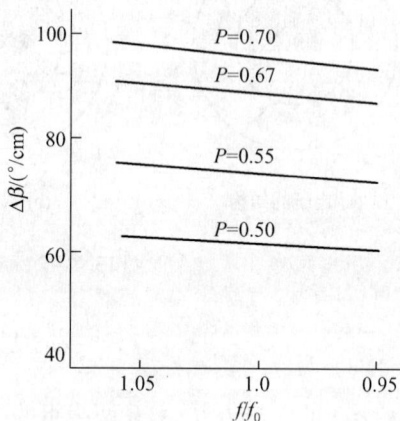

图 13.1 - 4　波型差相移 $\Delta\beta$ 与频率 f_0/f 的关系

13.1 - 3　λ/2 波片的半径设计

尽量缩小铁氧体圆柱半径 a 在设计中显得十分重要,因为它会使整个定子尺寸大大缩小。但 a 不能太小以致传输主模 H_{11} 模处于截止状态,其余模式均被截止。铁氧体圆波导在四磁极磁化下的有效磁导率为

$$\mu_e = \frac{\mu^2 - 0.51k^2}{\mu} \qquad (13.1 - 4)$$

这样,要使波片中仅有 H_{11} 奇模和 H_{11} 偶模传输,式(13.1 - 5)便是铁氧体波片半径的设计公式。当波片半径确定后,把式(13.1 - 5)改写成式(13.1 - 6a)、式(13.1 - 6b)。以表示波片的通带范围。

$$2.62a < \frac{\lambda}{\sqrt{\mu_e \varepsilon}} < 3.41a \qquad (13.1-5)$$

$$f_L = \frac{3 \times 10^{10}}{3.41a \times \sqrt{\mu_e \varepsilon}} \qquad (13.1-6a)$$

$$f_{11} = \frac{3 \times 10^{10}}{3.62a \times \sqrt{\mu_e \varepsilon}} \qquad (13.1-6b)$$

其中 μ_e 是频率 f 的函数。

13.1-4 调制器的特性

如前所述,铁氧体圆管段的圆周表面镀有一薄层金属或采用 0.25mm 厚的圆波导铜管。铁氧体管经加工后,紧密插入圆波导铜管内,以形成移相段的主体。把圆波导插进定子中,与磁极头紧密接触,磁极孔的匝数比为 $300/300\sqrt{2}$(线径 $\phi = 0.20$mm)。按图 13.1-2 方式连接后,A、B 两绕组分别接以正弦、余弦电源。

为了与标准波导连接,铁氧体管段两端分别载有陶瓷介质阻抗变换器,其基本特性如下:

1. 驻波、损耗特性

图 13.1-5 为零场下,所测量的驻波、损耗与频率关系特性。在通带范围内,获得了较小的驻波系数和插入损耗。

铁氧体旋转场调制器能承受一定的峰值功率和平均功率,在没有任何散热情况下,测量了不同射频功率时,调制器静态差相移与电流的关系如图 13.1-6 所示,其测试频率为 5.47GHz。

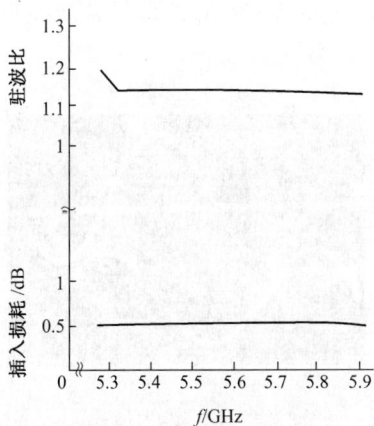

图 13.1-5 静态驻波比、
插入损耗与频率关系

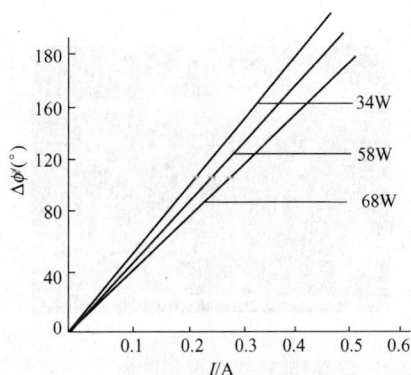

图 13.1-6 差相移与电流和功率关系

265

2. 插入相位温度灵敏度

在实际工程应用中,要求器件在退磁态起始相位的温度灵敏度小,以保证使用的精度。在室温从 20℃ 升高到 + 60℃ 时,器件中的起始相位变化要小于 0.3°/℃。如果选用温度稳定性好及低损耗的铁氧体材料,那么,插入相位温度性能就较好。

13.1 – 5 旋转场调制器的动态特性

1. 8 个点源激励的波形测试

从图 13.1 – 7 和图 13.1 – 8 明显看出,其波形失真度大,而相位正交性 90° ± 4°,它对精密测量雷达应用显然误差较大。

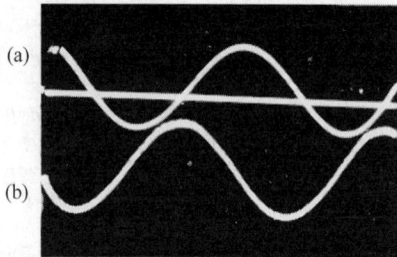

图 13.1 – 7　调制波形
（a）激励电源波形；（b）调制输出波形。

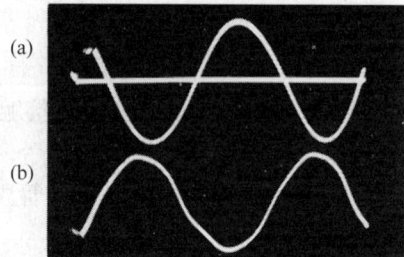

图 13.1 – 8　输出波形
（a）激励电源波形；（b）和差合成及检波输出波形。

2. 16 个点源激励的波形测试

为了改善调制输出波形,采用了图 13.1 – 2 的绕组方式,在"定子"的圆柱体内产生四磁极旋转磁场,其磁场的旋转均匀性值达 1.06,利用这种 16 磁极头的"定子"实现的调制器输出脉冲调制波形见图 13.1 – 9,和差信号合成波形见图 13.1 – 10。

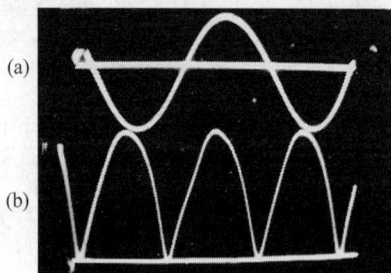

图 13.1 – 9　调制波形
（a）激励电源波形；（b）调制输出波形。

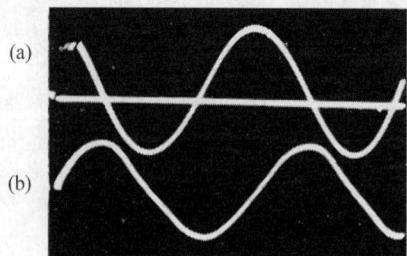

图 13.1 – 10　输出波形
（a）激励电源波形；（b）和差合成后检波输出波形。

现把 16 个点源激励和 8 个点源激励方式的调制失真度,调制度的测试结果列于表 13.1–1。

表 13.1–1　调制失真度、调制度性能比较

信号频率/GHz	调制失真度/%		调制度/%	
	16 个点源	8 个点源	16 个点源	8 个点源
5.3	3.6	10	99	98
5.4	3.4	10.5	100	100
5.5	1.8	9.5	100	100
5.6	2.8	9.5	100	100
5.7	3.2	10.5	100	100
5.8	2.0	10.5	100	100

从测试结果表明,除 8 个点源外,16 个点源调制器的动态参数均满足了精密测量雷达接收通道合并技术的要求,其方位和俯仰角的输出包络交叉耦合大于 35dB。这类调制器还可应用于机载雷达及隐蔽式圆锥扫描雷达等。

13.1–6　旋转场调制器动态温度特性

一般对微波铁氧体器件都有温度稳定性要求,因为环境温度不是恒定的。由于环境温度变化,高温(+60℃)或低温(-40℃)都能引起铁氧体器件中心频率最佳性能漂移,如旋转场调制器的调制度偏离中心工作频率。这种器件性能主要与 μ,k 有密切关系,所以在保证器件插入损耗前提下,采用高居里温度及具有温度补偿特性的钇钆锡铁氧体材料。但在全充满圆波导器件中,它的插入损耗较大,目前还不能广泛使用。在实际设计中,大都采用钇钙钒铁氧体材料,其损耗小,但其基本性能随温度变化较大,特别在低温时,调制漂移更显著,这给通道合并应用带来不利,必须采用稳定补偿的热敏电阻补偿措施。

器件温度补偿原理是,调制器的磁场通过正弦、余弦激励电源产生,在低温时,铁氧体磁化强度 M_s 上升,相移上升,所以要降低励磁电源,而高温时与此相反。我们采用了负温度系数变化的热敏电阻 R_T 串接在磁化线圈中,达到稳定相移的目的,在选用铁氧体材料温度系数较小情况下,此补偿方案是可行的。

13.2　双模 0/π 调制器

13.2–1　结构组成

单脉冲雷达接收机除应用上述旋转场调制器外,在某种场合,还常采用 0/π

调制器。组合 $0/\pi$ 调制器方法有多种。

　　环行器二极管型调相器是经典的反射型调相。图 13.2 - 1 是这类调相器的一种形式,它由一环行器和并联在微波传输线 A、B 上的开关二极管组成。在开关二极管上加调制脉冲,控制它的导通和截止,在离二极管为 L 处,将传输线短路,载频信号由环行器 1 端输入,在 2 端进入微波传输线段,经反射后,由环行器输出。环行器的作用是分离输出和输入信号。当调制脉冲使二极管导通时,传输线在 A 处被短路,载频信号在 A 处全反射。当无调制脉冲时,载频在 B 处全反射,比前一种状态,载频信号多走 $2L$ 的距离。在两种工作状态下,移相 180°,构成了 $0/\pi$ 调相器。它是以单模形式出现的,在数字微波通信中应用较多。

　　铁氧体调制器可由快速开关和 $0/\pi$ 调相器来组成,见图 13.2 - 2。快速开关的功能是选择方位差信号 ΔA 或俯仰差信号 ΔE,然后由 $0/\pi$ 移相器快速倒相,这样移相器的输出就有 $\Delta A(0/\pi)$,$\Delta E(0/\pi)$($\Delta A_0,\Delta A_\pi,\Delta E_0,\Delta E_\pi$) 4 种状态输出。再将其输出经定向耦合器与信号 Σ 合并,得到调制输出。

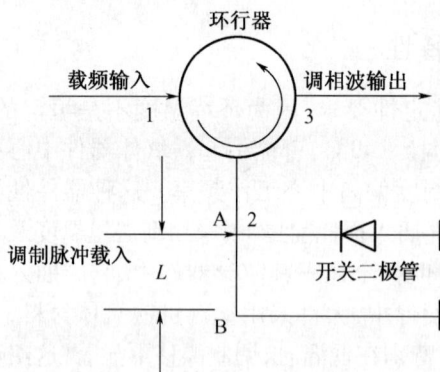

图 13.2 - 1　环行器型调相器　　　　图 13.2 - 2　铁氧体 $0/\pi$ 调制器

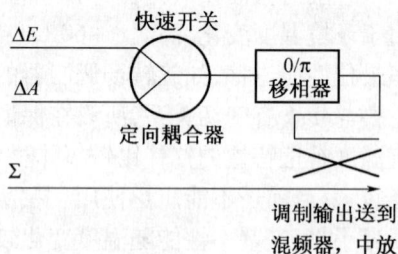

　　这里介绍的双模 $0/\pi$ 调制器同上述两种调相器不同,它是由变极化开关和快速 $0/\pi$ 调制器组合成一体的新结构。图 13.2 - 3 为双模 $0/\pi$ 调制器,在输入端 ΔA 和 ΔE 的极化相互正交,通过开关 $0/\pi$ 调制段后,ΔA,ΔE 合成一个通道交替输出。

　　图 13.2 - 4 为其调制段示意图,它由两组相互交叉 45°的四磁极绕组 A 和 B 组成。绕组 A、B 分别控制 ΔA、ΔE 极化和相位交替变化起到双模变极化的作用。

　　图 13.2 - 5 为 A、B 两绕组的控制电流波形,I_A 和 I_B 是交替导通的,其幅度 I 是使得 $kL = 90°$,当调制段在上述的电流调控下,其极化矩阵为

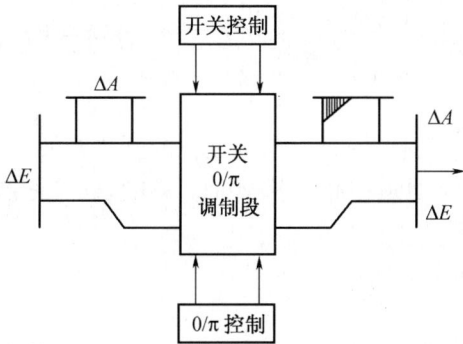

图 13.2 - 3　双模 0/π调制器　　图 13.2 - 4　开关型 0/π调制段示意图

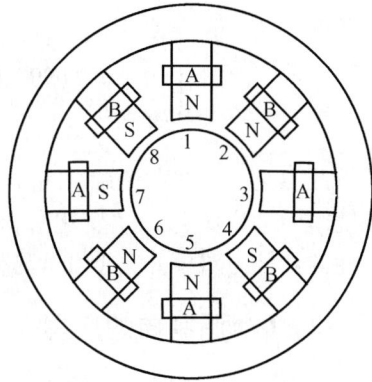

$$T(90°,\theta) = \begin{bmatrix} -\,\mathrm{j}\sin2\theta & \mathrm{j}\cos2\theta \\ \mathrm{j}\cos2\theta & \mathrm{j}\sin2\theta \end{bmatrix}$$

$$(13.2 - 1)$$

式中：$\theta = \omega_{\mathrm{H}}t$，为四磁极磁化场的方位角。

当 $I_{\mathrm{A}} = 0, I_{\mathrm{B}} = \pm I, \theta = \pm45°$ 时，极化矩阵为

$$T(90°,\ \pm45°) = \begin{bmatrix} \mp\,\mathrm{j} & 0 \\ 0 & \pm\,\mathrm{j} \end{bmatrix}$$

输出信号为

$$\begin{bmatrix} E_{2x} \\ E_{2y} \end{bmatrix} = T(90°,\ +45°) \begin{bmatrix} 0 \\ \Delta E \end{bmatrix} = \pm\,\mathrm{j} \begin{bmatrix} 0 \\ \Delta E \end{bmatrix}$$

$$(13.2 - 2)$$

当 $I_{\mathrm{B}} = 0, I_{\mathrm{A}} = \pm1, \theta = 0/90°$ 时，极化矩阵为

$$T(90°,0°/90°) = \begin{bmatrix} 0 & \mp\,\mathrm{j} \\ \pm\,\mathrm{j} & 0 \end{bmatrix}$$

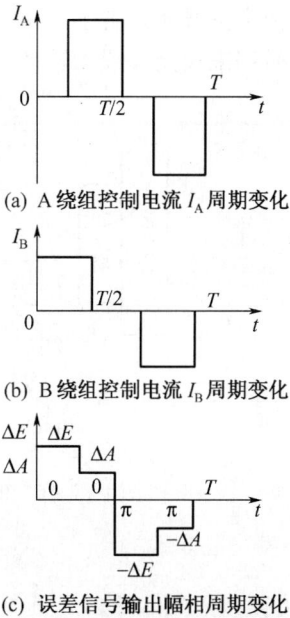

(a) A 绕组控制电流 I_{A} 周期变化

(b) B 绕组控制电流 I_{B} 周期变化

(c) 误差信号输出幅相周期变化

图 13.2 - 5　控制电流
和误差信号输出

输出信号为

$$\begin{bmatrix} E_{2x} \\ E_{2y} \end{bmatrix} = T(90°,0°/90°) \begin{bmatrix} \Delta A \\ 0 \end{bmatrix} = \pm j \begin{bmatrix} 0 \\ \Delta A \end{bmatrix} \qquad (13.2-3)$$

由此可见,当激励电流 I_A 和 I_B 相互交替变换时,产生极化的开关转换;当同一绕组中电流从 $I \leftrightarrows -I$ 变化时,相当于通道中相位从 $90° \leftrightarrows -90°$,故又称这种特性的器件为双模开关型 $0/\pi$ 调制器。

13.2-2 $0/\pi$ 调制器的应用

开关型 $0/\pi$ 调制器可应用于时分割高频系统中。从图 13.2-6 看出,假定目标的方位与俯仰误差信号为零,90°混合头是理想器件,90°混合头后两通道也平衡,则信号经90°混合头输出为零。如果 ΔE 和 ΔA 不为零,则加到相敏检波器的两个信号相差就不是90°,结果输出角跟踪误差信号导致了跟踪误差,此误差信号用来控制天线的转动。

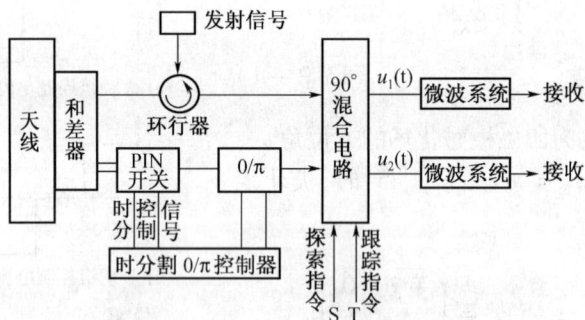

图 13.2-6   时分割控制器加90°混合通道合并原理

13.3   单边带调制器

在微波频率下,可以利用铁氧体的磁控性质,在传输线路中进行直接调制。单边带调制技术,用上边带或下边带进行通信,可以压缩信道的带宽,这和低频下进行单边带通信情况类似。

双模单边带调制器在单边带通信技术中可以很方便地把上下边带分离而进行单边带传送。用横向场和纵向场均可实现这种功能。图 13.3-1 为纵向场吸收式幅度调制器。

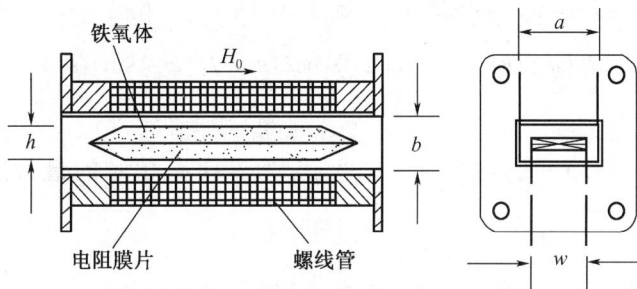

图 13.3 - 1　纵向场吸收式幅度调制器

13.3 - 1　横向场单边带调制器

横向场单边带调制器实际上是一段四磁极磁化铁氧体波导段,其场型并不旋转,只是磁化场按周期方式变化。令 $kL = \alpha\sin\Omega t$,当 E_{y_1} 输入时,则输出信号为

$$\begin{cases} E_{x_2} = \mathrm{j}\sin(\alpha\sin\Omega t)E_{y_1} \\ E_{y_2} = \cos(\alpha\sin\Omega t)E_{y_1} \end{cases}$$

式中: Ω 为调制频率。

把上式展开后得

$$\begin{cases} E_{x_2} = \mathrm{j}2[J_1(\alpha)\sin\Omega t + J_3(\alpha)\sin3\Omega t + \cdots]E_{y_1} \\ E_{y_2} = J_0(\alpha)E_{y_1} + 2[J_2(\alpha)\cos2\Omega t + j_4(\alpha)\cos4\Omega t + \cdots]E_{y_1} \end{cases}$$

$$(13.3 - 1)$$

由式(13.3 - 1)可知,垂直极化波 E_{y_1} 输入、输出波包含水平分量 E_{x_2} 和垂直分量 E_{y_2}。前者包含调制频率的奇次项频谱成分,后者包含调制频率的偶次项频谱成分,它们分别从正交模耦合器的水平口和垂直口输出。

13.3 - 2　纵向场单边带调制器

纵向场单边带调制器是用法拉第旋转段做成,当垂直极化波输入时,令 $kL = \varphi_{\mathrm{m}}\sin\Omega t$,则输出为

$$\begin{cases} E_{x_2} = \sin(\varphi_{\mathrm{m}}\sin\Omega t)E_{y_1} \\ E_{y_2} = \cos(\varphi_{\mathrm{m}}\sin\Omega t)E_{y_1} \end{cases} \qquad (13.3 - 2a)$$

把上式展开后得

$$\begin{cases} E_{x_2} = 2\big[J_1(\varphi_m)\sin\Omega t + J_3(\varphi_m)\sin3\Omega t + \cdots\big]E_{y_1} \\ E_{y_2} = J_0(\varphi_m)E_{y_1} + 2\big[J_2(\varphi_m)\cos2\Omega t + J_4(\varphi_m)\sin4\Omega t + \cdots\big]E_{y_1} \end{cases}$$

$$(13.3-2b)$$

其结果与式(13.3 − 1)相类似,这里 φ_m 为纵向磁化时的最大的法拉第旋转角。

13.4 法拉第旋转式调制器

法拉第旋转调制器结构如图 13.4 − 1 所示,它是利用法拉第旋转效应实现开关调制的。铁氧体棒置于圆波导的轴心线处,圆波导外面的线圈通电后,在铁氧体内部产生磁场 H_0,H_0 的方向和大小取决于电流的方向和大小。为了改善匹配,铁氧体两头做成圆锥形,由支架把它固定在圆波导的中心轴线处,要求支架的材料对电磁波的损耗尽量小,铁氧体本身损耗也要小。另外,铁氧体的长短、直径大小和磁化场大小要满足45°法拉第旋转角。调制过程

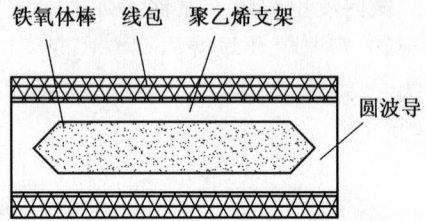

图 13.4 − 1 法拉第旋转调制器结构

见图 13.4 − 2。线圈中电流为正负方波,当正电流激励时,从天线和比较源来的信号通过调制器后,其电场矢量从 z 方向看去都反转了45°。反转后的电场矢量仍然互相垂直,其中由比较源产生的电场矢量与吸收片的方向平行,被吸收片完全吸收,而从天线来的信号能顺利地通过,因此天线输出信号。同理,当线圈中

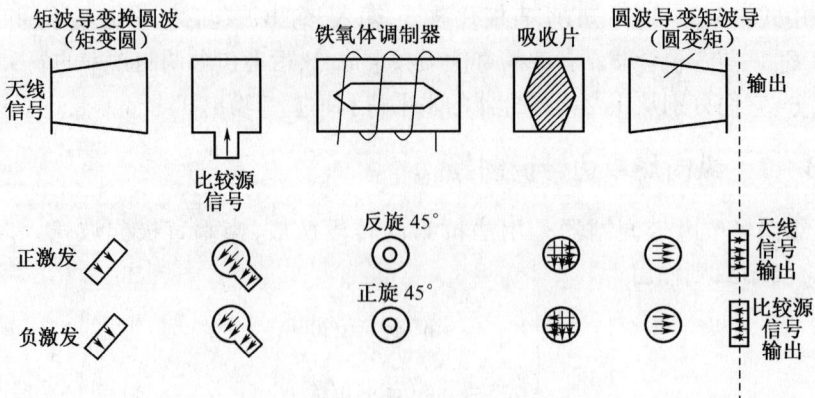

图 13.4 − 2 调制过程示意图

的负电流激励时，H_0 为 $-z$ 方向，电场矢量顺转 45°，天线信号被吸收，输出端只有比较源信号，这样在输出端便得到了天线信号和比较源信号被交替调制输出。其调制频率完全取决于调制电流的频率，在调制频率为 125Hz 时，铁氧体调制器的正向损耗为 0.5dB，饱和偏转角 45°，隔离度大于 20dB。

13.5　高功率调制器及应用

高功率铁氧体调制器用在雷达发射机与发射天线之间的波导连接处，其方框图和控制电路如图 13.5 – 1 所示。它们的主要功能是用于圆锥扫描跟踪雷达反干扰装置。铁氧体调制器两端各有一个混合波导接头，每个波导接头均有假负载，调整控制电路中的电位器使线圈产生一个偏置电流。由于交变的误差电压 E，线圈电流使未调制的发射信号引起极化旋转调制，因而使射频能量在端负载和输出天线之间进行分配。

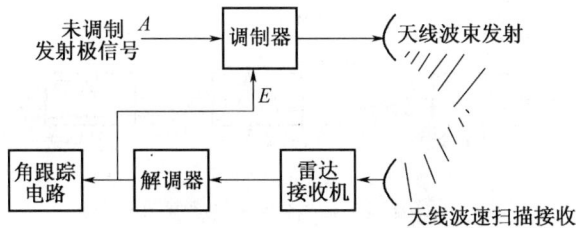

图 13.5 – 1　高功率调制器

根据回波的误差信号能量分配，铁氧体调制器使未调制的射频能量变成调制的射频能量，其调制幅度正比于目标偏离圆锥扫描天线轴产生的调制，而相位相反。未调制信号 A 通过波导加到调制器，回波误差电压 $E = k\cos\omega t$ 加到线圈电路中以调制信号 A，当极性接得适当时，将输出到天线产生 $A(1 + \cos\omega t)$ 的调制。如果目标偏离天线轴，由于圆锥扫描产生的信号为 $(1 + k\cos\omega t)$，在负反馈情况下调制电压 $k\cos\omega t$ 加到调制器，在其输出产生调幅信号 $A(1 - k\cos\omega t)$，那么从天线发射的信号为 $A(1 + k\cos\omega t)(1 - k\cos\omega t)$。

由于 $k^2\cos^2\omega t$ 是二次项，相当于谐波频率成分，对发射信号的影响很小，予以略去。使发射信号变成不受调制的载波信号 A 到达目标，未调制的载波信号 A 从目标发射回来。由于圆锥扫描接收回波信号 A 变成调幅信号 $(1 + k\cos\omega t)$，经解调，检波出包络信号，其输出直流成分用于自动增益控制，交流成分用于跟踪电路。

第 14 章　高功率铁氧体开关

14.1　铁氧体开关基本原理

微波开关可以用来控制回路中能量的流动,因此在微波系统中广泛应用,特别对宽带相控阵雷达多波束天线,它可组成开关矩阵来进行波速选定。

铁氧体开关种类较多,从传输方式来分有断开开关及转换开关。断开开关通过吸收或反射输入功率,把传输能量断开;转换开关则是把输入功率转换给两个或几个输出端的任何一个。各种开关状态如图 14.1－1 所示。

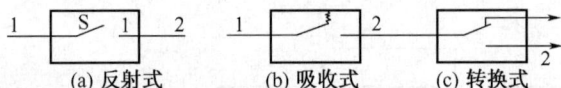

(a) 反射式　　　(b) 吸收式　　　(c) 转换式

图 14.1－1　各种开关示意图

从原理上,各种铁氧体开关所涉及的方法包括截止,法拉第旋转以及极化转换开关等。吸收式断开开关可利用改变隔离器外场方向来获得。转换开关又可分成互易及非互易两种。互易开关可采用 90°法拉第旋转式开关,横场极化开关,或互易移相器作为开关。非互易转换利用各种环行器改变磁场方向来获得。

各种铁氧体开关尽管原理不同,但有一个共同点就是需要外加变磁场,用方波电流或脉冲电流,后者就是所谓锁式开关。因为铁氧体开关是一种变动磁场器件,其性能指标除了通常的插入损耗以及隔离外,开关速度以及开关功率也很重要。

开关速度的两个主要限制是涡流及线圈感量。因为开关器件总需要波导,同轴线这类导体材料,当外加交变磁场以后,在导体中就会感应反电动势。涡流又限制了开关速度。为了减小涡流,通常采用薄膜波导,也就是在铁氧体上涂覆金属作为波导,其厚度只有相应微波频率的几个趋肤厚度。

为了估计开关功率,以串联 LR 回路为例,在线性近似条件下,则可得到

$$V = I(t)R + L\frac{\mathrm{d}I(t)}{\mathrm{d}t}$$

在电压 V 一定情况下,此式的解为

$$I(t) = \frac{V}{R}(1 - e^{-\frac{R}{L}t})$$

因此

$$\frac{\mathrm{d}I(t)}{\mathrm{d}t} = \frac{V^2}{R}e^{-\frac{R}{L}t}$$

瞬时功率

$$P(t) = \frac{V^2}{R}(1 - e^{-\frac{R}{L}t})$$

在 τ 时间内开关电路消耗的能量(开关能量)

$$W(\tau) = \int_0^\tau P(t)\mathrm{d}t = \frac{V^2}{R}\Big[\tau + \frac{L}{R}(1 - e^{-\frac{R}{L}t})\Big]$$

开关能量由两部分组成:第一部分为欧姆损耗;第二部分为线圈中的储能。令 $\tau = L/R$,为 L – R 电路的时间常数,则开关功率为

$$W_s = 1.632\frac{V^2}{R^2}L$$

若开关时间按 3 倍时间常数计算,$\tau = 3L/R$,则

$$W_s = 3.95\frac{V^2}{R^2}L$$

14.2 高功率圆波导纵向磁化开关

为了得到 90°法拉第旋转极化开关,采用纵向磁化铁氧体圆管贴壁波导,其表面镀有极薄的金属膜,在波导外部绕有螺线管作为纵向磁化线圈,其法拉第旋转开关移相器如图 14.2 – 1 所示。

单位长度的法拉第旋转角可以用下式计算

$$\frac{\phi}{L} = 2.79\beta_{11}R_3(b,a)\frac{k}{\mu}$$

当 $b/a = 0.9$ 时,$R_3 = 0.108$;上式中,

$$\beta_{11} = \sqrt{\left(\frac{2.7}{\lambda_0}\right)^2 - (1.84/a)^2}$$

若 $\mu_e = 1 - (k/\mu)^2$,$\varepsilon_f = 14$,$a = 1.9\mathrm{cm}$,$b = 1.71\mathrm{cm}$,$\lambda_0 = 5.5\mathrm{cm}$,$\frac{k}{\mu} = 0.55$,算

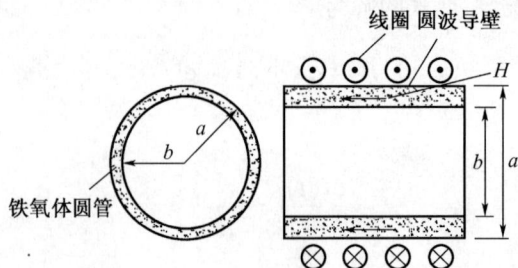

图 14.2 - 1　圆波导法拉第旋转开关移相器

出 $\beta_{11} = 0.61$。故按式得到 $\varphi/L = 5.75°/cm$，为了达到 90° 的极化旋转，铁氧体圆管长度达 15.6cm。

这种结构只能适应中功率，因为圆管波导外有绕线圈，不利于散热。

为了改善散热条件和提高开关速度，采用四脊式波导结构，四片纵向磁化铁氧体薄片紧贴在 4 个脊梁上，外磁路纵向磁化和内磁路铁氧体形成回路。这种结构可以降低开关能量，增大法拉第旋转系数。

14.3　高功率双模快速开关

双模高功率快速极化开关由高功率正交模耦合器、铁氧体波导移相段及大功率极化控制电源组成。它是利用铁氧体双模波导中的双折射效应研制成的新器件，不同于双通道铁氧体高功率差相移式单模开关。它利用两个模次工作，用控制磁化场大小，在同一波导（圆或方）中能较对称地传播垂直极化波、水平极化波或任意极化波。因此，这类器件具有多功能特性，其设计制作简单，重量轻，在雷达天馈、电子侦察、抗干扰系统以及其他微波测量系统，均能简化高频电路。

它有以下几个重要应用特性：

1. 作快速极化转换开关应用

现代用的制导雷达，远程搜索雷达等，均使用两部发射机，在极化指令控制下，把微波功率交替地馈给天线 I、天线 II，以发射水平极化波或垂直极化波，其原理如图 14.3 - 1(a) 所示。若使用图 14.3 - 1(b) 的方案，可省去一部发射机，这在现代雷达应用上具有很重要的现实意义。

2. 作功率程序控制应用

在不同的工作条件下，随着目标距离变化，雷达发射机的输出功率也随之改变，在发射机和天线之间串接快速功率程序控制器，就可实现发射功率的快速控制。

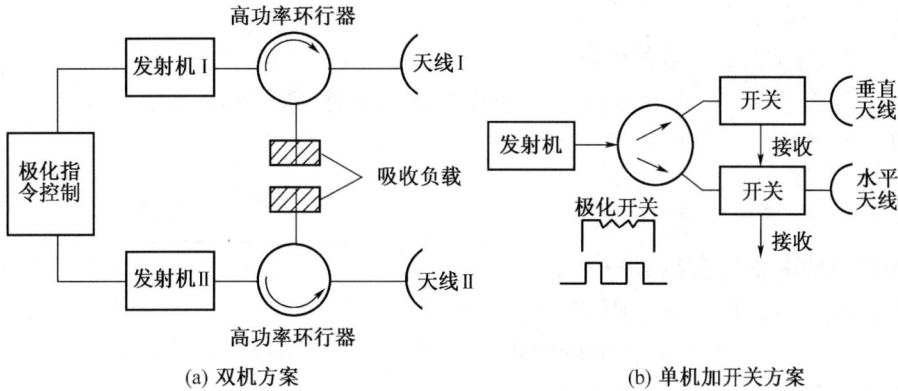

(a) 双机方案   (b) 单机加开关方案

图 14.3 - 1   制导雷达发射极化开关框图

根据图 14.3 - 2，当波型差相移为 0°时，则输入功率通过器件全部输向天线。当波型相移为 180°时，输入功率通过器件全部被高功率负载吸收。当任意波型差相移时，则正交模耦合器的垂直，水平臂均有不同的微波能量输出，便获得高功率连续快速程序控制。

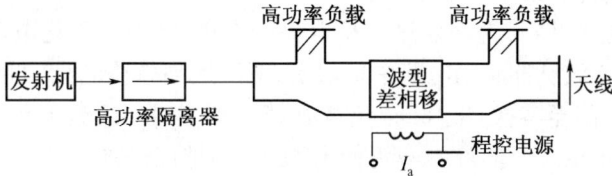

图 14.3 - 2   功率程序控制器

综上所述，快速极化转换开关是一种多用途新型大功率器件。目前，任何双通道铁氧体差相移开关器件都不能与它相比，它具有独特的使用功能。

3. 射频微波结构设计计算

为获得理想极化开关特性，必须确定合适的微波射频结构和铁氧体片。首先要选择合适的高温度稳定性的铁氧体材料，它是实现极化开关特性参数的关键。由于要求差相移段能工作在相当高的脉冲峰值、平均功率以及环境温度变化范围大的情况下，保证相位精度。通常选取高功率材料的归一化磁矩 $P = 0.55$ 左右，介电常数 $\varepsilon_r = 13.2$，损耗正切 $\tan\sigma = 4.2 \times 10^{-4}$ 等。铁氧体尺寸：宽 $W = 2.1$ cm，厚度 $t = 0.25$ cm，工作频率范围为 5.3GHz ~ 5.8GHz。

如果要求微波射频结构能承受较高的中等峰值功率，在铁氧体尺寸参数不变的情况下，应相应选取方波导口径为 3.7cm，3.2cm，3.0cm。计算出单位长度差相移与频率的频散关系，如图 14.3 - 3 所示。如果要得到 0°、180°的差相移之值时，则要选取铁氧体长度为 16.8cm 的铁氧体($a = 3.2$cm)，这一理论计算和实验结果基本相符合。

4. 开关时间常数的测量

影响开关时间的因素很多,包括磁化线圈电感,铁氧体波导壁屏蔽效应,电源内阻等。这里的四磁极线圈采用并联连接,磁化电感 $L = \dfrac{L_0}{4}$(L_0 为一个线圈的电感),测得 $L = 0.6\text{mH}$,实际线路中选 $R = 3\Omega$,则有 $\tau_m = 0.2\text{ms}$,τ_m 是磁化电路的时间常数。开关时间长短反应了微波极化转换的速度快慢,它实际上反映了四磁极铁氧体方波导(或圆波导)波形差相移从 $\Delta\varphi = 0°$ 至 $180°$ 的变换快慢。

由于高功率四磁极中的大电感量及波导壁的涡流屏蔽,通过分析,磁化线圈在磁化电流上升的过程中,感应电动势为 -12V。为补偿这一反电势的作用,必须在磁化电流上升和下降的过程中,在方波脉冲激励电路中采取上、下沿加高脉冲电流,如图 14.3 – 4 所示。从 20A 下降至零,约 0.18ms,负峰值 25A,峰点时间延迟 0.6ms,电流小时则为 1.4ms ~ 1.6ms。而器件本身为使 L 减少,则把四磁极上的四个磁化线圈并联。为降低波导表面的涡流反应,穿过磁场处波导壁厚度应尽量小。

将极化开关串联在测试电路中,如图 14.3 – 5 所示。由图可知,微波信号从信号源馈入,在 t_1 时间间隔内,在激励方波电流作用下,微波信号从正交模耦合器的 1 端输出,而 2 端被关闭;t_2 时间间隔内,无激励脉冲电流加到线圈上,则 2 端有输出,1 端被关闭,器件便实现输出动态波形。

由此可见,当输入一个方波激励时,1 端,2 端交替导通,从而使铁氧体起到开关的作用,动态波形前后沿均为 1ms 之内。

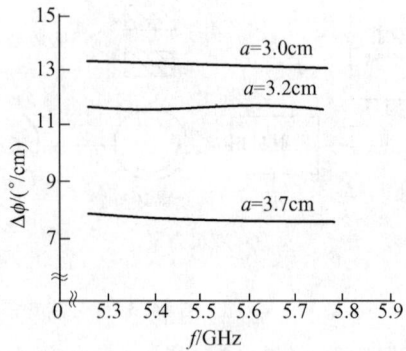

图 14.3 – 3　单位长度差相移
$\Delta\varphi$ 与频率关系
($W = 2.1\text{cm}, t = 0.25\text{cm}$)

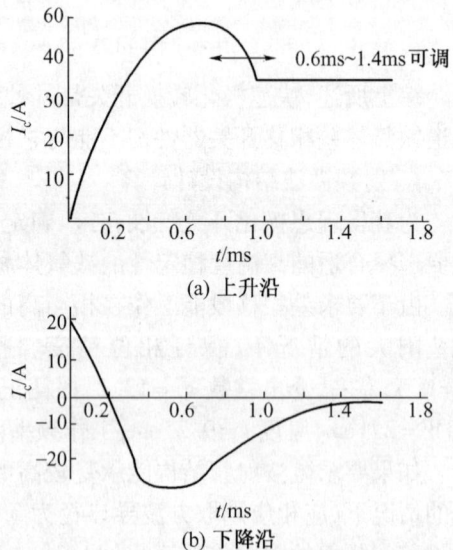

(a) 上升沿

(b) 下降沿

图 14.3 – 4　电流脉冲上升,下降沿波形

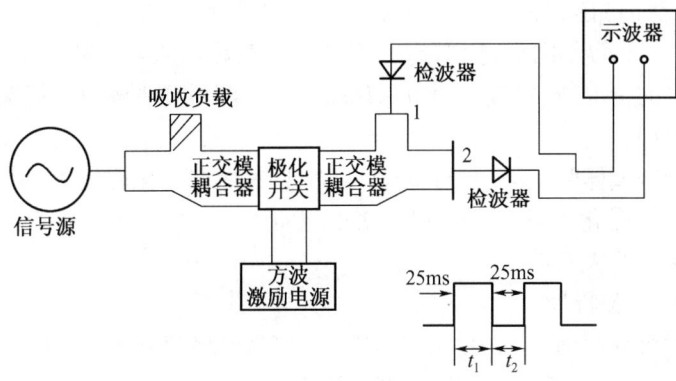

图 14.3 – 5　动态波形开关时间测量

5. 极化开关特性

根据图 14.3 – 5,对它的各类静态与动态特性进行了实际的测量,其性能如表 14.3 – 1 所列。

表 14.3 – 1　极化开关性能

频率/GHz	5.4	5.6	5.8
静态驻波	1.12	1.17	1.12
动态驻波	1.06	1.13	1.08
插入损耗/dB	0.24	0.4	0.56
动态正交隔离/dB	23	27.2	20.7
峰值功率/MW	1		
平均功率/kW	1		
极化开关速度/ms	<1		
脉冲电流/A	18		
环境温度/℃	– 40 ~ + 60		

14.4　高功率圆波导铁氧体快速开关

我们研究高功率双模快速开关的出发点是:第一,寻求新型的微波铁氧体高功率新结构,使其成为设计简单,成本低,具有实用价值器件;第二,寻求如何实现快速极化转换的新结构。根据这两点,本节重点讨论横向磁化部分填充铁氧体管圆波导。

1. 横向磁化铁氧体管的相移计算

在圆波导中,H_{11} 奇波和 H_{11} 偶波是两个最低模次的简正波。在圆波导中放置周向(或法向)磁化铁氧体管,如图14.4-1所示。从图中看出,铁氧体是部分充满的,并且管壁很薄,这样,有利于高功率散热。从磁化特点来区分。在四磁极极头窄的情况下,对应于切向磁化模型。在四磁极头较宽的情况下,对应于法向磁化模型。

圆波导铁氧体管 $a = 1.9$cm,$b = 1.6$cm,铁氧体归一化磁矩 $P = 0.55$,经计算得到 $\Delta\varphi$(周向磁化)$= 1.9°$/cm;$\Delta\varphi$(法向磁化)$= 12.3°$/cm。两者比较,法向磁化较切向磁化约大6倍。

2. 器件开关特性

当发射机频率为 5.4GHz ~ 5.9GHz 时,能承受峰值功率 1MW。而平均功率 1kW,高功率插入损耗为 0.7dB,器件表面温度为 70℃,(环境温度为 25℃),其静态性能如图14.4-2所示。

(a) 切向磁化　　　　(b) 法向磁化

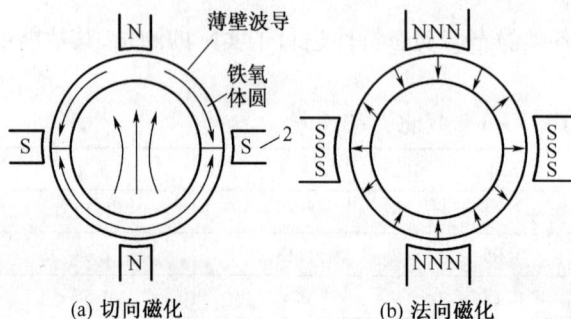

图 14.4-1　圆波导开关

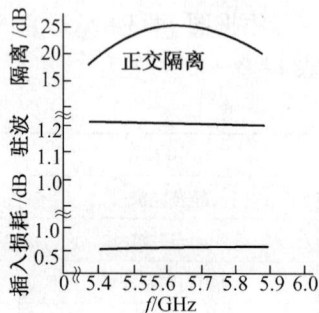

图 14.4-2　开关静态性能

14.5　法拉第旋转高功率铁氧体开关

14.5-1　法拉第旋转段设计

法拉第旋转段的设计对于开关的应用和双模互易铁氧体移相器的设计紧密相关。两种器件工作在加载了轴对称铁氧体棒的方波导或圆波导交叉部分。双模移相器工作在圆极化状态,而法拉第旋转器以线极化波工作。由于右旋和左旋圆极化时铁氧体上纵向存在的磁偏场结构的普通模式,波将无变化的沿着双模移相器传播。波沿着一个给定长度 L 的结构传输将产生一个插入相角变化 β 值通常各自表示为 β^+ 和 β^-,这两个 β 的值取决于铁氧体材料的特性,结构尺寸,工作频率和纵向磁偏场的方向大小。当所加的磁偏场的方向均颠倒的时候,β^+ 和 β^- 的数值则互相交换。对于闭锁双模移相器的可用相移

$$\Delta\varphi_{max} = (\beta_{+max} - \beta_{-max})L$$

式中：β_{+max} 和 β_{-max} 是在主迟滞回线剩磁点的极限值。

线极化应用到法拉第旋转器的输入可以表达成等幅右旋和左旋极化波的重叠。这两个波将沿着结构无变化传播，但通常是不同的传播常数。法拉第旋转角度将是两个模式的插入相移之差的 1/2，例如：

$$\varphi = (\beta^+ - \beta^-)L/2$$

而旋转波的插入相移 φ 为两个模式插入相移之和的平均，即

$$\varphi = (\beta^+ + \beta^-)L/2$$

β^+ 和 β^- 的数值，磁偏场方向的颠倒，引起旋转角度的方向互相交换。最后，对于闭锁法拉第旋转器可用的旋转角度 φ_{max} 为：

$$\varphi_{max} = (\beta_{+max} - \beta_{-max})L/2$$

这里，如前所述，β_{+max} 和 β_{mix} 是在主迟滞回线剩磁点的极限值。

一个典型的低功率闭锁式法拉第旋转结构由满铁氧体或相似介电常数陶瓷的圆波导组成。铁氧体和介质材料的位置示于图 14.5 – 1。装置的中心部分是开关铁氧体，它被纵向磁化到所需要给定的旋转大小。在这一结构末端是介质部分，包括电阻薄膜单元，用来吸收一种线极化波能量的状态，而允许正交状态以最小损耗通过。整个装置密闭于波导中。阻抗匹配单元用在耦合端到标准方波导，对于通常 90°旋转情况，输入、输出波导是交叉极化。被固定于金属化表面的中心铁氧体部分，以形成闭合的磁回路和永久的移相器锁闭工作。

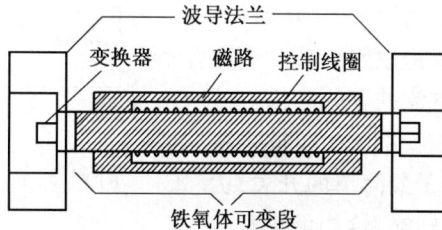

图 14.5 – 1　90°法拉第旋转结构

实际法拉第旋转段的频带受限于阻抗匹配问题以及右旋和左旋圆极化模式两者间相位差的散射。填满铁氧体的波导到充满空气的方波导的阻抗匹配通常使用陶瓷介质棒，以形成铁氧体棒的延伸。这一陶瓷棒到方波导形成一段距离。为获得很好的阻抗匹配性能，直径、长度和陶瓷棒的介电常数完全根据经验来调节。这一简单的方法适合于匹配 10% ～12% 及带宽 20dB 回波损耗的移相器。同样的方法被用来匹配旋转器输出到方波导。然而，要实现宽带的阻抗匹配很

困难,这是由于铁氧体棒和方波导的特性阻抗之间有很大的不同。

旋转段的插损取决于棒的直径、介质和材料的磁损耗正切、壁的电导率以及法拉第旋转值偏离最佳值的大小。相比于磁损耗而言,基本的介电损耗完全可以忽略。在低功率结构设计中,磁损耗通常最大,接着导体损耗,磁损耗随着频率的增加而减小。当具有大的自旋波线宽的材料被用于增加峰值功率阈值,插入损耗开始增加时,磁损耗也开始增加并占据主导地位,某种程度上是为了磁损耗能够大大降低壁损耗便微小增加。在高功率应用中,由提供较大的表面积从铁氧体中散发热量。

14.5-2 开关性能

至于其他设计考虑,法拉第旋转器开关遵循相似的方法用于双模移相器只有少许不同之处。而双模移相器通常工作在许多不同的部分关断状态,以实现多相位控制,法拉第旋转器通常只需要在两种旋转值之间开关,如+90°和-90°。最大的剩磁电流值被用于双模移相器,作为一个参考点来复位,先于建立一种所期望的相位状态,靠开关一种预定的电流值而远离那种参考。对于最简单的法拉第旋转开关工作点被设计在剩磁电流的最大极限。

磁滞回线如图14.5-2所示,它表示的是外部回路单元旋转棒的 $B-H$ 特性。图中,状态1和状态2是主回线最大剩磁工作点,以提供偏置磁流的等幅互易。注意的磁电流等于磁流密度 B 在整个横截面的面积积分。对于最简单的开关,为了能在两种状态之间转换,恰当的电压极性被用到线圈中,棒中磁通量的变化以一定的比例正比于瞬间所加电压,而反比于线圈的绕圈数目。线圈电流与 H 在封闭磁路的长度积分成比例。由于在状态1和状态2,$H=0$,在静态情况下不需要稳定的电流。电流存在于开关的瞬间,因为 H 不等于0。开关电流波波形如图14.5-3所示,点 a 到 e 与图14.5-2的磁滞回线的

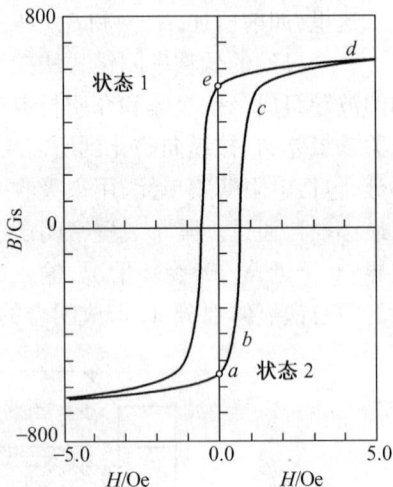

图14.5-2 简单磁滞回线

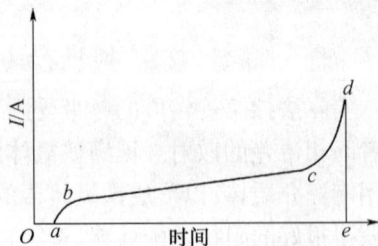

图14.5-3 开关电流波形

指示相匹配。

当电流达到预定值时,电压脉冲在 d 点结束。尽管开关的两个旋转通道的一个保留相同的状态,它的线圈被加上相同极性的电压,在每一次开关工作。因为这一通道的铁氧体的磁流密度值已经在迟滞回线的最低值,电流将迅速上升到预定值来接受电压脉冲。在两个通道中,电流值的状态上升到预定值的极限时,这种状态被用来指示铁氧体正常开关,在一个通道中,当所期望的电流极限没有感应时,一种内置测试误差信号就产生。

14.5-3 高功率容量

在铁氧体器件中,有两个不同的高功率关注点,即峰值功率的影响和高平均功率的发热问题。首先需要选择不会推动峰值 RF 功率高造成的插入损耗阈值而使电子自旋不稳定的材料。如上所述,增加所需的最低功率的一般方法是:
① 增大材料的自旋波线宽,靠使用一种有高含量钆或渗入少量钬或镝的材料;
② 使用较低饱和强度的磁化物质、增加材料自旋波线宽通常在某种程度上导致低功率插损的增加,同时减少了材料的饱和时间,需要较长的相互作用区,也可能导致温度依赖性增加。

另一个峰值功率的影响,要考虑需要的是高压击穿,例如电弧。为了允许快速切换最小短路的影响,铁氧体部分通常溅射金属化,构成一个完全充满圆波导的结构。任何在这溅射金属化的微小变化或间断都可能导致射频高峰值功率电弧产生。因此,这种涂层的完整性要高,且必须贯穿于整个装配步骤,按照最初的溅射保存。

在极端情况下,高平均功率值可导致由于铁氧体材料的应力性破碎,从而造成巨大的内部温度梯度。对于循环较差足够长的棒均匀发热,温度 T 的空间变化可以考虑成是一维的,例如,只考虑在径向方向,并且稳态分布。

14.6 快速极化开关电路原理

该电路的设计十分简捷,可靠性较高,只需按雷达的技术指标对极化器电路的电参数略做修正,即可应用。

在脉冲技术理论中,脉冲信号加载到感性负载上会产生波形畸变,严重失真,书中多有论述,这里不再分析。

该电路的主要目的是对较宽的矩形视频脉冲前、后沿进行补偿,即峰化处理,保证极化器工作时间段磁场均匀,稳定极化器的电参数,通过调整补偿脉冲的宽度和幅度,可检测到理想的高频包络。该电路使用的各种直流电压,因对其波纹系数要求不高,这里不作分析。主要器件功能(图 14.6-1)如下:

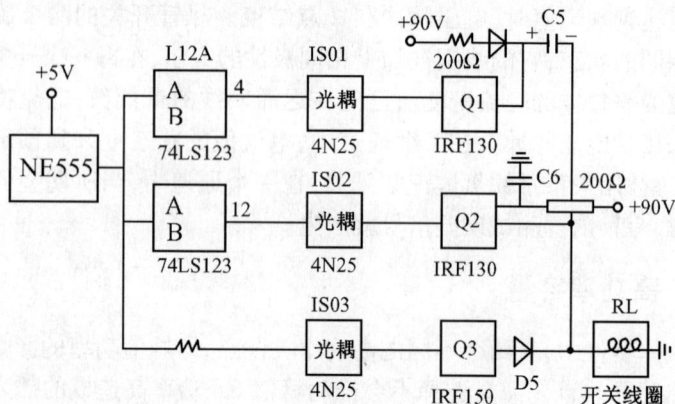

图 14.6 - 1　快速极化开关示意图

（1）NE555 属多功能模块，本电路组成方波产生器，重复周期可模拟雷达时钟信号，其占空比只能从 1∶1 变到 3∶1，该信号只做自检信号用。

（2）74LS123 为双路可重复触发单稳态电路，可直接复位，改变外电路可调整输出脉冲宽度。

（3）4N25 光耦器件具有倒相隔离放大功能，主要作用是隔离地线，保护 TTL 电路。

（4）IRF130（IRF150）属高反压、大功率（电流）场效应开关管，可与 TTL 电平接口。

各点波形图如下：

（1）NE555 组成方波产生器，由第三端输出，正负交替方波，设负方波前沿为基准时间，重复频率为 300Hz，工作比为 1∶1，则负方波宽度为 1.66ms，雷达探测距离为 250km。（图 14.6 - 2）

（2）NE555 输出的负方波同时输入到 IS01（4N25），U2B（LS123）A 端，U2A（LS123）B 端（图 14.6 - 2（a））。

（3）主振负方波经 R11 加至 IS03 输入端，经 4N25 倒相、放大，输入至 Q3（IRF150），输入端为正方波（$\tau \approx 1.66$ms），（图 14.6 - 2（b））。

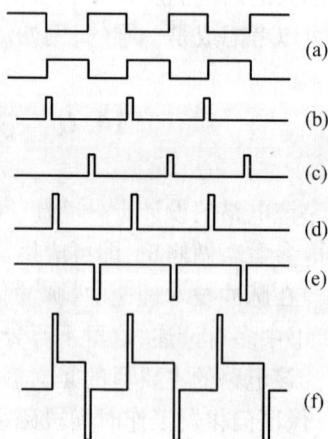

图 14.6 - 2　波形合成过程

（4）主振负方波加至 U2B - A 端，产生前沿触发，第 12 端输出一负窄脉冲（0.7RC）送至 IS01 输入端，经 4N25 倒相，放大输入至 Q2（IRF130）输入端为正向窄脉冲（图 14.6 - 2（c））。

（5）主振负方波加至 U2A - B 端，产生后沿触发，第 4 端输出一滞后 1.66ms 负窄脉冲（0.7RC）送至 IS01 输入端，经 4N25 倒相，放大输入至 Q1（IRF130），输入端为一滞后 1.66ms 的正向窄脉冲（图 14.6 - 2（d））。

（6）我们将送至 Q3 的正向方波（1.66ms）称之为主方波，该方波经 Q3 导通后直接加在 RL 上，因 RL 为感性负载，方波前后沿产生严重失真。

由于到达 Q3 的主方波与到达 Q2 的均是窄脉冲（均匀正方波且前沿同步），则 Q3 与 Q2 开关电路同时导通，导通时间与各自的脉宽等同（C6 电容在 Q2 导通之前已充至 90V 电压）。当 Q2 导通时 C6 上的正高压与 Q3 导通时主方波前沿在 RL 上叠加，故在主方波前沿产生一个正向峰化脉冲信号（正向过补偿）（图 14.6 - 2（d）、（f）前沿部分）。

（7）Q1 的输入信号在滞后主方波 1.66ms 后使 Q1 导通（C5 电容在 Q1 导通之前已充至电压 90V）。当 Q1 导通时，C5 上的正高压接地，负端接在 RL 负载上，C5 的放电波形反方向叠加在主方波的后沿上，故形成一负方向的峰化脉冲信号（负向过补偿）（图 14.6 - 2（e）、（f）后沿部分）。

电路的调整可在高频包络的检测中进行；调整 U2B 的 RC 时间常数可改善主方波的前沿波形；调整 U2A 的 RC 时间常数可改善主方波的后沿波形；调整 NE555 外围电路参数可改变重复周期及占空比以获得最佳模拟参数。

14.7　高功率快速控制电源设计及应用

近代低空制导雷达和远程搜索雷达等都使用两部发射机以产生水平扫描和垂直扫描，而采用了极化开关后，就可以省去一部发射机。

20 世纪 80 年代以来，雷达天馈系统中应用的高功率变极化器大多还是机械式或电控慢速转换，极化转换时间一般在几毫秒甚至几十毫秒，随着快速极化技术发展和应用，为了获取更准确的空间回波信号，人们对尽可能缩短开关时间越来越重视。

极化开关的开关时间是指实现从一种极化状态转换到另一种极化状态所需的时间，这里可视为差相移 $\theta = 0$，π 时对应的最佳磁化场（$H_\perp$，$H_\parallel$）实现相互转换所需的时间，一般地，它和功率容量总是相牵制的。

影响开关时间的因素较多，主要有磁化电路的时间常数，波导壁上感应的涡流及磁极磁芯感应的涡流。这里首先分析开关磁化电路的时间常数，可应用如图（14.7 - 1）所示的等效电路。

解有关电流方程,有时间常数 t_m

$$t_m = \frac{L_m R_i + n^2 L_m R_s}{(R_i + R_m) n^2 R_s + R_m R_i}$$

当电源近似为恒压源时,$R_i = 0$,则有

$$t_m = \frac{L_m}{R_m}$$

开关时间随磁化电路时间常数的增大而增大。

对于高功率器件,由于结构庞大复杂的因素,L_m 值较大,为了减小 t_m,本文

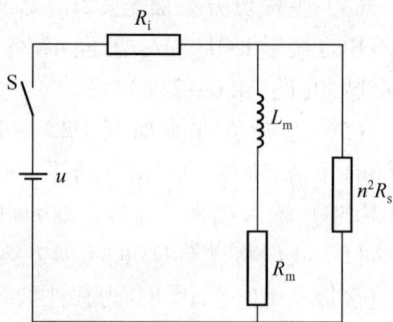

图 14.7 - 1 极化开关等效电路

采用四磁极线圈并联磁化,从而使 L_m 降为单极线圈感量的 1/4,同时串联外接电阻以增大 R_m。在实际工程中,取 $R_m = 30\Omega$,$L_m = 1.0\text{mH}$,则 $t_m = L_m/R_m = 1.0/3.0 = 0.33\text{ms}$。

其次,开关时间受波导壁及磁极磁芯上感应的次级电流影响。波导壁及磁极磁芯可等效视为紧耦合短路次级线圈。感应到这短路次级线圈里的电动势与磁化线圈的电流变化及频率有关。在电流发生阶梯形上升的瞬间,较高的频率分量在波导壁及磁极磁芯内将产生较高的感应电流。由楞次定律,它将产生一个与激励线圈的磁场相反的横向磁场,$H_{eff} = H_i - H'$,当电流下降时,则 $H_{eff} = H_i + H'$,如图 14.7 - 2 所示。可见,它们都阻碍了波导壁内最佳磁化场的实现,从而

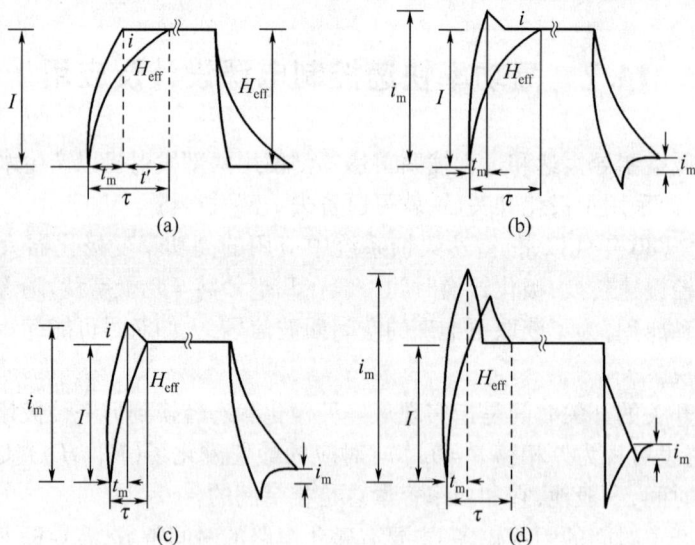

图 14.7 - 2 磁化电流 i 及有效磁场 H_{eff} 曲线($I = 20\text{A}$)

使有效磁化场逼近最佳磁化场的时间比 t_m 又滞后了一段。加上其他因素的作用,实验测得利用方波磁化电源的开关时间 $\tau = 2.5\text{ms} \approx 7t_s$。

如何更有效地减小 t' 以缩短开关时间,本节设想在方波电流发生跃变的前沿进行脉冲激励,如图 14.7-2(c)、(d)所示。上升沿时间常数 t_m 不变,电流一进入稳态即行关闭,$2t_m$ 后便回复到 20A。根据前面的分析,在时间 t_m 内,$H_{eff} = H_i - H'$ 将随电流的增加而增加;$t_m \sim 2t_m$ 时,电流 i 减小,但 $H_{eff} = H_i + H'$ 仍将继续增加。$2t_m$ 后,电流 i 进入 20A 稳态,H_{eff} 也随后进入稳态 H_{11}。从图 14.7-2(c)、(d)的 H_{eff} 曲线可知,当 i_m 为适当大小时,H_{eff} 会在最短时间 $2t_m$ 内进入稳态,此时 $t' = t_m$(图 14.7-2(c))。可见,利用这种磁化方式能大大地缩短开关时间。理论上,$\tau > 2t_m = 0.67\text{ms}$。

不难发现,当图 14.7-2(c)的磁化电流 i 周期性地施于电阻 R_m 上时,其功耗 $W = \dfrac{1}{2}I^2 R_m = \dfrac{1}{2}20^2 \times 3.0 = 600\text{W}$,功耗太大,而且散热问题又将成为控制源设计的难点。

电路设计原理如图 14.7-3 所示,电流前沿脉冲由 U_1 供给,因 R_m 的存在而减小 t_m,后沿脉冲由 U_3 决定。中间稳态电流部分由低电压 U_2 维持,又避开了 R_m 总功耗。调节 U_1,U_2,U_3 的大小,适当控制脉冲宽度,通过整机联试。测得 $U_1 = 120\text{V}$,$U_2 = 10\text{V}$,$U_3 = 50\text{V}$;$i_m = 40\text{A}$,$i' = -20\text{A}$,此时极化开关的开关时间 $\tau = 1.0\text{ms}$,它比未改进磁化方式时的开关时间缩短了 1 倍多。

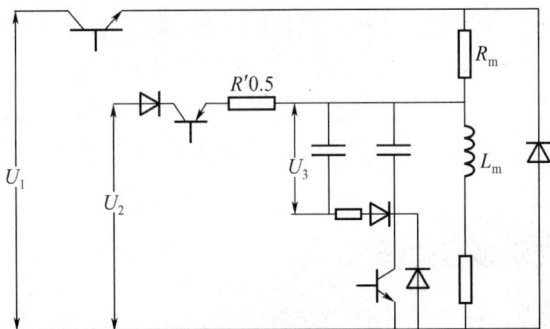

图 14.7-3　磁化控制源原理图

第15章 双模铁氧体旋转场器件

15.1 双模铁氧体旋转线极化器

在微波技术中要得到某些极化的发射是容易的,但要得到连续改变的变极化就不容易了。双模铁氧体旋转变极化器具有这一特殊功能,这是其他器件无法代替的。

15.1-1 旋转线极化器

当 $\lambda/2$ 波片受旋转磁场 ω_H 控制时,若旋转 $\lambda/2$ 波片输出端直接与喇叭天线相连接,则可获得其旋转频率为 $\Omega = 2\omega_H$ 的线极化发射(接收也有类似的功能),使天线具有极化扫频的能力。这对雷达识别目标,掌握目标的形状特性和运动姿态,是一项新技术。如由于目标对极化的响应会出现反射截面大小的各向异性,所以目标的姿态对雷达极化是敏感量,往往可根据不同的姿态发射不同极化,以利有效地探测目标。另外,目标的自旋、翻滚运动也会引起接收信号的某种起伏变化,若能有效地控制旋转线极化器便可清除自旋和翻滚运动的影响。又如,在探测地雷的雷达中,需用旋转线极化波发射来判定地雷的真假,若是真雷,其反射特性不受极化的变化影响,可以用随机手控方式,也可以用线性扫描方式进行。

15.1-2 旋转场多极化器

图 15.1-1 为一种多极化扫描发射装置,它与旋转线极化发射装置的不同之处在于,这里用一个固定的 $\lambda/4$ 波片和旋转 $\lambda/4$ 波片代替旋转 $\lambda/2$ 波片。固定 $\lambda/4$ 波片使输入垂直极化波变成圆极化波。对旋转 $\lambda/4$ 波片的作用,令 $kL = 45°, 2\omega_H = \Omega$,则其极化变换矩阵可写成

$$T = T(90°, \Omega t) = \begin{bmatrix} \dfrac{1}{\sqrt{2}} - \dfrac{j}{\sqrt{2}}\sin\Omega t & \dfrac{j}{\sqrt{2}}\cos\Omega t \\ \dfrac{j}{\sqrt{2}}\cos\Omega t & \dfrac{1}{\sqrt{2}} + \dfrac{j}{\sqrt{2}}\sin\Omega t \end{bmatrix} \qquad (15.1-1)$$

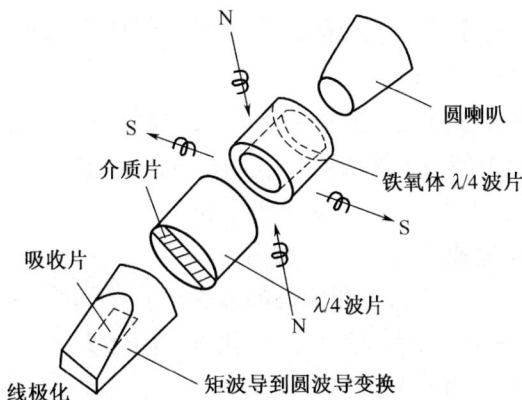

N
S
圆喇叭
介质片
铁氧体 λ/4 波片
S
吸收片
λ/4 波片
N
线极化
矩波导到圆波导变换

图 15.1 - 1   旋转场多极化器

它对圆极化波的极化响应输出为

$$
\begin{bmatrix} E_{2x} \\ E_{2y} \end{bmatrix} = T(90°,\Omega t)\frac{1}{\sqrt{2}}\begin{bmatrix} 1 \\ j \end{bmatrix}e^{j\omega t} = \frac{1}{\sqrt{2}}\begin{bmatrix} 1 - e^{j\Omega t} \\ j(1 + e^{j\Omega t}) \end{bmatrix}e^{j\omega t} \quad (15.1 - 2)
$$

式(15.1 - 2)为一个多极化扫描方程,扫频频率为Ω,它对研究云雾、雨点等干扰源特性颇有用处。

把反映旋转线极化输出的形式和反映多极化输出响应的公式(15.1 - 2)算出的变极化的情况列于表 15.1 - 1。从表可知,旋转线极化的变换周期与激励变换周期 $T - 2\pi/\Omega$ 相同;旋转变极化周期也为 T,但反应多极化的变化特性,概率按周期 T 变化,并且椭圆轴按周期 T 旋转。

表 15.1 - 1   旋转场变极化的输出比较   单位:(°)

相位变化 Ωt	0	45	90	135	180
旋转线性化和方位	0(垂直)	45	90	135	180
旋转变极化和方位	0(垂直)	45(正椭圆)	正圆	135(正椭圆)	90(水平)
相位变化 Ωt	225	270	315	360	
旋转线极化方位	225	270	315	360	
旋转变极化和方位	225(负椭圆)	负圆(负椭圆)	315(负椭圆)	0(垂直)	

15.2 旋转场多功能变极化器

我国现用的厘米波雷达大多是采用单一线极化波工作,近期有些单位提出要在雷达天馈系统中使用 S 波段或 X 波段铁氧体多功能变极化器,要求除了完成常用的 4 种极化(垂直、水平、左旋和右旋圆极化)变换外,还要完成在 0°~180°范围内每隔 15°极化变换一次的 12 种极化状态的多种发射和接收(包括 ±45°),用以达到多极化抗干扰,多极化目标检测和识别等目的。这种多功能变极化器是当代雷达天馈系统中应用的关键技术。它不能采用目前常见的四磁极圆(或方)波导来完成,而要采用新型的铁氧体变极化结构,如图 15.2-1 所示。这种新型器件开发研制的成功大大拓宽了雷达变极化技术的应用领域。

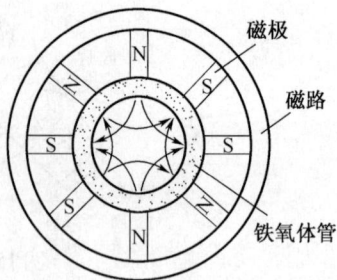

图 15.2-1 旋转场多功能变极化器示意图

15.2-1 圆波导铁氧体非互易差相移设计

为了获得最佳非互易波型差相移特性,必须确定合适的波导结构和铁氧体管的磁化方式,通过计算,我们选择图 15.2-1 的结构形式。由于要求差相移段能够承受较高的峰值功率和平均功率,并在环境温度变化范围大的情况下保证精度,故所选的材料要有较大的自旋波线宽,而且其温度稳定性必须良好。对于高功率状态下工作的器件,通常选择铁氧体参数如下:归一化磁矩 $P = 0.54$,介电常数 $\varepsilon_f = 14.2$,损耗角正切 $\tan\delta \leqslant 4.2 \times 10^{-4}$ 等。圆波导管外径 $a = 1.45\text{cm}$,内径 $b = 1.25\text{cm}$。工作频率 $f = 9000\text{MHz} \sim 9500\text{MHz}$。经计算后将得到法向磁化的单位长度波型差相移为 $\Delta\varphi = 11.5°/\text{cm}$。因此若要得到 180°的波型差相移,则铁氧体长度为 17cm。

15.2-2 多功能变极化器特性

采用图 15.2-1 的结构,根据所计算的参数,设计出了能承受高功率容量和较有应用价值的新器件,这种结构能够承受峰值功率 200kW 和平均功率 200W(自然冷却)。测试的低功率静态特性如图 15.2-2~图 15.2-6 所示。

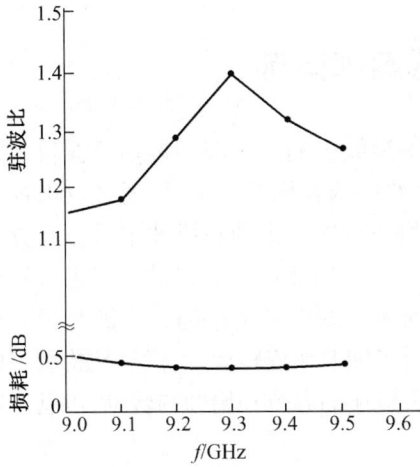

图 15.2－2　静态损耗、
驻波比与频率的关系

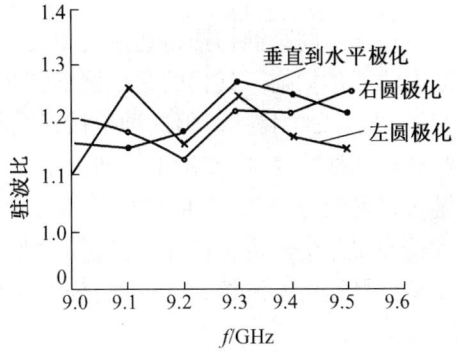

图 15.2－3　在各种极化状态时
驻波比与频率的关系

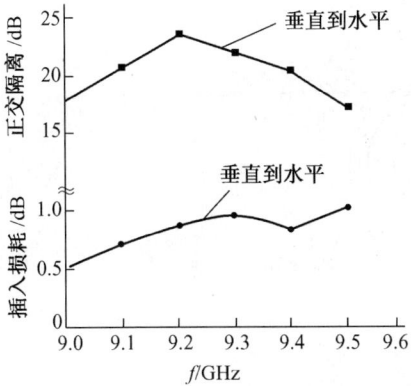

图 15.2－4　垂直极化转换成
水平极化的插入损耗、正交隔离

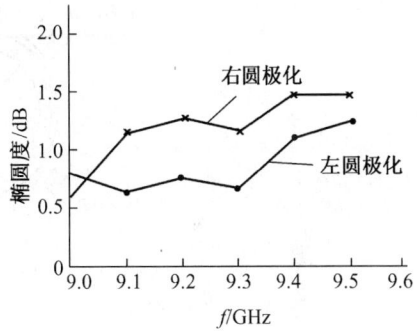

图 15.2－5　左、右旋圆极化的椭圆度

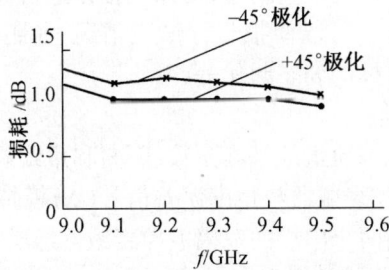

图 15.2－6　±45°旋转线极化损耗与频率的关系

15.3　隐蔽式圆锥扫描

在常规的圆锥扫描雷达系统中,依靠馈源振子的偏心圆周运动可获得天线波束的圆锥扫描。其目的是把圆锥扫描中获得的目标偏离信号,通过反馈控制扫描,准确命中目标。但这种机械式圆锥扫描系统发出的扫描波束易被敌方侦察获取扫描信息,以发出干扰使扫描失常工作。隐蔽式圆锥扫描克服了常规圆锥扫描的缺点,其工作原理如图 15.3 – 1 所示。图中的旋转场 $\lambda/2$ 片把方位和俯仰误差信号进行极化调制,其功能等效于馈源作旋转运动,然后把检测到的误差信号通过检波放大并分离,分别控制天线座的方位和俯仰的转动,以利对准目标射击。

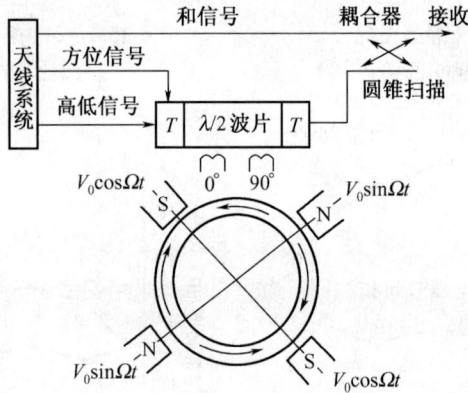

图 15.3 – 1　隐蔽式圆锥扫描工作原理

15.4　雷达目标信号模拟器

利用铁氧体双模器件的一些特性,可以模拟雷达目标信号,这项工作很有实际意义。在实验室条件下可以模拟目标试飞情况,如距离、方位和俯仰误差信号,甚至目标的轨迹,目标的姿态起伏等。

1. 目标轨迹模拟器

目标轨迹模拟器模拟轨道的基本参数、距离和角误差信号,简称 $\Sigma – \Delta$ 模拟器,由模拟和信号的电控衰减器与角度误差信号(Δ)模拟器两部分组成。

(1)电控衰减器由两个串接的双模电控衰减器组成,其输入、输出分别接在两个正交模耦合器上,它们互相垂直,如图 15.4 – 1(a)所示。当每个电控衰减器在零电流下输出功率比 $P_0/P \approx 1(0\text{dB})$,功率比和激励电流 I 的关系如图

15.4 - 2(a)所示。这个曲线与雷达在跟踪状态下信噪比随着距离的变化曲线是类似的。由此可以模拟输出信号的强弱(或信噪比),把激励电流模拟作跟踪距离。图 15.4 - 2(a)中的 R_1,R_2 是微调电阻,使图 15.4 - 2(a)、(b)两组曲线吻合。

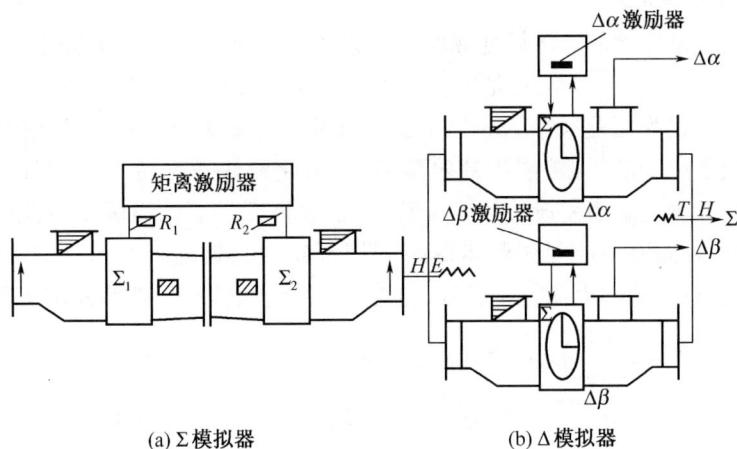

(a)Σ模拟器   (b)Δ模拟器

图 15.4 - 1   目标模拟器

(2)角度误差信号模拟器。由角误差信号耦合器(α)和(β)构成(图 15.4 - 1(b)),无激励电流时($I_\alpha = I_\beta = 0$),$\Delta\alpha = 0$ 及 $\Delta\beta = 0$;当加微小电流时($I_\alpha \neq 0$ 及 $I_\beta \neq 0$),便有 $\Delta\alpha$,$\Delta\beta$ 输出。$\Delta\alpha$ 或 $\Delta\beta$ 有这样的性质:当正电流时,若 Δ 和 Σ 的相对相位为 0,则在负电流时,相对相位为 π。Σ 信号从 T 和 H 臂输出,其大小不随 I_α,I_β 变化。和信号 Σ、角误差信号 Δ($\Delta\beta$ 或 $\Delta\alpha$)随电流变化的曲线如图 15.4 - 3 所示。此曲线和天线的和差波瓣形状相似,零深可达 35dB 以上。$\Delta\alpha$ 和 $\Delta\beta$ 激励器中的激励电流 δI 模拟作误差偏角 δ_θ,耦合信号代表角误差信号的强弱,故角误差信号模拟出天线的差波瓣图。Σ 信号和 δI 曲线模拟天线的和波

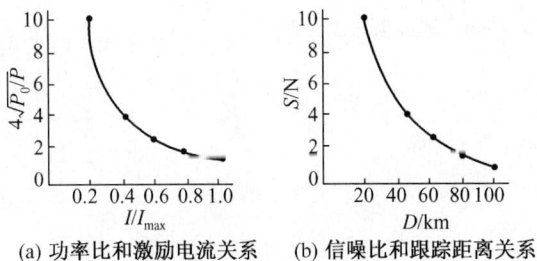

(a) 功率比和激励电流关系   (b) 信噪比和跟踪距离关系

图 15.4 - 2   模拟关系

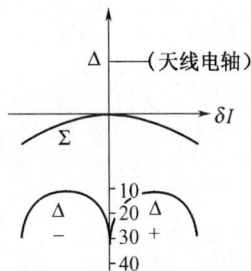

图 15.4 - 3   和信号 Σ、角误差信号 Δ 随电流变化的曲线

瓣;利用目标模拟器可以模拟轨道曲线。把理论弹道曲线存放在计算机中,天线实际指向与理论数据的差值作为角误差信号,此信号通过放大到双模耦合的控制回路,然后控制天线运动,直到 $\Delta\alpha$,$\Delta\beta$ 为零时,标志天线实际指向和理论轨迹的模拟方向一致。距离跟踪信号由距离模拟器上的电流值来决定。

2. 速度模拟器

利用双模器件的旋转场变频原理可以很方便地模拟多普勒频率,其原理如图 15.4-4 所示。$\lambda/4$ 波片是把垂直极化波变成频率为 ω 的圆极化波。快速旋转 $\lambda/2$ 波片的作用是频率为 ω 的圆极化波移到 $\omega\pm\Omega$ 圆极化波,其中 Ω 为旋转磁场角频率的 2 倍(即控制源的角频率)。极化和快速旋转 $\lambda/2$ 波片可设计在一根铁氧体棒上。为使波片快速旋转,除铁氧体棒外表面镀膜尽可能薄的金属化波导外,外磁路也应用铁氧体磁轭(图 15.4-4),磁轭上有 16 个激励圆孔提供激励线,每个孔的电流越小越好,这样可克服感量影响,得到快速旋转。速度的模拟量为 $V = \pm\left(\dfrac{\Omega}{\omega}\right)c$($c$ 为光速),如果 $F = \dfrac{\Omega}{2\pi}$ 达到 5kHz,工作波长在 C 波段,因而 $V = \pm1\text{km/s}$。若 F 达到约 100kHz 量级,则可以模拟一般目标的径向速度。

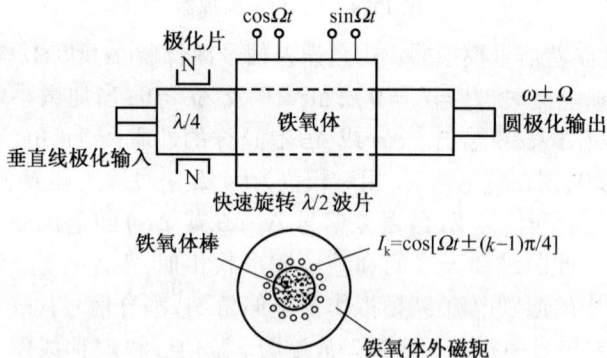

图 15.4-4　速度模拟器原理

第 5 编　铁氧体其他器件及应用

第16章 连续波高功率环行器设计及应用

高功率微波在工业加工中已有着重要的应用,在这种高功率微波系统中,必须使用高功率隔离器,以防止微波源受到来自负载方向反射波的干扰,保证微波源稳定工作。谐振式隔离器、带有吸收负载的差相移式环行器和结型环行器都可以用作系统中的高功率隔离器。但是,谐振式隔离器的插入损耗较高,在915MHz 和 2450MHz 时,比较好的为 0.5dB ~ 1dB,差的约高达 1.0dB,差相移式环行器的插入损耗高,尺寸大,重量较重。通常的结型环行器虽然结构紧凑,重量轻,工作特性好,但却不适合连续波功率处理系统。现在已经证明,在670MHz 时,带状线式的高功率环行器可以承受 15kW 的功率。这种结构的输出端是同轴线,而用于工业处理的高功率微波系统中普遍采用波导,这就要用同轴—波导转换接头进行过渡。在工业加工中,为了提高效率,往往采用更高的微波功率,这就需要一个高功率波导环行器。915MHz、30kW 波导 Y 结环行器的结构是在波导 Y 结上下表面有突出的金属圆桶,结上附着有薄的铁氧体圆盘。915MHz、100kW 连续波 Y 结波导环行器有一个四层的结构,每一层几乎与30kW 连续波环行器中的结一样。把调配元件产生的损耗考虑在内,这种环行器的插入损耗为 0.18dB,隔离度 20dB,结构相当紧凑,重量也相当轻。

该文阐述了高功率 Y 结波导环行器的设计,尤其阐述了铁氧体尺寸的确定,直流磁场对工作特性的影响和一些实验结果。

16.1 L 波段 30kW 连续波高功率环行器设计

在连续波高功率 Y 结波导环行器设计中,有几个问题要考虑。

由于插入损耗,环行器的铁氧体温度将升高,使得环行器工作特性曲线偏离最佳位置,并可能导致铁氧体的损坏。所以,对铁氧体进行冷却尽可能地减小温升是非常必要的。而且,为了提高冷却效率,铁氧体圆盘应做薄一点。当铁氧体的一面保持恒定温度时,铁氧体两个表面间的温差 $\Delta T_f = t \cdot P_t / (2\lambda S)$,$P_t$ 是耗散在铁氧体中的功率,t 和 S 分别是铁氧体的厚度和表面积,λ 是热传导率。对高功率环行器来说,t/S 应尽可能小。图 16.1 – 1 是波导 Y 结环行器结构,在波导 Y 结下面凸出的金属圆桶的表面上附着有薄的铁氧体圆盘。

应用这种基本结构,已经做出了 30kW 连续波 Y 结环行器,这种结构有如下的优点:

（1）在金属圆桶的壁中通以冷却水,铁氧体中产生的热量被冷水带走,铁氧体得以冷却。

（2）金属圆桶起着一个阻抗变换器和电抗性元件的作用,可使环行器获得匹配。

在两个金属圆桶之间的结空间中,等间距地插入 3 个金属圆盘,每个金属圆盘的两边都附着有薄的铁氧体圆盘,这样,结空间就被分成 4 个相等的部分,形成一个复合层节。在金属圆桶和金属圆盘中通以冷却水,可冷却铁氧体。每个单元结都可以通过 30kW 的高功率,4 个单元结就可能形成一个 120kW 连续波波导环行器。

铁氧体材料的选择也很重要,我们通常希望具有大的自旋波线宽的铁氧体材料能够避开非线性的影响,但这种高功率环行器工作在高谐振区与非线性无关。故高功率环行器上使用的铁氧体材料就应有窄的谐振线宽和低的介质损耗,以减小插入损耗;小的饱和磁化强度以减小外加直流磁场;大的热传导率以减小温升。Al-YIG 铁氧体材料 Gd-YIG 铁氧体材料的热传导率较小;Gd-YIG 材料的谐振线宽大。这两种材料都不适用于高功率环行器。为了得到希望的工作特性,开发出了 Bi-GaVIG 这种最佳的复合材料,该材料的饱和磁化强度为 $4.9 \times 10^2 \mathrm{Wb/m^2}$,谐振线宽 $\Delta H = 6.4 \times 10^3 \mathrm{A/m}$。考虑到铁氧体圆盘的机械强度,厚度选为 4mm。在 915MHz,输入功率 30kW,温差 $\Delta T_f = 30℃$,插入损耗为 0.2dB 时,则铁氧体圆盘的半径 a 一定要大于 60mm。

铁氧体尺寸和空气隙的确定。图 16.1 – 1 中,打点的区域可假定为一个介质谐振腔,正旋圆极化波激励时谐振频率为 ω_+,反旋圆极化波激励时谐振频率为 ω_-。当圆极化工作频率为 $\omega = (\omega_+ + \omega_-)/2$ 时,沿 A 面即 $S_\circ$ 所处的正实轴看

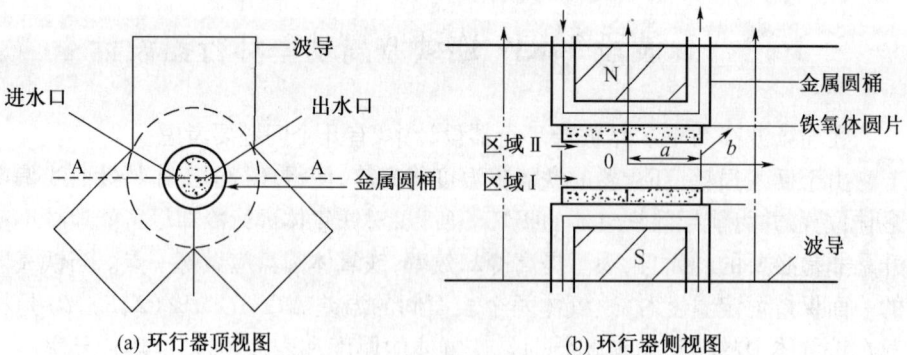

(a) 环行器顶视图   (b) 环行器侧视图

图 16.1 – 1 30kW 高功率波导 Y 结环行器结构

去,分别对应于正的、反的和同相激励的本征值 S_+，S_- 和 S_0 的关系表示在图 16.1 - 2 中。金属圆桶起到匹配器的作用，通过调整它的高度，能改变 S_+ 和 S_- 的角度，以获得环行。对 100kW 连续波环行器来说，通过外加的匹配器可以改变 S_+ 和 S_- 间的角度。频率为 ω，磁导率为 $\mu_1 = (\mu_+ + \mu_-)/2$ 可以确定铁氧体圆盘的半径。

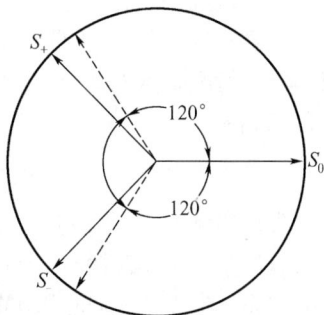

图 16.1 - 2 本征 S_+，S_- 和 S_0 的关系

图 16.1 - 1 中的区域 I 和区域 II 分别是空气隙和铁氧体，假设工作模式是 TM_{nm} 模，可得到如下关系。每个区域中的函数假设如下：

$$\begin{cases} \psi_{1R} = A_n \left[\cos K_{z1}(h-z) \right] J_n(K_p r) \exp(-jn\varphi) \\ \psi_{2R} = B_n \left[\cosh K_{z2} z \right] J_n(K_p r) \exp(-jn\varphi) \end{cases} \quad (16.1-1)$$

$$\begin{cases} E_{z1,2} = (K^2 - K_{z1,2}^2)\psi_{1,2} \\ E_{r1,2} = \dfrac{\partial^2 \psi_{1,2}}{\partial r \partial z} \\ H_{\psi1,2} = = j\omega\varepsilon \dfrac{\partial \psi_{1,2}}{\partial r} \quad n = \pm 1, \pm 2, \cdots \end{cases} \quad (16.1-2)$$

式中：J_n 为 n 阶贝塞尔函数；g 为两个金属圆桶间距离的一半，K_p 是径向传播常数；K_{z1}，K_{z2} 是区域 I 和区域 II 中的轴向传播常数；E_z，E_r 分别是电场的轴向和径向分量；H_φ 是磁场的周向分量。

利用区域 I 和 II 间表面阻抗连续的条件，联立式(16.1 - 1)和式(16.1 - 2)，可得到下边的关系：

$$\frac{K_{z1} \tan K_{z1} t}{\varepsilon_1} = \frac{K_{z2} \tanh K_{z2} g}{\varepsilon_2} \quad (16.1-3)$$

$$\begin{cases} K_p^2 + K_{z1}^2 = \omega^2 \mu_0 \varepsilon_0 \mu_1 \varepsilon_1 \\ K_p^2 - K_{z2}^2 = \omega^2 \varepsilon_0 \mu_0 \end{cases} \quad (16.1-4)$$

式中：ε_0，μ_0 分别为真空介电常数和真空磁导率；ε_1，μ_1 分别为铁氧体介电常数和磁导率。

假设 $K_{z1}t \ll 1$，$K_{z2}g \ll 1$，利用式(16.2 - 3)、式(16.2 - 4)，可得

$$\left(\frac{t^3}{\varepsilon_1} + g^3 \right) K_{z2}^4 - \left(3g + 3\frac{t}{\varepsilon_1} + 2\frac{t^3}{\varepsilon_1} A \right) \left(K_{z2}^2 + \frac{t}{\varepsilon_1}(3 + t^2 A)A \right) = 0$$

$$(16.1-5)$$

其中，$A = \omega^2 \mu_0 \varepsilon_0 (\mu_1 \varepsilon_1 - 1)$

为了确定铁氧体圆盘的半径，把铁氧体区域看作工作在 TM_{nm} 模式的圆形谐振腔，其磁导率 $\mu_1 = (\mu_+ + \mu_-)/2$，且 $r = a$ 处，$H_\varphi = 0$，则由式(16.1 - 1)、式(16.1 - 2)得

$$r = a \text{ 时} \quad J'_n(X_{nm} = 0) \tag{16.1 - 6}$$

其中 a 为铁氧体圆盘的半径；$X_{nm} = K_{pa}$

式(16.1 - 3)、式(16.1 - 6)给出了铁氧体圆盘半径 a，厚度 t 和半空气隙间距 g 的关系，图 16.1 - 3 是 915MHz 时，以 t 为参数，a 和 g 的关系曲线，由铁磁谐振推算出 $\mu_+ = 2.7$，$\mu_- = 1.5$，图 16.1 - 3 表明，一定频率时铁氧体圆盘的尺寸不是唯一的，也就是说，有一个宽的尺寸选择范围。但是，在高功率环行器中，考虑到微波击穿，铁氧体中热量的产生和机械强度，尺寸的选择要受到严格地限制。

通过初步实验证明，915MHz、30kW 高功率连续波通过时，g 选为 6.5mm 足以防止微波击穿。在这个高功率环行器中，g 选为 6.5mm，考虑到铁氧体的机械强度，t 选为 4mm。考虑到上面的一些因素，根据图 16.1 - 3，确定 $a = 64$mm。

式(16.1 - 5)和式(16.1 - 6)都是频率的函数，给定的铁氧体半径，厚度，空气隙，对模式 TM_{11} 和模式 TM_{12}，从图 16.1 - 4 中可以看出，半径 $a = 64$mm。因此，在 2450MHz 时，可以做成 30kW Y 结波导环行器，若在结空间中用一复合层结构，能达到 120kW 的高功率处理能力。

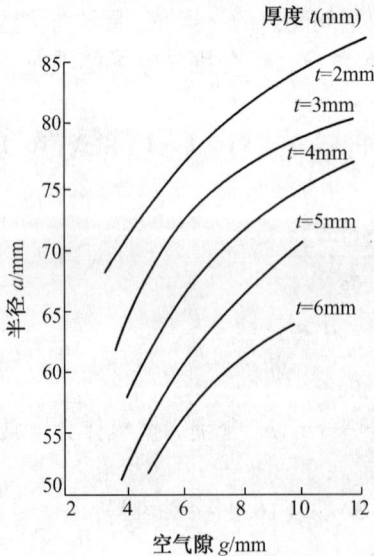

图 16.1 - 3　铁氧体圆盘半径、厚度与空气隙的关系(915MHz，Bi-CaVIG 材料)

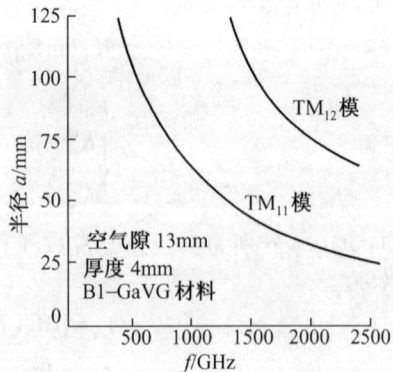

图 16.1 - 4　铁氧体圆盘半径和工作频率关系

16.2 L 波段 100kW 连续波高功率环行器设计

图 16.2 - 1 是一个 30kW 连续波 Y 结波导环行器的结构。减小 BJ - 9 波导的高度到它的标准值的一半。上文中给出了铁氧体的尺寸。用硅橡胶粘合剂把铁氧体圆盘粘到铁圆片和金属圆桶表面上。为使环行器工作在高谐振区而避开非线性影响,直流磁场大约选为 7.9kA/m,为了结构紧凑和降低费用,采用钡铁氧体圆盘产生磁场。由于金属圆桶的阻抗变换作用,环行器的本征值有轻微地改变。实验结果表明,该环行

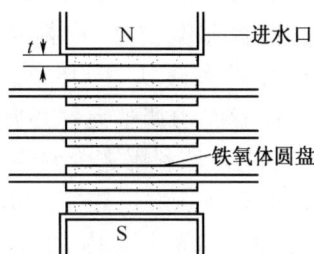

图 16.2 - 1　100kW 连续波
环行器的结构图

器的插入损耗小于 0.1dB,隔离度大于 20dB,915 ± 25MHz,功率高于 30kW 时,输入驻波小于 1.2。环行器接一个短路负载,输入 30kW 的高功率连续波,其特性曲线逐渐上升。冷却水的流速为 1.21L/min 时,铁氧体圆盘的温升就可控制在 10℃ 之下。上述这些实验结果表明,用这种方法设计高功率环行器是可行的。

图 16.2 - 1 为 100kW 波导 Y 结环行器的四层结构。波导是 BJ - 9,为了在铁氧体圆盘中获得一个内部均匀直流磁场,采用铁来做金属圆片,并在铁圆片上镀铜以减小插入损耗。3 个铁圆片等间距地放入,由通以冷水的薄的金属管支撑着。为了得到内部直流均匀磁场,铁圆片边缘做成凸状。图中用点划线表示出了一层,每层的设计几乎与 30kW 环行器一样,四层构成的复合层结构,其功率处理能力是各个单元结功率处理能力的和,即 100kW,波导环行器在 915MHz 时潜在的功率处理能力为 120kW,铁氧体圆盘的尺寸与 30kW 连续波波导环行器中的一样。利用电磁铁来产生外加直流磁场。

在没有校正元件时,测得的本征值和环行器所要求的理想本征值不一致。如图 16.2 - 2 中在环行器的每个口上连接有容性窗和 λ/4 变换器,目的是避免微波击穿。加装容性窗和 λ/4 变换器后,本征值几乎与理想值接近。

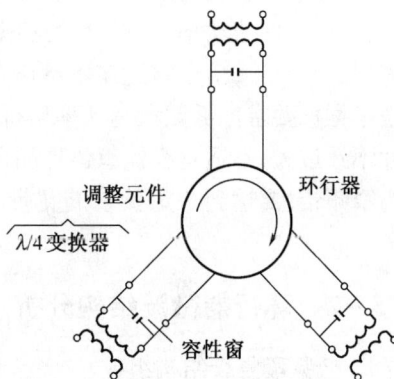

图 16.2 - 2　100kW 环行器和调整元件

图 16.2 - 3 为低功率时,100kW 连续波环行器的频率特性。由图可以看出,915MHz 时,插入损耗 0.25dB。隔离度大于 25dB,该环行器的带宽较窄,在损耗小于 0.5dB,隔离度大于 18dB,$\Delta f =$ 25MHz,这是由调整元件的频率特性引起的。若利用宽带调整元件,可以提高环行器的带宽。承载功率容量 75kW(国内功率源为 75kW),环行器壳体温升很小,图 16.2 - 1 结构能承载满功率容量为 120kW,其环行器为 0.6m × 0.6m × 0.5m,重量为 40kg。

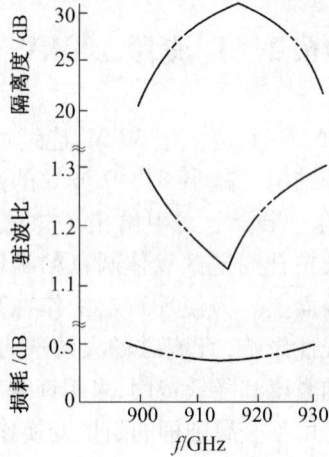

图 16.2 - 3 100kW 连续波环行器的频率特性

16.3 高功率带线环行器设计

16.3 - 1 高功率带线环行器发展

20 世纪 60 年代中期,国外开始研制高功率带线三端环行器,其峰值功率容量达兆瓦级,平均功率达到 10kW 以上。在 70 年代初,根据 P 波段相控阵雷达馈线收发开关应用,我们进行了高功率带线环行器研发设计,并获得数百只作为收发开关成功应用。在 90 年代初,由远程警戒雷达发射设备保护装置需要稳定工作,又设计峰值功率 1MW,平均功率 3kW 的高功率带线环行器以满足整机的新应用。在近代,由于雷达技术迅速发展,对于高功率带线环行器也提出了更高的技术指标要求。低频段高功率环行器,通常工作在高场区,为了使环行器结构尺寸不致过大,不适宜在铁氧体样品区域内设置匹配网络,但这种高功率器件一般为窄频带,要达到一定要求的宽带工作,在设计高功率环行器时还是比较困难的。

16.3 - 2 环行器微波结构分析

1. 低频段复合结构组成

环行器结构如图 16.3 - 1 所示。两块铁氧体圆片分别粘贴于上、下接地板上,在铁氧体与中心导体之间填充介质材料,接地板上设有散热片,用铁氧体永磁体供给偏磁场,磁化场方向垂直于接地板,工作于高场区。结中心导体图如图

16.3 – 2 所示。中心导体半径为 r，铁氧体圆半径为 R，比值 $r/R \approx 0.6$。从中心导体圆盘周界伸出 6 条分支线，相邻两支线间的夹角均为 60°，其中标号为 1，3，5 的分支为传输线；标号为 2，4，6 的分支为开路段，传输线及开路线内导体宽度分别为 w_1 和 w_2，3 条传输线在铁氧体圆盘的边界与 50Ω 带线连接；各传输线端口均采用 50 – 35 型同轴接头。

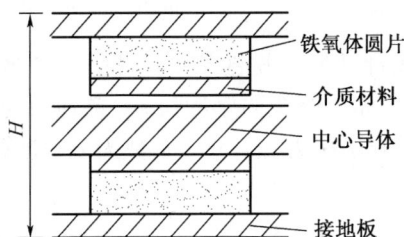

图 16.3 – 1 环行器结构示意图

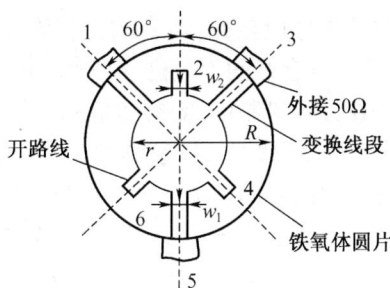

图 16.3 – 2 中心导体图形

1）工作原理

如图 16.3 – 2 所示的铁氧体，在中心导体圆盘周界处，因传输线和开路线内导体宽度不相等，是非对称的六端网络，但具有三重对称性。当开路线段的内导体宽度和长度给定后，可将该非对称的六端网络简化为对称的三端网络。因此，有关三端结环行器的设计理论在这里也适用。设符合结在中心导体圆盘周界处对传输线呈现的等效导纳（包括给定的开路段的作用）为 $q^* = G^* + \mathrm{j}Y^*$，从中心导体圆盘边界至铁氧体圆边界之间的传输段实际上是阻抗变换器，其电长度为 θ，则在铁氧体边界处，复合结呈现的导纳为

$$q = G + \mathrm{j}Y = \frac{(G^* + \mathrm{j}Y^*)\cos\theta + \mathrm{j}\sin\theta}{\cos\theta + \mathrm{j}\sin\theta(G^* + \mathrm{j}Y^*)} \qquad (16.3 – 1)$$

如果 $\theta = -(\psi_0 - \pi)/2$，其中 ψ_0 为对称模在中心导体圆盘与变换传输线连接处的相位，将式(16.3 – 1)右端的分子与分母均除以 $\cos\theta$，利用关系式

$$\tan\theta = \left(\tan\frac{\psi_0}{2}\right)^{-1} = -Y_0^{-1}$$

式中：Y_0 为对称模的本征导纳，则可得出式(16.3 – 1)实部和虚部：

$$\begin{cases} G = \dfrac{(1 + Y_0^2)G^*}{G^{*2} + (Y^* + Y_0)^2} \\[4mm] Y = \dfrac{G^{*2}Y_0 - (1 - Y^*Y_0)(Y^* + Y_0)}{G^{*2} + (Y^* + Y_0)^2} \end{cases} \qquad (16.3 – 2)$$

由式(16.3-2)可得出环行条件如下：

$$\begin{cases} Y = 0 \\ G = 0.02/G_T \end{cases} \tag{16.3-3}$$

式中：G_T 为变换传输线的特征导纳。

式(16.3-1)和式(16.3-2)的推导，各导纳都是按 G_T 归一化的。在环行器的铁氧体边界处，外接 50Ω 传输线，其特征导纳按 G_T 归一化数值为 $0.02/G_T$。

2）复合结的等效磁导率和介电常数

在设计研制中，需要知道铁氧体介质复合结的等效磁导率 $\bar{\mu}$ 和等效介电常数 $\bar{\varepsilon}$。设复合结中，铁氧体圆盘的厚度为 L_f，介质圆板的厚度为 L_d，接地板与中心导体间的距离为 $L_f + L_d$，铁氧体圆的有效导磁率为 μ_{eff}，介电常数为 ε_f，加载介质的介电常数为 ε_d；则下列关系式成立：

$$(L_f + L_d)/\bar{\varepsilon} = L_f/\varepsilon_f + L_d/\varepsilon_d \tag{16.3-4}$$

$$\bar{\mu}(L_f + L_d) = \mu_{eff}L_f + L_d \tag{16.3-5}$$

$$\mu_{eff} = (\mu^2 - k^2)/\mu \tag{16.3-6}$$

式中：μ 与 k 是铁氧体的导磁率强量元素：

$$\mu = 1 + \omega_0\omega_m/(\omega_0^2 - \omega^2)$$

$$k = \omega\omega_m/(\omega_0^2 - \omega^2)$$

$$\omega_m = 4\pi rM_s$$

$$\omega_0 = rH_i$$

$$H_i = H_0 - 4\pi N_z M_s$$

式中：r 为旋磁化比；M_s 为铁氧体材料的饱和磁化强度；N_z 为铁氧体圆板沿外磁场方向的退磁因子；H_0 为外磁场；ω 为微波角频率。

3）增加带宽的方法

工作于高场区的中心铁氧体结，其等效电导是随频率迅速变化的，电纳斜率参量也比较大，因此无外部匹配网络的环行器所能达到的频带甚小。文献提出用中心导体圆盘上设置开路线（开路线的内导体宽度与传输线内导体宽相同）及提高铁氧体材料规一化磁矩可以增加环行器的带宽。在设计中，开路线的内导体宽度小于传输线的内导体宽度，获得显著增加频宽的效果。

2. 大功率复合带线环行器结构组成

据文献报道，高功率带线环行器采用合成结，同轴线接头直径为 79mm，为保持高的峰值功率容量，两接地板间距离选择与同轴线外导体内径相当，中心导体的厚度选择与同轴线内导体直径相当，尺寸分别为 73mm 和 15mm。器件性能自然冷却峰值功率为 860kW，平均功率为 2.8kW。其频率为 412MHz ~ 438MHz，

20dB 隔离,工作带宽为 6.2%。

由此可见,提高耐峰值功率,必须加大同轴线接头尺寸,加大环行器带线腔体。现设计的带线复合结环行器,采用较小的同轴线接头尺寸,环行器外导体内径为 39mm,内导体外径为 16mm,自然冷却条件下,能承受峰值功率为 650kW,平均功率为 800W。其结构示意图 16.3 - 3 所示,结的中心采用 4 片铁氧体。图 16.3 - 4 为宽带内导体示意图。

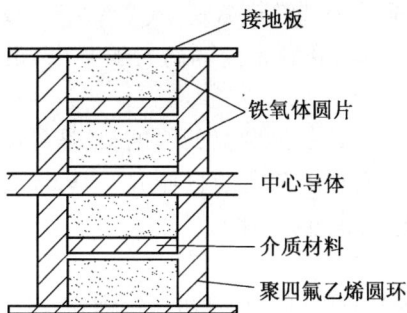

图 16.3 - 3 复合结构示意图

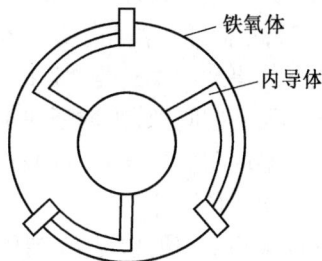

图 16.3 - 4 宽带内导体示意图

圆片和两片介质圆片复合构成,周围由聚四氟乙烯圆环紧紧密合,这种结构因中心导体和接地板之间距离间隔加大,铁氧体圆片周围填充介质圆片以及聚四氟乙烯圆环,提高了中心导体和接地板间隙的击穿强度。从而当铁氧体圆片实际厚度保持很小时,可将峰值功率击穿增加到最大的限度,而且铁氧体圆片较薄有利于通过接地板和中心导体散热。

现采用如图 16.3 - 3 的复合结构,铁氧体结并非全是铁氧体,而是由铁氧体和介质组成。由于铁氧体之间填充了低介电常数厚度为 δ 的聚四氟乙烯介质圆片,因此铁氧体结充填因子 ε 降低了,为铁氧体(ε_F)和介质(ε_d)合成的有效 ε_{eff},实际上 ε_{eff} 随介质厚度 δ 的增加而下降,这种情况因边界条件更为复杂,若要从数学上严格解出 KR 值比较困难。

另一方面,由于填充的聚四氟乙烯介质圆片厚度 δ 比较薄,仍可近似地假定 KR 值为 1.84,则式仍表示为

$$R = \frac{1.84\lambda}{2\pi\sqrt{\varepsilon_{eff}\mu_{eff}}} \qquad (16.3 - 7)$$

由式(16.3 - 7)定性地可见,铁氧体圆片半径 R 随着填充的聚四氟乙烯介质圆片厚度 δ 的增加,ε_{eff} 降幅增大。这对于研制高功率带线环行器是有利的。因此可以通过改变聚四氟乙烯介质圆片的厚度 δ 来增大铁氧体圆片半径 R,以便提高环行器的承受功率容量。

16.3-3　大功率环行器的设计

16.3-3-1　电气设计

大功率环行器的设计有一定的难度,它在 160MHz ~ 200MHz 频率范围工作时,体积大,质量重,用计算机进行辅助设计,很有必要。大功率问题必须考虑两个因素:一是耐受高的峰值功率,要求有大的腔体高,以防高压打火;二是耐受平均功率,要求样品有大的散热面积,可以采取一些散热措施,风冷或水冷,或外壳装散热片。本节设计腔体高 80mm 的环行器,在频带内隔离大于 18dB,驻波小于 1.32,正向插入损耗小于 0.6dB。

内导体厚度加大有两个目的:一是减少了铁氧体圆盘的厚度;二是可以利用内导体层间的间隙,采取通风散热措施。铁氧体圆盘的直径 $D_f = 192mm$,有足够的接触面积。$M_s = 49.7kA/m$ 采用非递增式过渡匹配。

16.3-3-2　热设计

在高平均功率的情况下,结环行器的设计除电性指标和机械结构外,还有热传导和散热因素,否则当功率较高时,铁氧体内的电磁损耗所产生的热量散发不出去,铁氧体的温度达到 T_f(样品的内表面温度),超过了承受能力(承受温度一般远低于材料居里温度),器件性能会严重恶化,甚至不能使用。

根据使用的功率高低不同,可采用① 空气自然散热、② 强制风冷、③ 水冷。

1. 空气自然散热

如图 16.3-5 所示,铁氧体在微波能量作用下电磁损耗把电能转化为热能,铁氧体温度升高。当铁氧体圆盘的上下两面达到热平衡时有一定的温差,通过温差把热能不断地散发到空气中去。热量从铁氧体散发出去,须经过两条路径:第一,从温度为 T_f(样品的内表面温度)的铁氧体内通过热传导方式传至温度为 $T_m(T_f > T_m)$ 的金属外壳;第二,金属外壳和温度为 T_0 的空气接触,通过自然冷却(热扩散)把能量传给空气。显然有 $T_f > T_m > T_0$。

设 $T_f - T_m$ 为铁氧体圆盘的上下温度差(不考虑铁氧体和金属平面接触温度可能有突变),由于铁氧体的热传导系数较低($k = 0.063W/cm \cdot ℃$),而金属的热传导系数较高,如铝 $k = 2.17W/cm \cdot ℃$,紫铜 $k = 3.94W/cm \cdot ℃$,钢 $k = 0.67W/cm \cdot ℃$,在金属壁不太厚的情况下,可认为金属外壳的温度没有梯度,温度主要在铁氧体的两面,它们和消耗功率之间的关系为

$$T_f - T_m = \frac{2Qd}{k \pi D_{f^2}} \qquad (16.3-8)$$

式中: d 为铁氧体的厚度(cm); D_f 为铁氧体直径(cm); k 为热传导系数; Q 为铁

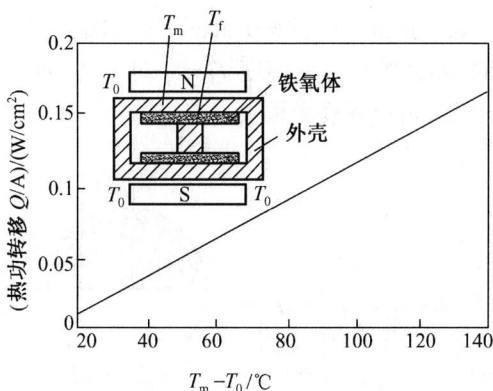

图 16.3-5　散热结构和散热曲线

氧体的损耗功率，$Q = P_{in}[1 - 10^{IL(dB)/10}]$，$IL(dB)$ 表示环行器的插入损耗。

在式（16.3-8）中已考虑了有双片铁氧体的情况。如设 $IL = 0.5dB$，$P_{in} = 30W$，$d = 0.5cm$，$D_f = 2.0$，算出 $Q = 3.26W$，然后算出温度差 $T_f - T_m = 8.24℃$。

关于外壳的自然散热问题，因为空气的热导系数很低（$k = 0.00028$ W/cm·℃），不能依靠空气的热传导方式散热，主要靠金属壳的热辐射和空气对流等因素。图 16.3-5 的散热曲线是通过模拟试验得出的经验数据。其方法是在环行器腔内设置一个加热电阻，在电阻上通过不同电流，测出电阻上的功率和环行器表面温度的关系。

接着上面的例子，当 $T_m - T_0 = 60℃$ 时，$Q/A = 0.067W/cm^2$，算出 $A = 48.6cm^2$（即为环行器外壳的总面积）。若 $T_0 = 20℃$，则 $T_m = 80℃$，而 $T_f = 88.24℃$，视铁氧体能否承受这个温度。

2. 强制风冷

若要降低铁氧体的承受温度，或进一步加大输入功率 P_{in}，那么应考虑用强制风冷。问题是如何采用强制风冷的措施。如图 16.3-6 所示，在腔体表面安装散热板，或者把环行器腔休表面直接做成散热板的形状。金属腔的表面温度 T_m 和气流之间的温度可用下式表示：

$$\frac{T_m - T_0}{Q} = \frac{4.78W}{N^{-0.2}Z^{0.2}F^{0.8}L} \qquad (16.3-9)$$

式中：L 为散热片长度；W 为散热片的间距；N 为散热片数；Z 为散热片高度；F 为气流量（m^3/min）。

仍用上述例子,装了散热片并且强制风冷以后,金属壳表面温度 T_m 如何?设 $L = 2\text{cm} \times 2\text{cm}$, $W = 0.2\text{cm}$, $N = 11$, $Z = 0.5\text{cm}$, $F = 0.05\text{m}^3/\text{min}$,则算出 $T_m - T_0 = 6.09℃$, $T_m = 26.09℃$,那么铁氧体的温度 $T_f = 8.24 + 26.09 = 34.33℃$,比原来的 $88.24℃$ 下降了 $53.91℃$,可以承受此温度。

进水口

出水口

A—A

(a) 散热板结构　　　(b) 冷却管道(左右两路并联)

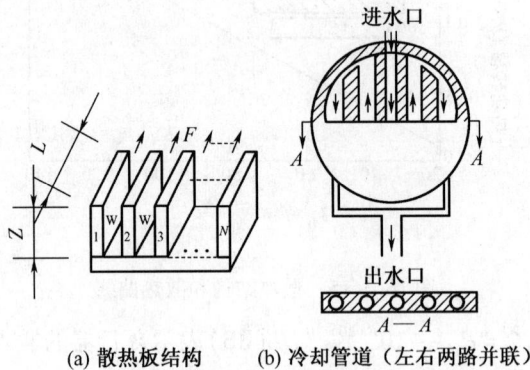

图 16.3-6　两种散热结构

3. 水冷

当功率进一步提高,以上两种方法不适用时,才考虑水冷方法。图 16.3-6 为环行器的腔壁内设计有冷却水管,它在铁氧体和磁铁之间,水管呈蛇形结构,上下腔完全一样,上下左右共 4 个水管并联通水(图中只表示了一个腔体的情况)。其散热方程可写成

$$\frac{T_m - T_w}{Q} = \frac{1.52 S^{0.4}}{F^{0.8} L} \qquad (16.3-10)$$

式中: T_w 为冷却水温(可取输入口和输出口的平均温度计算); S 为水管的截面积(cm^2); F 为每分钟的水流量(kg/min); L 为每个管道冷却的长度。

式(16.3-10)只能在四路管道并联的情况下才可使用。若环行器的平均功率高达 3kW,功耗为 300W;水流量 $F = 1\text{kg/min}$;管道长 $L = 10\text{cm}$;管口径面积 0.5cm^2,则计算出 $T_m - T_w = 34.56℃$。

16.3-4　高功率带线环行器性能

我们采用图 16.3-1 和图 16.3-2 两种微波结构形式,铁氧体材料采用 YCaVIG。在 200MHz~300MHz,500MHz~600MHz,1200MHz~1400MHz 工作频率范围内,获得了高优值的高功率带线环行器性能如下表所列。

高功率带线环行器电性能

频率/MHz	200～300	200～300	500～600	500～600	1200～1400
插耗/dB	<0.5	<0.5	<0.5	<0.6	<0.6
驻波	<1.3	<1.3	<1.3	<1.3	<1.3
隔离/dB	18	18	18	18	18
峰值功率/kW	2	50	200	1000	600
平均功率/kW	1.5	3	3	5	0.8
接头型号	L29	50～35	50～35	50～75	50～35
结构形状	Y	Y	Y	Y	Y
研制年代	2004—2010	2004—2005	1970—1975	1970—1974	1985—1996
冷却方式	自然	自然	自然	自然	自然
工作带宽	30%	26%	15%	7%	11%
应用特性	收发开关	收发开关	收发开关	隔离器	收发开关
环境温度/℃	-20～+60	-20～+60	-10～+50	-10～+50	-10～+50

第16章 连续波高功率环行器设计及应用

第17章 铁氧体电控(非电控)
微带天线技术

铁氧体微带天线和介质微带天线同时具有重量轻,成本低,易于加工,适当设计它的馈电位置,可以得到与馈线良好匹配和所需要的相位。为适应现代移动通信技术与军事技术的发展和应用,现介绍两种新型铁氧体微带天线基板的新应用。

17.1 非磁化铁氧体圆片微带天线设计

在20世纪八九十年代,国内外许多研究人员在磁性材料领域,已作了许多研发设计及应用。这些材料覆盖工作频率从30MHz到1GHz,但对应用在甚高频范围内的辐射元的初期未考虑到它的优点。磁性材料能用于甚高频范围内的辐射元,则辐射的机构将被小型化而且很简单。铁氧体在特性上是铁磁的,它可以很好地用于超高频范围。因此,在铁氧体构成中掺杂一些过渡元素,可克服铁氧体的大损耗特性,使得这些材料能够用作甚高频范围上的辐射元。

铁氧体材料的多种结构,由掺杂各种氧化物得到,随高温烧结成铁氧体片,并测量了铁氧体特性,如电阻率,品质因数,有效磁导率和介电常数,居里温度以及损耗正切。接着制作了铁氧体圆片,在它的两表面上敷有传导材料,在高频有用的辐射元电容配置,在50MHz频率范围上研究和测量了这些辐射元,这种辐射元大大地被减小尺寸,并有较大带宽和辐射方向图的新颖特性。图17.1－1为非磁化铁氧体集成微带基板元。

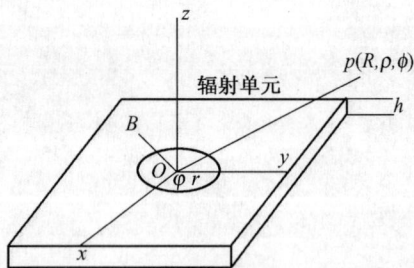

图17.1－1 非磁化铁氧体集成微带基板单元

17.1 –1 非磁化铁氧体微带基板设计

为在一铁氧体辐射片上的设计辐射元,应考虑下列参数:

(1) 在铁氧体内传播波长为

$$\lambda_g = \frac{\lambda_0}{(\mu_{eff}\varepsilon_{eff})^{1/2}}$$

其中,λ_g 为导波长,λ_0 为自由空间渡长,μ_{eff} 为铁氧体有效导磁率;ε_{eff} 为铁氧体样品的有效介电常数。

(2) 铁氧体基片起始相对导磁率 $\mu_r = \mu' - j\mu'$,其中,μ' 是对每个样品铁氧体材料用一环芯、紧密间隔匝数的环行线圈测量。

在这两种情况,由 Q 表测量出两种芯的电感 L_1 和 L_2,由此计算出 μ' 和 μ''。

(3) 由于馈电射频扬,有效导磁率随频率变化而变化,可表示为

$$\mu_{eff} = \frac{L \times 10^9}{4\pi N^2}\sum I/A$$

式中:L 为测量的电感 L_1 和 L_2 的和;N 为匝数;A 为环芯的横截面积;I 为磁化路径的横截面面积。

(4) 在 25MHz ~ 130MHz 频率范围内,用 Q 表测量此铁氧体样品的品质因数。

(5) 由关系式 $\varepsilon_r = (C_1/C_2)(t/t')\varepsilon_r'$,确定铁氧体基片的相对介电常数,其中 ε_r' 为有机玻璃块相对介电常数;t 为铁氧体块厚度;t' 为有机玻璃块厚度;C_1 和 C_2 分别为 25MHz 频率铁氧体和有机玻璃环的调谐电容,这可用 Q 表测量。

(6) 在测量铁氧体块平板电容器的电容量时,其品质因数 Q_1 和电容 C_1 分别与标准感应线圈品质因数 Q_2 和 C_2 对照。由此得到铁氧体介电损耗正切 $\tan\delta d$ 为

$$\tan\delta d = \frac{Q_2 - Q_1}{Q_2 + Q_1} \cdot \frac{C_2 + C_1}{C_2 - C_1}$$

式中:C 为感应线圈的本身电容。因此,对于铁氧体样品,在 25MHz 时,$\tan\delta d = 0.0072$。

(7) 小型圆盘辐射的谐振频率 f_r:

$k_{ro} = 2f_r \cdot r_0(\varepsilon_r)/C_0$,$a_{nm}$ 计算,其中,$a_{nm} = n$ 阶的贝塞尔函数导数的第 m 次零值,$C_0 = $ 真空中的相速,$K = $ 波数,r_0 为圆盘辐射器的半径。·

17.1-2 基板和辐射元的研究

对于在甚高频辐射元用的铁氧体是锂钴铁氧体。因为锂铁氧体损耗很大，掺钴可以使损耗减小，但此损耗不能被减小到合适的程度。当铁氧体作基片的微带辐射器时，窄带宽特性是明显的。

选择铁氧体材料应具有低损耗且有较大带宽的辐射特性。这里考虑了镁铁氧体。镁已被引入作为掺杂元素，且根据改进的技术在混合、加压和烧结的各种条件下制备了许多铁氧体样品，改进的技术如下：原材料（所有氧化物）——与粘结剂混合——在变化的压力下压实——第一阶段烧结——慢慢冷却到室温——在需要的温度下、在热空气中最后烧结——研磨和机械加工成型。

这种新方法需要定期地控制温度和控制在烧结期间的冷却，制备的铁氧体经受热处理没有几小时。被压浆料（混合材料）的原来颜色将不再保持原色，在烧结期间变成黑色。

整个处理的各种条件是要使铁氧体满足甚高频特性，得到 3 和 35 相对磁导率的铁氧体，以满足甚高频范围。

本研究中，考虑了圆片铁氧体，其表面敷有导电材料，构成的单元具有电容器配置，且有辐射特性。选择圆片配置以获得可行的全向辐射特性。

17.1-3 馈电研究

选择辐射器的馈点以适当匹配，这对馈线是基本要求，要保证馈点在辐射器的中心，需采取下列假定。矩形铁氧体片在两面均匀敷层，此片的轴向长度为 $\lambda_g/2$，其厚度为几毫米，许多精细孔用做馈点，它们在片边缘和中心之间间隔做得相等（即离边缘间隔 $\lambda_g/2$）。在这些馈点测量了单元的输入阻抗，给定近似 50Ω 的阻抗估值认为是实际的馈点。

对镁铁氧体的品质因数、有效磁导率、有效介电常数和损耗正切角等的测量结果如表 17.1-1 所示。从天线输入阻抗和电压驻波比测量结果看出，铁磁基片有较宽的工作带宽（表 17.1-2）。镁铁氧体作基片所制成的天线具有全向性、大带宽和高效率特性。

表 17.1-1　特性

频率/MHz	品质因数	损耗正切角/(°)	磁导率	介电常数
25	137	0.0072	27.11	20.331
70	120	0.0083	12.304	5.784
100	90	0.0111	8.043	4.336
110	84	0.0119	7.756	3.718

微带天线主要优点是基于铁氧体片天线谐振长度(天线尺寸)的适当减缩,这使微带天线结构在较低频率上可行。

表 17.1 - 2 输入阻抗、驻波关系特性

频率/MHz	输入阻抗/Ω	电压驻波比	频率/MHz	输入阻抗/Ω	电压驻波比
50	57.24	2.561	250	39.15	4.52
70	41.60	1.58	270	40.75	5.68
110	117.11	4.892	290	65.10	
130	40.01	3.68	310		4.4
150	36.25	6.993	330	41.6	1.68
170	47.35	2.02	350	23.58	
190	55.58	5.8	370	57.24	2.66
210	50.01	8.72	390	57.44	1.69
230	44.5	5.8	420	59.53	2.01

17.2 电控微带天线技术特性

17.2 - 1 微带天线应用特性

采用可控磁化的铁氧体集成微带基板,可改变电子束的扫描能力,这是一未被开发和研究的领域。

20 世纪 80 年代以来,微带介质天线已成人们热衷研究和应用的对象,具有平面化、小体积、重量轻、低成本、便于集成薄膜化等特点。国外在微带介质天线技术方面投入了很大的精力和资金。美国、加拿大等国将微带天线应用于星载合成孔径雷达进行地面侦察和资源勘探,日本也将介质微带天线应用于卫星直播电视接收系统。

电扫描天线单元多数用铁氧体移相器或 PIN 二极管移相器,单元数从千只到上万只。国外许多学者致力于开发一些简易可行的方案来降低成本和提高可靠性,研究各类铁氧体集成微带基板结构模型,可使电扫描体制简单化。

这个未被利用的技术领域突破后,将对现代雷达、电子侦察、电子对抗、卫星通信、遥测技术、医疗等具有特别重要的意义。

图 17.2 - 1 为铁氧体集成微带基板结构。由于铁氧体的旋磁特性,它具有一般介质天线所不具备的特性,如采用矩形贴片集成的薄膜化微带基板,铁氧体微带天线在单馈点容易实现圆极化,而一般介质微带天线只有在特定情况下才能实现圆极化。

另外,利用铁氧体在不同磁化状态下参数不同的特性,可以对天线的扫描方向进行控制,扫描范围30°。

由图17.2-1微带基板的背面,它被定位两个位置中的一个。控制激励线绕在磁回路上面,根据扫描要求可快速或慢速控制。

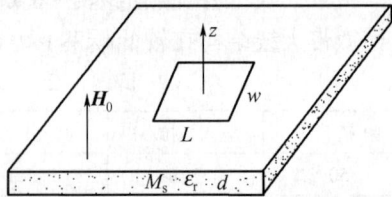

图17.2-1　微带基板结构

通过直流磁偏场可很好地控制微波铁氧体材料磁导率的张量,铁氧体材料的这些独一无二的性能广泛应用在可控的微波结构,如隔离器、移相器、开关等。近年来,非偏磁铁氧体材料已经用于平板天线,作为减小天线的尺寸。本节研究了用铁氧体材料获得印刷平板天线单元特性的可行性,而这些特性用通常的电介质基板是不可能得到的。

在平板天线系统中或用铁氧体材料许多的组合和可能性。偏磁场能有不同的用途,铁氧体材料可用作单一基板、多层电介质基板结构,可以作为平板天线的覆盖层,也可用作不均匀的电介质材料。铁氧体材料的应用提出了更进一步的复杂设计。这项工作的目的是要获得天线的特性或功能,而这些特性与功能用通常方法是不可能获得的。如文献及图17.2-1结构已证明通过调节外加直流偏磁场,印刷于铁氧体基板上的微带印刷平板天线谐振频率有超过40%的可调谐频率范围,偏磁铁氧体基板能够减少平板偶极子天线的表面波激励。

在研究印刷于铁氧体基板上的探针馈电微带天线和天线阵在通常偏磁场下的工作情况,证明了这种结构能获得3种独特的功能:

(1)从方形单一的探针馈电的矩形贴片得到圆极化的方法,在左圆极化(LHCP)和右圆极化(RHCP)之间可以转换,以及通过调节偏磁场得到可调节的相对频率。

(2)通过扫描角动态调节偏磁场,为相控阵微带天线提供广角阻抗匹配的方法。

(3)微带天线的通、断开关技术,在断开状态下,雷达天线的截面能减少20dB~40dB。

本节分析了包括印刷普通偏磁铁氧体基板上的探针馈电微带天线的3个独立的问题。① 研究单个单元的辐射特性(谐振频率、增益、辐射效率),说明两个探针馈电贴片激励圆极化模式时和用单个馈电探针时,就会产生这一现象。② 考虑到微带贴片单元的无限阵列,在这种情况下可以获得相同的圆极化效果。另外,通过将基板偏置到一最佳值可以使一个无限阵列微带单元的相对扫描角的阻抗匹配得到实质提高,而这个值取决于扫描角和扫描平面。③ 在研究单个微带贴片天线的雷达截面(RCS)时,将底板偏置到断开状态将有效地缩短天线单元,从而缩减雷达截面(RCS)。

17.2 - 2　贴片微带天线特性

在普通介质基板某一边中点上,单一探针馈电的矩形微带天线有一个单一线极化主模响应,具有两个相位相差90°,相互正交馈电的方形平板天线也有单一线极化主模响应,是否能辐射圆极化依赖于两个馈电的相对相位。然而,使用磁性铁氧体基板,将会产生完全不同的结果。当用两个正交馈电驱动平板天线响应圆极化模式时,图17.2 - 2给出了这种天线响应频率与偏磁场强度的对应曲线。数据表明LHCP和RHCP模式有不同的响应频率。参照下面空腔模式后,就会更加理解这种现象,这是因为LHCP和RHCP模式都形成了本征模,这两种模式的传播常数不同。图17.2 - 2的数据也表明每个模式的谐振频率可以

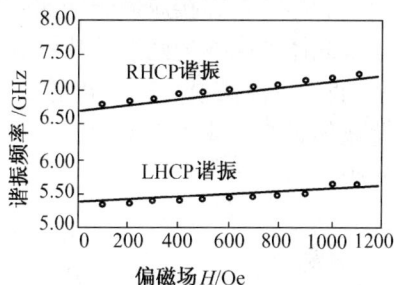

图17.2 - 2　天线响应频率和
偏磁场强度对应曲线

通过改变偏磁场强度进行调谐。根据偏磁场范围,LHCP模式的调谐范围为6%,RHCP模式的调谐范围是12%。另外,简单改变偏磁场极化就可以翻转极化方式。因而不管是工作在RHCP还是LHCP都可以调谐到12%;如果有更大的场强,就能获得更大的调谐范围。

更有实际意义的是,在方形铁氧体介质基板某一边中点上,具有单一馈电的平板天线能够具有圆极化。图17.2 - 2给出数据的工作天线工作点上得到RHCP或者LHCP。如对一个600Oe的偏磁场,通过控制工作在5.5GHz的天线可以得到LHCP,控制工作在6.9GHz的天线可以得到RHCP。在这两种情况下,天线是匹配的,并具增益4.5dB;辐射方向不会受普通铁氧体基板的影响。另外,通过简单改变偏磁场极化就可以改变极化的方式。

在整个调谐范围内,两种极化的谐振阻抗约为200Ω;简单地把馈点移到更靠近板的中心处就可以得到比较低的输入阻抗值。阻抗带宽约为1%,对于一个极化3dB带宽约为4%,而对另一个约为13%。当然,当偏置极化改变时,带宽也将改变,所以对另外一个RHCP或者LHCP要得到13%的轴比带宽是可能的。这表明用这种方法得到圆极化的性能有相当大的影响,且不仅仅局限于窄频带。在整个调谐范围内两种极化的天线增益约为4.5dB,对单馈点或是双馈点得到的是同样的结果。计算增益时的损失包括表面波引起的损耗,铁氧体介电损耗和磁损耗。如果具有两个馈点以圆极化模式工作在一定频率的天线,与

这个频率的首选极化模式相反,轴比较差,增益会下降几分贝。因此天线有一个极化选择的方式。

17.2 − 3　铁氧体圆形贴片天线空腔模型

为了便于直观理解以上描述的圆极化天线的工作状态,我们介绍一种以普通偏磁铁氧体为基板的圆形平板天线主 TM_{11} 模的简单空腔模型的方法。空腔模型中贴片的边缘条件是一个磁壁,并且与铁氧体微带环行器的解决方法相似。尽管它直接应用于印刷在介质基板上的矩形或圆形贴片,但仍能找到在铁氧体情况下的圆形贴片空腔模型的解决方法。如果圆形贴片应用等效半径,我们可以假设方形贴片的工作与圆形贴片相似。假设图 17.2 − 1 所示的普通偏磁铁氧体基板上的圆形贴片的半径为 a,在铁氧体领域 TM 模的波动方程为

$$\frac{\partial^2 E_z}{\partial \rho^2} + \frac{1}{\rho}\frac{\partial E_2}{\partial \rho} + \frac{1}{\rho^2}\frac{\partial^2 E_2}{\partial \varphi^2} + k^2 E_8 = 0 \qquad (17.2 − 1)$$

这里

$$k^2 = \omega^2 \mu \varepsilon_{\text{eff}} \qquad (17.2 − 2)$$

并且

$$\mu_{\text{eff}} = \frac{\mu^2 − k^2}{\mu} \qquad (17.2 − 3)$$

是有效磁导率,方向磁场为

$$H_\phi = \frac{-jY}{k\mu}\left(\frac{-jk}{\rho}\frac{\partial E_z}{\partial \phi} + \mu\frac{\partial E_z}{\partial \rho}\right) \qquad (17.2 − 4)$$

这里波导纳定义为

$$\gamma = \sqrt{\frac{\varepsilon}{\mu_{\text{eff}}}} \qquad (17.2 − 5)$$

一般求解 E_z 的方法为

$$E_z = \left[A^+ e^{jn\phi} + A^- e^{-jn\phi}\right]J_n(k\rho) \qquad (17.2 − 6)$$

这种方法描述方向图传播的场,这里 $n = +1$ 对应于 LHCP 模式,$n = -1$ 对应于 RHCP 模式。$\rho = a$ 处,TM_{11} 模式的磁壁边界条件为

$$H_\phi(\rho = a) = -jYA^+\left[J'_1(ka) + \frac{k}{ka\mu}(ka)\right] - jYA^- e^{-j\varphi}\left[J'_1(ka) − \frac{k}{ka\mu}J_1(ka)\right]$$

$$(17.2 − 7)$$

这样谐振频率可以从方程根中得到

$$J'_1(ka) \pm \frac{k}{ka\mu}J_1(ka) = 0 \qquad (17.2-8)$$

式中正号对应于 LHCP 模式,负号对应于 RHCP 模式。如果铁氧体不是磁性的,那么对于两个方程,根 $k=0$,并且 $ka=1.841$。

当铁氧体是磁性偏置时,对于 $n=1$ 和 $n=-1$ 两个模式的根是不同的,导致了不同的响应频率。方程(17.2-8)也说明改变偏置方向的影响是改变了极化方式,这是因为改变偏磁场的极化方式只能改变 k 的符号,却不能改变 μ 和 μ_{eff}。这里空腔模式用的圆形贴片的等效半径为 3.76mm,并包含了边缘场的影响,相当于一个 6.1mm×6.1mm 的方形贴片。

如果 $\mu_{\text{eff}}<0$,不可能有什么传播方法,这种情况在 $\sqrt{\omega_0(\omega_0+\omega_m)}<\omega<\omega_0+\omega_m$ 时才会出现。这对应着在铁氧体材料上方向图模式的截止状态,既然这些模式的传播方向与偏磁场垂直,相似于在偏磁场垂直方向上铁氧体媒质超平面波传播的截止影响。因而如果铁氧体偏置 $\mu_{\text{eff}}<0$,天线不再谐振。谐振频率在截止区上面,例如给出了一种平板天线尺寸已经谐振出现在截止区附近。这说明圆形微带天线工作在圆极化时的谐振频率对应于偏磁场的数据由空腔模式计算。RHCP 谐振出现在截止区上面,也会出现在截止区下面。实际上对于小偏磁场,在截止区下面的 RHCP 谐振频率值非常低。在截止区的每一边 LHCP 谐振分成两个曲线。在截止区的影响是用来减少 RCS,同时也给出了用全波模型计算偏置截止区的微带天线的输入阻抗的方法。

17.3 磁化铁氧体基片上的微带天线雷达截面

由于军事平台的雷达截面可以通过几何属性以及雷达吸波材料的使用来降低,因此考虑放置于这些结构之上的天线的 RCS 就变得越来越重要,因为天线的散射可能成为对整个低可见平台总的 RCS 最大的贡献因素。微带天线,可共形的,非常适于航空航天飞行器上使用,有关文献介绍了微带天线的 RCS。本节将给出印制在铁氧体基片上的微带天线的 RCS 理论计算结果,并说明如何通过改变加载在基片上的偏磁来控制天线的 RCS。

将铁氧体基片用于印制天线,这相对其他基片来说它提供了几个自由度。虽然所需的电磁偏置增加了天线重量以及基片背面的复杂度,但平面结构的简单和可共形性仍然得以保留。铁氧体基片已经被用于许多平面的移相器、隔离器和环行器,但是直到最近它们才被用于印制天线。在有关文献中,一个磁化的盖板被置于印制天线上面用以控制天线的辐射方向;一个偏磁的 YIG 基片被用来调节微带天线的工作频率,使其达到40%的带宽。

这里给出了一个铁氧体基片上微带天线的带宽 RCS 响应结果,并说明了如何通过改变磁偏转场而在频率上移动 RCS 的峰。仅仅考虑加载的磁偏场垂直于基片平面的情况,但是横向偏转场可能同样具有实际意义,如果没有其他因素,实际上它允许应用更小的磁场。磁化铁氧体微带天线基片几何形状如图 17.3－1 所示。

本节给出的结果都是基于铁氧体基片的格林函数,采用全波矩量法计算出来的。分析采用了理想同轴馈电模型,这对于小基片来说是可取的。适用于任意负载阻抗以及任意极化和入射角。

图 17.3－2 给出 3 种不同磁化条件微带圆片的 RCS 随频率变化的曲线。YIG 基片参数,$4\pi M_s = 1280 \times 10^{-4}\text{T}$,$\varepsilon_r = 15$,基片厚度 $d = 1.27\text{mm}$。微带贴片的长度 $L = 1.3\text{cm}$,宽度 $W = 1.1\text{cm}$,终端开路。入射角 $\theta = 30°$,$\varphi = 45°$从而激起尽可能多的谐振模式。入射平面波的电场在 θ 方向极化。

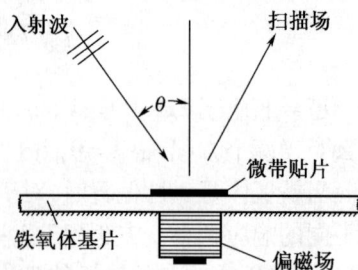

图 17.3－1 磁化铁氧体
微带天线基片几何形状

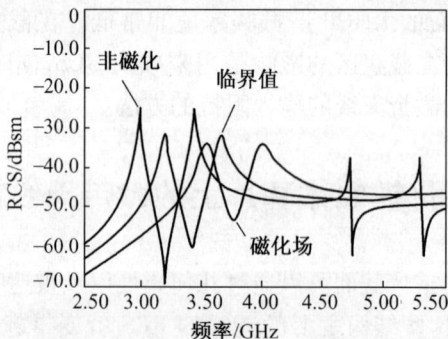

图 17.3－2 铁氧体基片 3 种不同磁化条件微带圆片的 RCS 随频率变化的曲线

非磁化状态有 $M_s = H_0 = 0$(H_0 是内部偏转场),所以铁氧体没有各向异性,而它的 RCS 响应在天线谐振频点上出现正常的峰。通过简单的腔体模型很容易得到谐振频率的大概结果。TM_{mn}模式的谐振频率估计值可由下式计算得到:

$$f_r = \frac{c}{2\sqrt{\varepsilon_r}}\sqrt{\left[\frac{m}{L}\right]^2 + \left[\frac{n}{W}\right]^2}$$

第 5 编 铁氧体其他器件及应用

式中：c 为光速；ε_r 为基片的介电常数（这只适用非磁化态，这时的基片是各向同性的）。

　　根据上面给出的贴片尺寸，TM_{01} 模的谐振频率约为 3.5GHz。这些值和图 17.3 - 2 中给出的数据十分接近。更高阶的模式在更高频率上谐振并出现 RCS 峰，尽管其中有些模式在特定的入射角和极化方向上不能被激起。但是 TM_{10} 是天线的主模，所以这个天线的收发工作频率约为 3GHz。

　　在"锁定"状态，铁氧体材料被磁化，然后去掉偏置，使得铁氧体处于剩磁态，$4\pi M_r = 1280 \times 10^{-4}T, H_0 = 0$（这在实际中是很有用的状态，因为这时不需要连续作用偏转场）。我们发现锁住铁氧体材料能引起 RCS 峰在频率上向上漂移约 200MHz，从而导致在 3GHz 的 RCS 值下降约 25dB。更大的频率漂移能通过对基片加载偏置来获得，正如 $H_0 = 100Oe$ 时曲线给出的那样。在这种情况下，频率漂移约 600MHz，而 3GHz 对应的 RCS 值下降约 35dB。加大偏转场能获得更大的频率漂移。

　　图 17.3 - 3 给出的情况和图 17.3 - 2 相似，除了贴片终端加了 50Ω 的匹配负载。同轴馈电的位置距离贴片边缘分别为 $L/6$ 和 $W/6$。观察到负载具有降低 RCS 峰值水平的作用，所以这种情况对频率调节是不太有利的，其他负载阻抗的情况同理可以分析。

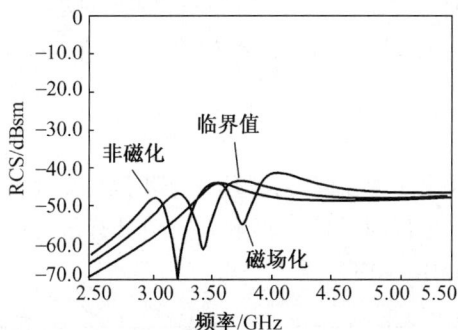

图 17.3 - 3　铁氧体基片 3 种不同磁化条件微带圆片的 *RCS* 随频率变化的曲线

　　这种频率调节作用和有关文献描述的磁化调节天线在原理上类似。控制 RCS 是很有用的，因为来自微带天线单元在特定频率上的散射可以通过适当的对基片加载偏置而被"破坏"。如果入射雷达信号的频率被确定（如来自 ESM 接收机），那么就可以对基片加载偏置，使天线的 RCS 在这个频点上产生零点（或者至少大大降低）。这样天线对雷达看起来就几乎是"不可见"的了。

17.4 电控铁氧体微带天线基板材料和计算

由图 17.3 – 1 选择低损耗 YIG 铁氧体,饱和磁化强度 $M_s = 0.14\text{T}$,$\varepsilon_r = 13.5$,$\tan\sigma_e \leqslant 10^{-3}$,微带基板尺寸 $10\text{cm} \times 10\text{cm} \times 0.2\text{cm}$,其设定频率 $5000\text{MHz} \sim 8000\text{MHz}$,根据上述参数,首先确定矩形微带元的宽度 W,由铁氧体材料的 δ_r 按下 ε_r 式计算出宽度 W

$$W = \frac{c}{2f_0} \cdot \left(\frac{\varepsilon_r + 1}{2}\right)^{-1/2} \qquad (17.4 - 1)$$

计算得 $W = 1.2\text{cm}$。

其次计算矩形微带元长度 L,当它为半个介质波长时,主模谐振频率为

$$f = \frac{c}{2 \cdot L_e \cdot \sqrt{\varepsilon_e}} \qquad (17.4 - 2)$$

式中: L_e 为有效长度。

计算得 $L_e = 1.0\text{cm}$。

由图 17.3 – 1 微带基板背面有马蹄形的磁回路,在此上面绕有 200 匝控制线以控制辐射波束扫描。由图 17.3 – 1 的结构,当用同轴馈电,馈电点的输入导纳为

$$Y_{in} = 1/Z_{in} \qquad (17.4 - 3)$$

其中

$$Z_{in} = Z_1 + jX_L,\ X_L = \frac{377}{\varepsilon_r} \cdot \tan\left(\frac{2\pi t}{\lambda_0}\right)$$

根据上述各表示式计算和调整,选用 3 个不同的频率点,测试可控电流下的 E 面、H 面方向波瓣(图 17.4 – 1)。辐射方向图具有偏移的趋向,同时加上可控电流时可增加增益 $6\text{dB} \sim 7\text{dB}$。

第5编 铁氧体其他器件及应用

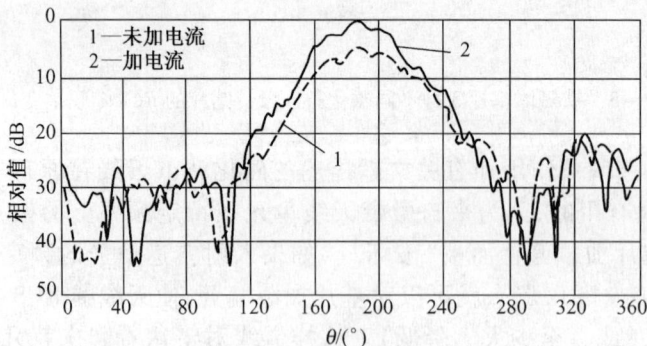

1—未加电流
2—加电流

(a) E 面 $f = 5000\text{MHz}$

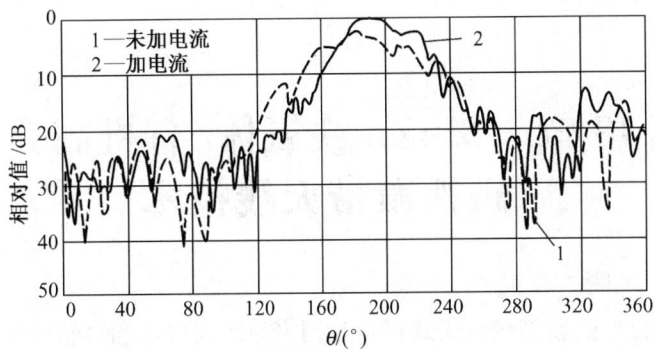

(b) E面 f=6000MHz

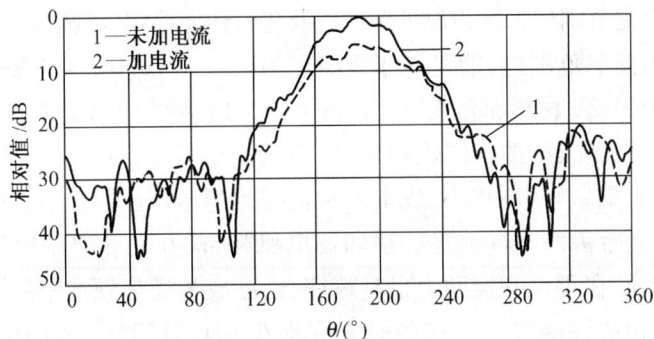

(c) E面 f=7500MHz

图 17.4-1　当发射天线辐射垂直极化波时,铁氧体微带天线在
横向加上和断开磁化电流时,测量天线波瓣图

第18章　MnZn 铁氧体/有机高分子磁性微带天线技术

　　本章所设计的新型微带天线材料是国家 863 高技术和自然科学基金资助的科研项目,纳米 MnZn/有机高分子材料。这种材料的基本特点是密度小,重量轻,在温度变化范围较大的情况下磁性能及化学性能稳定,高频微波激励下具有低损耗,使用频率范围广,能工作于 VHF/UHF、L、S(70MHz ~ 17000MHz)等波段,在目前的 MnZn 材料和介质衬底材料中,占据了新的应用优势。

　　目前,在微波天线的广阔领域里,微带天线已发展成为一个独立的课题,微带天线具有重量轻、体积小、成本低和良好的共形特性以及廉价的印制电路工艺技术。微带天线基本上是一块印制电路板,被开发和研制出许多形式的新型微带天线,在理论和实践上也日臻完善,已成为通信领域中的天线和系统工程师感兴趣的课题之一。这些研究大都在 GHz(1GHz ~ 50GHz)频段内进行,且天线一般是窄带的,这是电介质衬底微带天线一个特点。至今,由于考虑到尺寸过大,在 VHF/UHF 频段还没有广泛应用这种圆形或矩形等形状的微带天线。

18.1　MnZn 铁氧体/有机高分子微带天线结构和种类

　　纳米 MnZn/有机高分子微带天线与电介质衬底微带天线组成是一样的,微带天线是在一个薄层磁性基片上,一面附上金属薄层作为接地板,另一面用光刻腐蚀等方法做出一定形状的金属贴片,作为微带辐射元,利用微带线或同轴线探针对贴片馈电,而组成了微带天线。当贴片为一个面单元时,称为微带天线;当贴片是一个细长带条时,称为微带振子天线。贴片有种类众多的形状。

　　微带天线分为两大类,即微带天线和微带缝隙天线。微带天线有圆形、矩形、环形微带天线等,如图 18.2 - 1 ~ 图 18.2 - 4 所示。

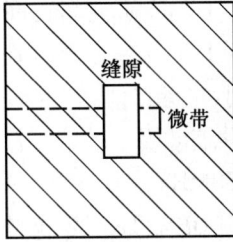

图 18.2 - 1 微带缝隙天线

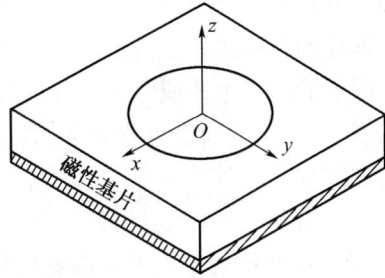

图 18.2 - 2 圆形微带天线

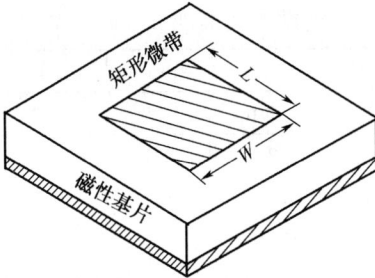

图 18.2 - 3 矩形微带天线

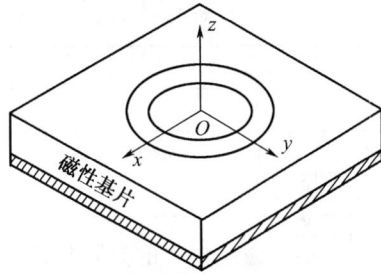

图 18.2 - 4 环形微带天线

18.2 MnZn 铁氧体/有机高分子微带天线基板设计

图 18.2 - 2 为有机高分子/MnZn 微带天线基片几何图,其两面均蒸发传导金属薄膜,厚 0.1mm,金属圆盘具有高频范围的辐射元。假定微带天线基本工作频率为 70MHz ~ 1700MHz,以下对它的几个主要问题进行叙述。

18.2 -1 有机高分子/MnZn 铁氧体基板材料比较

1. 有机高分子磁性材料特性

由四川师范大学化学院林展如教授等研制开发的有机高分子磁性材料具有密度小、重量轻的特点,在较广温度范围内(15K ~ 450K)磁性能稳定,在高频微波激励下,损耗低,适用频率范围广,利用不同厚度尺寸,能设计各种定向线极化要求的微带天线。在目前的磁性材料和介质衬底材料中,它占据了新的优势。在相对介电常数为 ε'_r 和相对磁导率为 μ'_r 的介质材料中,电磁波的波长按 $1/\sqrt{\varepsilon'_r\mu'_r}$ 倍数减小,其中: $F = \sqrt{\varepsilon'_r\mu'_r}$ 称为缩波因子。因此,要使电子器件或天线的几何尺寸减小,F 值要大,即 ε'_r 及 μ'_r 应尽量大,而直接影响电子器件或天线性能的输入阻抗和效率等参数的电磁损耗正切 $\tan\delta$ 要小。虽然,常用的 PTFE/陶瓷介电基片的高频损耗小,但它的介电常数都在 10 以下,缩波因子小,难以缩小电子器件的几何尺寸。合成的二茂铁高分子磁体(OPM)研究其在高频微波下最大限度的缩小天线或电子器件的几何尺寸,利用 PTFE/陶瓷介电基材常用的金红石型 TiO_2,具有介电常数较大而介电损耗较小的特点,将它与磁损耗较低的新型高分子软磁材料 OPM 复合,有可能得到一种缩波因子数倍于目前微波应用介电基材的新型缩波材料。因此,研究了其在 50MHz ~ 3000MHz 频率下 μ',μ''、ε' 及 ε'' 4 个重要电磁参数的变化规律,以便利用 OPM/TiO_2 复合材料良好的缩波性能,探索其在更轻、更小、更薄的电子器件及天线上的应用。表 18.2 - 1 为二茂铁有机磁体电磁参数特性。

表 18.2 - 1　二茂铁有机磁体电磁参数特性

型号	μ	ε_r	$\tan\delta \times 10^{-3}$	型号	μ	ε_r	$\tan\delta \times 10^{-3}$
JV_1	1.5	5.7	3	JV_4	2.6	7.5	3
JV_2	2.0	8.6	3	JV_9	2.5	8.5	3
JV_3	2.5	13	3	T_{32}	1	12.5	2

2. MnZn 磁性材料的高频特性

由中科院物理研究所国家磁学重点实验室赵见高研究员等研制开发的纳米 MnZn 铁氧体材料,同样具有低损耗特性,利用纳米 MnZn 材料不同厚度,不同直径,设计出了较低频率 $f = 70MHz \sim 2500MHz$ 的微带天线,目前同样设计出各种定向线极化要求的微带天线。它在较低频率显示了它的新颖特性,磁参数为 5 类材料分别定名为 PMT、PMH、PMN、PMY、PMZ、PM(表 18.2 - 2)。

表 18.2 - 2　5 类材料在 500MHz 和 1000MHz 下的电磁参数

型号	PMT		PMH		PMN		PMY		PMZ	
频率/MHz	500	1000	500	1000	500	1000	500	1000	500	1000
μ	2.23	1.83	2.48	1.90	2.22	2.03	2.05	2.00	2.00	2.09
$\tan\delta_\mu$	4.2×10^{-3}	2.8×10^{-2}	6.2×10^{-3}	3.7×10^{-2}	3.6×10^{-3}	1.4×10^{-2}	5.5×10^{-4}	1.7×10^{-3}	1.2×10^{-3}	1.1×10^{-3}
ε	3.56	3.34	2.70	2.08	2.26	2.16	2.34	2.34	2.41	2.10
$\tan\delta_\varepsilon$	4.4×10^{-4}	1.5×10^{-3}	4.5×10^{-4}	1.0×10^{-3}	2.6×10^{-5}	1.0×10^{-4}	1.7×10^{-5}	7.9×10^{-5}	1.7×10^{-4}	1.2×10^{-4}

当电磁波通过相对介电常数 ε_r 和相对磁导率 μ_r 的材料时,同样几样其介质波长则缩短 $1/\sqrt{\varepsilon_r\mu_r}$ 倍,对于设计 MHz 级任一频段的微带贴片天线时也是选用的优质材料。

18.2−2 有机高分子/MnZn 磁性圆形辐射单元设计

1. 有机高分子/纳米磁性基片的有效导磁率 μ_{eff} 和有效介电常数 ε_{eff} 的解析式

有机高分子/纳米磁性材料同时具有相对导磁率 μ_r 和相对介电常数 ε_r，将其作为微带天线基片，由于金属贴片的有限尺寸，使场不能全部聚集在磁性材料中，因此，作成微带天线时，磁性基片的有效导磁导率 μ_{eff} 和有效介电常数 ε_{eff} 都将小于磁性材料本身的相对磁导率 μ_r 和相对介电常数 ε_r，但在设计微带天线时，必须知道基片的 μ_r,ε_r 来计算 $\varepsilon_{\text{eff}},\mu_{\text{eff}}$ 的解析式。

根据 H. A. Wheeler 表达式导出了介质基片的有效介电常数 ε_{eff} 与相对介电常数 ε_r 的关系式，用一个介质填充因子 Q_d 将 ε_{eff} 和 ε_r 联系起来，即 $Q_d = \dfrac{\varepsilon_{\text{eff}} - 1}{\varepsilon_r - 1}$，这里 Q_d 和 ε_r 都是有效介电常数 ε_{eff} 和微带几何形状因子 W/h（微带导体宽度 W 与基片厚度的比值）的函数。对于铁氧体材料基片，T. Kaneki 利用电磁对偶性导出了与电介质基片情况类似的有效磁导率 μ_{eff} 与相对磁导率 μ_r 和几何形状因子 W/h 的函数关系，在麦克斯韦方程中，ε_r 与 $1/\mu_r$ 是对偶关系，假设磁性基片中仍然近似地传输 TEM 模，也即存在

$$\mu_{\text{eff}}(\mu_r \cdot W/h) = \frac{1}{\varepsilon_{\text{eff}}\left(\mu_r^{-1}, \dfrac{W}{h}\right)} \tag{18.2 − 1}$$

这样，不必求解铁磁基片中的磁场分布，便可直接将电介质情况下 ε_{eff} 的计算公式中的 ε_r 换成 $1/\mu_r$，ε_{eff} 换成 $1/\mu_{\text{eff}}$，便得到计算有效磁导率的公式，因此，可将磁性基片的填充因子写成

$$Q_m = \frac{\mu_e^{-1} - 1}{\mu_r - 1} \tag{18.2 − 2}$$

$$Q_m(\mu_r \cdot W/h) = Q_d(\mu_r^{-1}, W/h) \tag{18.2 − 3}$$

磁损耗正切 $\tan\delta_m$ 的填充因子与有效值的关系为

$$Q_{mL} = \frac{1 - \mu_{\text{cff}}}{1 - \mu_r} \tag{18.2 − 4}$$

基片中传输 TEM 模的假设，允许呈现电介质特性，又呈现磁性特性的铁磁基片的微带特性阻抗 z_0，写成简单的表达式

$$z_0 = z'_0 \sqrt{\frac{\mu_{\text{eff}}}{\varepsilon_{\text{eff}}}} \tag{18.2 − 5}$$

$$\lambda_{\mathrm{g}} = \lambda_0 \Big/ \sqrt{\varepsilon_{\mathrm{eff}} \cdot \mu_{\mathrm{eff}}} \qquad (18.2-6)$$

其中,z_0 为 $\mu_{\mathrm{r}} = \varepsilon_{\mathrm{r}} = 1$ 时的特性阻抗。

采用 Wheeler 表达式(只对无磁性的介质材料),有效介电常数为

$$\varepsilon_{\mathrm{eff}} = \left[\frac{z'_0(W/h,l)}{z_0(W/h,\varepsilon_{\mathrm{r}})} \right] \qquad (18.2-7)$$

对于微带特性阻抗与相对介电常数 ε_{r} 和几何形状因子 W/h 的关系,解析式是以分段形式给出的。经 R. A. Pucel 推导,得到计算 ε_{e} 的解析式为

$$\begin{cases} \varepsilon_{\mathrm{e}} = \dfrac{1+\varepsilon_{\mathrm{r}}}{2}\left(\dfrac{A}{A-B}\right)^2 & (W/h \leqslant 2) \\[3mm] \varepsilon_{\mathrm{e}} = \varepsilon_{\mathrm{r}}\left(\dfrac{C}{C-D}\right)^2 & (W/h > 2) \end{cases} \qquad (18.2-8)$$

式中

$$\begin{cases} A = \ln\dfrac{8h}{W} + \dfrac{1}{32}\left(\dfrac{W}{h}\right)^2 \quad B = \dfrac{1}{2}\left(\dfrac{\varepsilon_{\mathrm{r}}-1}{\varepsilon_{\mathrm{r}}+1}\right)\left[\ln\dfrac{\pi}{2} + \dfrac{1}{\varepsilon_{\mathrm{r}}}\ln\dfrac{4}{\pi}\right] \\[4mm] C = \dfrac{W}{2h} + \dfrac{1}{\pi}\left[\ln 2\pi e\left(\dfrac{W}{2h} + 0.94\right)\right] \\[4mm] D = \dfrac{\varepsilon_{\mathrm{r}}-1}{2\pi\varepsilon_{\mathrm{r}}}\left\{\ln\left[\dfrac{\pi e}{2}\left(\dfrac{W}{2h} + 0.94\right)\right] - \dfrac{1}{\varepsilon_{\mathrm{r}}}\ln\left(\dfrac{e\pi^2}{16}\right)\right\} \end{cases}$$

$$(18.2-9)$$

由式(18.2-8)便可计算介质的填充因子 Q_{d} 和 Q_{dL}。

利用式(18.2-1)对偶关系,得到磁性基片的有效导磁率 μ_{e} 的解析式为

$$\begin{cases} \mu_{\mathrm{e}} = \dfrac{2\mu_{\mathrm{r}}}{1+\mu_{\mathrm{r}}}\left(\dfrac{A-B'}{A}\right)^2 & (W/h \leqslant 2) \\[3mm] \mu_{\mathrm{e}} = \mu\left(\dfrac{C}{C-D'}\right)^2 & (W/h > 2) \end{cases} \qquad (18.2-10)$$

式中 A 和 C 由式(18.2-9)给出,B',D' 可由 B,D 的表达式,令 $\varepsilon_{\mathrm{r}} = \mu^{-1}$ 得到:

$$B' = \dfrac{1}{2}\left(\dfrac{1-\mu_{\mathrm{r}}}{1+\mu_{\mathrm{r}}}\right)\left[\ln\dfrac{\pi}{2} + \mu_{\mathrm{r}}\ln\dfrac{\pi}{4}\right]$$

$$D' = \dfrac{1-\mu_{\mathrm{r}}}{2}\left\{\ln\left[\dfrac{\pi e}{2}\left(\dfrac{w}{2h} + 0.94\right)\right] - \mu_{\mathrm{r}}\ln\left(\dfrac{e\pi^2}{16}\right)\right\} \qquad (18.2-11)$$

现在采用的有机高分子纳米磁性材料既带磁性又带电性,仍然以假定其中传输 TEM 模,这样,便可利用式(18.2-8~18.2-10),根据有机高分子/纳米磁性基片上的相对导磁率 μ_r,相对介电常数 ε_r,相对介电常数 ε_r 和几何因子 w/h 计算其有效磁导率 μ_{eff} 和有效介电常数 ε_{eff}。经微带天线设计证明,这样做是完全可行的。上述公式用于计算有机高分子/纳米磁性基片的 μ_{eff},ε_{eff} 精度高,能满足微带天线的设计要求。

有机高分子/纳米 MnZn 基片有效磁导率 μ_{eff} 和有效介电常数 ε_{eff} 的计算公式,对设计制作磁性基片微带天线准备了必要的基础。利用圆形微带天线 TM_{nm} 模的谐振场,用腔模理论分析内场,其谐振频率用下式计算:

$$f_{nm} = \frac{k_{nm}c}{2\pi a \sqrt{\varepsilon_{eff}\mu_{eff}}} \qquad (18.2-12)$$

式中:k_{nm} 是 n 阶贝塞尔函数导数 $J_n(k_{nm}a)$ 的第 m 个零点,整数 m 表示场沿径向变化的次数,整数 n 表示场沿方位角变化的次数;c 是真空中的光速。把有机高分子/纳米磁性参数和设定的频率代入此式计算,例如对于 $n=1$ 和 $m=1$,可求得圆形贴片半径 $a=2.25\text{cm}$。又考虑到边缘场效应,实际的圆形贴片半径应稍大些,其等效半径为

$$a_e = a\left[1 + \frac{2h}{\pi a} \cdot \frac{1}{\varepsilon_r \mu_r}\left(L_n \frac{\pi a}{2h} + 1.7376\right)\right]^{1/2} \qquad (18.2-13)$$

式中:h 为圆片厚度,一般可取 $h=0.3\text{cm}\sim0.4\text{cm}$。

由式(18.2-13)计算得 $a_e=2.27\text{cm}$。与式(18.2-13)计算比较,式(18.2-12)可在工程设计上作近似应用。

2. 馈电方法和馈电点设计考虑

馈电方法有微带馈电和探针馈电。探针馈电是微带天线最常用的一种馈电方式,其优点之一,它所占空间比微带馈电小,圆形或矩形辐射单元也可用探针从其背后来馈电,其方法是将过渡装置的内导体一直延伸到微带辐射贴片上,并焊牢,以取得良好的接触。探针引入的电感也是馈电设计中的一个重要因素。馈电探针首先不能位于微带腔模的波节位置。选择圆形辐射元的馈电以适当匹配,这对馈线是基本要求,要保证馈电在圆形辐射元的适宜位置。圆形辐射元上面设置了许多精细孔用作馈电,在这些馈电上测量了单元的输入阻抗,以确定近似 50Ω 的阻抗估计值,被认为是实际的馈电。根据这些测量研究,圆形辐射中心被认为是给出最佳匹配条件的适宜馈电。

18.2-3 MnZn/有机高分子微带天线性能测试

有机高分子/纳米磁性微带天线增益、驻波比等性能见表 18.2-3。

表18.2－3　磁性微带天线增益等性能

频率范围/MHz	380～420	910～970	2400～2600
增益/dB	5.61	5.1	0/＋1
驻波比	1.5	1.5	1.5
极化形式	线极化	线极化	线极化
阻抗/Ω	50	50	50
功率容量/W	40	20	10
环境温度/℃	－40～＋80	－40～＋80	－40～＋80
基板尺寸/mm	70×70×4	60×60×4	60×60×4
频率范围/MHz	450～480	1400～1520	1590～1790
增益/dB	3	5	4
驻波比	1.5	1.5	1.5
极化形式	线极化	线极化	线极化
阻抗/Ω	50	50	50
功率容量/W	40	20	20
环境温度/℃	－40～＋80	－40～＋80	－40～＋80
基板尺寸/mm	70×70×4	60×60×4	60×60×4

18.2－4　MnZn/有机高分子微带天线应用

卫星通信和移动通信的蓬勃发展,有力地推动了微波天线技术的迅猛发展,现已发展成单独的一个研究领域。

磁性基板微带天线能减小 VHF/UHF 频段的天线尺寸外,还有低频特性好、频带宽、容易和空间阻抗匹配及加工制作这些电介质微带天线性能良好,它将在我国的卫星通信,移动通信,火车通信,公安安全系统通信,医疗仪器以及蓝牙技术等领域有很大的应用前景。

在实际应用中,要求天线具有高增益、高功率、低付瓣、波束扫描或控制等特性,由于天线阵或相控阵天线可获得这些特性,从而使阵列技术得到广泛应用。随着磁性微带天线的出现和发展,许多设计者对微带天线馈电阵列产生了浓厚兴趣。微带天线阵、相控阵与其他类型天线阵相比具有突出的优点,即功率分配器、馈电网络、移相器和微带天线都集成在一介质基板上,并制成全集成微带天线阵和相控阵系统,广泛用于军事技术和民用技术,如各种空间飞行器、导航卫星定时和测距全球系统的高性能接收天线等。

磁性微带天线不但有垂直极化、水平极化、还有左、右旋圆极化波以及双频率等工作形式。圆极化天线更适用于卫星接收天线和 GPS 定位天线等,目前各频段极化领域还需进一步的开发和设计,特别是 1MHz～100MHz 的磁性基板,磁性材料研制者还要深入探讨。

多年来,利用上述两种磁性基板开发设计成新型的微带天线,并取得了重要的理论和实验测试数据,为低频率(MHz)通信应用奠定了基础。

第19章 铁氧体电控极化阵列单元
设计及应用

19.1 铁氧体全极化阵列单元设计

众所周知,雷达相控阵天线的发展大大地促进了铁氧体移相器的开发研究。过去30多年所研发的双模圆极化移相器,互易移相器,极化不灵敏移相器,旋转场双工移相器,矩波导移相器等快速可变移相为完成天线波束无惯性扫描技术提供了使用的电控器件。

20世纪70年代—90年代,国内外设计研究快速变极化天线,其组成由两个3dB电桥和两个可变移相器等元件级联。φ_1,φ_2 在 $0\sim180°$变化时,实现任意功率分配比以构成极化快速变化天线,完成对目标反射信号和杂波起伏回波极化特性研究。这种天线可适用发射和接收任意椭圆极化波,并能承载大功率容量。这里介绍一种新型一体化铁氧体全极化域天线。铁氧体天线各种形态(各种轴比),各种姿态(各种轴倾角)和不同极化方向,并由 Poincare 极化球来描述。这种铁氧体天线有许多优点:其一,快速极化变换转换时间为毫秒级,铁氧体棒磁回路上的 DC 电流或交流电流控制;其二,稳定可靠极化方式快速转换没有机械转动部件;其三,结构紧凑,重量轻,成本低;其四,应用范围广泛,它适用于 L 波段到毫米波波段。

19.1-1 铁氧体天线种类及工作原理

雷达及通信对铁氧体天线要求不仅把单一极化(水平或垂直)波变成任意极化辐射。同时能接收全极化波,即把任意极化变成单一极化接收。要完成这一功能,对铁氧体全极化天线辐射的幅度和相位均要分别控制,为了获得这一结果,分别拟定几种方案。

19.1-2 横向磁化铁氧体天线单元

铁氧体天线结构采用充满金属化铁氧体圆棒或方棒波导,由变极化移相段(V)、差相移段(φ)、辐射单元等组成,如图 19.1-1 所示。

当左端输入水平极化波或垂直极化波时,则右端可获得全极化波辐射。现

| 变极化移相段(V) | 差相移段(φ) | 辐射单元 |

| 极化电源 | 相位电源 |

图 19.1 - 1　横向磁化铁氧体天线结构

定义极化矩阵$[T]$,其表示为

$$[T] = [T]_\varphi \cdot [T]_\alpha = \begin{bmatrix} e^{j\Delta\varphi} & 0 \\ 0 & 1 \end{bmatrix} \begin{bmatrix} \cos\alpha & j\sin\alpha \\ -j\sin\alpha & \cos\alpha \end{bmatrix} = \begin{bmatrix} \cos\alpha e^{j\Delta\varphi} & j\sin\alpha e^{j\Delta\varphi} \\ -j\sin\alpha & \cos\alpha \end{bmatrix}$$

$$(19.1 - 1)$$

若输入水平极化波$\begin{bmatrix} 1 \\ 0 \end{bmatrix}$时,则辐射端输出的极化波为

$$\begin{bmatrix} E_x \\ E_y \end{bmatrix} = [T]\begin{bmatrix} 1 \\ 0 \end{bmatrix} = \begin{bmatrix} \cos\alpha e^{j\Delta\varphi} \\ j\sin\alpha \end{bmatrix} \qquad (19.1 - 2)$$

式中:

$$\varphi = \Delta\varphi - 90° \qquad (19.1 - 3)$$

当$\alpha[-90°,90°]$,$\varphi[-90°,90°]$域内变化时也可获得全极化辐射,图19.1 - 1结构对极化具有互易特性,可收发共用。

19.1 -3　纵向磁化铁氧体天线单元

利用法拉第旋转效应,纵向磁化铁氧体天线由两段铁氧体法拉第旋转移相段、$\lambda/4$ 波片移相器(或 $\lambda/2$ 波片移相器)、辐射单元及移相电源构成,如图 19.1 -2。

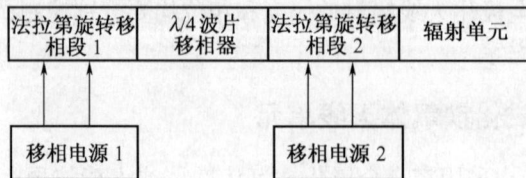

| 法拉第旋转移相段 1 | $\lambda/4$ 波片移相器 | 法拉第旋转移相段 2 | 辐射单元 |

| 移相电源 1 | 移相电源 2 |

图 19.1 -2　纵向磁化铁氧体天线结构

由图 19.1 - 2 的一体化结构,其极化矩阵 $[T]$ 为

$$[T] = \begin{bmatrix} \cos\theta_2\sin\theta_2 \\ -\sin\theta_2\cos\theta_2 \end{bmatrix} \cdot \begin{bmatrix} 1 & 0 \\ 0 & j \end{bmatrix} \cdot \begin{bmatrix} \cos\theta_1\sin\theta_1 \\ -\sin\theta_1\cos\theta_1 \end{bmatrix}$$

$$= \begin{bmatrix} \cos(\theta_1 - \theta_2)\sin(\theta_1 - \theta_2) \\ -j\sin(\theta_1 - \theta_2)j\cos(\theta_1 - \theta_2) \end{bmatrix} \qquad (19.1 - 4)$$

当输入垂直极化波 $\begin{bmatrix} 0 \\ 1 \end{bmatrix}$ 或水平极化波 $\begin{bmatrix} 1 \\ 0 \end{bmatrix}$ 时,则有

$$\begin{bmatrix} E_x \\ E_y \end{bmatrix} = [T]\begin{bmatrix} 0 \\ 1 \end{bmatrix} = \begin{bmatrix} \sin(\theta_1 - \theta_2) \\ j\cos(\theta_1 - \theta_2) \end{bmatrix} \qquad (19.1 - 5)$$

由式(19.1 - 5)表示,当控制两线圈不同磁化场时,两线圈中电流便能改变椭圆的倾角,当控制线圈输出 + mA 数值变换成 - mA 数值时,椭圆的主轴方向由 -45°变化到 +45°。图 19.1 - 2 对极化具有非互易特性,此全极化天线单元只能作单发或单收。

19.1 - 4　铁氧体天线设计

根据图 19.1 - 1,变极化移相段完成幅度调整;差相移段完成相位调整,这两种结构表示在铁氧体棒上不同方向的四磁场磁化来实现全极化功能。这种结构设计比较紧凑,先选一段充满金属化铁氧体方棒或圆棒波导,按一定方向磁化,当垂直极化波或水平极化波馈入线极化电场 E_0 时,E_0 分解为两个独立分量场 E_1 和 $E_2(\theta = 45°)$,当输入电磁波信号通过铁氧体移相段,E_1、E_2 具有不同的传输常数,其差相移段传输常数为

$$\Delta\beta = \frac{2.106}{a}(k/\mu) \qquad (19.1 - 6)$$

式中:a 为充满铁氧体圆波导半径(cm);k 为归为化磁矩;μ 为磁导率。

由式(19.1 - 6),当 X 波段工作频率为 9.5GHz ~ 10GHz,铁氧体归一化磁矩 $P = 0.56$,圆波导半径 $a = 0.35$(cm)时,计算铁氧体天线有效长度为 2.8cm ~ 3cm。

19.1 - 5　铁氧体天线仿真结果

由图 19.1 - 1 所示的铁氧体结构及辐射单元基本物理尺寸,对铁氧体天线四单元 L、S、C、X、Ku、Ka 波段,铁氧体单元天线驻波与频率的关系,单元天线波瓣,单元天线增益及四单元天线增益如图 19.1 - 3 ~ 图 19.1 - 6 所示。

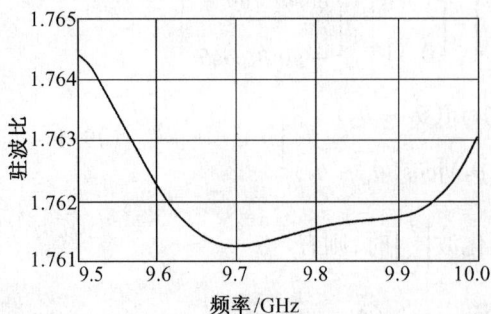

图 19.1 - 3 单元天线驻波和频率关系

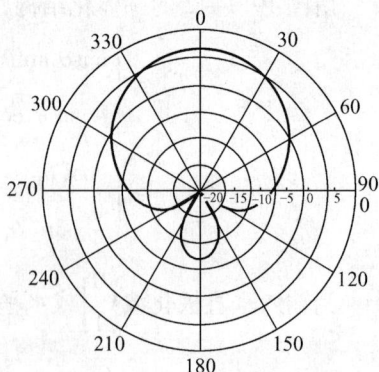

图 19.1 - 4 单元天线波瓣

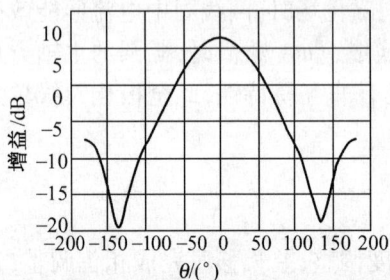

图 19.1 - 5 单元天线增益

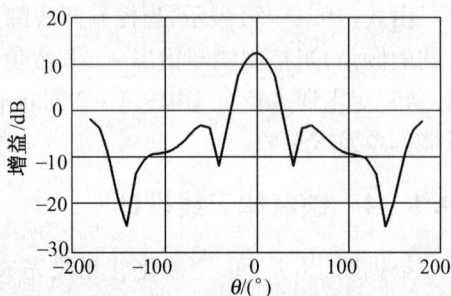

图 19.1 - 6 四单元天线增益

19.1 - 6　铁氧体电控全极化天线发展应用

1. 雷达及通信极化抗干扰应用

利用极化正交性可设计极化滤波器,使干扰极化波被抑制,如抗云雾干扰,地物干扰,积极和消极干扰等,以提高雷达及通信抗干扰能力。

2. 极化域扫描用

为获得目标的极化信息,得到体目标的一些特征是识别目标的途径之一。因为目标的极化状态是随机可变的,所以必须考虑极化扫描和极化跟踪问题。所谓极化扫描,它与波束扫描不同的是波束在空域中快速扫描。极化域扫描具体是在 Poincare 极化球面上扫描,对波束有方位和俯仰扫描,根据控制极化参数不同,有各种不同的扫描方式,它们均在极化域中进行。

3. 卫星通信系统中应用

新型极化移相天线在军事及民用卫星通信相控阵天线中有诸多优势:
① 不易被干扰和破坏;② 隐藏性好,可装载普通汽车上,一般不易辨认;③ 机动

性强,不易被敌方打击。因此,这种卫星通信相控阵是现代战争中的重要手段之一。另外,随着社会的发展和科学的进步,利用移动相控阵技术提高通信能力,将成为人类社会生活和经济活动中一个重要组成部分。在行驶的汽车里,通过卫星通信与大洋彼岸的朋友通话,了解世界各地财经、股市行情及时事新闻。这种全极化移动通信较容易控制并获得自适应极化信息。

4. 组合崭新移相全极化天线单元应用

它由固定非互易圆极化器,纵向磁化的法拉第旋转移相段,构成双模互易移相器,其输出端为四磁极场全极化天线,以实现垂直、水平、左旋、右旋椭圆极化波。它们分别独立控制。这样,把相控阵技术和极化雷达、通信技术相结合后,形成新型极化相控阵体制。

5. 铁氧体全极化阵列天线单元仿真特性(表19.1-1)

表19.1-1 铁氧体全极化阵列天线单元仿真特性

频段	L	S	C	X	Ku	Ka
驻波	<1.6	<1.6	<1.5	<1.5	<1.5	<2
天线增益/dB	6.5	6.5	6.5	7	6	6
工作带宽/(%)	5~6	5~6	6~8	6~8	5~6	5
单元基本尺寸/mm	$\phi45\times250$	$\phi20\times100$	$\phi10\times70$	$\phi6\times50$	$\phi4\times40$	$\phi1.5\times30$
极化方式	任意极化					
应用特性	抗干扰					

采用双模铁氧体变极化效应、差相移效应特征,提出了一种全极化域电控铁氧体天线,此天线可产生线极化,左旋、右旋圆极化,椭圆极化方式,这种新型铁氧体天线单元,通过 S、C、L、X、Ku、Ka 波段仿真计算,获得一体化的典型电性能,为设计、试验一体化铁氧体天线单元奠定了基础。铁氧体天线结构紧凑,比较容易组合各单元阵列。

随着雷达、通信极化技术的发展和应用,这种新型全极化域铁氧体天线技术将会在雷达通信中,以崭新的面貌出现。

19.2 集成铁氧体移相器扫描微带天线阵列

移动终端到卫星链接的新一代通信系统的引入,意味着紧凑且便宜的带有波束扫描能力的天线变得需要。然而,传统的相位激励的阵列是昂贵的、复杂的,且不适于集成在手持或车载的终端之上。本节介绍了一种集成铁氧体移相器的、并不复杂的波束激励印制天线的设计和性能。

加载了静态或低频磁场的铁氧体,其磁导率随着加载场强而变化,如频率谐振和 RCS 降低。这里,利用可变的磁导率来改变穿过铁氧体基片的微带线的电长度。通常要获得有用的相位改变,需要偏转场强的显著改变,需要大的电流。利用介质区域(在这里微带模式不能传输)附近加载磁场的增大,越靠近截止区域将会出现和铁氧体磁导率相关的相位迅速改变,就是在这个相位迅速变化的区域内,只需要很小的加载场变化就能产生很大的相移。

印制在铁氧体基片上的辐射单元的谐振频率随着加载偏置而变化。这一作用是不希望的,可以通过采用一种组合铁氧体和介质区域的基片来消除。辐射贴片和移相器分别印制在介质和铁氧体基板上,给出的二单元和三单元测试结果,两条不同的相移布线都做了测试,预测并实际测量到有用的 30°波束扫描。

移相单元的插入损耗是一项重要参数,因为它会抵消阵列增益的提高,通过大量测试证明了铁氧体基板的吸收没有明显降低阵列增益。

当铁氧体加载静态磁场时,对于偏转场直接垂直于铁氧体板的表面,介质的有效磁导率为

$$\mu_{\text{eff}} = \frac{\mu^2 - k^2}{\mu}$$

其中,$\mu = 1 + x'_{xx} - jx''_{xx}$,$k = x'_{xy} - jx''_{xy}$。

图 19.2 - 1 给出了 7.8GHz 时,铁氧体在饱和状态的复数有效磁导率和内场的关系。该铁氧体材料参

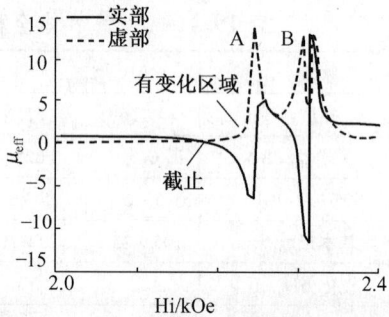

图 19.2 - 1　复数有效磁导率和内场的关系

数在表中给出,可以看到有两处谐振。信号衰减和 μ_{eff} 的虚部有关,且谐振峰对应于最大吸收的区域。注意,这些峰的位置和频率相关。

表 19.2 - 1　G - 350 YIG 铁氧体的参数

ε_{r}	μ_{r}	h	场饱和度	ΔH
13.69	1	1mm	350Oe	30Oe

峰 A 是一处吸收谐振,在这里张量分量 $\mu = 0$。这导致了铁氧体有效磁导率变得不确定,在该介质中传输的波严重衰减。本应用中感兴趣的区域恰恰就在吸收谐振(峰 A)之前。峰 B 对应于旋磁谐振,这个地方 RF 能量最大地耦合到晶格中运动的磁子中。随着磁偏转场从饱和向吸收谐振的增加,将会出现另外一个截止区域,它的 $\mu_{\text{eff}} < 0$,相应的铁氧体内部传输的波被截止。随着截止点的到来,μ_{eff} 的实部数值迅速减小,这就改变了印制在铁氧体基片上的微带线的电长度。

为了验证这一理论,给了一段 5cm 长的微带线移相器(图 19.2 - 2),其中该线的 2cm 受偏转磁场的影响。图 19.2 - 3 给出了测量 S_{12} 参数。从中可以看出,在截止点之前有明显的相移,在 2.3kOe 和 2.4kOe 之间的区域获得大于 20 的相

移改变。场强在 2.4kOe 以上时的衰减是由于截止区域的存在。这个相位迅速改变的区域,在本节中被用以实现微带天线阵列集成的印制铁氧体移相器。

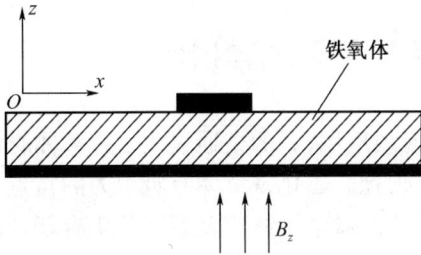

图 19.2 - 2 微带铁氧体基片
磁化场到接地板的截面

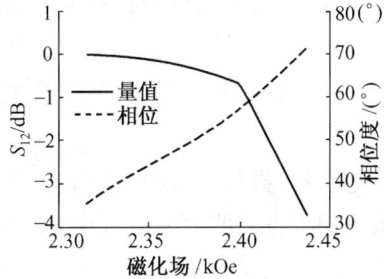

图 19.2 - 3 在截止点附近
微带磁化铁氧体表示

集成了行波馈电(串馈)的天线阵列最适于本应用,因为很容易在辐射单元之间随着波的前进获得相同的相移增量。对于并馈,虽然设计上比较简单,但是它在分支点上需要不同的相位延迟,从而在阵列单元处产生一个线性的相位倾斜。这反映在磁偏转场为不同的强度,彼此成比例变化。

二单元和三单元阵列的结果是从串馈圆贴片线阵获得的。图 19.2 - 4 便是三单元阵列的几何图示,标示了铁氧体介质基片的结构。基板的尺寸为 110mm × 70mm。移动卫星系统通常需要圆极化的天线,这可以通过在当前天线的贴片上引入凹槽来得到,而不需要改变馈电结构。这里给出的所有阵列都是线极化的。

在 5870RI duroid 基板上设计一个三单元阵列,其幅度按二项分布。移相器由

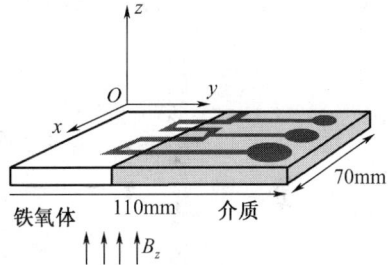

图 19.2 - 4 微带阵列在集成铁氧体
介质基片展示了移相器传输范围

通过两段天线单元之间的位于铁氧体基板区域上的微带线获得。选择工作在 TM_{11} 模式的圆贴片作为辐射单元。该模式有唯一的一个指向天顶的波束,它的半功率波束宽度为 60°。

穿越铁氧体基板的微带天线部分被设计成彼此具有相似长度,从而保证在各点加载相同的磁偏时产生同样的相位梯度。选择一个未加偏转的相位长度在相邻阵列单元之间给出一个初始的零相差。在基板转换处存在的固有的不匹配可以通过选择一个介电常数和铁氧体相近的介质来使其最小。然而,这可能带来及其薄的高阻抗馈线匹配问题。低介电常数的基板能提高印制天线的效率和带宽。实验证明,在贴片下面采用低介电常数的基板能提高印制天线的效率和

带宽,不会在铁氧体转换处产生明显的不连续。假设为了最小化阻抗不匹配,线宽已经做了相应调整。检测发现辐射损耗也很小。通过确保没有高频率相关分量铁氧体上,可使馈电设计频率对加载偏转场不敏感。

19.3　开关铁氧体微带阵列天线辐射特性

近些年,数位学者报道铁氧体在缝隙天线应用,目的是通过改变铁氧体材料的偏斜扫描主要波束或者减小天线的雷达损耗。磁化铁氧体有吸引力的特点是材料特征非互易和电调控。印制铁氧体基片的微带天线比普通基片仍有新颖的特点未被发现。非铁氧体的高介电常数减小贴片直径成为微型化,而这里磁化铁氧体提供波束控制,频率敏捷,增强增益和波宽,雷达横截面的减小,可开关,圆极化。这些铁氧体天线的固有特点为雷达和卫星通信提供潜在的应用。本节展示印制 Ni – Al 磁化铁氧体 S 波段可开关微带阵列天线。

图 19.3 – 1 为阵列几何和圆贴片微带天线 6 × 6 单元平板阵列坐标系统,包含 36 个同样直径印制于 Ni – Al 磁化铁氧体的单元,$4\pi M_s = 1720 \times 10^{-4}\text{T}$,$\varepsilon_r = 12.8$,正切损耗为 0.0003,厚度 $h = 1.59\text{mm}$,每个贴片的激励由连接与边缘的微带线列或水平 $\varphi = 0$ 的背侧共轴线产生。磁偏场正交于基片水平。

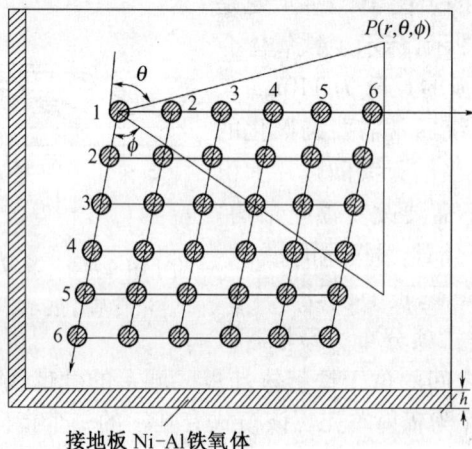

图 19.3 – 1　阵列几何和圆贴片微带天线 6 × 6 单元平板阵列坐标系统

为描述开关式天线,这里考虑偏磁场施加于 z 轴正交于贴片和基片。对于特殊的波形,传播常数决定于基本参数:

$$(ke/\omega_0)^2 = (\omega_0 + \omega_m)^2 - \omega^2/\omega_0(\omega_0 + \omega_m) - \omega^2$$

当 μ_{eff} 为负值时,材料的损耗小,特殊波衰减,频率范围为 $[\omega_0(\omega_0 + \omega_m)]^{1/2} <$

$\omega < (\omega_0 + \omega_m)$。这些限制区域微波传导不可能通过铁氧体内,在此区域内天线不会激发,散射极小。当μ_{eff}为正值时,天线发生散射,普通波传播,这样通过正确的偏场选择,特殊波的性能特性应用于设计控制开关天线。图19.3-2为H_0 = 1000Oe时,Ni-Al铁氧体片的离散曲线。

图19.3-3为应用饱和磁场以上的天线共振频率的依赖关系。0.7kOe·kA/m ~ 2.4kOe·kA/m的磁偏场下,共振频率从3.927GHz到3.412GHz变化。这样通过选择正确的偏场,可以获得期望的共振频率。这里有必要指出,非磁化铁氧体的共振频率是3.419GHz。

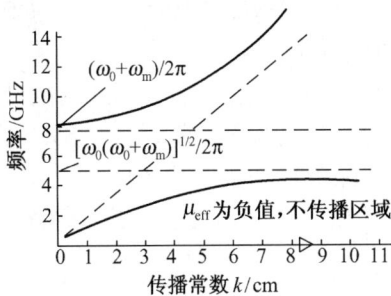

图19.3-2 Ni-Al铁氧体片的离散曲线

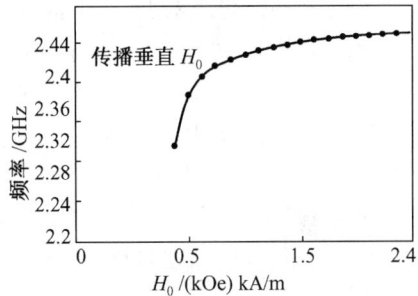

图19.3-3 谐振频率与外加磁场
H_0 在 Ni-Al 铁氧体上变化

3种应用场强(1000Oe,1350Oe,2000Oe)及相应的共振频率f_r、截止和共振频率(f_1,f_2)和有效磁导率μ_{eff}如表19.3-1所列。

表19.3-1 3种应用场强及相应的共振频率、
截止和共振频率和有效磁导率

应用场强/Oe	f_r/GHz	f_1/GHz	f_2/GHz	μ_{eff}
0	3.429	—	—	—
1000	3.38	7.616	4.618	5.042
1350	3.4	8.596	5.7	3.045
2000	3.41	10.416	7.637	2.088

从表19.3-1可清楚地看出,在f_1,f_2范围内基本上天线不散射。通过正确选择变换磁场值,天线可以用于开关式天线。

19.4 铁氧体充填矩波导裂缝天线阵列

波束扫描天线阵列广泛的使用于雷达和探测系统中。天线的扫描能力通常表现在机械和电控中。机械扫描天线缺少波导非惯性扫描天线的快速扫描能力。取代的方法是扫描电子辐射波束,通过离散相移单元或改变工作频率。离散移相器因为大尺寸引起相对大的插入损耗,不能稳定地用于毫米波频率。负载铁氧体的扫描天线,结合移相器和辐射单元,对应用于电子扫描天线是一种竞争手段。

铁氧体基片材料的微带天线辐射和散射特性,一些研究者也讨论了小的微带天线阵列。许多天线将移相器和辐射单元分离到两个区域,并且一些小的阵列仅 2 个~4 个单元。这些结构对于大的平面天线和二维天线仍在研究中。

本节描述一种新型 H 平面填充铁氧体的 12 单元横槽的天线阵列,12 个横槽刻于矩形波导的外壁上,H 平面铁氧体平板置于波导的其他外壁上。铁氧体平板为横向磁化,通过改变 DC 磁场实现扫描能力。

图 19.4－1 为 12 单元 H 平面铁氧体天线波束扫描阵列。12 个反射槽刻在矩形波导的外壁,H 平面铁氧体平板对立放置于其他波导外壁。通过 SMA 的共轴线传输波导为天线反馈。波导末端使用匹配负载来吸收槽式阵列的剩余能量。利用 400 匝直径为 0.8mm 的铜线的 C 形铁芯产生偏磁场。铁氧体波导的导向波长为 λ,随着偏磁场变化。

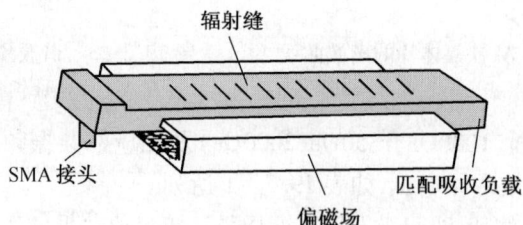

图 19.4－1 12 单元 H 平面铁氧体天线波束扫描阵列

为获得波束扫描的优异性能,考虑以下 3 个问题:

(1) 波导外形和单元间隙。

(2) 相阵列的扫描部分表达为

$$\Delta \varphi = \arccos \{\lambda / \lambda_s - \lambda / d\} - \{\lambda / \lambda_s + \Delta \lambda_s - \lambda / d\}$$

(3) 当正交导向波长 $\Delta \lambda_s / \lambda_s$ 为常数时,发现单元间空隙越大,扫描部分越小。

另一方面,半功率波宽在单元间隙减小时将会变大。为获得大的扫描部分和小的半功率波宽,单元间隙选取值接近于 $0.5\lambda_0$。这个设计中单元间的空隙选择为 13mm,等于 $0.43\lambda_0$,中心工作频率为 10GHz。

波导横截面选择为 7.9mm×5mm,填充铁氧体平片厚度为 2.2mm。导向波长 λ_s 计算时,分别取值 14.2mm 和 18.0mm,位于 0 和 800Oe 的 DC 磁场中。在使用以下公式时,主要波束点的角度 φ_m 分别计算为 78.8° 和 50.1°。

$$\varphi_{\mathrm{m}} = \arccos\{\lambda(d - \lambda_{\mathrm{s}})/d\lambda_{\mathrm{s}}\}$$

这里意味着偏磁场从 0~800Oe 变化,扫描阵列的主要波束在 -11.2°~ -39.9°范围中调控。

当槽没有共振,反馈波导和自由间隙之间的耦合变小。因此扫描阵列设计为单一频率,每单元的激励调节通过改变横槽的长度获得。如果我们设计特定磁场 H_0 下的单一相同阵列,每单元的激励随着磁场的变化而改变,引起反射结构和增益的恶化。通过匹配负载和铁氧体的设计来减少能量吸收的20%,剩余的能量分配到12个单元中。单个元素确定为 -11.76dB。为获得磁场 H_0 下的优异性能,首先设置12个相同的槽单元。12单元扫描阵列优化槽长度的表 19.4-1 所列,槽的宽度为2mm。

表 19.4-1 12 单元扫描阵列优化槽长度

槽	1	2	3	4	5	6	7	8	9	10	11	12
长度/mm	11.9	11.9	12	12.1	12.2	12.3	12.4	12.4	12.6	12.7	12.8	12.6

当不同磁化场时,缝天线的 E 平面形状变化为波束角度从 -8°~ -36°变化,与以往的 -11.2°~ -39.9°的计算相符。在3种磁场条件下的增益分别为15.5dB,14.5dB,12.4dB,磁场变大增益减小。因为当铁氧体磁场共振频率接近10GHz时损耗显著;单一的槽辐射构型不同心,所有3个构型的旁瓣比 -12dB。

天线阵列的 H 平面散射构型在磁场为0时获得,位于 H 平面的中心和 H 平面的旁瓣的主要波束为 -15dB。波束扫描槽式天线的回返损耗为 0 和 7000e 时,此种天线的回返损耗在相当宽的频率范围内低于 -10dB。

第5编参考文献

[1] 蒋仁培,魏克珠,董亲森. 双模旋转场调制器的研究,江苏常熟:全国第五届磁学会议论文,1983,10.

[2] 王希玉,蒋仁培. 电磁波在旋转磁化铁氧片中的传播. 电子学报,1986(1):87-94.

[3] 尹自生. 机载脉冲雷达通道合并技术. 空军雷达学院学报,1992(2):49-55.

[4] 蒋仁培,魏克珠. 变极化环行器. 电子学报,1981(1):47-53.

[5] 王其山. 三公分高功率极化环行器. 西安:全国微波会议论文,1985.

[6] 林守远. 微波线性无源网络. 北京:科学出版社,1987.

[7] 魏克珠,胡岚. 双模旋转场多功能变极化器. 现代雷达,1999,8(4):90-94.

[8] 魏克珠. 高平均功率铁氧体器件的发展及应用. 现代雷达,2002.9(5):80-81.

[9] 王小陆,周雁褕. S波段高功率三端环行器. 现代雷达,1993(2):90-96.

[10] 张国荣. 高功率带线合成结环行器. 磁性材料及器件,1987(3):13-16.

[11] 刘菊松. P波段高功率环行器设计. 第八届全国微波磁学会议论文,1996 年(黄山)193-196.

[12] 李万祥. 高功率带线环行器研制. 全国微波磁学会议论文,1975,7.(南京)

［13］ 张锡夫,李万祥,魏克珠.宽频带带线 Y 环行器.青岛:第一届全国磁学会议论文,1964,7.

［14］ 张道炽,黄小萍.甚高频高功率环行器研究.第十一届全国微波磁学会议论文,2002,5:31－41.

［15］ 陈刚,吴晓明,王梅生.米波大功率低损耗环行器研制.第十三届全国微波磁学会议论文,2006,11:123－125.

［16］ 刘有序.P 波段高功率铁氧体材料研制.第八届全国微波磁学会议论文集,1996,3:74－75.

［17］ 高文斗.自适应变极化天线抗干扰技术.系统工程与电子技术,1995(10):25－31.

［18］ 林云,干久志,林展如,魏克珠,等.二茂铁有机磁体/陶瓷磁性复合材料的缩波功能及应用.功能材料,2006(11):1728－1731.

［19］ 林云,林展如,魏克珠.二茂铁有机磁体/陶瓷的电磁特研究及其在微波天线中的应用.微波学报,2008,24(2):82－86.

［20］ Antema Achiver Polariztion Agilitg Microwave Vo19No6 june 1970,P56－58.

［21］ Jiang Renpei, Wang Xiyu. Research on Dualmode Ferrite modulator. 14th Euroupean Microwave Conference,1984,528－531.

［22］ Wei Kezhu. A Ferritye Circular Waveguide Fase Switches and Application. Proceedings of the Second International Symposium on Physics of Magnetic Material,BeiJing:1992,7:238－241.

［23］ Wei Kezhu. A Dual-mode High Power Circule Waveguide Ferrite Fast Switch and Application. Proceeding of Second Asiapacific Microwave Conference, Beijing China:1988,10:279－280.

［24］ Radiation and Scattering Characteristics of Microstio Antennas Normally Biased Ferrite Substrate,IEEE AP Vo140 No9 Speptemben,1992.

［25］ Radar Cross-Section of Microstrip Antemra on Normally Biased Ferrite Substrate,Electronics letters,3rd August 1989,Vol 25, 1079－1080.

［26］ MAGNetic tunig of A Microstrip Antenna on A Ferrite Substrate,Eleetronice letters 9th June 1988,Vol 24.

［27］ Dunn D S,TeTel M S,Augustin E P A. Variable Polariation Ferrit Antenna Sounthcon/94 conference Record,230－235.

［28］ Fumlakl Okada, Kolchl Ohwl. Design of a High-powercw Y-Junction wavegaide Circulator 0018－94801/78/0500－0364 $ 00.75(c)1978. IEEE.

［29］ 1968G-MTT lutermational microwave Symposiun, The use of composite junction in The design of highpower striplne circulator.

［30］ BY J HELSZAJN A H-pane High-power TEM Ferrite junction circulator. The Radio and Electronic engneer april 1967. Vol 33. No4.

［31］ Gnosh S K,College B E. Microstrip antenna on ferrimagneti Substrater in Very high freyuency range TEN10ns7 SED 1347－1377.

［32］ Charler R Boyd Jr. High power Reciprocal Ferrite switches using Latching Faraday Rotators, IEEES-MTT International Microwave Symposium June 2003. 2－16.

［33］ Rajeev Purush Student Member, IEEE etc. Radiation performance of Switchable Ferrite Microstrip Array Antenna, 1536－1225/$ 20.00(c)2006 IEEE.

［34］ Batchelor J C,etc. Scanned Microstrip array using simple in tegrated Ferrite phase sthifers, IEEE procmicyw. Antennas proppag, Vol 147,june,2000.

［35］ X Shan and Zshen. A Ferrite filled rectangular waveguide slot Antenna array Twelfch international conference on Antenna and proppation 2003. 678－681.

［36］ Pucel. R A. Microstrip propagation on magnetic Substrates-Part 1 design theory, IEEE MTT, 1972. 20 (5): 304 – 308.

［37］ Wheeler H A. TranSmission-Line properties of Parallel Srip Separated by a Dielectric Sheet. IEEE MTF3 1965, 172 – 186.

［38］ Welch D. Losses in Microstrip transmission system for integrated inicrowave circuts. NEREW Rec. 8、1966, 100 – 101.

［39］ Pucel R A. Lossess in Microstrip. IEEE MTT – 16 1968, 342 – 350.

内 容 简 介

本书是微波铁氧体器件设计及应用专题论著,采用新的设计原理和理论撰写而成。

全书共 5 编,第 1 编描述旋磁特性和电磁波介质中传播基本效应;第 2 编描述 Y 形环行器新的设计方法;第 3 编介绍铁氧体电控全极化器和宽带组合变极化器工作原理及应用;第 4 编分析了各种双模铁氧体移相器,矩波导非互易移相器,铁氧体微带移相器设计及应用;第 5 编介绍铁氧体其他器件,例如:铁氧体高功率开关,高功率连续波环行器以及铁氧体电控微带阵列天线设计及应用。

本书适合于微波铁氧体器件和微波电路系统工程设计者以及从事微波技术应用的研究者参考。

This book are microwave ferrite device design and application unique description. Adoption New design principle and theorem in different chaptereditor.

Total book is divided into for five part, first part expounds in gyro-magnetic medium characterstics and Electromagnetic wave propagation in magnetic medium basis effects; the second part describe New design of Ycirculator New design; Third part introducte ferrite elector-control omni polarizer and wide-band variable polarizer and thier operatiom principle and application. the fourth operation principle analysis different dual node ferrite phase shifter, rectangular waveguide non-reciprocal phase shifter, ferrite microstrip phase shifter design and application; fifth part introduction ferrite other device, example. Dual mode modulator, high pwer ferrite switchers, high power continuously wave circulator and ferrite electrical controlling polarization array element antenna design and application.

This book content adapt to microwave ferrite device enginer and microwave circuit systematic enginer and worker at microwave technique application as reference.

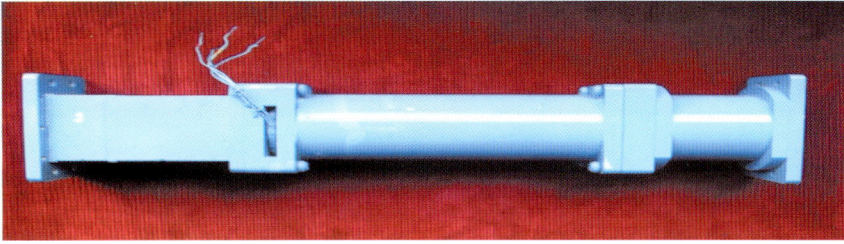

高精度、高功率旋转场移相器（用于预警探测）

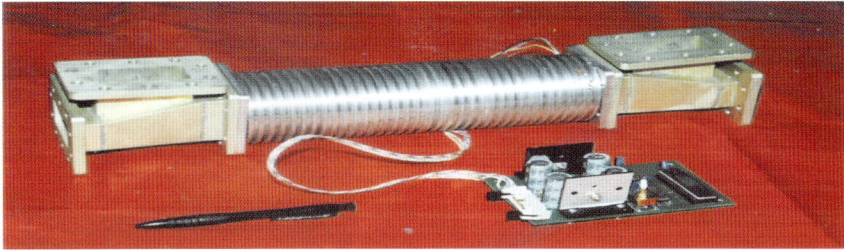

高精度、高功率旋转场双工移相器（用于收发预警探测）

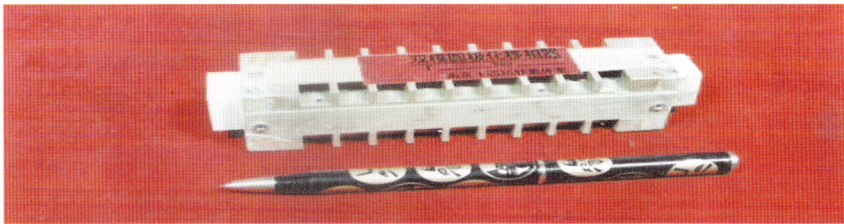

双模互易移相器（用于相扫天线系统）

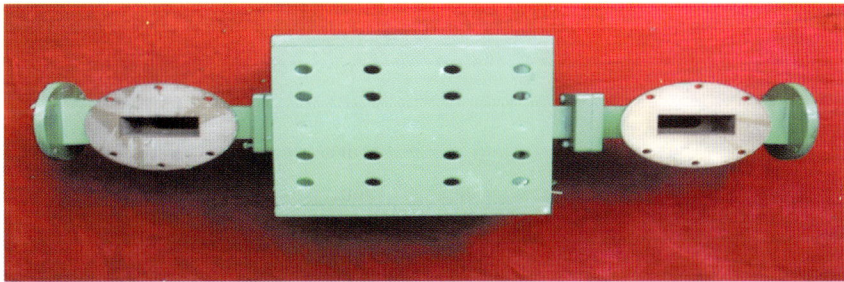

高功率铁氧体快速开关（用于发射设备合成通道）

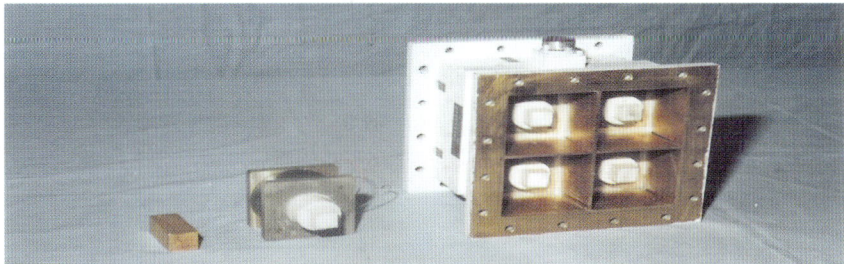

铁氧体宽带组合变极化器（用于空间多目标探测）

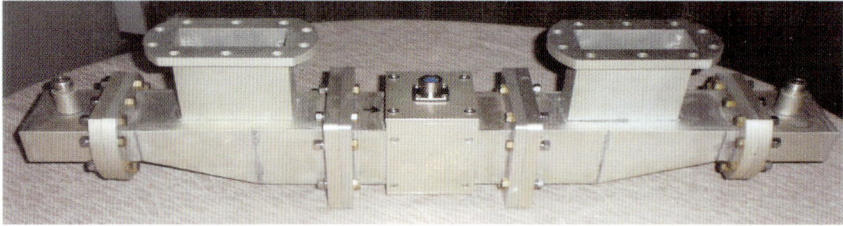

低功率铁氧体电控全极化器（用于抗干扰和目标识别）

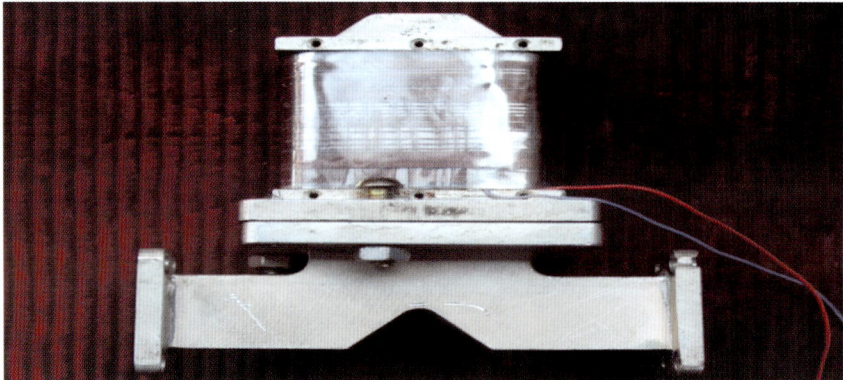

高功率互易移相器（用于功率控制）

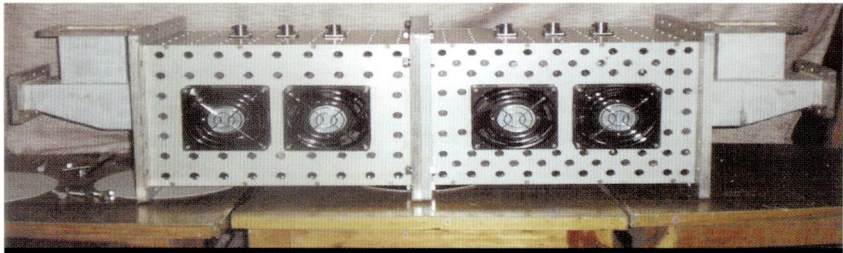

高功率铁氧体电控全极化器（用于抗干扰和目标识别）

100kW 连续波环行器（用于加热设备）